collection dirigée par Xavier MERLIN

METHODIX physique 2

200 méthodes
70 exercices corrigés

Louis-Thomas NESSI
Élève de l'École des Mines de Paris
Alexis DUBOIS
Élève de l'École Polytechnique

ellipses

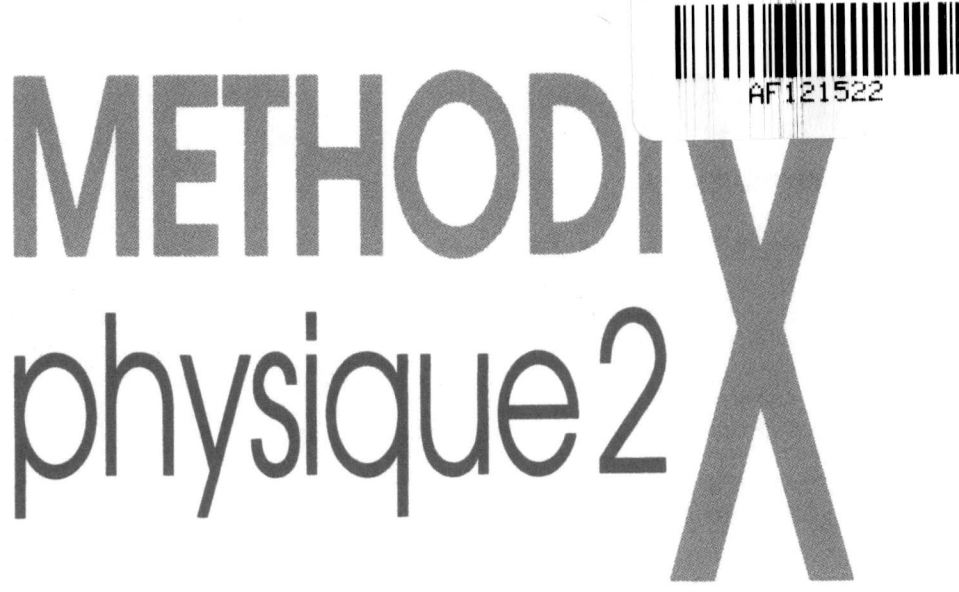

COLLECTION **METHODIX** dirigée par Xavier MERLIN

■ **PHYSIQUE** (classes préparatoires scientifiques)

METHODIX Physique 1
(380 pages) L.-T. NESSI, E. GILLETTE, D. LEVY, G. MENTRE, A. DUBOIS

■ **MATHEMATIQUES**

— classes préparatoires scientifiques :

METHODIX Les maths à l'écrit
Compléments de méthodes et 13 problèmes méthodiquement corrigés (240 pages). X. MERLIN

METHODIX Analyse
300 méthodes, 250 exercices corrigés (352 pages). X. MERLIN

METHODIX Algèbre - *Nouvelle édition*
250 méthodes, 250 exercices corrigés (400 pages). X. MERLIN

— classes préparatoires économiques et commerciales :

METHOD'H ***La cuisine aux épices***
285 méthodes, exercices corrigés (448 pages). X. MERLIN, C. LEBOEUF

METHOD'H Les maths à l'écrit
Problèmes méthodiquement corrigés
(à paraître)

— classes terminales

METHOD'S Terminales S. B. CLEMENT
(à paraître automne 1998)

METHOD'ES Terminales ES. J. TAILLARD
(à paraître automne 1998)

ISBN 978-2-7298-4897-2

Préface

Un ouvrage de plus dans la collection MéthodiX : une raison de plus, pour moi, d'être satisfait.

Une préface de plus, également... Au fur et à mesure, l'exercice se révèle plus complexe : la répétition devient un écueil chaque fois plus réel pour celui qui l'écrit.

En effet, je crois que l'objectif commun à tous les auteurs de cette collection est maintenant bien connu. Brièvement, il consiste avant tout à **se mettre au service des étudiants**. En leur proposant des ouvrages clairs, pratiques, construits sous forme de questions dont les réponses sont les méthodes, il s'agit de les aider à voir clair dans un cours généralement trop long et, surtout, de les **conduire très vite vers la mise en application pratique de ces méthodes**. Les nombreux exemples, puis les exercices sont là pour ça : une méthode n'a de justification que parce qu'elle s'applique. Ou, pour reprendre à mon compte ces mots bien connus : **savoir et savoir-faire** sont indissociables.

Cela dit, il me semble utile d'ajouter que **ces ouvrages ne prétendent pas à l'exhaustivité** — qui, d'ailleurs, le pourrait ? —. Bien sûr, ils s'efforcent d'être les plus complets possibles tout en respectant les programmes : il me semble en effet que trop recourir au hors-programme desservirait les étudiant en les exposant à coup sûr aux critiques des correcteurs et examinateurs.

A cet égard, les ouvrages ne doivent constituer qu'une base, un matériau de départ pour le futur candidat. Idéalement, **le lecteur devrait en effet s'efforcer de construire sa propre liste de méthodes**. Prenant appui sur la liste proposée, il pourra à sa guise la compléter avec d'autres méthodes rencontrées durant l'année et, le cas échéant, la réorganiser selon un plan qui lui paraît plus opérationnel. En se l'appropriant ainsi, il en fera à coup sûr une liste plus simple à retenir.

D'ailleurs, cette préface est pour moi l'occasion de remercier très sincèrement ceux d'entre vous qui nous font part de leurs suggestions sur le fond et la forme de nos ouvrages. Leurs réflexions nous aident à améliorer constamment nos ouvrages et à répondre mieux encore à vos exigences.

Au moment de conclure ces quelques lignes, il m'est difficile d'ignorer que la France vient juste de remporter la Coupe du monde de football. Cet événement, bien qu'historique, n'aurait rigoureusement aucun rapport avec ce qui précède si je n'avais pas surpris, au hasard d'une interview, le sélectionneur français expliquer que la réussite de l'équipe nationale tenait à sa « *méthode de travail* ». Preuve incontestable de l'intérêt universel des méthodes... De là à envisager un MéthodiX Football, il n'y a qu'un pas !

Xavier MERLIN

Avant-propos

Devant l'afflux des supplications, nous avons finalement pris notre plume et notre courage à deux mains pour écrire le Sésame Officiel de l'Ecole Polytechnique, la bible des concours, le Sulitzer de la prépa : le METHODIX PHYSIQUE TOME 2 (le retour). Vous vous demandez certainement où sont passés nos trois compères. Eh bien, vous avez été nombreuses à leur écrire et ils nous ont naturellement quittés. En ce qui nous concerne, on vous laisse une dernière chance, mais vous êtes prévenus : il n'y aura pas de Tome 3.

Laissez-nous tout d'abord vous avertir que ce livre ne suffira pas à lui seul à vous faire intégrer (Ah zut alors...). En effet, il ne remplace pas le cours de votre prof. Il présuppose la plupart du temps que les principaux résultats, théorèmes et hypothèses du cours sont connus si bien que les rappels de cours ne prétendent pas être exhaustifs ni ordonnés. Il ne remplace pas non plus votre bouquin d'exercices. Les exercices à la fin de chaque chapitre ne sont là que pour vérifier que les méthodes ont bien été comprises et retenues. Et ils ne sont pas à faire seuls. Au contraire, ils appellent un permanent aller-retour vers ces méthodes. Le plus souvent, ce sont même les exemples de la partie méthode qu'il faudra retenir.
Mais alors, il ne sert à rien ce bouquin ?!? (Je me suis fait avoir, rendez-moi mon pognon !!!)

Pour vous répondre, laissez-nous (de toute façon, vous n'avez pas le choix) vous décrire la démarche qui nous a amenés à utiliser le Méthodix Math quand nous étions en prépa et à écrire ces deux Méthodix Physique.
Il y a sur terre deux catégories de gens : les intelligents et les autres. Nous faisons, vous et moi (malheureusement ?), partie de la deuxième catégorie. Pourtant, nous aimerions bien nous aussi intégrer une de ces écoles prestigieuses où la bière et les femmes coulent à flots et devenir ainsi les maîtres du monde. Voici donc les mots d'ordres que nous avons adoptés : TRAVAIL et EFFICACITE.
Travail parce qu'il n'y a pas de secret : rien ne se perd rien ne se crée et on n'attrape pas les mouches avec du vinaigre.
Efficacité parce qu'il ne sert à rien d'apprendre douze mille exercices par coeur alors que seules quelques méthodes sont nécessaires pour les résoudre. Le problème c'est de les connaître, ces méthodes.

C'est là que nous intervenons. Ces douze mille exos des vingt-cinq derniers concours d'entrée de l'X, nous les avons compilés pour vous (ça c'était un peu fastidieux). Nous les avons ensuite résolus un à un sans nous poser de question (facile pour des demi-dieux comme nous) comme vous auriez dû le faire si vous n'étiez pas en possession du seul et unique bouquin qui ait la prétention d'amener 80 % d'une classe d'âge à l'X. Enfin, nous avons effectué le travail qui vous permettra enfin de comprendre ce que le mot efficacité signifie (ça veut dire quoi déjà ?) : nous avons analysé la résolution de nos exercices en regardant quelles méthodes nous avions utilisées (ça c'était rapide, vu le nombre ridicule de méthodes différentes pour résoudre un nombre immense d'exos apparemment différents). Le reste n'a été qu'un travail d'écriture qu'un singe soûl aurait été capable d'effectuer (un peu ch... quand même, étant donné le nombre d'équations à taper).

La façon dont vous devez utiliser votre Méthodix est maintenant évidente : « j'essaye de supporter les coquilles, les blagues nulles et la démagogie des auteurs (bonne chance !!!) et j'apprends par coeur dans chaque chapitre les douze méthodes qui me permettront de résoudre 1200 exos sans réfléchir... » D'où l'intérêt de la rubrique **Cas d'application :** elle vous permettra de savoir quand utiliser quelle méthode.

Nous profitons également de cette tribune pour remercier MM. Goulley et Neveu ainsi que Mme Nessi pour la relecture critique qu'ils ont bien voulu effectuer et pour le nombre incalculable d'erreurs qu'ils nous ont ainsi évitées. (Ne vous inquiétez pas, il en reste sûrement encore mais si vous les dénoncez auprès des éditions Ellipses ou sur notre page web qui se prépare, on est tout prêt à les corriger...)

Voilà. Bonne aventure.

Les auteurs

Table des matières

ELECTRONIQUE

Les chapitres de ce livre concernent toutes les sections, à l'exception du chapitre 4 qui n'intéresse pas les MP.

Chapitre 1
METHODES D'ETUDE DE MECANIQUE DU POINT. Référentiels non galiléens

■ Nous avons choisi de commencer ce nouveau tome par ce chapitre pour la bonne et simple raison que c'est la partie la plus simple des problèmes de mécanique.
Ensuite parce que les méthodes utilisées dans ce chapitre seront souvent réutilisées dans les 4 prochains.
Enfin, parce que c'est dans ce chapitre apparemment facile qu'on entend parfois les plus belles âneries, en ce qui concerne l'énergie et les référentiels non galiléens.

■ Les exercices que vous rencontrez seront souvent liés à :
— des particules chargées dans des champs électromagnétiques,
— des problèmes de ressorts,
— des calculs de forces dans des référentiels non galiléens,
— des études de phénomènes naturels terrestres tels que les marées, les sorties spatiales, les sismographes.

■ On vous conseille, avant de dévorer ce chapitre, de vous replonger dans votre cours, en particulier dans le paragraphe sur les référentiels, pour bien savoir ce qu'est un référentiel galiléen et ce que sont les expressions des 3 forces d'inertie.

La lecture de ce chapitre est à jumeler avec celle du chapitre 2 et du chapitre 13, ce dernier chapitre servant surtout à la résolution des exercices sur les particules chargées dans les champs magnétiques.

■ Avant de commencer, vous devez être prévenus que tout problème de mécanique nécessite de :
— définir un système,
— choisir un bon référentiel,
— faire l'inventaire des forces auxquelles est soumis le système,
— projeter le PFD sur un repère astucieux.
C'est donc le plan que l'on adoptera.

Les examinateurs sympas vous offrent déjà 0,25 si vous suivez ce plan. Les examinateurs pas sympas vous retirent systématiquement 4 points si vous ne le faites pas. Vous savez ce qu'il vous reste à faire ?

1. Comment choisir le bon système et le bon référentiel ?

Nous devons vous avouer que nous n'avons rien compris aux forces d'inertie jusqu'à la spé, et c'est bien dommage car on n'aurait pas appris autant d'exos par cœur si on avait essayé de comprendre. Fin de 3615 ma vie.
Il est donc nécessaire de vous prendre la tête sur cette partie, personne ne refermera ce livre avant que des choses qui peuvent être comprises par tous soient effectivement comprises par tous.

Une fois que cette étape est réussie, on a fait 90 % de la difficulté de l'exercice. Le but du jeu est de diminuer au maximum le nombre de paramètres : si vous cherchez juste la vitesse, pourquoi s'emmerder à calculer douze forces intermédiaires inutiles ? Pour cela, choisissez prioritairement le référentiel où les forces sont faciles à calculer : n'ayez pas peur de choisir un référentiel qui ne soit pas galiléen.

Par contre, ne compliquez pas trop le mouvement de l'objet en prenant un référentiel biscornu : inutile de choisir un référentiel tournant si l'objet est en translation rectiligne !

METHODE 1 : Comment savoir si un référentiel est galiléen ?

■ Principe

Un référentiel est galiléen s'il est en translation uniforme (à vecteur vitesse constant) par rapport à un référentiel fixe.
Si un système est isolé : son référentiel barycentrique est un référentiel galiléen. En effet, si on applique le PFD à ce système on a : $\frac{d\mathbf{p_g}}{dt} = \mathbf{F} = 0 \Leftrightarrow \mathbf{p_g} = \mathbf{cst}$.
Stricto sensu seul le référentiel centré sur le centre de gravité de l'univers visible et invisible (et ceux qui sont en translation uniforme par rapport à celui-ci) est un référentiel galiléen car c'est le seul qui est vraiment isolé.

■ Conséquence

— Les référentiels dont les axes tournent par rapport à des référentiels fixes ne sont donc pas galiléens.
— Les référentiels qu'on suppose galiléens dans certains exos ne le sont pas dans d'autres. Ainsi, si le référentiel terrestre est souvent supposé galiléen, il ne l'est pas dans les traditionnels exos sur les missiles (déviés par la force de Coriolis) ou les sismographes (dont le but est précisément de noter les mouvements du référentiel terrestre, alors si vous supposez qu'il est galiléen, comme nous vivons dans ce référentiel, on ne risque pas de constater grand-chose).

■ *Exemple : On considère le système terre-lune, et on fait abstraction de l'influence des autres astres (soleil, planètes). On ignore la rotation de la terre sur elle-même. On appelle $\mathfrak{R}_G$ le référentiel barycentrique de l'ensemble Terre-Lune, $\mathfrak{R}_1$ le référentiel barycentrique de la terre, $\mathfrak{R}_2$ le référentiel barycentrique de la lune.*
Quels sont les référentiels galiléens et les non-galiléens ?

Le système Terre-Lune est isolé, si on applique le PFD à ce système dans un référentiel galiléen, on a :

$$\frac{d\mathbf{p_G}}{dt} = 0$$

Soit, puisque ce système a une masse constante :

$$\mathbf{p_G} = \mathbf{cst} \Rightarrow \mathbf{v_G} = \mathbf{cst'}$$

Donc $\mathfrak{R}_G$ est en translation uniforme par rapport au référentiel galiléen de départ : il est lui-même galiléen.
Par ailleurs, la Terre est soumise à une force de gravitation dans le référentiel barycentrique $\mathfrak{R}_G$ galiléen, donc n'est pas isolée, elle est donc soumise à une accélération, donc elle n'est certainement pas en translation uniforme par rapport à $\mathfrak{R}_G$, donc $\mathfrak{R}_1$ n'est pas galiléen.
Le même raisonnement vaut aussi pour $\mathfrak{R}_2$.

■ La terre, examinée depuis différents référentiels

Dans cette partie, on supposera que le référentiel de Copernic, centré sur le soleil et dirigé vers 3 étoiles fixes est galiléens.

Dans ce référentiel, la Terre tourne autour du Soleil et sur elle-même.
Dans le référentiel géocentrique, centré au centre de la Terre et dont les axes sont immobiles dans le référentiel de Copernic, la Terre tourne sur elle-même (à peu près un tour toutes les 24 heures).

Dans le référentiel terrestre, la Terre est immobile.

Le référentiel terrestre n'est manifestement pas galiléen, car il est en rotation par rapport au référentiel de Copernic.

METHODE 2 : Quand peut-on supposer que le référentiel terrestre est galiléen ?

■ **Principe**

Si toutes les forces qui s'appliquent au système étudié dans le référentiel terrestre **supposé comme non galiléen** sont très grandes devant les forces d'inertie en tout genre, le référentiel terrestre peut être décemment considéré comme galiléen.

■ *Exemple : On considère un projectile de masse 400 kg, se mouvant à vitesse constante* $v = 200$ km.h^{-1}*, du pôle nord au pôle sud. On s'intéresse au mouvement de ce projectile. Peut-on considérer que le référentiel terrestre est galiléen ?*

On suppose le référentiel géocentrique galiléen.
La Terre tourne autour d'elle-même à la vitesse constante d'un tour toutes les 24 heures. Elle subit donc un mouvement circulaire uniforme. Le terme en $\frac{d\Omega}{dt}$ est nul.

Le projectile est donc soumis à 3 forces :
(on utilise les expressions de la partie 2)

- Son poids.
- La force de Coriolis : $-m2\Omega(t)\wedge v_0\mathbf{e}_\theta = -m2\Omega(t)v_0\cos(\theta)\mathbf{e}_\varphi$
- La force d'inertie d'entraînement : $-m\Omega^2(t)\mathbf{MH}$

Le référentiel est galiléen si le poids est très grand devant les deux autres forces.
Un ordre de grandeur du rapport des deux forces vaut :

$$\frac{\text{Coriolis}}{\text{Poids}} \approx \frac{2\Omega(t)v_0}{g} \approx \frac{2\times 7,27.10^{-5}\times 55,55}{10} \approx 8.10^{-4}$$

$$\frac{\text{Entrainement}}{\text{Poids}} \approx \frac{\Omega^2(t)R}{g} \approx \frac{5,26.10^{-9}\times 6400.10^{3}}{10} \approx 3,4.10^{-3}$$

Tout dépend de ce qu'on considère comme petit, mais on peut encore dire que le référentiel terrestre est galiléen.

REMARQUE :
Si on voulait être rigoureux il n'aurait pas fallu prendre ***g****, mais le champ de gravitation, puisque* ***g*** *tient déjà compte de la force d'inertie d'entraînement.*

METHODE 3 : Quel référentiel choisir dans les exos sur les plateaux tournant ?

De manière systématique, lorsque vous avez un plateau tournant (manège, essoreuse à salade), placez-vous toujours dans le référentiel de ce plateau tournant. Votre dessin sera en effet plus parlant, puisque sur celui-ci vous représentez le plateau de toute manière immobile.
De plus, l'expression des forces y est souvent plus simple même si on doit se coltiner les accélérations d'entraînement et de Coriolis.

Ayez alors le réflexe de vous poser alors ces deux questions :
— Le plateau tourne-t-il à vitesse angulaire constante ? Dans ce cas, le terme $m\frac{d\Omega}{dt}\wedge \mathbf{OM}$ s'annule.
— Le système que j'ai à étudier est-il immobile dans ce référentiel ? Si oui, il n'y a pas de force de Coriolis.

Vous aurez droit à un exemple dans la deuxième partie.

2. Comment faire le bilan des actions extérieures ?

Il s'agit ici de déterminer les différentes actions que subit le système afin de pouvoir ensuite choisir une méthode de résolution. Nous allons vous montrer comment déterminer certaines de ces forces.

A) Force de rappel d'un système de ressorts

METHODE 4 : Déterminer l'expression de la force de rappel

■ Rappel

Dans le cas d'un ressort parfait de raideur k et de longueur à vide l_0, la force de rappel exercée par un ressort de longueur x sur le système auquel il est fixé vaut :

$$\mathbf{F} = -k(\mathbf{x} - \mathbf{l_0}).$$

■ Astuces

1. On vous conseille vivement de toujours revenir à cette définition pour ne pas vous tromper lorsque le système est compliqué.

2. Invoquez des raisons de symétrie pour conclure quant à la nullité de certaines composantes de la force de rappel, ou à la parité de la fonction représentant la force de rappel.
Si le système est manifestement symétrique par rapport à l'axe Oy, on a nécessairement : $\mathbf{F}(x) = -\mathbf{F}(-x)$ par conséquent la force de rappel sera une fonction impaire.

3. Projetez ensuite immédiatement cette relation vectorielle sur un système d'axes, les scalaires étant plus maniables que les vecteurs.

4. Essayez d'éliminer l_0 en choisissant une bonne origine pour votre axe.

■ *Exemple : Un corps P assimilé à un point matériel de masse m coulisse sans frottement sur la tige horizontale x'Ox. Deux ressorts identiques, de longueur à vide l_0, de raideur k ont une de leurs extrémités reliée à P, l'autre respectivement aux 2 points fixes B et B' de Oy, symétriques par rapport à la tige. On note $OP = x$. Et $OB = OB' = b$. On suppose que $x \ll b$.*
Déterminer la force s'exerçant sur P.

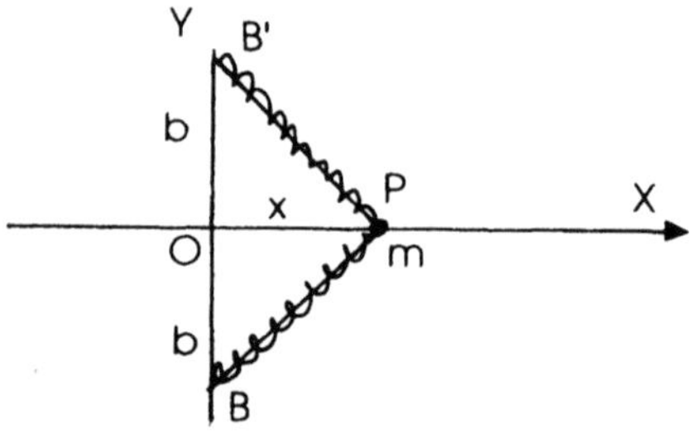

Le système étant symétrique par rapport à x'Ox, il n'y aura pas de composantes de la force de rappel suivant Oy.
Il est de plus symétrique par rapport à l'axe Oy donc la force de rappel sera une fonction impaire.
Par ailleurs, la composante suivant l'axe des x vaut :

$$F=-2\cos(\alpha)k(BP-l_0)=-2k\frac{x}{\sqrt{b^2+x^2}}\left(\sqrt{b^2+x^2}-l_0\right)$$

$$F=-2kbx\frac{1}{b\sqrt{1+\frac{x^2}{b^2}}}\left(1-\frac{x^2}{2b^2}-\frac{l_0}{b}\right)=-2kx\left(1-\frac{l_0}{b}\right)-k\frac{l_0}{b^3}x^3+o\left(\frac{x}{b}\right)^5.$$

METHODE 5 : Comment étudier une association de ressorts en série ?

■ Principe

Dès qu'on vous donne une association de ressorts en série, il vous faut simplifier le problème pour ne revenir qu'à un ressort équivalent, ensuite seulement vous lisez la question qu'on vous pose.
Vous pourrez en général utiliser directement le résultat mais on pourra vous demander de le redémontrer : retenez donc la démonstration.

■ Résultat

Des ressorts en série se comportent comme des résistances en parallèle.
On a les formules $l_0=l_1+l_2$,
et $k_0=\frac{k_1k_2}{k_1+k_2}$.

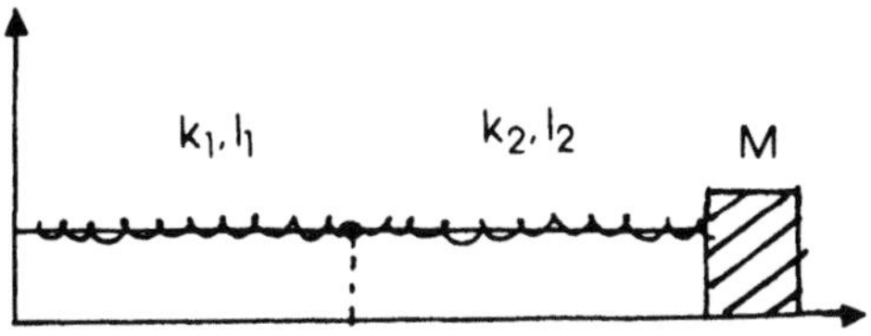

■ Démonstration

Pour gagner du temps, souvenez-vous qu'il faut exprimer l'équilibre du point P, point de raccord entre les deux ressorts. Il vous faut donc exprimer la force exercée sur la masse dans les deux systèmes et l'égaliser.

Le point P est sans masse. Le théorème de la résultante cinétique nous donne donc $-k_1(x_1-l_1)+k_2(x_2-x_1-l_2)=0$ (i)
On écrit ensuite la force de rappel à laquelle est soumis M dans les deux modèles (réel et équivalent) :

$$\mathbf{f}=-k_{res}(x_2-l')\mathbf{e_x} \text{ (ii)}$$

$$\mathbf{f}=-k_2(x_2-x_1-l_2)\mathbf{e_x} \text{ (iii)}$$

On élimine x_1 dans (iii) grâce à (i) :

$$x_1(k_1+k_2)=k_1l_1-k_2l_2+k_2x_2 \text{ (i')}$$

$$\mathbf{f}=-k_2\left(x_2-\frac{k_1l_1-k_2l_2+k_2x_2}{k_1+k_2}-l_2\right)\mathbf{e_x}$$

$$\mathbf{f}=-k_2\left(\frac{k_1x_2}{k_1+k_2}-\frac{k_1(l_1+l_2)}{k_1+k_2}\right)\mathbf{e_x}=\frac{k_1k_2}{k_1+k_2}(x_2-(l_1+l_2))\mathbf{e_x}$$

On en déduit que la constante de raideur du ressort équivalent vaut : $\frac{k_1k_2}{k_1+k_2}$ et que sa longueur à vide est la somme des longueurs à vide des deux ressorts.

REMARQUE :
C'est typiquement dans ce genre de raisonnement qu'il faut revenir à la définition de la force de rappel, pour ne pas oublier que celle ci est proportionnelle ***à l'allongement*** *et non* ***pas à la longueur du ressort****.*

METHODE 6 : Comment étudier une association de ressort en parallèle ?

Ayez le même réflexe que pour la méthode précédente : d'abord vous remplacez le système de ressort en parallèle par un ressort équivalent, ensuite seulement vous branchez votre cerveau et vous lisez l'énoncé.

■ Résultat

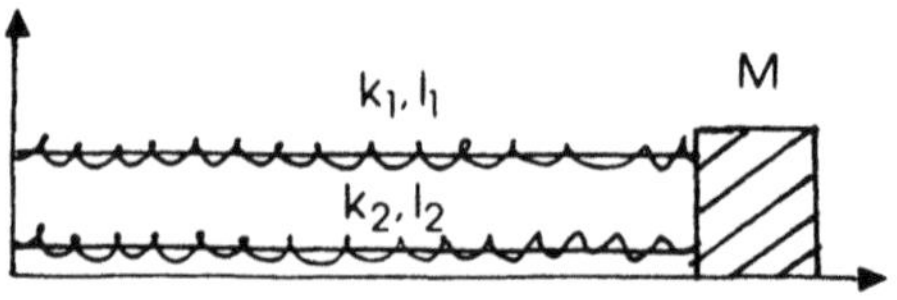

Des ressorts en parallèle se comportent comme des résistances en série. Attention toutefois à la formule de la longueur à vide qui n'est pas simple. Le plus souvent, on étudiera le cas où les deux longueurs à vide sont égales.

$k_0 = k_1 + k_2$ et $l_0 = \dfrac{l_1 k_1 + l_2 k_2}{k_1 + k_2}$.

■ Démonstration

Egaliser la force qui s'exerce sur M dans les deux représentations équivalentes.
Attention aux longueurs à vides des ressorts.
La force exercée sur la masse par un ressort unique serait : $\mathbf{F} = -k_0(x - l_0)\mathbf{e_x}$
Celle exercée par les deux ressorts vaut : $\mathbf{F} = -k_1(x - l_1)\mathbf{e_x} - k_2(x - l_2)\mathbf{e_x}$
On en déduit les formules.

B) Forces d'inertie

METHODE 7 : Utiliser les forces d'inertie

■ Rappel

On considère un référentiel non galiléen $\mathfrak{R}'$, en rotation à la vitesse $\Omega(t)$ par rapport à un référentiel galiléen $\mathfrak{R}$; l'axe de rotation passant par l'origine du repère O.
Soit un système, de masse m dans le référentiel non galiléen $\mathfrak{R}'$: il y est soumis à deux forces d'inertie :

— La force d'inertie d'entraînement : $\mathbf{F}_{ie} = -m\Omega\wedge\Omega\wedge\mathbf{OP} - m\dfrac{d\Omega}{dt}\wedge\mathbf{OP}$

— La force d'inertie de Coriolis : $\mathbf{F}_{ie} = -2m\Omega\wedge\mathbf{v}(P)_{R'}$

■ Démonstration

On applique le théorème de la résultante cinétique au système dans le référentiel galiléen : $m\dfrac{d^2\mathbf{OM}}{dt^2} = \mathbf{F_{ext}}$.
Soit P le centre du référentiel $\mathfrak{R}'$. On a $\mathbf{OM} = \mathbf{OP} + \mathbf{PM}$.

Donc : $\dfrac{d\mathbf{OM}}{dt} = \dfrac{d\mathbf{OP}}{dt} + \dfrac{d\mathbf{PM}}{dt}$.

Or $\mathfrak{R}'$ est en rotation par rapport à $\mathfrak{R}$ donc $\dfrac{d\mathbf{OP}}{dt} = \mathbf{v}(P)_{R'} + \Omega\wedge\mathbf{OP}$.

Donc $\dfrac{d^2\mathbf{OM}}{dt^2} = \Omega\wedge\dfrac{d\mathbf{OP}}{dt} + \dfrac{d\Omega}{dt}\wedge\mathbf{OP} + \dfrac{d^2\mathbf{PM}}{dt^2} + \dfrac{d\mathbf{v}(P)_{R'}}{dt}$.

Ainsi, il nous reste :

$$m\frac{d^2\mathbf{PM}}{dt^2} = \mathbf{F_{ext}} - m\Omega\wedge\frac{d\mathbf{OP}}{dt} - m\frac{d\Omega}{dt}\wedge\mathbf{OP} - m\frac{d\mathbf{v}(P)_{R'}}{dt}$$

$$= \mathbf{F_{ext}} - m\Omega\wedge\Omega\wedge\mathbf{OP} - m\Omega\wedge\mathbf{v}(P)_{R'} - m\frac{d\Omega}{dt}\wedge\mathbf{OP} - m\frac{d\mathbf{v}(P)_{R'}}{dt}$$

$$= \mathbf{F_{ext}} - m\Omega\wedge\Omega\wedge\mathbf{OP} - 2m\Omega\wedge\mathbf{v}(P)_{R'} - m\frac{d\Omega}{dt}\wedge\mathbf{OP}$$

Il ne reste plus qu'à définir les accélérations d'entraînement et de Coriolis.

■ Remarque

Dans le cas beaucoup plus général où le référentiel $\mathfrak{R}'$ n'est pas en rotation autour de $\mathfrak{R}$, les forces d'inertie d'entraînement se calculent en revenant à leur définition.
La force d'inertie d'entraînement : $-m\mathbf{a}_e$, où $\mathbf{a}_e$ n'est autre que l'accélération du point coïncidant. Il est plus simple de calculer directement l'accélération de ce point.
En revanche, il faut connaître l'expression de la force de Coriolis.

■ Cas particuliers

— Rotation uniforme : $\Omega(t)$ est un vecteur constant, donc sa dérivée est nulle donc le terme : $m\dfrac{d\Omega}{dt}\wedge\mathbf{OM}$, s'élimine. Ce terme est dû à l'accélération du référentiel non galiléen.

— Système immobile dans $\mathfrak{R}'$: le terme $2\Omega\wedge\mathbf{v}_{\mathfrak{R}'}$ (force de Coriolis) s'annule.

■ Erreur fréquente

Ce n'est pas parce que vous avez trouvé que la résultante des forces d'inertie était nulle que votre système n'est pas soumis à des contraintes. Allez donc voir s'il n'y a pas des petits couples qui se sont formés.

■ *Exemple : Emilie est au garde à vous debout sur un manège qui tourne à vitesse constante autour de O. Elle se tient à une barre verticale plantée sur la piste du manège.*
Déterminer la force qu'Emilie doit exercer pour rester accrochée au manège.

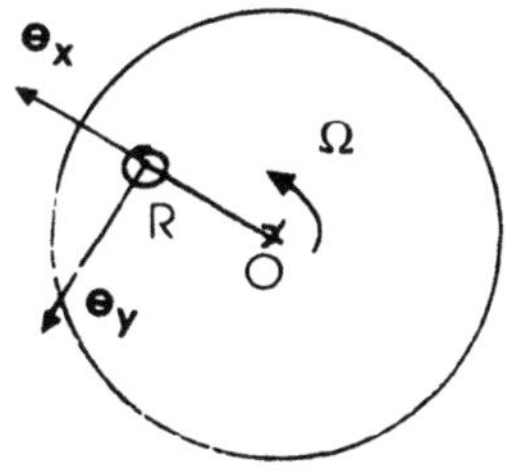

Dans le référentiel lié au manège, qui tourne à vitesse constante par rapport au référentiel terrestre supposé galiléen, Emilie est immobile. Donc dans ce référentiel la résultante des forces qui s'appliquent sur elle est nulle.
Système : Emilie.
Référentiel : lié au manège.
Repère : $(\vec{ex}, \vec{ey})$ voir dessin.
Bilan de forces :
- le poids.
- La réaction du sol.
- La force d'inertie d'entraînement $-m\Omega\wedge\Omega\wedge\mathbf{OM}$.
- La force exercée par Emilie sur la barre verticale $-\mathbf{T}$.

On a donc projeté sur l'axe des x :

$$m\Omega^2 r - T = 0$$

D'où :

$$\mathbf{T} = m\Omega^2 r\mathbf{e_x}$$

C) Forces de gravitation.

Pour calculer une force de gravitation exercée sur un corps, on commence par calculer le champ de gravitation **g** régnant dans l'espace. Voici les méthodes permettant de calculer ce champ.
La première chose à faire lorsque l'on vous demande de calculer **g**, c'est de trouver sa direction.

METHODE 8 : Comment trouver la direction de g

■ Principe

On fait le même raisonnement que pour la détermination de la direction de **E** en électrostatique, à savoir que les symétries de la distribution de masse se retrouvent dans celle de **g**. Pour plus d'informations : achetez le tome 1, ça nous fera des sous.

■ *Exemple : Soit un cône de révolution en bois, de masse volumique* ρ*, de demi-angle au sommet* α *et de hauteur h.*
Déterminer la direction du champ ***g*** *créé par le bois au sommet du cône.*

La distribution est invariante par toute rotation autour de l'axe passant par le sommet, donc le champ **g** est vertical.

METHODE 9 : Utiliser la loi de gravitation

■ Rappel

Soit 2 masses M_1 et M_2 placées en A_1 et A_2. La première crée en A_2 un champ de gravitation **g** tel que :

$$\mathbf{g} = \frac{M_1 G}{A_1A_2^{\,3}}\mathbf{A_2A_1}$$

M_2 est soumise à la force $\mathbf{F} = M_2\mathbf{g}$

■ Cas d'application

Lorsque la distribution en masse est ponctuelle.
On a cependant le même résultat pour des planètes sphériques et homogènes.

Analogie avec l'électrostatique : la masse joue le rôle de la charge : une masse crée un champ, et une masse dans un champ est soumise à une force.

METHODE 10 : Utiliser le théorème de Gauss

■ Rappel

Soit une surface Σ fermée orientée par un normale **n**, enfermant une masse M_{int}. On a alors :

$$\iint_\Sigma \mathbf{g}.\mathbf{n}d\Sigma = 4\pi G M_{int}$$

■ Cas d'application

Cette méthode n'a d'intérêt que lorsqu'on peut sortir **g** de l'intégrale, c'est-à-dire : lorsque **g** fait une direction constante avec **n** et que de plus **g** a une norme constante sur Σ.

Il est donc important de trouver la direction de **g** et de dénicher une bonne surface de Gauss.

■ Type d'exo utilisant cette méthode

Souvenez-vous des exos d'électrostatique où vous aviez utilisé le théorème de Gauss. Maintenant au lieu de mettre de la charge vous mettez de la masse et vous obtenez l'exo de gravitation type.

REMARQUE :
C'est fondamental de comprendre que c'est la masse ***intérieure*** *à la surface de Gauss qui détermine la valeur de l'intégrale. On trouvera donc le même résultat, qu'il y ait de la masse à l'extérieur de la surface de Gauss ou non.*

■ *Exemple : On considère une planète sphérique homogène de masse volumique* ρ *et de rayon R.*
Calculer le champ de gravitation dans tout l'espace.

1. On applique la méthode 0, le champ **g** est radial et ne dépend que de r (le système étant invariant par rotation d'angles θ et φ).
2. On prend comme surface de Gauss la sphère centre 0 et de rayon r. **g** garde sur cette surface une norme constante.
On trouve :

Pour $r < R$: $\iint_\Sigma \mathbf{g}.\mathbf{n}d\Sigma = -g4\pi r^2 = 4\pi G M_{int} = 4\pi G \frac{4}{3}\pi r^3 \rho$. Soit $\mathbf{g} = -G\frac{4}{3}\pi r \rho \mathbf{u}_r$

Pour $r > R$: $\iint_\Sigma \mathbf{g}.\mathbf{n}d\Sigma = -g4\pi r^2 = 4\pi G M_{int} = 4\pi G \frac{4}{3}\pi R^3 \rho$. Soit $\mathbf{g} = -G\frac{4}{3}\pi \frac{R^3}{r^2}\rho \mathbf{u}_r$

On peux remarquer que $M = \rho \times \text{Volume} = \frac{4}{3}\pi R^3 \rho$ et donc que : $\mathbf{g} = -\frac{MG}{r^2}\mathbf{u}_r$. On retrouve l'expression trouvée en considérant la masse comme ponctuelle.

METHODE 11 : Utiliser la loi de la méthode 9, version continue

■ Rappel

Soit une distribution de masse de volume τ. Elle crée en un point P de l'espace un champ de gravitation :

$$\mathbf{g} = \iiint_{M \in \tau} \frac{\rho d\tau G}{MP^3}\mathbf{PM}$$

■ **Cas d'application**

Lorsque la méthode 10 tombe en défaut. En effet, cette méthode est lourde en calcul et nécessite :
1. De trouver la direction résultante de **g**.
2. De projeter le champ de gravitation dû aux éléments de masses élémentaires sur la direction résultante de **g**.
En fait, elle vous oblige à faire trois calculs au lieu d'un seul si vous intuitez la direction résultante.

■ *Exemple : Calculer le champ de gravitation de l'exemple de la méthode 8*
On prend un élément de volume :

$$d\tau = dz z d\alpha r d\theta = dz z^2 \tan\alpha d\alpha d\theta.$$

La projection de $\delta \mathbf{g}$ sur l'axe du cône vaut :

$$\delta g = \frac{\rho d\tau G \cos^3\alpha}{z^2} = \rho G \sin\alpha \cos^2\alpha dz d\alpha d\theta$$

D'où le champ total :

$$g = \frac{1}{3}\rho G h 2\pi(1-\cos\alpha)$$

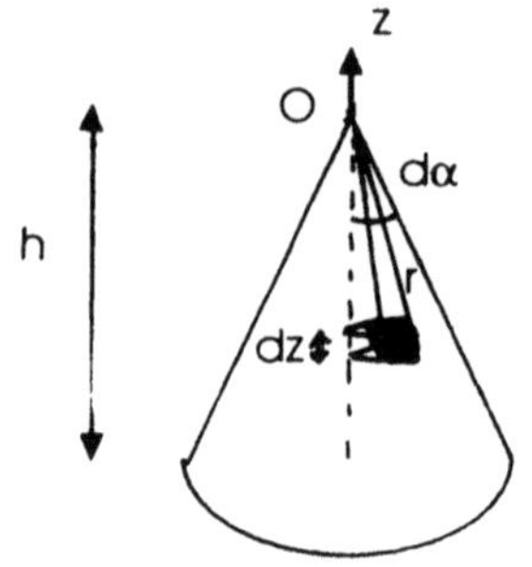

METHODE 12 : Utiliser le théorème de superposition

■ **Rappel**

Souvenez-vous de ce dessin et de la méthode portant le même nom dans le tome 1 chapitre 1, c'est tout.

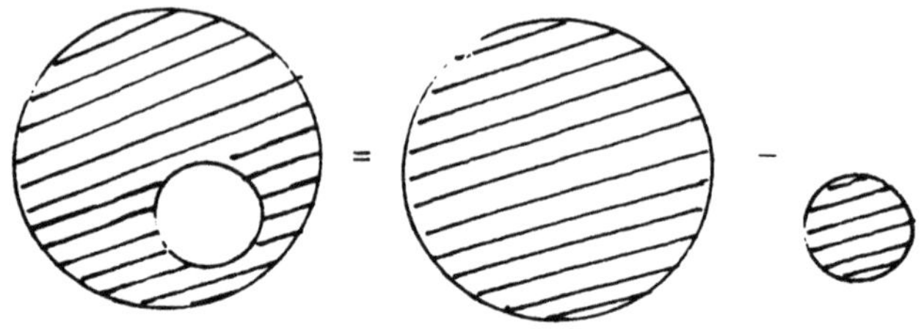

■ *Exemple : Une grotte sphérique dans une planète sphérique de rayon a et de centre A, a son centre B situé à la distance b du centre de la planète.*
Calculer le champ de gravitation dans la grotte.

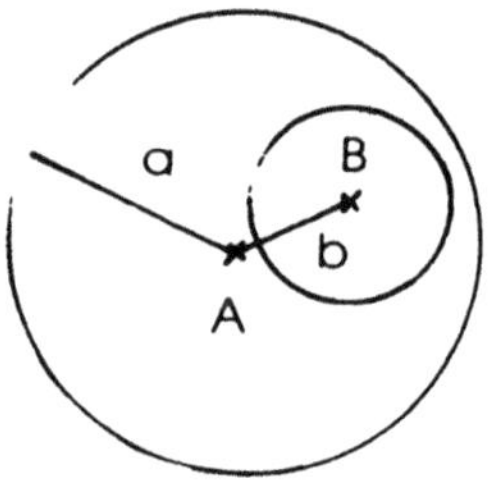

On utilise la méthode 2 pour calculer les champs de gravitation créés par chacune des deux planètes, puis on fait leur différence.

$$\mathbf{g} = -G\frac{4}{3}\pi\mathbf{AM} + G\frac{4}{3}\pi\mathbf{BM} = G\frac{4}{3}\pi\mathbf{BA}$$

Le champ de gravitation ne varie pas tant qu'on reste à l'intérieur de la grotte, super, hein, vous en avez pour votre argent avec des résultats comme ça.

3. Comment résoudre un problème de mécanique du point

Maintenant que l'on a effectué le bilan des forces, on peut appliquer les théorèmes fondamentaux de la dynamique. Il y a deux façons de résoudre :
— dans le cas général, on applique le TRC (théorème de la résultante cinétique) ou le TMC (théorème du moment cinétique) ;

— s'il n'y a qu'un seul degré de liberté (en gros), que toutes les forces dérivent d'un potentiel ou ne travaillent pas, on applique le théorème de l'énergie mécanique. C'est l'objet de ce premier sous-paragraphe.

A) Résoudre à l'aide du théorème de l'énergie mécanique

METHODE 13 : Calculer l'énergie potentielle U d'un système

■ Principe

1. Faire un bilan des forces **f**. (Normalement cela est déjà fait.)
2. En déduire l'énergie potentielle, en ne gardant que celles qui dérivent d'un potentiel, c'est-à-dire telles que $\mathbf{f} = -\mathbf{grad}(U)$ et en les intégrant.

REMARQUE : On trouve donc toujours le potentiel à une constante près.

La chose à comprendre*, c'est que si vous arrivez à trouver une fonction C^1 qui redonne f si vous la gradientisez, alors la force dérive bien d'un potentiel, et le potentiel n'est autre que cette fonction à une constante près.*

■ Liste non exhaustive de potentiels à connaître par cœur

— La force de coulomb dérive d'un potentiel qui vaut : $U_{coulomb} = \frac{q_1 q_2}{4\pi\varepsilon_0 r}$.

— La force de gravitation : $U_{gravitation} = -\frac{m_1 m_2 G}{r}$.

— La force de rappel d'un ressort : $U_{ressort} = \frac{1}{2}kx^2$ (ici x désigne l'allongement).

— Le poids dérive d'un potentiel : $U_{poid} = mgh$.

— Plus généralement, toutes les forces centrales dérivent d'un potentiel.

■ Erreur fréquente

Les forces d'inertie ne dérivent en général pas d'un potentiel. En revanche, dans le cadre d'un référentiel en rotation à vitesse constante par rapport à un référentiel galiléen, la force d'inertie d'entraînement vaut : $f_{ie} = -m\omega^2 r$ et dérive donc d'un potentiel $U = \frac{1}{2}m\omega^2 r^2$ puisqu'il s'agit d'une force centrale.

■ *Exemple : On considère un point matériel M_1 de masse m_1 obligé de se déplacer sans frottement sur un axe vertical Ox et un point matériel M_2 de masse m_2 susceptible de se déplacer suivant l'axe Oy. Les deux masses sont reliées entre elles par un ressort de raideur k de longueur à vide l_0 et de masse négligeable. Le tout tourne autour de l'axe vertical Ox à une vitesse ω constante.*

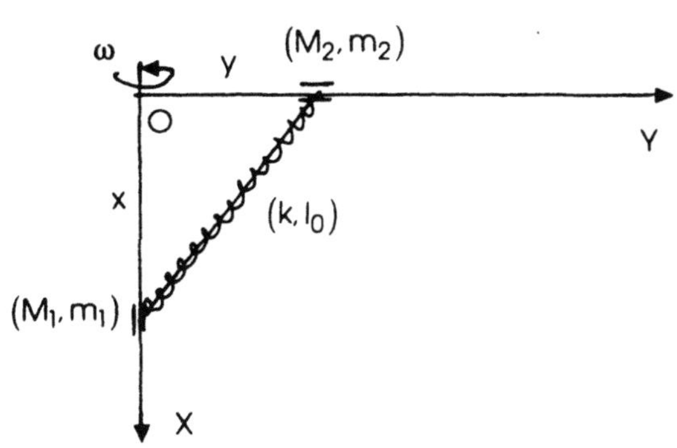

Donner une expression de l'énergie potentielle totale du système formé par les deux masses, à une constante près, en fonction de x et de y, en ne faisant aucune hypothèse sur l'importance des masses m_1 *et* m_2.

— Système : Les deux masses.
— Référentiel : tournant non galiléen lié au ressort.
— Bilan des forces :

- Le poids de M_2 ;
- Le poids de M_1 ;
- L'interaction gravitationnelle entre ces deux masses. (On parie que vous l'aviez oubliée celle-là) ;
- Les forces élastiques ;
- La force d'inertie d'entraînement qui s'applique sur la masse M_2. (Ici, coup de bol monstrueux, la force dérive d'un potentiel.)

L'énergie potentielle du système vaut à une constante près :

$$U = -m_1gx + \frac{1}{2}k\left(\sqrt{x^2+y^2} - l_0\right)^2 - \frac{m_1m_2G}{\left(\sqrt{x^2+y^2}\right)} - \frac{1}{2}m_2\omega^2y^2$$

Il suffit de faire la somme des différentes énergies potentielles.

Une fois que l'on a déterminé l'énergie potentielle correspondant aux forces conservatives (qui dérivent d'un potentiel), il faut calculer les travaux des forces non conservatives (celles qui travaillent effectivement bien sûr). Par exemple : les forces d'inertie dont vous avez, nous l'espérons, compris l'importance.

METHODE 14 : Comment calculer le travail des forces d'inertie

■ Rappel

— La force de Coriolis ne travaille pas. En effet, de par sa définition sa puissance est nulle puisque $\mathbf{F}_{coriolis}.\mathbf{v}_{\mathfrak{R}'} = 0$.
— Dans le cas où $\mathfrak{R}'$ est en rotation par rapport au référentiel galiléen, la force d'inertie d'entraînement travaille ; il faut alors calculer l'intégrale suivante :

$$W_{1\to2} = \int_{(1)}^{(2)} \left(-m\Omega\wedge\Omega\wedge\mathbf{OM} - m\frac{d\Omega}{dt}\wedge\mathbf{OM}\right)d\mathbf{OM}$$

puisque ce travail dépend en général du chemin parcouru (la force n'est en général pas conservative).

Une fois que l'on a fait ces petits calculs préliminaires pour toutes les forces agissant sur le système, il ne reste plus qu'à appliquer le théorème.

METHODE 15 : Appliquer le théorème de l'énergie cinétique

■ Rappel

Définition : une force est dite conservative si son travail entre deux états ne dépend que des états initiaux et finaux.

Proposition : une force est conservative si et seulement si elle dérive d'un potentiel.

Théorème (de l'énergie cinétique) : la variation de l'énergie mécanique entre deux états est égale au travail des forces non conservatives entre ces deux états.
Corollaire : (théorème de l'énergie mécanique)
Un système soumis uniquement à des forces conservatives et à des forces qui ne travaillent pas (type force de Coriolis, force de Lorentz) conserve son énergie mécanique.

On dirait un cours de Maths...

On utilise presque exclusivement le théorème de l'énergie mécanique.

■ **Quand l'utiliser ?**

Lorsque l'on ne vous demande que l'état final du système et que vous connaissez son état initial et toutes les forces auxquelles il est soumis.
Lorsqu'il n'y a qu'une seule inconnue (sinon, on a de toute façon besoin d'une autre équation alors autant utiliser tout de suite le TRC).

■ **Quand ne pas l'utiliser ?**

Lorsqu'il y des frottements.
Lorsque les forces ne sont pas conservatives.
Si la masse du système n'est pas constante, il faut prendre aussi en compte la masse perdue alors méfiance...

■ *Exemple : On considère un projectile lancé avec une vitesse initiale de v_0 à partir de l'altitude 0, en direction d'une colline à l'altitude h.*
Quelle sera la norme de la vitesse du projectile à son arrivée, en l'absence de frottement ?

On applique le TEM, entre les états initiaux et finaux.

$$E = \frac{1}{2}mv_0^2 + 0 = \frac{1}{2}mv_{finale}^2 + mgh$$

On en déduit la vitesse finale :

$$v_{finale} = v_0\sqrt{1 - \frac{2gh}{v_0^2}}$$

METHODE 16 : Comment déterminer une position d'équilibre

■ **Principe**

1. Déterminer l'énergie potentielle du système à l'aide des méthodes précédentes.
2. Annuler la dérivée.
3. Discuter de la stabilité d'un tel équilibre :
   - si la dérivée seconde de l'énergie potentielle est strictement positive au point d'équilibre alors l'équilibre est stable ;
   - si elle est strictement négative, il est instable ;
   - si elle est nulle, aller voir à l'ordre suivant jusqu'à trouver des dérivées non nulles.

■ **En cas de panique**

Si vous venez de vous rendre compte que votre expression de l'énergie potentielle dépendait de plusieurs variables, et que des sueurs froides commencent à vous couler dans le cou, ayez le bon réflexe : j'ai un cours de Maths de spé.
Les extrema des fonctions f de plusieurs variables sont à chercher parmi les zéros du gradient de f. Si vous devez savoir si en plus la position est stable, on peut calculer les valeurs propres de la matrice jacobienne de f, et regarder si elles sont de même signe...

ou alors ce qui revient au même trouver le signe du jacobien (puisque c'est le produit des valeurs propres). Voilà, voilà, on rappelle au passage à ceux qui sont en train de l'oublier que c'est un bouquin de physique.

■ *Exemple : En reprenant les notations de l'exemple de la méthode 8 déterminer les positions d'équilibre.*

On dérive l'énergie potentielle :

$$\frac{\partial U}{\partial x} = -m_1 g + kx\left(1 - \frac{l_0}{\sqrt{x^2+y^2}}\right) + \frac{m_1 m_2 G x}{\left(x^2+y^2\right)^{\frac{3}{2}}}$$

$$\frac{\partial U}{\partial y} = ky\left(1 - \frac{l_0}{\sqrt{x^2+y^2}}\right) + \frac{m_1 m_2 G y}{\left(x^2+y^2\right)^{\frac{3}{2}}} - m_2\omega^2 y$$

Il faut chercher à résoudre : $\frac{\partial U}{\partial y} = 0$ et $\frac{\partial U}{\partial x} = 0$. Vous obtenez un système de deux équations à deux inconnues.

Une solution physiquement et mathématiquement évidente est $y = 0$ et $x = l_0\left(1 + \frac{m_1 g}{k l_0}\right)$.

Il existe une autre position, pour certaines valeurs de la vitesse angulaire seulement.

Pour la stabilité il vous faut calculer le signe du jacobien de f, c'est-à-dire de :

$\frac{\partial^2 U}{\partial x^2} + \frac{\partial^2 U}{\partial y^2} - \left(\frac{\partial^2 U}{\partial x \partial y}\right)^2$. Bonne chance...

B) Simplifier un peu le problème avant de résoudre

Si vous en êtes réduits à utiliser le principe fondamental de la dynamique (nous compatissons), c'est vraiment que vous n'avez pas le choix car c'est beaucoup plus lourd que la méthode précédente. Il existe toutefois des façons de simplifier (un peu) le problème avant de bourriner les équations.

• ***Comment montrer que la trajectoire est plane ?***

METHODE 17 : Utiliser le TMC

■ Principe

Déterminez le moment cinétique du système par rapport à un point.
Dérivez-le pour trouver 0, et conclure qu'il est constant.
On a donc par définition r orthogonal à ce moment cinétique $\mathbf{L_0}$, r est donc dans le plan orthogonal à $\mathbf{L_0}$, donc r est contenu dans un plan : le mouvement est plan.

■ Liste de forces conduisant à un mouvement plan

On le montrera dans le chapitre 2, mais retenez déjà qu'un système soumis à des forces centrales a une trajectoire plane. En particulier, s'il s'agit des forces suivantes :
— **Force de gravitation,**
— **Force de rappel d'un ressort,**
— **Force de Coulomb,**
— **Poids.**

METHODE 18 : Utiliser le TRC

■ Idée philosophique

Si les forces s'appliquant sur la particule sont dans le même plan que le vecteur quantité de mouvement initial, la nouvelle quantité de mouvement à l'instant dt sera également dans ce plan, et on recommence le raisonnement en translatant l'origine des temps de dt.

■ Principe

1. On fait un bilan des forces s'appliquant sur la particule, dans le référentiel terrestre supposé galiléen.
2. On applique le TRC.
3. On en tire $x(t)$, $y(t)$ et $z(t)$.
4. On essaie de voir que la trajectoire est comprise dans un plan (c'est souvent évident).

■ Astuce

Repérez d'abord de quel plan il peut s'agir et choisissez votre système de coordonnées en conséquence, pour trouver $z(t) = 0$.

■ *Exemple : Un proton de masse m et de charge e est lâchée avec une vitesse* v_i *dans un champ électromagnétique tel que E est colinéaire à* $\mathbf{v_i}$ *et* $\mathbf{B}$ *lui est perpendiculaire.*
Il y a de plus une force de frottement visqueux, qu'on modélise par une force $\mathbf{f} = -h\mathbf{v}$.
Montrer que le mouvement reste plan.

1. *Système* : le proton.
Référentiel : terrestre supposé galiléen.
Bilan des forces :

- Le poids (négligé)
- La force électrique $\mathbf{f_{elec}} = e\mathbf{E}$
- La force magnétique $\mathbf{f_{mag}} = e\mathbf{v}\wedge\mathbf{B}$
- La force de frottement visqueux $\mathbf{f} = -h\mathbf{v}$

Système de coordonnées astucieux : On voit bien qu'initialement toutes les forces sont dans le plan contenant $\mathbf{E}$ et orthogonal à $\mathbf{B}$. Un repère astucieux est celui où x, y, z vérifient :

$$\mathbf{E}\begin{vmatrix} E \\ 0 \\ 0 \end{vmatrix} \quad \mathbf{B}\begin{vmatrix} 0 \\ 0 \\ B \end{vmatrix}$$

2. On applique le TRC, dans ce repère :

$$m\frac{d^2x}{dt^2} = eE + ev_yB - hv_x$$

$$m\frac{d^2y}{dt^2} = -ev_xB - hv_y$$

$$m\frac{d^2z}{dt^2} = -hv_z$$

La dernière équation résolue, on trouve grâce aux conditions initiales (pas de composantes de la vitesse initialement suivant z) :

$$v_z = v_{z0}\exp\left(-\frac{h}{m}t\right) = 0$$

Le mouvement se réalise donc dans le plan xOy.

METHODE 19 : Montrer que le mouvement est périodique

Cette question est généralement délicate et peu de personnes savent bien la traiter. On vous donne ici une méthode qui est assez générale (mais qui ne marche pas toujours).

■ Cas d'application

— Systèmes conservatifs (que des forces conservatives).
— Parité de l'énergie cinétique ou du potentiel (c'est équivalent).

■ Idée heuristique

Dire qu'à un moment donné le système se retrouve dans les mêmes conditions que les conditions initiales, son évolution ultérieure sera alors la même que précédemment.

■ Principe

1. On dit que l'énergie mécanique du système se conserve.
2. Si l'énergie cinétique est une fonction paire, alors $\forall A,\ v(A) = v(-A)$.

En particulier, si on a lâché le système avec une vitesse nulle en A à l'instant initial, son énergie cinétique sera également nulle en $-A$, le système se retrouve alors dans la position symétrique de l'état initial (force de rappel opposée et la vitesse opposée) (en l'occurrence nulle ici) : le PFD nous permet d'assurer que son évolution de $-A$ à A sera la même que celle de A à $-A$.

■ *Exemple : En reprenant les notations de l'exemple la méthode 4, montrer que si on lâche le point P à la distance A avec une vitesse nulle, le mouvement sera périodique.*

1. L'énergie mécanique du système se conserve, puisque la force de rappel résultante dérive bien d'un potentiel.

2. Par ailleurs l'énergie cinétique vaut tout simplement :

$$E_C = \frac{1}{2}m\dot{x}^2$$

qui est manifestement une fonction paire.
En $x = A$, l'énergie mécanique se réduit au seul terme d'énergie potentielle élastique, Il en va donc de même par parité en $x = -A$. Le système se retrouvant dans le même état qu'initialement, mais de manière symétrique par rapport à Oy va se prolonger de la même manière entre $-A$ et A.

• ***Comment déterminer la période des oscillations ?***

METHODE 20 : Déterminer la loi $x(t)$

■ Principe

1. Appliquer le PFD au système.
2. Résoudre l'équation différentielle obtenue et déterminer la période de cette solution.

■ Cas d'application

On ne sait résoudre que peu d'équations différentielles, donc réservez cette méthode pour le cas ultra classique où le système est harmonique (c'est-à-dire que la solution est sinusoïdale).

■ *Exemple : Soit une masse M pouvant se déplacer suivant l'axe Ox relié à O par un ressort. Déterminer la période des oscillations.*

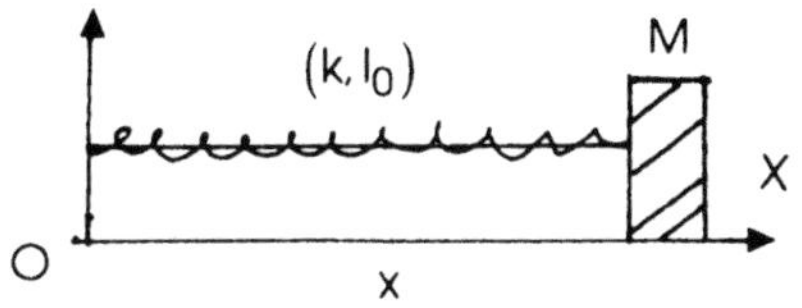

On applique le PFD à la masse M, projeté sur Ox :

$$M\frac{d^2x}{dt^2} = -kx$$

On sait résoudre cette équation : si vous ne savez pas, n'hésitez pas à commencer à vous inquiéter sérieusement :

$$x = A\cos\left(\sqrt{\frac{k}{M}}t + \varphi\right)$$

La solution est manifestement périodique de période :

$$T = \frac{2\pi}{\sqrt{\frac{k}{M}}}$$

METHODE 21 : Utiliser le théorème de l'énergie mécanique

■ Principe

1. Ecrire la conservation de l'énergie mécanique et isoler $\dot{x}^2$.
2. Prendre la racine carrée du tout et séparer les variables : à gauche les x, à droite dt, et intégrer entre 0 et $\frac{T}{4}$.

■ Cas d'application

Dès que la méthode précédente est prise en défaut.
Par ailleurs, cette méthode a le mérite d'être très "classe" (enfin, c'est un jugement de valeur).

■ Inconvénient de cette méthode

Il faut pouvoir calculer l'intégrale qui est en x, c'est l'inverse d'une racine carrée, donc c'est dur.
On vous donne quand même une intégrale qui revient souvent et qu'il faut connaître :

$$\int_{-\theta_0}^{\theta_0} \frac{d\theta}{\sqrt{\theta_0^2 - \theta^2}} = \pi$$

Même si cette méthode se révèle souvent infructueuse, commencez toujours par celle-là pendant une colle, votre examinateur commencera à se sentir tout chose. Puis prenez l'air embêté, avouez que vous ne savez pas calculer l'intégrale monstrueuse sur laquelle vous venez de tomber et sortez la méthode suivante de votre chapeau.
Si vous êtes à l'écrit, ne frimez pas en utilisant cette méthode (le correcteur se fout que vous perdiez votre temps avec une méthode élégante mais inefficace) : gagnez du temps en utilisant tout de suite la méthode suivante. Vous garderez vos effets de manche pour l'oral.

■ *Exemple : Reprendre l'exemple de la méthode 13, dans le cas particulier où la longueur à vide des ressorts vaut b, et déterminer la période des oscillations, on notera :* $\alpha = \int_0^1 \frac{du}{\sqrt{1-u^4}}$, *qu'on ne cherchera pas à calculer. Les conditions initiales à t = 0,* $x = A$ *et* $\dot{x} = 0$.

1. On calcule l'énergie mécanique du système :

$$E=\frac{1}{2}m\dot{x}^2+\frac{1}{4}\frac{kl_0}{b^3}x^4=\frac{1}{4}\frac{kl_0}{b^3}A^4$$

2. On isole $\dot{x}^2$:

$$\left(\frac{dx}{dt}\right)^2=\frac{kl_0}{2mb^3}A^4-\frac{kl_0}{2mb^3}x^4 \text{ soit encore : } \left(\frac{dx}{dt}\right)=\sqrt{\frac{kl_0}{2mb^3}A^4-\frac{kl_0}{2mb^3}x^4} \text{ (i)}$$

3. On sépare les variables à gauche ce qui dépend de x, à droite de t et on intègre entre 0 et A, pour x :

$$\int_0^1 \frac{1}{A}\frac{du}{\sqrt{\frac{kl_0}{2mb^3}}\sqrt{1-u^4}}=\int_0^{\frac{T}{4}} dt=\frac{T}{4} \qquad \text{(i)}$$

D'où la période des oscillations :

$$T=\frac{4\alpha}{A}\sqrt{\frac{2mb^2}{kl_0}}$$

■ **Erreurs fatales**

— Cela va sans dire, mais ça va encore mieux en le disant, n'intégrez pas (i) entre 0 et T, puisque les variables ne sont alors pas séparables (ce n'est plus un difféomorphisme), vous éviterez alors de trouver 0, en invoquant le soi-disant résultat "fort connu" :

$$\int_a^a f(t)dt=0$$

— Lorsque vous arrivez à l'étape (i) de l'exemple, suivant que x est croissant ou pas la vitesse v est égale à ± la racine carrée, alors attention à ce que vous écrivez pour ne pas trouver de période négative.

METHODE 22 : Faire un DL de l'équation du mouvement

■ **Position du problème**

On suppose qu'au premier ordre la solution trouvée est périodique.

■ **Principe**

1. Dire qu'à l'ordre suivant la solution sera encore périodique, donc développable en série de Fourier dont vous écrivez *a priori* le fondamental.
2. Reprendre l'équation du mouvement (PFD ou Théorème de l'énergie mécanique) dans lequel vous faites les DL à l'ordre imposé par l'énoncé. Linéarisez les fonctions sinusoïdales dépendant du temps.
3. Remplacer alors dans l'équation du mouvement votre fondamental, barrez sans complexe les termes harmoniques éventuels venant de votre linéarisation et déduisez-en une relation donnant la nouvelle pulsation du système.

■ **Cas d'utilisation**

Les DL ne sont intéressants que lorsque vous avez effectivement le droit de les faire, on vous stipulera donc dans l'énoncé que pouvez aller jusqu'à l'ordre 2 ou 3 (ou 49 si on ne veut pas que vous intégriez cette année).
Lorsque l'énoncé vous dit : « on fera les calculs à l'ordre "truc muche" », c'est cette méthode qu'il faut utiliser.

■ *Exemple : Dans le cas où les mouvements du solide de l'exemple précédent sont localisés autour de O, donner la période des oscillations au second ordre.*

1. On a vu que la force pouvait s'écrire : $-2kx - k\frac{l_0}{b^3}x^3$.

2. On suppose que le mouvement sera encore périodique donc développable en série de Fourier dont le fondamental est $a\cos\Omega t$ (y a bon parce que cette solution vérifie les conditions initiales, à savoir on lâche le ressort sans vitesse d'une position a). On écrit alors :

$$x^3 = a^3\cos^3\Omega t$$

qu'on linéarise immédiatement :

$$x^3 = a^3\left(\frac{1}{4}\cos 3\Omega t + \frac{3}{4}\cos\Omega t\right)$$

3. On ne remplace alors dans le PFD que les termes fondamentaux, en posant : $\omega_0^2 = \frac{2k}{m}$

$$-\Omega^2 a\cos\Omega t = -\omega_0^2 a\cos\Omega t - k\frac{l_0}{mb^3}a^3\frac{3}{4}\cos\Omega t$$

D'où la nouvelle pulsation : $\Omega^2 = \omega_0^2 + \frac{3l_0ka^2}{4mb^3}$.

C) Résoudre à l'aide du P.F.D.

Certains disent aussi principe fondamental de la dynamique. Celui-ci est en deux parties :

— Le T.R.C. ou théorème de la résultante cinétique. C'est celui que vous n'oubliez pas. (Somme des forces = Dérivée de la quantité de mouvement)

— Le T.M.C. ou théorème du moment cinétique. Celui-là, vous n'y pensez pas souvent. Et c'est fort dommage...

METHODE 23 : Utiliser le TRC

■ Erreur fréquente

Vous vous précipitez souvent sous la forme du PFD que vous avez apprise en 2nde, à savoir :

$$\sum \mathbf{F} = m\mathbf{a}$$

Eh bien, tenez-vous-le pour dit : **c'est faux**.

Le vrai TRC c'est : $\sum \mathbf{F} = \frac{d\mathbf{p}}{dt}$, où **p** représente la quantité de mouvement du système (on l'appelle aussi l'impulsion suivant les cours). Il ne prend la forme du cours de seconde que lorsque la masse du système de varie pas.

■ Principe

Si la masse de l'objet varie, il faut donc faire un petit peu attention. La méthode à suivre est donc la suivante.

1. Choisir un système **fermé** constitué de tout ce qu'il y a dans le système à l'instant t dans le référentiel galiléen.

2. Diviser ce système en deux sous-systèmes : Ce qu'il y a dans l'objet à l'instant t + dt et ce qui en est sorti.

3. Calculer $\mathbf{p}(t)$et $\mathbf{p}(t+dt)$, en déduire $\frac{d\mathbf{p}}{dt}$.

4. Appliquer le TRC $\sum \mathbf{F} = \frac{d\mathbf{p}}{dt}$ puis résoudre l'équation différentielle.

■ **Cas d'utilisation**

Cette méthode n'est à utiliser que si vous connaissez la loi $m(t)$ et la vitesse d'éjection de ce qui sort du système ou de ce qui y rentre (il faut connaître la quantité de mouvement apportée par l'extérieur).

■ *Exemple : On souhaite mettre en orbite un satellite de masse M_s au moyen d'une fusée de masse à vide m_f. On désigne par μ la masse des gaz produits par réaction chimique du carburant et du comburant, qui est supposée constante. On note $m_1(t)$ la masse totale de l'engin $m_1(t) = M_s + m_f + m_c(t)$ où $m_c(t)$ est la masse du carburant comburant non encore utilisé. On connaît $m_c(0)$. On appelle u la vitesse d'éjection des gaz par rapport à la fusée.*
La fusée part du sol avec une fusée nulle. Elle se déplace selon un axe vertical. On suppose que pendant la phase de vol, le champ de gravitation ne varie pas et vaut g_0.
Déterminer $v(t)$.

On applique le PFD au système **fermé** fusée à l'instant t, dans le référentiel géocentrique supposé galiléen :

$$m_1(t)\mathbf{g_0} = \frac{d\mathbf{p}}{dt}$$

On le met sous la forme intelligente puisqu'on connaît la loi $m_1(t)$ (puisque μ et constant) et qu'on connaît la vitesse d'évacuation des gaz.

— A l'instant t la quantité de mouvement de la fusée vaut : $\mathbf{p}(t) = m_1(t)\mathbf{v}(t)$

— A l'instant $t + dt$, la quantité de mouvement de la fusée plus des gaz qui s'en sont échappés pendant dt vaut : $\mathbf{p}(t+dt) = m_1(t+dt)\mathbf{v}(t+dt) + \mu dt(\mathbf{v}(t+dt) + \mathbf{u})$.

Pendant dt, la quantité de mouvement a donc augmenté de :

$$\mathbf{p}(t+dt) - \mathbf{p}(t) = \frac{d}{dt}(m_1(t)\mathbf{v}(t))_t dt + \mu dt(\mathbf{v}(t+dt) + \mathbf{u})$$

Soit en divisant par dt et le faisant tendre vers 0 :

$$\left(\frac{d\mathbf{p}}{dt}\right) = \frac{d}{dt}(m_1(t)\mathbf{v}(t))_t + \mu(\mathbf{v}(t) + \mathbf{u}) + o(1)$$

Qui se réécrit en se souvenant que : $\mu = -\frac{dm_1}{dt}$:

$$m_1(t)\frac{d}{dt}(\mathbf{v}(t))_t + \mu\mathbf{u} = m_1(t)\mathbf{g_0}.$$

On résout l'équation précédente, en remarquant que $m_1(t) = m_1(0) - \mu t$.

On trouve (en faisant gaffe aux conditions initiales) :

$$v(t) = -g_0 t + u\ln\left(\frac{m_1(0)}{m_1(0) - \mu t}\right)$$

METHODE 24 : Comment déterminer le moment des forces d'inertie ?

■ Rappel

Il suffit de revenir à la définition d'un moment : $\mathbf{M_0} = \mathbf{OM} \wedge \mathbf{F_i}$

■ *Exemple : Soit un régulateur de Watt, constitué d'un losange formé de 4 barres de même longueur l, sans masse et des points matériels A et B de masse m. Le point C sans masse est assujetti à se déplacer suivant l'axe Ox. Ce losange tourne à la vitesse angulaire $\Omega(t)$ autour de l'axe Ox.*

Déterminer le moment par rapport à l'axe Ox des forces d'inertie auxquelles est soumis le régulateur dans le référentiel lié au régulateur.

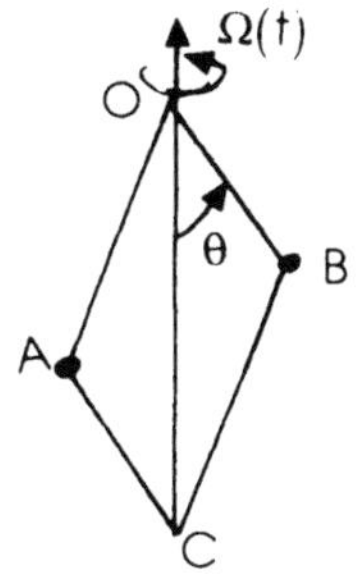

Le moment de la force de Coriolis par rapport à l'axe Ox vaut :

$$\mathbf{M}_{i,c} = -4\mathbf{OA} \wedge \left(\Omega(t) \wedge l\dot{\theta}.\mathbf{u}_\theta\right) = -4l^2 \sin\left(\theta(t)\right)\Omega(t)\dot{\theta}(t)\mathbf{e_x}$$

Le moment de la force d'inertie d'entraînement vaut :

$$M = 2\mathbf{OA} \wedge (-m\Omega \wedge \Omega \wedge \mathbf{OA}) = 0$$

En ce qui concerne la force d'inertie due à l'accélération du système, il vaut :

$$M_{i,c} = 2\mathbf{OA} \wedge \left(-m\frac{d\Omega}{dt} \wedge \mathbf{OA}\right) = -2l^2 \sin^2\left(\theta(t)\right) m \frac{d\Omega}{dt}\mathbf{e_x}$$

METHODE 25 : Déterminer les pulsations propres d'un système d'oscillateurs

On considère un système de n oscillateurs, défini par la connaissance de leur n positions. Le mouvement de ces oscillateurs (des masses quoi...) est déterminé par n équations à n variables et par les conditions initiales. Cela nous donne donc un système plutôt difficile à résoudre. Heureusement, il y a une méthode : on cherche à déterminer les pulsations propres du système. La solution exacte est alors la **combinaison linéaire** des solutions correspondant à ces pulsations qui vérifie les conditions initiales.

■ Principe

Si la relation reliant le vecteur (dans l'espace vectoriel de dimension n) $(\ddot{x}_1, \ddot{x}_2, ..., \ddot{x}_n)$ à $(x_1, x_2, ..., x_n)$ est linéaire (i.e. décrite par une matrice M), les pulsations propres sont les valeurs propres de M associées à des positions particulières des n oscillateurs qui ne sont autres que les vecteurs propres de M.

La procédure à suivre est donc la suivante :

1. Trouver le système linéaire grâce au T.R.C.
2. Trouver les valeurs propres et vecteurs propres de la matrice correspondante, c'est-à-dire les couples (vp, **vp**).
3. Trouver les solutions correspondantes à chacune des valeurs propres.

   Si $vp = 0$, la solution est du type $X = (At + B)\mathbf{vp}$.

   Si $vp < 0$, la solution est du type $X = \left(A\cos\left(\sqrt{-vp} * t\right) + B\sin\left(\sqrt{-vp} * t\right)\right)\mathbf{vp}$

   Si $vp > 0$, la solution est du type $X = \left(A\mathrm{ch}\left(\sqrt{vp} * t\right) + B\mathrm{sh}\left(\sqrt{vp} * t\right)\right)\mathbf{vp}$.
4. Ecrire une combinaison linéaire de ces solutions en écrivant des coefficients *a priori*.
5. Identifier les coefficients à l'aide des conditions initiales.

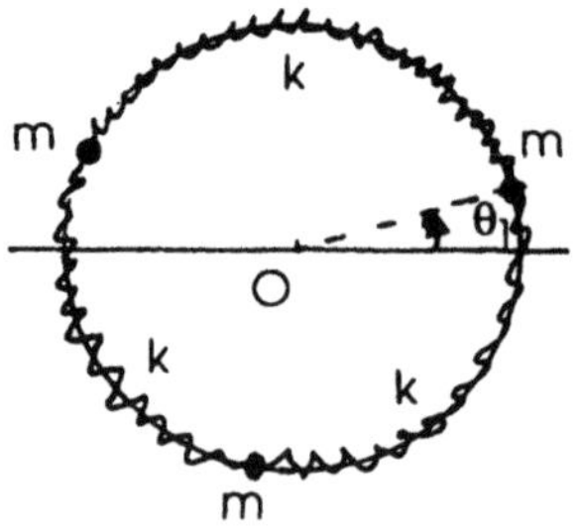

■ *Exemple : Soient 3 masses ponctuelles de masse m libres de se mouvoir sur un cercle. On les relie par des ressorts de constante k.*
Quelles sont les fréquences propres du mouvement ?
1. On applique le PFD à chacune des 3 masses dans le référentiel terrestre supposé galiléen.
On trouve, après simplification par le rayon du cercle :

$$m\ddot{\theta}_1 = k(\theta_2 - \theta_1) + k(\theta_3 - \theta_1)$$
$$m\ddot{\theta}_2 = k(\theta_3 - \theta_2) + k(\theta_1 - \theta_2)$$
$$m\ddot{\theta}_3 = k(\theta_2 - \theta_3) + k(\theta_1 - \theta_3)$$

2. La relation entre le vecteur $(\ddot{\theta}_1, \ddot{\theta}_2, \ddot{\theta}_3)$ et $(\theta_1, \theta_2, \theta_3)$ est :

$$\begin{pmatrix} \ddot{\theta}_1 \\ \ddot{\theta}_2 \\ \ddot{\theta}_3 \end{pmatrix} = \frac{k}{m} \begin{pmatrix} -2 & 1 & 1 \\ 1 & -2 & 1 \\ 1 & 1 & -2 \end{pmatrix} . \begin{pmatrix} \theta_1 \\ \theta_2 \\ \theta_3 \end{pmatrix}$$

Là, vous vous jetez sur le Méthodix d'algèbre en remarquant que cette matrice c'est simplement :

$$J - 3I$$

Donc, on a immédiatement les valeurs propres $\lambda_1 = 0$, $\lambda_2 = -3$, et $\lambda_3 = -3$ et les vecteurs propres $\begin{pmatrix} 1 \\ 1 \\ 1 \end{pmatrix}, \begin{pmatrix} -2 \\ 1 \\ 1 \end{pmatrix}, \begin{pmatrix} 1 \\ -2 \\ 1 \end{pmatrix}$.

La fréquence nulle correspond à un mouvement d'ensemble des particules à vitesse constante (puisque leur accélération est nulle). La pulsation $\sqrt{\frac{3k}{m}}$ est dégénérée deux fois.

La solution est donc : $\begin{pmatrix} \theta_1 \\ \theta_2 \\ \theta_3 \end{pmatrix} = (At + \alpha)\begin{pmatrix} 1 \\ 1 \\ 1 \end{pmatrix} + B\cos\left(\sqrt{\frac{3k}{m}}t + \beta\right)\begin{pmatrix} -2 \\ 1 \\ 1 \end{pmatrix} + C\cos\left(\sqrt{\frac{3k}{m}}t + \gamma\right)\begin{pmatrix} 1 \\ -2 \\ 1 \end{pmatrix}$.

Il ne reste plus qu'à trouver les coefficients à l'aide des conditions initiales.

METHODE 26 : Comment déterminer l'équation d'une courbe C

Ces dernières années, on a souvent vu des exos de ce type aux oraux de concours. La méthode est systématique, donc on vous la donne pour expédier ce genre d'amuse-gueule.

■ Position du problème

On vous donne un point matériel de masse m qui peut se mouvoir dans un champ de force sur une courbe C. On vous dit que son équilibre est indifférent ou en d'autres termes que la masse m est toujours à l'équilibre. On vous demande alors de trouver l'équation de C.

■ Principe

1. Faire le bilan des forces auxquelles est soumise la masse m, **en n'omettant pas le plus important : les réactions de la courbe sur la masse**.
2. Projeter tout ça, dans un repère en polaire, en disant que la somme des forces est nulle puisque la masse m est à l'équilibre.
3. Bidouiller votre équation jusqu'à obtenir l'équation de la courbe C. Pour cela on vous conseille de faire passer d'un côté le terme contenant la norme de la réaction

(qu'on ne connaît pas *a priori*), et ceci dans les deux équations. Faites alors le rapport des deux équations : la norme de la réaction s'élimine, et on obtient une équation d'où il faut éliminer le temps.

■ *Exemple : Soit M un point décrivant une courbe (C) sans frottement. Il est soumis à son poids et à une force centrale, de norme constante q, dirigée vers 0. De plus le point M est toujours à l'équilibre.*
Déterminer l'équation de (C).

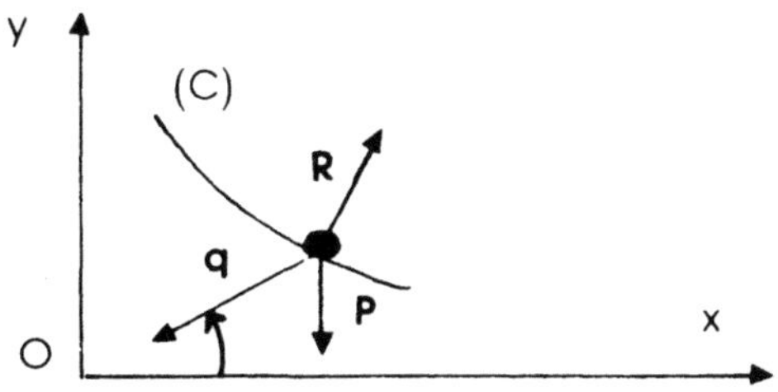

1. Système : Le point M
Bilan des forces :
Le poids :
$\mathbf{p} = m\mathbf{g} = -mg(\sin(\theta)\mathbf{u}_r + \cos(\theta)\mathbf{u}_\theta)$
La force centrale : $\mathbf{f} = -q\mathbf{u}_r$
La réaction du support :

$$\mathbf{N} = N_0(r\dot{\theta}\mathbf{u}_r - \dot{r}\mathbf{u}_\theta)$$

2. On applique le PFD au point M dans le référentiel du laboratoire supposé galiléen.

$$\sum \mathbf{F} = \mathbf{0}$$

Projeté sur les deux vecteurs $\mathbf{u}_r$ et $\mathbf{u}_\theta$, il vient :

$$-mg\sin(\theta) - q + N_0 r\dot{\theta} = 0$$
$$-mg\cos(\theta) - N_0\dot{r} = 0$$

3. Admirez la ruse de bidouillage :
On isole N_0

$$N_0\dot{r} = -mg\cos(\theta)$$
$$N_0 r\dot{\theta} = q + mg\sin(\theta)$$

On l'élimine :

$$\frac{\dot{r}}{r} = -\frac{\dot{\theta}mg\cos(\theta)}{q + mg\sin(\theta)}$$

On passe aux différentielles :

$$\frac{dr}{r} = -d\theta\frac{mg\cos(\theta)}{q + mg\sin(\theta)} \text{ soit encore } d(\ln(r)) = -d(\ln(q + mg\sin(\theta)))$$

Et en intégrant :

$$r = \frac{K}{q + mg\sin(\theta)}$$

Qui n'a pas reconnu l'équation d'une conique ?

Erreurs

■ N'oubliez jamais le terme dû à l'accélération du repère $m\frac{d\Omega}{dt}\wedge\mathbf{OM}$. Lorsque vous ne connaissez rien sur la loi de rotation, votre examinateur saura que vous ne l'avez pas oubliée.

■ C'est une expérience vécue : si dans le référentiel non galiléen dans lequel vous étudiez un système, celui-ci est immobile, dites bien que les forces de Coriolis sont nulles (même si vous le savez), ceci vous évitera des réflexions du genre : « si vous ne l'avez pas écrit au tableau, c'est que vous n'y aviez même pas pensé ».

■ Lorsque l'on parle de **g**, n'oubliez pas qu'il s'agit de la résultante entre le champ de gravitation terrestre et l'accélération d'entraînement. Eh oui, les fils à plomb n'indiquent pas la direction du centre la terre (sauf sur l'équateur et aux pôles).

■ Il faudrait finir par vous persuader que les mouvements périodiques ne sont pas nécessairement sinusoïdaux. Ainsi, lorsqu'on vous demande de trouver la période des oscillations, et que vous écrivez une solution sinusoïdale, parlez toujours du fondamental de la décomposition en série de Fourier de la loi horaire. Lui est sinusoïdal.

Astuce

Pour éviter tout problème de signe faites toujours vos schémas avec les angles dans le sens positif, les vecteurs vers les x croissants.

Le saviez-vous ?

■ Avez-vous déjà entendu parler de la masse inerte et de la masse pesante ? Si la réponse est négative lisez donc ce qui suit : voilà en mettre plein la vue de votre examinateur. Pas n'importe quand toutefois (pas si vous devez résoudre un exercice d'électronique).
Lorsque Newton énonce le **principe fondamental de la dynamique** (relisez Gotlib si vous avez un trou), il écrit que la résultante des forces s'appliquant sur un corps est reliée à l'accélération et que le facteur s'appelle M, **masse inertielle**. Il représente la résistance d'un corps à la modification de son mouvement.

La loi de gravitation, quant à elle, fait intervenir une autre masse : la **masse pesante**.
L'hypothèse de Newton c'est l'égalité de la masse pesante et de la masse inertielle, qui permet de simplifier par M dans le PFD, et conduit à penser que la gravitation est universelle, c'est-à-dire que l'accélération gravitationnelle est commune à tous les corps situés à la même position.
Pourtant Newton a bluffé parce qu'il n'y a aucun argument théorique qui permette de distinguer masse inertielle et masse pesante. Il fait seulement des expériences qui semblent confirmer leur égalité.

300 ans plus tard, Einstein débarque et montre que la masse inertielle est celle définie à partir de l'énergie par le fameux : $E = mc^2$ qui fait rêver tous les gens qui n'ont jamais fait de physique. Il est également à l'origine de la théorie des champs, qui stockent de l'énergie (les ondes électromagnétiques, les ondes mécaniques, mais aussi les ondes de gravitation). Mais aucune avancée sur la différence entre masse pesante et inertielle.

Une des expériences les plus récentes et les plus spectaculaires remonte à la mission Apollo et les 25 ans qui l'ont suivi. **Si les deux masses ne sont pas égales, les objets célestes ne devraient pas être accélérés de la même manière dans les mêmes positions**. Il devrait donc y avoir des variations de trajectoires, par exemple l'orbite de la lune devrait être légèrement déformée. En juillet 69, lorsque Neil Armstrong et Buzz Aldrin arrivent sur la lune, ils y déposent un réflecteur terre-lune appelé TTL, dont le but est de calculer la distance terre-lune en calculant le temps que mettent des photons pour faire l'aller-retour terre-lune.
Les mesures effectuées pendant 25 ans, en tenant compte de multiples corrections (ralentissement du laser par l'atmosphère, contribution gravitationnelle d'autres planètes, prise en compte de la déformation de la terre par les marées...) conduisent quand même à **l'égalité des 2 masses à** 5.10^{-13}. D'autres conséquences de ce résultat apportent également des preuves de la véracité de la théorie de la relativité générale (mais ça commence à devenir un peu trop hard pour nous).

Exercices

1 Une épreuve de bizutage que, bien sûr, nous réprouvons...

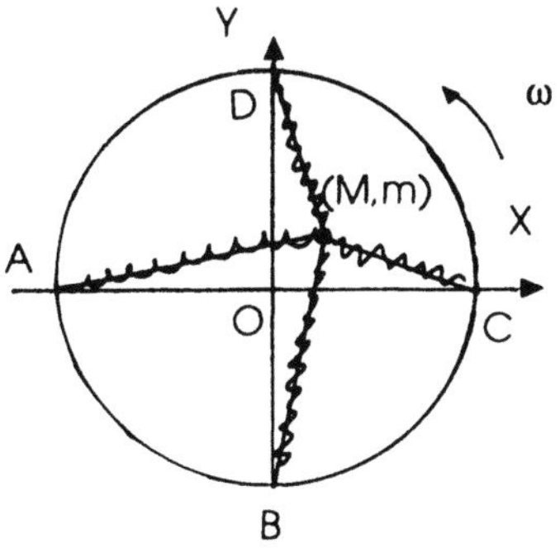

Un plateau circulaire, de centre O, de rayon R a un mouvement circulaire uniforme, de vitesse angulaire ω, autour d'un axe vertical, perpendiculaire au plateau, relativement à un référentiel galiléen. Un jeune élève M de masse m posé sur le plateau et est relié à 4 points A, B, C, D liés au plateau par des ressorts de longueur à vide R.
Etudiez le mouvement de l'élève sachant qu'initialement on a $x(0) = a$, $y(0) = 0$ et que l'élève est lâché sans vitesse initiale. On supposera que le mouvement reste confiné au voisinage de O.

2

Hamy's Land est semblable en presque tout à la terre. En effet, elle a même masse, même rayon. Cependant, à Hamy's Land les habitants sont constamment en état de lévitation.
Quelle est la vitesse de rotation de cette planète sur elle-même ?

3 Principe du sismographe

Un sismographe est un boîtier constitué d'une masse m attachée au bout d'un ressort de raideur k. En cas de secousse sismique (modéliser par une vibration à la fréquence Ω) :
1) Expliquer ce qui se passe et l'intérêt d'un tel dispositif.
2) On intercale en série une seconde masse m' et un second ressort de raideur k', pourquoi et comment ceci améliore-t-il le dispositif ?

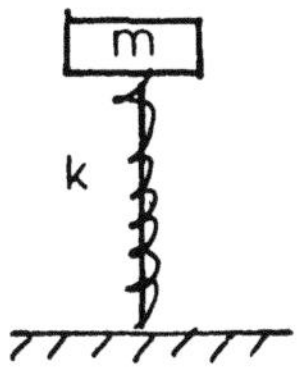

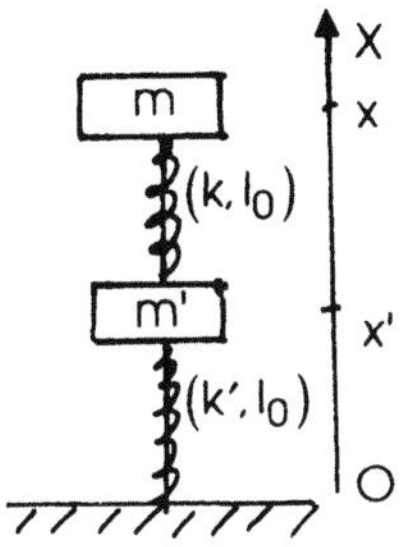

4 Période du pendule

On considère un pendule simple constitué d'une barre sans masse de longueur L et d'une masse m à son extrémité. Déterminer la période des oscillations au second ordre en θ.

5 Pendule de Foucault

Expliquez comment on peut mettre en évidence l'existence de la force de Coriolis, quand on a un appartement haut de plafond.

6 Masse dans un cône

Une particule peut glisser sans frottement suivant une trajectoire circulaire dans un entonnoir. Quelle vitesse doit avoir la particule pour qu'il puisse en être ainsi ?

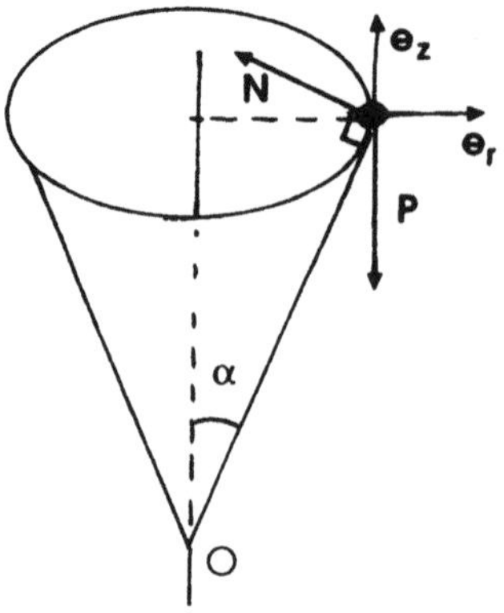

7 6 mouches

6 mouches sont initialement aux 6 sommets d'un hexagone régulier. A chaque instant, l'une suit sa plus proche voisine, c'est-à-dire que son vecteur vitesse est dirigé vers la mouche précédente.
En supposant que les mouches volent à la même vitesse déterminer la trajectoire des mouches et le temps de vol avant qu'elles ne se cognent la tête au centre de l'hexagone.

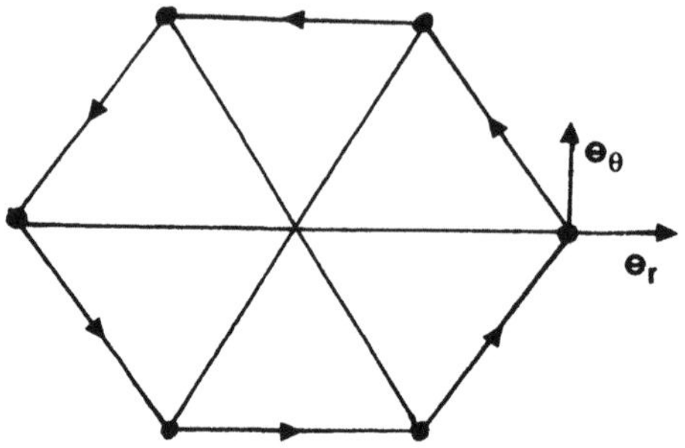

8 Jeu stupide

Marion et Arnaud s'amusent à se cracher dessus dans un manège. Arnaud décide de se placer au centre O du manège, Marion à la périphérie M.
Expliquer pourquoi Marion est plus intelligente qu'Arnaud. (L'argument habituel : parce que les filles sont plus intelligentes que les garçons est non recevable.)

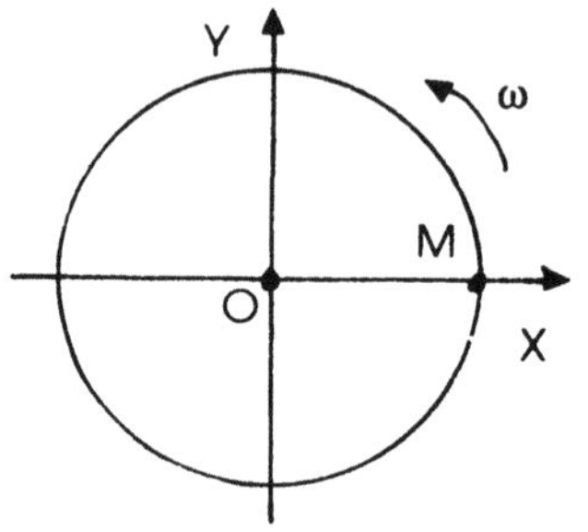

9 Simulation d'amortisseur

Un véhicule est en translation uniforme à la vitesse **v** sur une route curviligne d'équation $y = f(x)$. On lui associe un référentiel $\mathfrak{R}_1$ en translation par rapport à un référentiel fixe noté $\mathfrak{R}$. Un point matériel A de masse m lié à l'origine O_1 de $\mathfrak{R}_1$ par un ressort de raideur k, de longueur à vide l_0, coulisse le long de l'axe vertical.

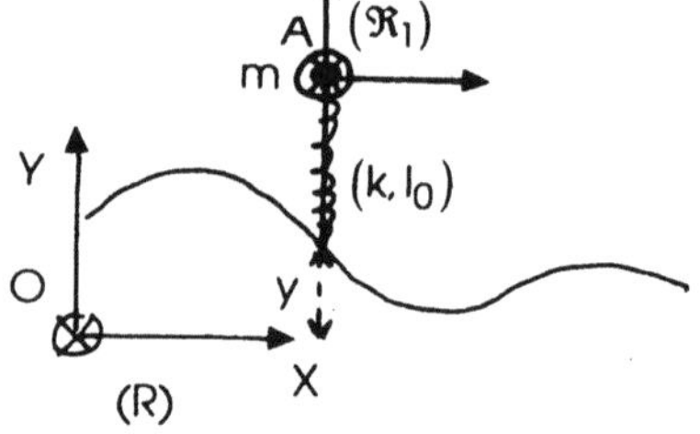

Déterminer l'équation différentielle satisfaisant le mouvement de A.

Corrigés

1

Méthode utilisée : 3

— On se place dans le référentiel lié au manège comme nous oblige à le faire la méthode 3.
On se pose alors les bonnes questions sur ce référentiel : il tourne à vitesse constante, donc le terme d'accélération d'entraînement dû à l'accélération est nul.

— Dans ce repère on étudie le système : bizut.
On se pose la bonne question : bouge-t-il ?
A cause des ressorts, la réponse est oui.

— Bilan des forces :

- Son poids
- La réaction du sol
- Les forces de rappel des ressorts :

$$F_x = k(l_4 - l) - k(l_3 - l) = -2kx$$
$$F_y = k(l_1 - l) - k(l_2 - l) = -2ky$$

- La force d'inertie d'entraînement : $\mathbf{f_{i,e}} = m\omega^2\sqrt{x^2+y^2}\,\mathbf{u_r}$
- La force de Coriolis (puisqu'il bouge) : $\mathbf{F_{i,c}} = -\omega\left(\frac{dy}{dt}\mathbf{e_x} + \frac{dx}{dt}\mathbf{e_y}\right)$

— On applique le TRC à ce système dans le référentiel lié au manège, on a :

$$m\frac{d^2x}{dt^2} = 2\omega m\frac{dy}{dt} + m\omega^2 x - 2kx$$
$$m\frac{d^2y}{dt^2} = -2\omega m\frac{dx}{dt} + m\omega^2 y - 2ky$$

En allant voir du côté du dernier chapitre, puisque les coefficients de ce système différentiel ne sont égaux qu'au signe près : il n'est donc pas fécond de faire la somme et la différence des deux lignes. Il faut donc **tenter un passage en complexes** du genre $L_1 + iL_2$.
En posant $X = x + iy$, il vient :

$$\ddot{X} = -2i\omega\dot{X} + \left(\omega^2 - \omega_0^2\right)X$$

Les racines de l'équation caractéristique sont :

$$r_1 = -i(\omega+\omega_0) \text{ et } r_2 = -i(\omega-\omega_0), \text{ en posant : } \omega_0^2 = \frac{2k}{m}$$

Les solutions sont donc du type :

$$X = A\exp(-i(\omega+\omega_0)t) + B\exp(-i(\omega-\omega_0)t)$$

Les conditions initiales donnent :

$$A + B = a \text{ et } -i(\omega+\omega_0)A - i(\omega-\omega_0)B = 0$$

D'où :

$$B = \frac{a(\omega+\omega_0)}{2\omega_0}$$
$$A = -\frac{a(\omega-\omega_0)}{2\omega_0}$$

En séparant partie réelle et partie imaginaire, il vient :

$$x(t) = a\left(\cos(\omega t)\cos(\omega_0 t) + \frac{\omega}{\omega_0}\sin(\omega_0 t)\sin(\omega t)\right)$$

$$y(t) = a\left((-\cos(\omega_0 t)\sin(\omega t)) + \frac{\omega}{\omega_0}\sin(\omega_0 t)\cos(\omega t)\right)$$

— Il est toujours bon de montrer que vous n'êtes pas un mutant et que vous avez des rudiments de français en plus d'être une bête en calcul numérique. Il s'agit de **battements** qu'on rencontre également lors de l'étude des systèmes couplés.

2

Méthodes utilisées : 7,9

Hamy's land est une planète bien curieuse, si elle tourne sur elle-même, le référentiel "terrestre" de cette planète n'est pas galiléen. Les habitants de cette planète sont donc soumis à des forces d'inertie.

Si on suppose que la rotation de la planète autour d'elle-même se fait à vitesse constante, il n'y a pas de terme en $m\frac{d\Omega}{dt}\wedge\mathbf{OM}$.

Si les habitants sont immobiles par rapport au sol, ils ne sont pas soumis à la force de Coriolis.

Seule reste donc la force d'inertie d'entraînement : $\mathbf{F_{i,e}} = -m\omega\wedge\omega\wedge\mathbf{OM}$.

S'il est placé sur l'équateur, un indigène sera en lévitation si la force d'inertie contre exactement la force de gravitation :

$$m\omega^2 R = \frac{mMG}{R^2}$$

$$\boxed{\omega = \sqrt{\frac{MG}{R^3}}}$$

Ordre de grandeur :

$$\omega \approx \sqrt{\frac{10}{6000.10^3}} \approx 1,29\text{rad.s}^{-1}$$

Ce qui correspond à 17 révolutions par 24 heures. C'est un exo pour l'allumeur de lampadaire du petit prince.

3

Méthodes utilisées : 2,7,23

Voilà typiquement le genre d'exo où la terre ne peut être considérée comme un référentiel galiléen. Si le but de l'appareil est de mesurer les vibrations de la terre, c'est que la terre est soumise à des forces, et qu'elle n'est donc pas isolée, donc le référentiel terrestre n'est pas galiléen.

— Dans le référentiel terrestre la masse m est soumise :

- à son poids
- à la force de rappel du ressort
- à la force d'inertie d'entraînement liée à la vibration de la terre et qui vaut :

$$-m\mathbf{a_e} = m x_0 \Omega^2 \sin(\Omega t)\mathbf{e_x}$$

— On applique le PFD à la masse m, il vient projeté sur l'axe ascendant des x :

$$\frac{d^2x}{dt^2} = -\omega_0^2(x - l_0) - g + x_0\Omega^2 \sin(\Omega t)$$

On peut résoudre aisément cette équation différentielle, en trouvant la solution particulière constante et en passant en complexe pour la générale :

$$x(t) = l_0 - \frac{g}{\omega_0^2} + \frac{1}{1 - \left(\frac{\Omega}{\omega_0}\right)^2} x_0 \sin(\Omega t)$$

— Intérêt de l'appareil :

L'amplitude de la secousse a été multipliée par un facteur : $\frac{1}{1 - \left(\frac{\Omega}{\omega_0}\right)^2}$ d'autant plus grand que la pulsation de vibration est proche de la pulsation propre de l'oscillateur. Ceci permet de repérer des secousses infimes sur la surface terrestre. Pour avoir une grande gamme de fréquences de vibration possible, on utilise différents oscillateurs avec des raideurs différentes.

On a cependant de gros problèmes si ce facteur devient infini.

2) Pour y remédier, on intercale une autre masse m'.
— Si on applique le PFD à la masse m :

$$\frac{d^2x}{dt^2} = -\omega_0^2(x - x' - l_0) - g + x_0\Omega^2 \sin(\Omega t)$$

— Si on applique le PFD à cette seconde masse, il vient :

$$m'\frac{d^2x'}{dt^2} = k(x - x' - l_0) - k'(x' - l'_0) + x_0\Omega^2 \sin(\Omega t) - m'g$$

En passant en complexe, et en ne s'intéressant qu'à la solution du régime forcé, il vient en éliminant x' :

$$x = \frac{k'x_0 \sin(\Omega t)}{-k + \left(k + k' - m'\Omega^2\right)\left(1 - \left(\frac{\Omega}{\omega_0}\right)^2\right)}$$

L'amplitude n'est alors plus infinie lorsque $\Omega = \omega_0$. La seconde masse a joué le rôle d'un filtre.

4

Méthodes utilisées : 13,15, 22

On applique le théorème de l'énergie cinétique, la masse m n'étant soumise :
— qu'à des forces conservatives (son poids),
— ou qui ne travaillent pas (la tension du fil puisqu'elle est toujours perpendiculaire au déplacement du pendule).

On a donc :

$$E_m = \frac{1}{2}ml^2\dot{\theta}^2 + mgl(1 - \cos\theta) = E_0$$

En la dérivant, on tombe sur l'équation du pendule :

$$\ddot{\theta} = -\frac{g}{l}\sin(\theta)$$

Si on cherche la période au second ordre l'équation différentielle équivalente est :

$$\ddot{\theta} = -\frac{g}{l}\left(\theta - \frac{\theta^3}{6}\right) \text{(i)}$$

Si on considère que le mouvement est encore périodique, il se décompose en série de Fourier, son fondamental s'écrit *a priori* :
$\theta = \theta_0 \sin\Omega t$ où Ω est la nouvelle pulsation cherchée.
On a donc en linéarisant :

$$\theta^3 = \theta_0^3 \sin^3(\Omega t) = \theta_0^3\left(\frac{3}{4}\sin(\Omega t) - \frac{1}{4}\sin(3\Omega t)\right)$$

En reportant ce fondamental dans l'équation différentielle, on trouve :

$$-\Omega^2\theta_0 \sin\Omega t = -\omega_0^2\left(\theta_0 \sin\Omega t - \frac{\theta_0^3}{6}\frac{3}{4}\sin(\Omega t)\right)$$

En ne tenant compte que du fondamental. les autres termes ne nous intéressent pas puisque d'entrée de jeu on a dit qu'on ne considérait que le fondamental de la nouvelle série de Fourier.

On trouve finalement :

$$\Omega^2 = \omega_0^2\left(1 - \frac{\theta_0^2}{8}\right)$$

L'oscillateur n'est plus harmonique car la période des oscillations dépend de l'amplitude de celles-ci.

Ce qui précède est un raisonnement qui tombe souvent à l'écrit à l'X (physique 2 X96), mettez-vous le bien dans le crâne, et si un jour vous faites de la physique, vous retrouverez peut-être le même raisonnement lorsque vous chercherez l'expression de la correction de Landau au premier ordre.

5

Méthodes utilisées : 25,23

L'expérience de Foucault a été réalisée pour montrer l'existence de la force de Coriolis à laquelle est soumise toute masse mobile dans le référentiel terrestre, non galiléen.
Si on considère que la rue Soufflot, où se trouve le Panthéon, est à peu près à la latitude $\lambda = 45°$, on a le schéma suivant.

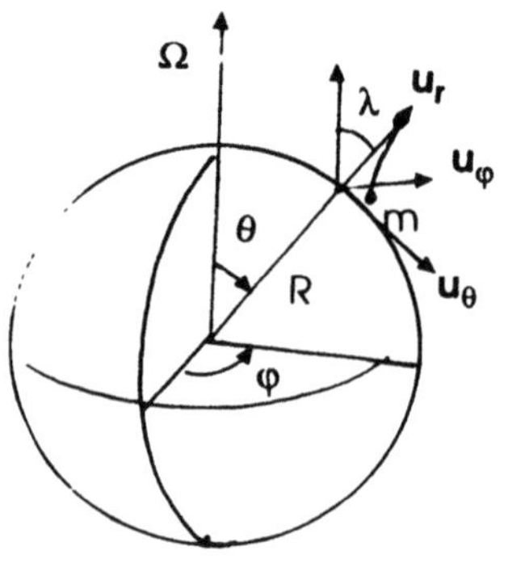

Lorsque le pendule va de droite à gauche, il est soumis à la force de Coriolis suivant u_φ, lorsqu'il va de gauche à droite, la force de Coriolis est dirigée suivant $-u_\varphi$.

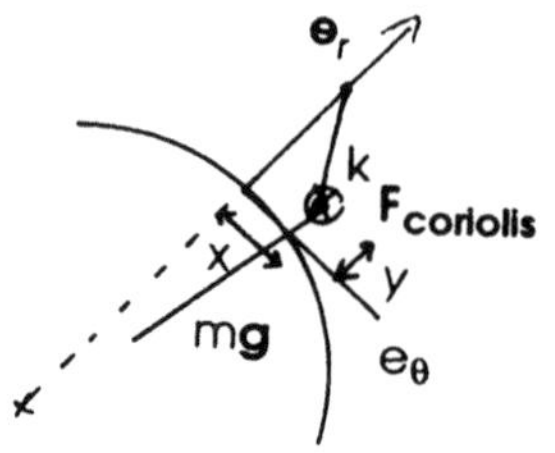

Repère choisi : coordonnées sphériques :

$$x\overrightarrow{\mathbf{u}_r} + y\overrightarrow{\mathbf{u}_\theta} + z\overrightarrow{\mathbf{u}_\varphi}$$

Le pendule est soumis :

- A son poids : $-mg\mathbf{u}_r$
- A la tension du fil $\approx k\mathbf{u}_r$
- A la force de Coriolis : $-2m\Omega \wedge \mathbf{v}$

Le TRC nous donne :

$$ma = (k - mg)\mathbf{u_r} - 2m\Omega\mathbf{u_z} \wedge v$$
$$= (k - mg)\mathbf{u_r} - 2m\Omega(\sin\lambda\mathbf{u_r} - \cos\lambda\mathbf{u_\theta}) \wedge (\dot{x}\mathbf{u_r} + \dot{y}\mathbf{u_\theta} + \dot{z}\mathbf{u_\varphi})$$
$$= (k - mg)\mathbf{u_r} - 2m\Omega(\sin\lambda\dot{y} + \cos\lambda\dot{x})\mathbf{u_\varphi} + 2m\Omega\sin\lambda\dot{z}\mathbf{u_\theta} + 2m\Omega\cos\lambda\dot{z}\mathbf{u_r}$$

soit le système :

$$\begin{cases} \ddot{x} = \dfrac{k}{m} - g + 2\Omega\cos\lambda\dot{z} \\ \ddot{y} = 2\Omega\sin\lambda\dot{z} \\ \ddot{z} = -2\Omega(\sin\lambda\dot{y} + \cos\lambda\dot{x}) \end{cases}$$

On suppose que x varie peu (le pendule a une grande taille). Alors il reste :

$$\begin{cases} \ddot{y} = 2\Omega\sin\lambda\dot{z} \\ \ddot{z} = -2\Omega\sin\lambda\dot{y} \end{cases}$$

On utilise la méthode 25 pour résoudre.

Les valeurs propres et vecteurs propres de la matrice $\begin{pmatrix} 0 & 1 \\ -1 & 0 \end{pmatrix}$ sont i et - i. On pose donc $\xi = y + iz$. On a alors $\ddot{\xi} = -2i\Omega\sin\lambda\dot{\xi}$ ce qui se résout en $\xi = Ae^{-2i\Omega\sin\lambda t} + B$.

Ainsi : $\begin{cases} y = A\cos(-2i\Omega\sin\lambda t) + x_0 - A \\ z = A\sin(-2i\Omega\sin\lambda t) + z_0 \end{cases}$.

$$-2m\Omega \wedge \mathbf{v} = -2m\Omega\mathbf{u_z} \wedge l\dot{\alpha}(\cos\alpha\mathbf{u_\theta} + \sin\alpha\mathbf{u_r}) = -2m\Omega l\dot{\alpha}\frac{\sqrt{2}}{2}(\cos\alpha\mathbf{u_\varphi} + \sin\alpha\mathbf{u_\varphi}) = -2m\Omega l\alpha\dot{\alpha}\frac{\sqrt{2}}{2}\mathbf{u_\varphi}$$

En projection sur u_φ, on peut supposer que seule subsiste la force de Coriolis.

On applique le TRC : $mr\ddot{\varphi} = -\sqrt{2}m\Omega l\alpha\dot{\alpha}$ avec $\sin\alpha \approx \alpha = \dfrac{r}{l}$.

Donc $\ddot{\varphi} = -\sqrt{2}\Omega\dot{\alpha}$ soit $\dot{\varphi} = -\sqrt{2}\Omega\alpha$. On intègre entre 0 et α_{max} :

$$\varphi(\alpha_{max}) = -\sqrt{2}\Omega\int_0^{\alpha_{max}}\alpha d\alpha = -\sqrt{2}\Omega\frac{\alpha_{max}^2}{2}.$$

6

Méthode utilisée : 7

Dans le référentiel lié à la boule, non galiléen, en rotation par rapport à un référentiel fixe, la bille est soumise à 3 forces :

- Son poids
- La réaction du sol
- La force d'inertie d'entraînement (qui est la seule puisque, dans $\mathfrak{R}'$, la bille est évidemment immobile et $\mathfrak{R}'$ est en rotation uniforme par rapport au référentiel fixe).

En projetant le PFD sur $\mathbf{e_r}$ et $\mathbf{e_z}$, on trouve :

$$N\sin(\alpha) = mg$$
$$N\cos(\alpha) = m\frac{v^2}{R}$$

On fait le rapport des deux lignes précédentes pour en déduire v :

$$\boxed{v = \sqrt{\frac{gR}{\tan(\alpha)}}}$$

7

Méthode utilisée : 23

Il est évident que, pour des raisons de symétries, les mouches vont se retrouver au centre de l'hexagone, et qu'à tout moment, elles seront aux 6 sommets d'un hexagone dont les dimensions diminuent.
Si on se place en polaires, et qu'on écrit la vitesse d'une mouche de 2 manières différentes, on a :

$$\mathbf{v} = \dot{r}\mathbf{u_r} + r\dot{\theta}\mathbf{u_\theta}$$

Par ailleurs, des relations d'angles dans l'hexagone donnent également :

$$\mathbf{v} = -\frac{v}{2}\mathbf{u_r} + \frac{v\sqrt{3}}{2}\mathbf{u_\theta}$$

En égalisant les deux, on a bien vite :

$$\frac{dr}{dt} = -\frac{v}{2} \Rightarrow r = -\frac{v}{2}t + a \qquad \text{(i)}$$

Qu'on remplace ensuite dans l'expression de la vitesse orthoradiale :

$$\frac{d\theta}{dt} = \frac{v\sqrt{3}}{2}\left(\frac{1}{-\frac{v}{2}t + a}\right)$$

$$\theta = -\sqrt{3}\ln(r) + cst \qquad \text{(ii)}$$

$$\boxed{r = a\exp\left(-\frac{\theta}{\sqrt{3}}\right)}$$

On reconnaît l'équation d'une spirale.

On peut calculer grâce à (i) le temps de vol des mouches :

$$\boxed{\tau = \frac{2a}{v}}$$

8

Méthodes utilisées : 3,7,exercice 1

Il faut résoudre cet exercice avec méthode.
— Pour cela se placer comme la méthode 3 s'échine à nous le conseiller dans le référentiel du manège.
Ensuite se poser les bonnes questions.
Le manège tourne à vitesse constante (on suppose), donc le terme d'accélération tangentielle du repère en nul.
Les Mickeys que se lancent Marion et Arnaud ne sont pas immobiles donc ils seront soumis à la force de Coriolis.

— Faisons des hypothèses simplificatrices.
Marion et Arnaud ont la même taille.
Ils crachent avec la même vitesse initiale et le même angle.
On suppose de plus que pour se viser, ils n'essayent pas de contrer la force de Coriolis : c'est-à-dire que si Arnaud est en O et vise Marion en A, il tire avec une vitesse initiale v_0e_x.

— On essaie de se ramener à des exos connus.
Si vous avez bonne mémoire, leurs Mickeys sont soumis aux mêmes forces que le Bizut de l'exercice 1 dans lequel on a enlevé les ressorts.
On a alors la solution de la forme (avec les notations de l'exercice 1) :

$$X = \exp(-i\Omega t)(At + B)$$

❒ Pour Arnaud, les conditions initiales sont :

$$X(0) = 0 = B$$

$$\dot{X}(0) = v_0 \cos(\alpha) = A$$

L'équation du Mickey d'Arnaud sera :

$$y = -\sin(\Omega t) v_0 \cos(\alpha) t$$

$$x = \cos(\Omega t) v_0 \cos(\alpha) t$$

Si le manège ne va pas vite, le temps mis par le Mickey pour aller s'écraser sur la face de Marion est de l'ordre de :

$$\tau_1 = \frac{R}{v_0 \cos(\alpha)}$$

La déviation sera donc :

$$y \approx -\frac{R^2 \Omega}{v_0 \cos(\alpha)}$$

❒ Pour Marion, les conditions initiales sont :

$$X(0) = R = B$$

$$\dot{X}(0) = -v_0 \cos(\alpha) = A$$

Si le manège ne tourne pas trop vite, le temps mis par le Mickey de Marion pour aller s'écraser sur le joli minois d'Arnaud est de l'ordre de τ_1, mais alors la déviation du Mickey sera :

$$y \approx -\frac{R^2 \Omega}{v_0 \cos(\alpha)} \times o(1)$$

Le mickey de Marion est donc beaucoup moins dévié que celui d'Arnaud.
On vous laisse conclure sur l'intelligence comparée d'une fille sympa et d'un garçon sans manière (c'est lui qui a commencé à cracher).

9

Méthodes utilisées : 4,7,23

— On se place dans le référentiel $\mathfrak{R}_1$, et on étudie le système A, il est soumis :

- à son poids ;
- à la force de rappel du ressort ;
- à la force d'inertie d'entraînement due à l'accélération du point coïncidant.

— On lui applique le PFD :

$$\frac{d^2y}{dt^2} = -g - k(y - l_0) - a_{O_1}$$

— Calculons l'accélération d'entraînement du point coïncidant O_1 :
Puisque v est constant, on a :

$$v^2 = \left(\frac{dx}{dt}\right)^2 + \left(\frac{dy}{dt}\right)^2 = \left(\frac{dx}{dt}\right)^2 \left(1 + f'^2(x)\right)$$

Donc en dérivant par rapport au temps, il vient :

$$0 = 2\left(\frac{dx}{dt}\right)\frac{d^2x}{dt^2}\left(1 + f'^2(x)\right) + \left(\frac{dx}{dt}\right)^2 2f'(x)f''(x)\frac{dx}{dt} \quad \text{(i)}$$

— Par ailleurs en revenant à la définition de l'accélération :

$$\mathbf{OO_1} = x\mathbf{i} + y\mathbf{j}$$

$$\frac{d\mathbf{OO_1}}{dt} = \frac{dx}{dt}\mathbf{i} + \frac{dx}{dt} f'(x)\mathbf{j}$$

$$\frac{d^2\mathbf{OO_1}}{dt^2} = \frac{d^2x}{dt^2}\mathbf{i} + \left(\frac{d^2x}{dt^2} f'(x) + f''(x)\left(\frac{dx}{dt}\right)^2 \right)\mathbf{j}$$

La composante verticale de l'accélération vaut en s'aidant de (i) :

$$\frac{d^2y_1}{dt^2} = \frac{d^2x}{dt^2} f'(x) + f''(x)\left(\frac{dx}{dt}\right)^2 = \left(\frac{dx}{dt}\right)^2 \left(\frac{f''(x)}{\left(1+f'^2(x)\right)} \right) = v^2 \left(\frac{f''(x)}{\left(1+f'^2(x)\right)^2} \right)$$

— On en déduit le PFD projeté sur l'axe vertical :

$$\frac{d^2y}{dt^2} = -g - k(y - l_0) - v^2 \left(\frac{f''(x)}{\left(1+f'^2(x)\right)^2} \right)$$

Chapitre 2
METHODES ET STRATEGIES POUR GAGNER A COUP SUR LA GUERRE DES ETOILES

■ Ah, les forces centrales, une des rares parties que tout le monde apprécie dans le programme et qui est vraiment une mine en ce qui concerne les méthodes.
Tiens, au fait, c'est quoi une **force centrale** : c'est une force qui est toujours dirigée vers le même point et qui ne dépend que de la distance à ce point.
Quel intérêt ?!? Eh bien c'est simple.
Cela vous permet de faire des calculs humains. En effet, une force centrale :
— est dirigée en polaires suivant $\mathbf{u_r}$ (donc quand on applique le PFD, on s'embête seulement avec une équation et pas 3) ;
— ne dépend que de r : elle dérive donc d'un potentiel. Si un corps n'est soumis qu'à un champ de forces centrales, **son énergie se conserve** et alors on est content car la conservation de l'énergie c'est simple, commode, expéditif et systématique. (On dirait une pub pour une lessive 2 en 1.)

■ Parmi les forces centrales il en existe une particulière très importante : la force coulombienne(force en $\frac{1}{r^2}$). On l'étudiera tout particulièrement car c'est celle qui est mise en jeu dans le mouvement des satellites terrestres (dans ce chapitre, par extension, on appelle satellite un objet dans un champ de force centrale). La trajectoire est alors conique dont on peut déterminer facilement les paramètres à l'aide des conditions initiales en utilisant la conservation de l'énergie.

■ Les types d'exos sont divers et variés, une fois n'est pas coutume :
— étude de satellites, avec décollage, atterrissage, crashage, problèmes techniques ;
— étude de réalités astronomiques comme l'avance de périhélie des planètes, et les problèmes énergétiques qui leur sont liés.

Dans ce chapitre, plus que jamais, les exemples constituent de véritables exos d'oraux, dont la plupart ont été posés à l'oral de l'X. Prenez-vous la tête dessus, ils en valent la peine, et ne soyez pas rebuté par les calculs, même s'il y en a beaucoup.

1. Mouvement d'un satellite dans un champ de force centrale

REMARQUE : tout ce qui suit est valable quelle que soit la force centrale. (Il n'y a que dans les exemples que l'on suppose le potentiel coulombien.)

METHODE 1 : Montrer que le mouvement est plan

Dans les exos sur les forces centrales, on vous demande toujours la même chose : d'abord on vous demande de montrer que le mouvement est plan. L'intérêt c'est de vous faire ensuite travailler en polaires et non plus en sphériques.

■ Principe

On montre que le moment cinétique est constant et pour cela on vérifie que sa dérivée est nulle (en invoquant le PFD).

■ **Démonstration**

On suppose que le satellite est dans un champ de forces centrales $f(r)$.

On dérive le moment cinétique $\mathbf{L} = \mathbf{OM} \wedge m\mathbf{v}$:

$\frac{d\mathbf{L}}{dt} = \mathbf{v} \wedge m\mathbf{v} + \mathbf{OM} \wedge m\mathbf{a} = \mathbf{OM} \wedge \mathbf{f}(r) = 0$, puisque la force est centrale.

REMARQUE ANODINE :
Lors du sempiternel exo sur les boulets de canon qu'on balance d'un endroit à l'autre, on vous demande souvent de montrer que le mouvement se fait dans un plan vertical. C'est la même démonstration : montrer que le moment cinétique du missile par rapport au centre de la terre est constant (puisqu'il n'est soumis qu'à son poids qui est une force centrale).

METHODE 2 : Bien utiliser le PFD

■ **Principe**

L'expression de l'accélération peut être parlante ou non. Si vous voulez qu'elle vous parle (qu'elle vous dise des mots d'amour), mettez-la en cylindriques sous la forme suivante :

$$a_r = \ddot{r} - r\dot{\theta}^2 \text{ et } a_\theta = \frac{1}{r}\frac{\partial}{\partial r}\left(r^2\dot{\theta}\right)$$

■ **Intérêt**

Dans les mouvements à forces centrales le PFD impose la nullité de a_θ. Donc $r^2\dot{\theta}$ est constant dans le temps : c'est la loi des aires : le vecteur **OM** balaie une surface constante par unité de temps. On note $\boxed{C = r^2\dot{\theta} = \|\mathbf{r_0} \wedge \mathbf{v_0}\| = \frac{\|\mathbf{L}\|}{\mathbf{m}}}$

Celle-ci sert essentiellement dans la démonstration de la 3e loi de Kepler.
Il ne reste alors plus qu'à utiliser a_r de la façon suivante.

METHODE 3 : Utiliser le changement de variable $u = \frac{1}{r}$ pour déterminer la trajectoire

■ **Idée philosophique**

Déterminer une trajectoire, c'est trouver une équation des variables d'espace et plus du temps. Des équations avec des variables du temps et d'espace on en a à la pelle : le PFD, l'énergie. Il faut donc essayer d'éliminer le temps et pour cela, il faut prier pour qu'on ait le droit d'écrire sans donner de l'urticaire à un prof de Maths :

$$\frac{du}{dt} = \frac{du}{d\theta} \cdot \frac{d\theta}{dt}$$

■ **Principe**

1. On applique le PFD dans lequel on élimine la dépendance en $\dot{\theta}$, en utilisant la loi des aires $\dot{\theta} = \frac{C}{r^2}$.

2. On fait intervenir le changement de variable $u = \frac{1}{r}$ où r est une fonction de θ, pour tomber sur une équa dif linéaire, qu'on résout.
3. On repasse en variables polaires et on discute la nature de la trajectoire.

■ **Cas d'application**

Vous ne pouvez pas utiliser cette méthode pour toutes les forces centrales. Mais pour les forces en $\frac{1}{r^2}$ et $\frac{1}{r^3}$, on vous jure sur notre parole de scout que ça marche.

■ *Exemple : On considère un satellite de masse m de la terre de masse M, soumis à la seule force de gravitation.*
Déterminer sa trajectoire.

— 1. Le PFD dans la base des coordonnées polaires est :

$$\ddot{r} - r\dot{\theta}^2 = -\frac{1}{m}\left(\frac{mMG}{r^2}\right) \text{et } r^2\dot{\theta} = C.$$

qui devient : $\ddot{r} - \frac{C^2}{r^3} = \frac{MG}{r^2}$ (i).

— 2. On fait le changement de variable $u = \frac{1}{r}$ et on calcule $\dot{r}$ puis $\ddot{r}$:

$$\frac{dr}{dt} = -r^2\frac{du}{dt} = -r^2\frac{du}{d\theta}\dot{\theta} = -C\frac{du}{d\theta} \text{ et } \ddot{r} = \frac{d}{dt}\left(-C\frac{du}{d\theta}\right) = -C\dot{\theta}\frac{d^2u}{d\theta^2} = -\frac{C^2}{r^2}\frac{d^2u}{d\theta^2}$$

(i) devient $\frac{d^2u}{d\theta^2} + u = \frac{1}{C^2}MG$.

— 3. La solution est de la forme : $u = \frac{1}{r} = \frac{1}{C^2}MG(1 + e\cos\theta)$.

On vous avait bien dit que c'était une conique.

On pose habituellement $\frac{C^2}{MG} = p$ et on appelle p le paramètre de la conique. On reconnaît l'équation polaire d'une ellipse (si $e < 1$) dont le foyer est la planète attractrice, une parabole (si $e = 1$), une hyperbole (si $e > 1$).

La nature de la trajectoire dépendra des conditions initiales (qui fixent r en $\theta = 0$).

METHODE 4 : Comment savoir si une trajectoire circulaire est viable ?

Qu'est-ce que ça veut dire ?
Seulement que si on veut satelliser quelque chose à une altitude h sur une orbite circulaire, on doit imposer au satellite une certaine vitesse. Une seule vitesse pour chaque h est admissible.

■ **Principe**

On applique le PFD au satellite dans le référentiel géocentrique, dans la base des coordonnées polaires, projeté sur $\mathbf{u_r}$:

$$\ddot{r} - r\dot{\theta}^2 = \frac{1}{m}f(r)$$

Or, la trajectoire est circulaire. Donc $r = r_0$ et $\ddot{r} = 0$. Et finalement : $r_0\dot{\theta}^2 = \frac{-1}{m}f(r_0)$.

Il s'agit alors de savoir si la forme de f permet des solutions $r_0 \neq 0$ et $r_0\dot{\theta} = v_0 \ll c_0$ où c_0 est la vitesse de la lumière.

■ *Exemple : Quelle doit être la vitesse à communiquer à un satellite, depuis la terre, pour le satelliser sur l'orbite circulaire la plus basse possible (c'est-à-dire le rayon de la terre R_0) ?*
On applique le PFD au satellite dans le référentiel géocentrique, dans la base de Frenet, projeté sur **n** :

$$m\frac{v^2}{R_0}=\frac{mMG}{R_0^2}\Rightarrow v=\sqrt{\frac{MG}{R_0}}$$

A.N. : $v = 7,9\ \mathrm{Km.s^{-1}}$
Retenez ce résultat par cœur, il s'agit de la **première vitesse cosmique**.

METHODE 5 : Comment calculer l'énergie totale d'un satellite ?

■ Principe

1. Se mettre dans la tête que les systèmes dans un champ de forces centrales sont non dissipatifs (force dérivant d'un potentiel) : donc leur énergie se conserve (il suffit de la dériver par rapport au temps et on tombe sur le PFD).
2. Ecrire l'expression de l'énergie mécanique comme somme de l'énergie cinétique et de l'énergie potentielle et éliminer la dépendance en $\dot\theta$ en invoquant la loi des aires.
3. Comme l'énergie est constante : la calculer pour 2 positions du satellite où son expression est particulièrement simple : par exemple lorsque $\dot r = 0$.
4. On touille les deux expressions obtenues, pour éliminer C constante des aires.

■ Cas d'application

Il faut d'abord connaître la trajectoire du satellite pour pouvoir calculer ses éléments caractéristiques.

■ *Exemple : Soit un satellite de masse m dans le champ de gravitation terrestre. Déterminer son énergie mécanique.*
On écrit l'expression de l'énergie mécanique :

$$E=\frac{1}{2}m\left(\dot r^2+r^2\dot\theta^2\right)-\frac{mMG}{r}$$

On élimine la dépendance en $\dot\theta$ grâce à la loi des Aires :

$$E=\frac{1}{2}m\left(\dot r^2+\frac{C^2}{r^2}\right)-\frac{mMG}{r}$$

On calcule cette énergie pour $r=a-c$ et $r=a+c$ où $\dot r=0$. (On utilise les résultats de la deuxième partie mais bon...)

$$E=\frac{1}{2}m\left(\frac{C^2}{a^2\left(1+e^2\right)}\right)-\frac{mMG}{a(1+e)}\ \text{et}\ E=\frac{1}{2}m\left(\frac{C^2}{a^2\left(1-e^2\right)}\right)-\frac{mMG}{a(1-e)}$$

On élimine C^2, on trouve :

$$E=-\frac{GMm}{2a}$$

METHODE 6 : Comment montrer qu'une trajectoire est bornée ?

■ Principe

1. Dire que la trajectoire est plane et se placer en polaires.
2. Calculer l'énergie mécanique à l'aide des conditions initiales : E_0.
3. L'écrire, d'autre part, sous la forme $E_{mec} = \frac{1}{2}m\left(\dot{r}^2 + r^2\dot{\theta}^2\right) + V(r)$.
4. Se souvenir que le satellite n'étant soumis qu'à une force dérivant d'un potentiel, son énergie mécanique se conserve. $\frac{1}{2}m\dot{r}^2$ étant toujours positif, le reste doit toujours être inférieur ou égal à E_{mec}.
5. Tracer $\frac{1}{2}mr^2\dot{\theta}^2 + V(r) = \frac{1}{2}m\left(\frac{C^2}{r^2}\right) + V(r)$ (qui ne dépend grâce au ciel et à la loi des Aires que de r) et discuter alors si la trajectoire est bornée à l'aide du 4. Il s'agit de voir si la condition $\frac{1}{2}m\left(\frac{C^2}{r^2}\right) + V(r) \leq E_0$ impose des conditions sur r.

■ *Exemple : Dans le cas d'un champ coulombien, on trouve que la trajectoire d'un satellite est bornée si et seulement si son énergie mécanique est négative.*

METHODE 7 : Comment montrer qu'une trajectoire est fermée ?

■ Préliminaire

On a montré que la trajectoire des satellites est fermée lorsqu'ils sont soumis à la force de gravitation. Mais il existe d'autres forces centrales et on vous demande parfois (surtout à l'oral de l'X) de montrer qu'un satellite dans un champ de forces centrales donné une trajectoire fermée. Les calculs sont généralement infaisables, c'est pour ça que ça tombe à l'X : prenez donc 2, 3 Guronsans (en bithérapie avec du Prozac) avant de débuter de tels exos.

■ Principe

1. D'abord, trouver des conditions pour que la trajectoire soit bornée. Un fameux théorème de Maths vous assurera que la trajectoire atteint ses bornes.
2. Déterminer les bornes en question.
3. C'est assez subtil. On prend pour état initial le sattellite en r_0 et $\mathbf{v_0}$ tel que l'on soit à l'apogée ou au périgée (à une borne, quoi). S'il existe un θ strictement positif tel que $\mathbf{v}(\theta) = \mathbf{v_0}$ et $r(\theta) = r_0$ alors le satellite étant dans les mêmes dispositions qu'à l'état initial, vous vous doutez bien que sa trajectoire sur $[\theta, 2\theta]$ sera déduite de celle sur $[0, \theta]$ par une bête rotation de centre O et d'angle θ.

Pour que la trajectoire ait une chance de se refermer, il faut que θ soit un sous-multiple de 2π.

■ *Exemple : On considère un satellite de masse m dans un potentiel de la forme $V(r) = -\frac{a}{r}$. Donner des conditions sur m, V et les conditions initiales pour que la trajectoire soit fermée.*

Le potentiel est coulombien. La trajectoire est donc bornée si et seulement si $E_0 \leq 0$. En supposant cette condition réalisée, on peut passer à la détermination des bornes.

On écrit l'énergie du satellite : $E_{mec} = \frac{1}{2}m(\dot{r}^2 + r^2\dot{\theta}^2) + V(r) = \frac{1}{2}m\left(\dot{r}^2 + \frac{C^2}{r^2}\right) - \frac{a}{r}$, ce qui permet de tirer : $\dot{r}^2 = \frac{2}{m}\left(E_{mec} + \frac{a}{r}\right) - \frac{C^2}{r^2}$ (i)

En écrivant que $\frac{dr}{dt} = \frac{dr}{d\theta}.\frac{C}{r^2}$ et en remplaçant dans (i), il vient :

$$\frac{dr}{d\theta}.\frac{C}{r^2} = \sqrt{\frac{2}{m}\left(E_{mec} + \frac{a}{r}\right) - \frac{C^2}{r^2}}$$

Soit en faisant le ménage et en intégrant :

$$\int_{r_{min}}^{r_{max}} \frac{dr}{\sqrt{\frac{2}{m}(E_0 - V(r)) - \frac{C^2}{r^2}}} \frac{C}{r^2} = \int_0^{\theta} d\theta = \Delta\theta.$$

En posant $u = \frac{1}{r}$, on trouve :

$$\Delta\theta = \int_{u_{max}}^{u_{min}} - \frac{du}{\sqrt{\frac{2}{mC^2}(E_0 + au) - u^2}}$$

— Souvenez-vous, le cours d'intégration en sup (ah ouais, c'est vrai, y avait un cours d'intégration en sup). Vous savez intégrer des trucs comme ça. En effet, ce qu'il y a dans la racine n'est autre que le carré de la vitesse projetée sur $\mathbf{u_r}$ dans la base des polaires . (C'est comme cela qu'on l'a construit.)

Donc la racine s'annule en U_{max} et U_{min}. (La vitesse y est uniquement tangentielle puisque le rayon ne varie pas.) On peut donc factoriser le trinôme du second degré à l'intérieur de la racine.

$$\sqrt{-(U - U_{min})(U - U_{max})}$$

(Tout cela constitue un exercice classique de début de sujet de méca alors essayez de retenir.)

— La ruse connue (ou du moins à connaître) par tous est de remarquer que, puisque U est compris entre U_{max} et U_{min}, on peut faire le changement de variable :

$$U = \frac{U_{max} + U_{min}}{2} + \frac{U_{max} - U_{min}}{2}\cos\theta.$$

L'intégrale se calcule alors facilement :

On trouve alors $\Delta\theta = \pi$ qui est un sous-multiple de 2π.

La trajectoire est donc fermée.

METHODE 8 : Comment calculer la période de révolution ?

■ Principe

Intégrer la loi des Aires sur une période et faire apparaître la surface totale balayée par le satellite.

$$\frac{dS}{dt} = \frac{1}{2}r^2\dot{\theta} = \frac{C}{2} \Leftrightarrow \int_0^T dS = \frac{CT}{2} = \text{Surface\_balayée} \qquad \text{(ii)}$$

■ *Exemple : Champ gravitationnel. Trajectoire elliptique.*

b et a sont respectivement les petits et grands axes de l'ellipse.

La surface d'une ellipse est comme vous le savez πab.

Fort de la deuxième partie de ce chapitre, on élève (ii) au carré et on remplace C^2 par $\frac{b^2MG}{a}$.
On trouve alors :

$$\boxed{\frac{T^2}{a^3} = \frac{4\pi^2}{MG}}$$

C'est la troisième loi de Kepler.
Résultat génial, puisque la période de révolution ne dépend pas de la masse de satellite.

2. Mouvement d'un satellite dans un champ de force coulombien

Soit un satellite dans un potentiel $U(r) = -\frac{k}{r}$. ($k = GmM$ pour la gravitation et $k = -\frac{q_1q_2}{4\pi\varepsilon_0}$ pour l'électrostatique.) Nous savons déjà que la trajectoire est plane (méthode 1) et qu'elle est de la forme $\frac{1}{r} = \frac{1}{p}(1 + e\cos\theta)$ où $C = r^2\dot{\theta} = \|r_0 \wedge v_0\|$ (loi des aires) et $p = \frac{mC^2}{|k|}$ (exemple de la méthode 3).
Nous rappelons d'abord comment déterminer rapidement la trajectoire du satellite à l'aide des conditions initiales.

A) Résolution du problème à un corps

Il n'y a pas de question à se poser : la trajectoire est une conique (c'est l'avantage des champs de force coulombiens). On commence par déterminer le type de conique auquel on a affaire.

METHODE 9 : Utiliser la conservation de l'énergie

■ Principe

On calcule l'énergie totale $E = \frac{1}{2}mv^2 - \frac{k}{r}$ à l'aide des conditions initiales.

Si $E < 0$ alors la trajectoire est une ellipse.

Si $E = 0$ c'est une parabole.

Si $E > 0$ c'est une hyperbole.

C'est tout. (D'où l'intérêt des champs coulombiens.)

Il faut ensuite déterminer les éléments caractéristiques de la conique.

METHODE 10 : Déterminer les éléments caractéristiques de l'ellipse

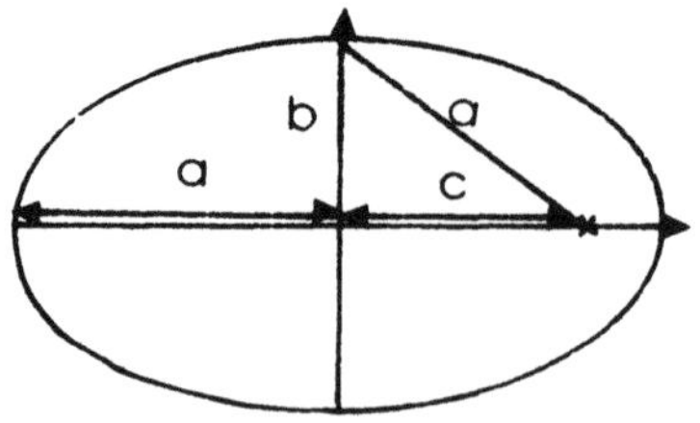

Paramètre : $p = \dfrac{mC^2}{|k|}$ (C se détermine à l'aide des conditions initiales)

Demi-grand axe : On identifie la valeur de l'énergie déjà calculée avec l'expression $E = -\dfrac{k}{2a}$.

Excentricité : On utilise l'expression $p = a(1-e^2)$.
ou bien si on connaît c : $e = \dfrac{c}{a}$

Demi-petit axe : On utilise $p = \dfrac{b^2}{a}$. (Pour s'en souvenir, on écrit l'équation polaire en π : $\dfrac{p}{1-e} = a + c = a(1+e)$ soit $p = a\left(1-e^2\right) = \dfrac{b^2}{a}$).

c : On connaît $a^2 = b^2 + c^2$. (Facile à retrouver par un dessin.)

METHODE 11 : Déterminer les éléments caractéristiques de la parabole

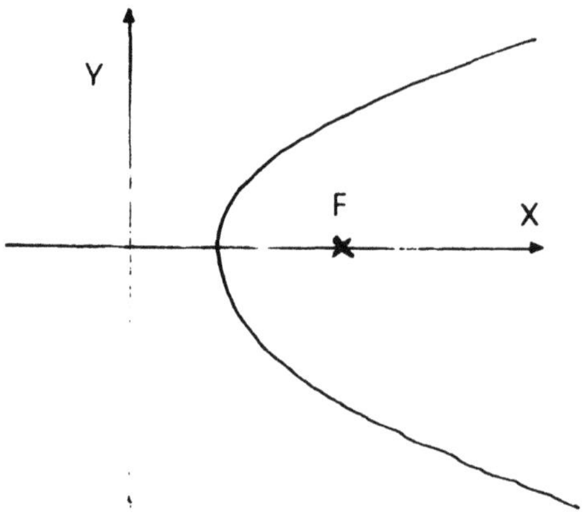

Paramètre : $p = \dfrac{mC^2}{|k|}$ (C se détermine à l'aide des conditions initiales)

Excentricité : On a automatiquement $e = 1$.

METHODE 12 : Déterminer les éléments caractéristiques de l'hyperbole

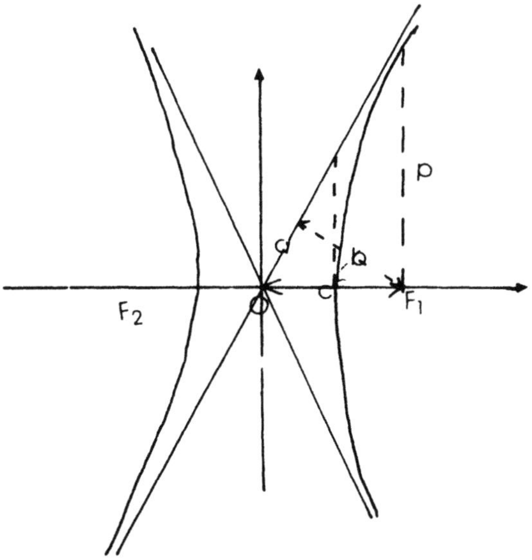

Paramètre : $p = \frac{mC^2}{|k|}$ (C se détermine à l'aide des conditions initiales.)

Demi-grand axe : On identifie la valeur de l'énergie déjà calculée avec l'expression $E = \frac{|k|}{2a}$.

Excentricité : On utilise l'expression $p = a(e^2 - 1)$.
ou bien si on connaît c : $e = \frac{c}{a}$

Demi-petit axe : On utilise $p = \frac{b^2}{a}$

c : On connaît $a^2 + b^2 = c^2$. (Facile à retrouver par un dessin.)

Remarque : si $k < 0$ l'hyperbole est répulsive. Sinon elle est attractive.

B) Résolution du problème à deux corps

Dans la réalité, les forces centrales proviennent de l'interaction gravitationnelle entre deux masses isolées (il y a conservation de la quantité de mouvement). La planète attractive (ex : la terre pour la lune) peut elle aussi bouger.
En fait il s'agit donc de résoudre le mouvement de deux corps en interaction centrale. On peut considérer deux cas :
— **Si l'une des deux masses est beaucoup plus grande que l'autre**, on peut considérer la grosse fixe. Le seul mouvement intéressant est celui de la petite masse dans le champ créé par la grosse. On se ramène donc à la résolution du problème à un corps. (exemple : mouvement d'un satellite artificiel autour de la terre).
— **Si les deux masses sont comparables**, on introduit la masse réduite comme l'explique la méthode suivante.

METHODE 13 : Comment y comprendre quelque chose à la masse réduite ?

Ce qui suit est dans tous les cours et personne ne l'a jamais appris : il n'est jamais trop tard pour bien faire, d'autant que les candidats sont généralement lamentables sur ce genre d'exos. Donc, si vous êtes ne serait-ce qu'un tout petit peu moins mauvais que les autres, vous vous en tirerez avec une bonne note.

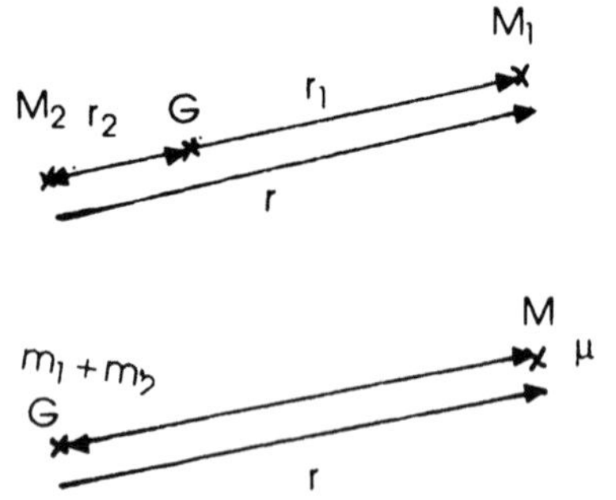

Soit deux masses m_1 et m_2, placées en M_1 et M_2 distants de r. **Ce système est isolé ; son référentiel barycentrique est donc un référentiel galiléen**.
Il était important de vérifier que l'on travaille dans un référentiel galiléen pour bien écrire le PFD et ne pas oublier d'éventuelles forces d'inerties.
L'étude de ce système à deux corps nécessite la connaissance des positions à la fois de m_1 et de m_2.
On simplifie le problème en remplaçant le système par une masse **unique** de valeur $\mu = \frac{m_1 m_2}{m_1+m_2}$ placée **à la distance r du centre de gravité** du système formé par m_1 et m_2.

REMARQUE 1 :
Mais alors que vaut l'énergie cinétique du système ?
❒ *Dans la première représentation, elle valait :*

$$E_C = \frac{1}{2}m_1\dot{\mathbf{r}}_1^2 + \frac{1}{2}m_2\dot{\mathbf{r}}_2^2$$

❒ *Dans la seconde, elle vaut :*

$$E_C = \frac{1}{2}\mu\dot{\mathbf{r}}^2$$

❒ *En remarquant que :* $\mathbf{r}_1 = -\frac{m_2}{m_1+m_2}\mathbf{r}$ *et* $\mathbf{r}_2 = \frac{m_1}{m_1+m_2}\mathbf{r}$ *c'est bien la même expression de l'énergie : on ne vous a donc pas arnaqué. Pour les exos préférez toujours la seconde expression, c'est plus simple en calcul. Bien sur, si le référentiel n'est pas galiléen, il faut rajouter à cette énergie cinétique l'énergie cinétique de translation par rapport au référentiel galiléen :* $E = \frac{1}{2}(m_1+m_2){v_G}^2$.

REMARQUE 2 :
Les référentiels liés à m_1 et à m_2 ne sont pas galiléens. Seul celui lié à G l'est.
Il ne reste alors plus qu'à résoudre le problème à un corps de masse μ dans le champ créé par la masse m_1+m_2 placée en G sans oublier, pour finir, de déduire de la trajectoire de μ celles de m_1 et m_2 par homothéties :

METHODE 14 : Comment déterminer la trajectoire de deux corps en interaction centrale ?

■ Principe

1. Introduire la masse réduite et exprimer le PFD dans le référentiel barycentrique, galiléen.
2. Déterminer la trajectoire du point M où est localisée cette masse réduite.

3. Revenir aux formules donnant la position de M_1 et M_2 :

$$\mathbf{r_2} = \frac{m_1}{m_1+m_2}\mathbf{r} \text{ et } \mathbf{r_1} = -\frac{m_2}{m_1+m_2}\mathbf{r}$$

REMARQUE :
Les 3 trajectoires sont homothétiques donc :
— Les grands axes sont dans les rapports suivants :

$$a_2 = \frac{m_1}{m_1+m_2}a \text{ et } a_1 = \frac{m_2}{m_1+m_2}a$$

*— Les excentricités des ellipses sont **les mêmes** puisque la définition de e c'est un rapport de deux longueurs et les homothéties conservent le rapport des longueurs.*

■ *Exemple : Deux points matériels* M_1 et M_2 *de masses respectives* m_1 et m_2 *sont en interaction gravitationnelle. On note* **r** *la distance qui les sépare. Déterminer la trajectoire de* M_1 et M_2.

1. On applique le PFD à la masse réduite dans le référentiel barycentrique (galiléen) :

$$\mu\ddot{\mathbf{r}} = -\frac{m_1m_2G}{r^2}\mathbf{u_r}$$

2. En suivant la méthode 3, on trouve $r = \frac{C^2}{(m_1+m_2)G(1+e\cos(\theta))}$

3. On applique les formules déduites de la définition d'un barycentre pour déterminer les trajectoires de chacun des satellites dans le référentiel barycentrique :

$$r_2 = \frac{m_1C^2}{G(m_1+m_2)^2(1+e\cos(\theta))} \text{ et } r_1 = -\frac{m_2C^2}{G(m_1+m_2)^2(1+e\cos(\theta))}$$

Ce sont des ellipses dont G est un des foyers.

- ***Comment résoudre les exos sur les étoiles doubles ?***

On peut en gros vous poser 4 types d'exos sur les étoiles doubles :

— Calcul d'énergie mécanique.
— Calcul de moment cinétique par rapport au centre de gravité G des deux masses.
— Calcul de trajectoire.
— Calcul de périodes de révolution.

METHODE 15 : Comment calculer l'énergie mécanique ?

■ **Principe**

1. Introduire la masse réduite.
2. Ecrire le terme d'énergie cinétique et d'énergie potentielle, sachant que le terme d'énergie potentielle d'interaction gravitationnelle est le même que celui de 2 masses placées à une distance r.

■ *Exemple : Mêmes notations que dans l'exercice précédent. On posera* $\mathbf{v} = \frac{d\mathbf{r}}{dt}$

Déterminer l'énergie mécanique du système.

1. On introduit la masse réduite pour trouver une expression simple de l'énergie cinétique.
2. On rajoute le terme d'énergie potentielle de gravitation.

On trouve finalement : $E = \frac{1}{2}\frac{m_1m_2}{m_1+m_2}v^2 - \frac{m_1m_2G}{r}$

■ Erreur fatale

Surtout ne dites pas que $v = \dot{r}$, le mouvement n'est pas rectiligne. Ce serait vrai si on avait écrit cette phrase en gras : c'est-à-dire avec des vecteurs.

METHODE 16 : Comment déterminer le moment cinétique du système par rapport à G ?

■ Principe

1. Introduire la masse réduite : on remplace ainsi les deux masses par une masse unique et la distance à G n'est autre que r.
2. On revient à la définition du moment cinétique.

■ *Exemple : Avec les notations de l'exemple précédent, calculer le moment cinétique du système par rapport à G.*

C'est tout simple :

$$\boldsymbol{\sigma} = \mathbf{GM} \wedge \frac{m_1 m_2}{m_1 + m_2}\mathbf{v} = \mathbf{r} \wedge \frac{m_1 m_2}{m_1 + m_2}\mathbf{v}$$

METHODE 17 : Comment déterminer les périodes de révolution ?

■ Principe

1. Appliquer la méthode précédente pour trouver la trajectoire et ses éléments caractéristiques (en particulier le grand axe de l'ellipse).
2. Utiliser la loi des Aires appliquées à chacun des satellites en intégrant sur une période (pour plus d'information se reporter à la méthode 8) pour tomber sur la 3e loi de Kepler.

■ *Exemple : Avec les notations de l'exemple précédent, déterminer les périodes de révolution de chacun des 2 satellites.*

1. On trouve l'apogée et le périgée des deux trajectoires lorsque le cosinus vaut 1 ou −1.

$$a_1 - c_1 = \frac{m_2 C^2}{G(m_1+m_2)^2(1+e)} \text{ et } a_1 + c_1 = \frac{m_2 C^2}{G(m_1+m_2)^2(1-e)}$$

On a alors, pour le premier satellite :

$$a_1 = \frac{m_2 C^2}{2(m_1+m_2)^2 G}\left(\frac{1}{1+e} + \frac{1}{1-e}\right) = \frac{m_2 C^2}{G(m_1+m_2)^2\left(1-e^2\right)}$$

2. On applique la loi des Aires : **OM** balaie l'ellipse à vitesse aréolaire constante : on a alors :

$$\frac{dS}{dt} = \frac{C}{2}$$

Soit en intégrant sur une période :

$$S = \frac{C}{2}T = \pi ab$$

On bidouille avec les relations qu'on connaît dans l'ellipse pour faire disparaître b :

$$p = \frac{m_2 C^2}{G(m_1+m_2)^2} = \frac{b^2}{a}$$

On a alors :

$$T_1 = \sqrt{\frac{a_1^3 4\pi^2 m_2}{G(m_1+m_2)^2}} \text{ et } T_2 = \sqrt{\frac{a_2^3 4\pi^2 m_1}{G(m_1+m_2)^2}}$$

Ceci ne nous satisfait pas : en effet puisque G, M_1 et M_2sont alignés il est évident que lorsque M_1a fait un tour M_2 aussi.
Donc les périodes de révolution sont les mêmes. Il faut donc donner une expression plus neutre de la période :

$$T_1T_2 = \sqrt{\frac{a_2^3 4\pi^2 m_1}{G(m_1+m_2)^2}\frac{a_1^3 4\pi^2 m_2}{G(m_1+m_2)^2}} = \frac{4\pi^2}{G(m_1+m_2)^2}\sqrt{m_1m_2a_1^3a_2^3}$$

Forts de la remarque de la méthode précédente :
— Les grands axes sont dans les rapports suivants :

$$a_2 = \frac{m_1}{m_1+m_2}a \text{ et } a_1 = \frac{m_2}{m_1+m_2}a$$

Donc $T^2 = T_1T_2 = \dfrac{4\pi^2(m_1m_2)^2a^3}{G(m_1+m_2)^5}$ on retrouve une pseudo loi de Kepler $\dfrac{T^2}{a^3} = \dfrac{4\pi^2}{GM}\left(\dfrac{\mu}{M}\right)^2$.

3. Etude des perturbations de la trajectoire du satellite

Maintenant que l'on sait déterminer la trajectoire d'un objet dans un champ de force centrale, nous allons étudier les variations de cette orbite en fonctions des perturbations que l'on apporte par des forces supplémentaires.

A) Changement d'orbite

METHODE 18 : Envoyer un satellite en orbite circulaire

Votre satellite s'est élevé dans les airs, il est maintenant à une hauteur R_0 et a une vitesse **v** verticale. On aimerait bien le mettre en orbite maintenant. D'où la méthode suivante.

■ Principe

Le but de la manip, c'est de faire tourner le vecteur vitesse de 90 degrés. Pour cela, on essaie d'incurver la trajectoire, jusqu'à ce que **v** ne soit porté en polaires que par $\mathbf{u}_\theta$.

Généralement, on vous donne la trajectoire et vous devez calculer v^2.
Pour cela :

1. Déterminer $\mathbf{v}(\theta, \dot\theta)$en polaire.
2. Appliquer le TRC : $m_1(t)\dfrac{d}{dt}(\mathbf{v}(t))_t + \mu\mathbf{u} = m_1(t)\mathbf{g_0}$
3. Multiplier scalairement cette équation par $\mathbf{v}(t)$ l'intégrer.

■ Cas d'utilisation

Attention : il **faut** connaître la loi donnant m en fonction de t, et prier pour que l'équation s'intègre bien.

■ *Exemple : On souhaite mettre un engin spatial sur une orbite circulaire. L'origine O étant au centre de la terre, l'équation polaire de la trajectoire adoptée pour passer du point A au point B est :* $r(\theta) = R\cos(\theta - \psi)$.

Du fait de la consommation de carburant, la masse de l'engin varie pendant l'intervalle de temps dt suivant la loi $dm = -\mu m dt$. *Les gaz sont éjectés à la vitesse* **u**, *constante par rapport à l'engin, parallèlement à v et en sens opposé. Initialement, à* $t = 0$, $\theta = 0$ et $v = 0$.

Déterminer v^2 *en fonction de* θ.

1. $\mathbf{v}(\theta, \dot{\theta}) = \dot{r}\mathbf{u}_r + r\dot{\theta}\mathbf{u}_\theta = \frac{dr}{d\theta}\dot{\theta}\mathbf{u}_r + r\dot{\theta}\mathbf{u}_\theta = -R\sin(\theta - \psi)\dot{\theta}\mathbf{u}_r + R\cos(\theta - \psi)\dot{\theta}\mathbf{u}_\theta$.

2. $m_1(t)\frac{d}{dt}(\mathbf{v}(t))_t + \mu m_1(t)\mathbf{u} = m_1(t)\mathbf{g}(r)$ devient $\frac{d}{dt}(\mathbf{v}(t))_t + \mu\mathbf{u} = -\frac{GM}{R^2\cos^2(\theta - \psi)}\mathbf{u}_r$

3. En multipliant scalairement par v, il vient :

$$\frac{1}{2}\frac{dv^2}{dt} - \mu uR\dot{\theta} = \frac{GM\sin(\theta - \psi)}{R\cos^2(\theta - \psi)}\dot{\theta}$$

Il ne reste plus qu'à intégrer (en faisant gaffe aux conditions initiales).

$v^2 = \frac{2GM}{R\cos(\theta - \psi)} + \mu uR\theta - \frac{2GM}{R\cos(\psi)}$, qui est bel et bien un nombre positif, d'où le ouf de soulagement que vous pouvez légitimement pousser.

REMARQUE :

De cette équation, vous pouvez déduire la norme de la vitesse, lorsque $\theta = \frac{\pi}{2}$. *Il vous faut alors vérifier si cette valeur est viable, c'est-à-dire si elle correspond à la valeur que doivent avoir la vitesse des satellites pour rester sur une orbite circulaire de rayon :* $R\cos\left(\frac{\pi}{2} - \psi\right)$. *Pour cela reportez-vous à la méthode 4.*

Le trois-quarts du temps, vous trouverez une valeur non viable, il faut alors imaginer un truc du type : on fait ce qu'on vient de faire mais pas jusqu'à $\theta = \frac{\pi}{2}$, *seulement jusqu'à* θ_{limite}. *On éteint ensuite les moteurs, en imposant au satellite (on ne sait comment) de continuer à suivre la trajectoire qu'il suit depuis le début.*

Les moteurs étant éteints, on peut alors appliquer la conservation de l'énergie au satellite entre l'instant où on éteint le moteur et l'instant où il atteint l'orbite circulaire.

METHODE 19 : Modéliser un freinage

Pendant certains oraux de grandes écoles, les examinateurs ne vous disent rien du tout et leurs énoncés recèlent autant d'informations précises qu'il y a de pages dans certains journaux féminins, une fois les pubs et l'horoscope enlevés (il reste le sommaire) (et les recettes de cuisine).

On en appelle alors à l'imagination du candidat. Alors, voilà un petit coup de pouce pour modéliser les forces de freinage de manière pas trop bête.

■ Principe

1. Dire que le satellite entre en collision avec des molécules d'air de masse m' dans un choc mou. Qu'est-ce qu'un **choc mou** ? C'est un choc tel qu'après le choc **la vitesse relative des 2 objets est nulle** : du genre un choc entre votre pare-brise et une mouche à 160 sur l'autoroute. Souvenez-vous que bien que mou, le choc conserve quand même la quantité de mouvement du système. (En revanche, l'énergie n'est pas conservée au cours du choc.)

2. En déduire la différence de quantité de mouvement du satellite entre les instants précédant et suivant le choc, et en appliquant le PFD au satellite calculer la force à laquelle il est soumis.

■ *Exemple : Un satellite sphérique, de rayon a, en orbite circulaire basse subit des frottements dus à l'atmosphère supposée immobile dans le référentiel géocentrique. On suppose qu'après collision, la vitesse relative des particules d'air et du satellite est nulle. On appellera ρ, la masse volumique de l'air et* $\mu(z) = \mu_0 \exp\left(-\frac{z}{H}\right)$.

Montrer que l'effet des collisions équivaut à une force F, dont on calculera la valeur.

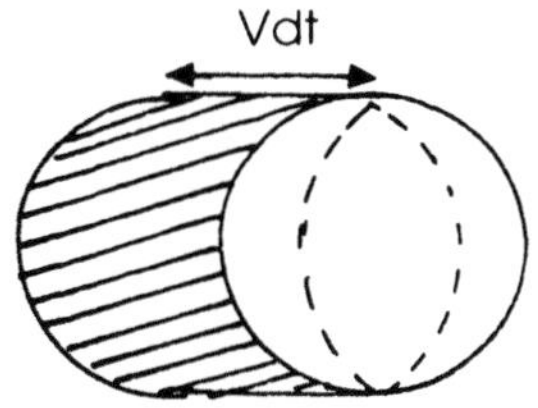

1. On considère pendant dt, le système satellite plus particules d'air rentrant en collision avec le satellite pendant dt. La masse de ces particules d'air vaut : $dM = \pi a^2 V dt \mu(z)$.

Au début la quantité de mouvement totale du système vaut : $\mathbf{P_{ini}} = \mathbf{P_{sat}}(t) + 0$

Après le choc : $\mathbf{P_{fin}} = \mathbf{P_{sat}}(t + dt) + dM\mathbf{V}$

2. La variation de quantité de mouvement du système pendant dt est nulle :

On en déduit celle du satellite :

$$\frac{d\mathbf{P}}{dt} = -\pi a^2 V\mathbf{V}\mu(z).$$

Ce qui équivaut pour le satellite à une force de freinage :

$$\mathbf{F} = -\pi a^2 V\mathbf{V}\mu(z)$$

METHODE 20 : Calculer un temps de crashage

■ Problème posé

On considère un satellite qui n'est initialement soumis qu'aux forces de gravitation et puis tout d'un coup, un frottement visqueux lui arrive sur la tête, et on vous demande ce qui se passe.

■ Principe

1. Raconter que le satellite va forcément perdre de l'altitude en invoquant le bon sens (s'il suffisait de freiner des satellites pour les faire décoller, ça se saurait).
2. Appliquer le PFD avec le frottement visqueux.
3. Calculer $r(t)$ et finalement le temps de crashage.

■ Erreur fréquente

Calculer v en norme et l'intégrer en croyant alors trouver r, alors que c'est le vecteur **v** qui donne le vecteur **r** après intégration.

■ *Exemple : Dans l'approximation d'un frottement faible, calculer le temps de crashage dans l'hypothèse où la trajectoire peut être considérée comme circulaire.*

On applique le PFD dans la base de Frenet :

— Projeté sur **t** : $m\frac{dv}{dt} = hv \Leftrightarrow v = v_0 e^{\frac{ht}{m}}$

h est le coefficient de frottement visqueux. On a un signe + car le frottement diminue l'énergie totale du satellite ce qui le rapproche du centre et lui procure ainsi une plus grande vitesse. (La vitesse de la trajectoire circulaire est plus grande à basse altitude).

— Projeté sur **n** : $\frac{mv^2}{r} = \frac{mMG}{r^2} \Rightarrow r = R_0 e^{-\frac{2ht}{m}}$

Le temps de crashage est théoriquement infini, on peut néanmoins donner un **temps de demi-vie** $\tau = \frac{m}{2h}$. Vous remplirez d'aise un examinateur si vous introduisez cette constante très rapidement.

On verra le cas où la trajectoire est elliptique en exo.

METHODE 21 : Accroître la vitesse

■ Problème posé

On a un satellite dont on accroît la vitesse de δv, petit. On veut calculer les nouveaux éléments caractéristiques de sa trajectoire.

■ Principe

1. Dire que les forces étant les mêmes et δv petit, la trajectoire sera encore une ellipse. (A votre avis, il s'éloigne ou il se rapproche de la terre ??? Attention c'est un piège...)
2. Ecrire l'énergie mécanique du système et en tirer l'expression de v^2 que vous différentiez : vous obtenez alors le nouveau grand axe de l'ellipse.
3. Différentier la loi de Kepler : vous tombez sur la nouvelle période.

■ *Exemple : On considère un satellite initialement en orbite circulaire de période* T_0. *On accroît sa vitesse de* $\mathbf{\delta v_0}$ *avec* $\mathbf{\delta v_0} // \mathbf{v_0}$.

Calculer $\frac{T - T_0}{T_0}$ *en fonction de* δv_0.

— L'énergie mécanique d'un satellite en orbite elliptique est :

$$E_{mec} = \frac{1}{2}mv^2 - \frac{mMG}{r} = -\frac{mMG}{2a}.$$

La nouvelle énergie cinétique (après augmentation de la vitesse) vaut :

$E_c = \frac{1}{2}mv_0^2 + mv_0\delta v_0$. Or, l'altitude n'a pas changé. Donc $\delta E = mv_0\delta v_0$.

—On différentie l'expression de l'énergie mécanique pour trouver le nouveau demi-grand axe : $\delta E = \frac{mMG}{2a^2}\delta a$.

Il nous reste donc $v_0\delta v_0 = \frac{MG}{2a^2}\delta a$.

Or, pour une trajectoire circulaire : $a = \frac{MG}{v^2}$.

On trouve donc $\boxed{\frac{\delta a}{a} = 2\frac{\delta v_0}{v_0}}$.

— De la troisième loi de Kepler $\frac{T^2}{a^3} = \frac{4\pi^2}{MG}$ différentiée en $\frac{2\delta T}{T} = \frac{3\delta r}{r}$, on tire alors, en supposant que la trajectoire finale est circulaire, $\frac{\delta T}{T} = 3\frac{\delta v_0}{v_0}$.

B) Problèmes astronomiques

METHODE 22 : Comment déterminer une avance de périhélie

■ **Principe**

On vous dit que la planète n'est pas soumise seulement au potentiel newtonien, et on ajoute des termes correctifs.
Il vous faut alors :
1. Gradientiser le nouveau potentiel pour faire un bilan des forces.
2. Appliquer le PFD en faisant le changement de variable de la méthode 9.
3. Résoudre cette nouvelle équation différentielle : on trouve un truc du genre : $u = A + B\cos(\omega\theta)$.
4. Discuter suivant les valeurs de ω de la possible 2π-périodicité de u. Ce qui revient à montrer que ω n'est pas un rationnel.

■ *Exemple : Soit une planète dont le mouvement autour de O est quasi-circulaire de rayon R_0. En plus de l'énergie potentielle newtonienne s'ajoute une perturbation ne dépendant que de r et dont on ne retient que le dl à l'ordre 2 au voisinage de R_0.*

$$W(u) = (u - u_0)^2 W_2$$

Montrer que la nouvelle trajectoire n'est en général pas périodique.

1. On fait un bilan des forces auxquelles est soumis le satellite en gradientisant le potentiel auquel il est soumis.

$$\mathbf{F}.\mathbf{u_r} = -mMGu^2 - 2(u - u_0)u^2W_2$$

2. On applique le PFD au satellite dans le référentiel géocentrique projeté sur $\mathbf{u_r}$.

$$-m\left(C^2u^2\frac{d^2u}{d\theta^2} + C^2u^3\right) = -mMGu^2 - 2(u - u_0)u^2W_2$$

On simplifie, et on tombe sur :

$$\frac{d^2u}{d\theta^2} + u\left(1 - 2\frac{W_2}{mC^2}\right) = \frac{MG}{C^2} - 2u_0\frac{W_2}{mC^2}$$

3. Comme la perturbation est faible, on suppose (et on prie pour) que $\frac{W_2}{mC^2} << 1$ donc la solution est de la forme :

$$u = A + B\cos\left(\sqrt{\left(1 - 2\frac{W_2}{mC^2}\right)}.\theta\right)$$

4. Ceci n'est $2n\pi$-périodique que si $\sqrt{\left(1 - 2\frac{W_2}{mC^2}\right)}$ est un nombre rationnel, autrement dit jamais ; allez donc calculer précisément la masse d'un satellite, et d'ailleurs toutes les quantités qui interviennent sous la racine ! Calculer la racine aussi précisément, vous ne trouverez jamais un nombre rationnel; rappelez-vous que $\mathbb{R}\backslash\mathbb{Q}$ est dense dans $\mathbb{R}$.

METHODE 23 : Comment savoir quand une étoile devient un trou noir ?

Ce qui suit sort des limites du programme mais c'est simple à comprendre.

■ Principe

Un trou noir est une étoile tellement dense que même la lumière ne peut s'en échapper d'où la couleur.
De même, toute particule de masse μ au voisinage du trou noir est absorbée.
Si elle est absorbée, c'est que son énergie de masse devient égale à son énergie de gravitation à la surface de l'étoile, de rayon qu'on pose égal à $\frac{R}{2}$, la masse m étant supposée ponctuelle.
Le rayon critique R obtenu s'appelle **rayon de Schwarzbild**.

On a :

$$\mu c^2 = 2\frac{Gm\mu}{R}.$$

D'où :

$$R = \frac{2Gm}{c^2}$$

Le rayon du trou noir vaut : $\frac{R}{2} = \frac{Gm}{c^2}$

■ *Exemple : Que vaut le rayon de Schwarzbild de la terre ? Supposons qu'elle se transforme en trou noir, de rayon la moitié de son rayon de Schwarzbild, quelle serait sa densité, sachant que sa densité actuelle est de 5,5 ?*

Rayon de Schwarzbild : $R = \frac{2Gm}{c^2}$. On trouve un rayon de 1 cm.
La densité du trou noir se trouve alors en appliquant la conservation de la masse :

$$m = d_{trounoir}\frac{4}{3}\pi\left(\frac{R}{2}\right)^3 = d_{terre}\frac{4}{3}\pi R_{terre}$$

On trouve une densité de l'ordre de $1,1.10^{28}$.

Astuces

■ Dans les exos sur les étoiles doubles, il peut être intellectuellement satisfaisant de se souvenir de son cours de maths de première, et en particulier que si G est barycentre de P et Q alors P, Q et G sont alignés : les trajectoires des deux satellites sont alors homothétiques. Tout ça pour dire que les périodes de révolution des 2 satellites sont **les mêmes**.

■ Un système dans un champ de forces centrales est non dissipatif : son énergie est donc constante.

■ Si un satellite est géostationnaire, le plan de l'orbite est nécessairement le plan équatorial : il ne peut donc exister de satellite géostationnaire au-dessus de la France.

■ Dans ce chapitre plus que jamais, le bon sens est de rigueur : n'oubliez jamais qu'un satellite freiné perd de l'altitude, et que sa vitesse augmente généralement.

■ Ne faites pas systématiquement l'assimilation force centrale-force newtonienne. Il existe des forces centrales non newtoniennes (les forces de Van der Waals par exemple).

Erreurs

■ Ce serait vraiment bête de rater une admissibilité pour avoir confondu hauteur et altitude. L'altitude est prise à partir du niveau de la mer. Quand on vous dit qu'un satellite est orbite basse, cela veut dire que son altitude est voisine de 0.

■ On l'a déjà dit 3 fois dans ce chapitre mais la répétition est la base de la pédagogie, ce n'est pas en intégrant la norme de la vitesse par rapport au temps que vous allez obtenir la position de votre satellite : c'est le **vecteur** vitesse qu'il faut intégrer.

Ordres de grandeur

❐ La masse du soleil représente 99 % de la masse du système solaire, il est donc légitime de considérer que le référentiel de Copernic est galiléen.

❐ Un satellite pèse dans les 600 kg (on sait c'est débile de dire ça puisque ça dépend du satellite, mais ça vous donne quand même l'idée que les satellites ne pèsent usuellement pas 15 tonnes).

❐ La masse de la terre vaut : 6.10^{24} kg.

La masse du soleil : 2.10^{30} kg.

❐ La densité de la terre vaut 5,5.

❐ La distance terre-lune : 390 000 km.

La distance terre-soleil : 150 millions de km.

❐ $G = 0,66.10^{-10}$ U.S.I. (à savoir absolument).

Le saviez-vous ?

■ Vous venez de voir, dans l'exemple de la méthode 22, une illustration de l'importance des nombres rationnels en astronomie, qui impose qu'une trajectoire soit périodique ou non. Ceci se retrouve également dans les problèmes dits à 3 corps.
Prenons par exemple (l'exemple est historique), le Soleil, Saturne et Jupiter. On montre que si le rapport des périodes de révolution autour du soleil des 2 planètes est rationnel (et elles sont à peu près dans le rapport $\frac{2}{5}$), alors Saturne peut être expulsé du système solaire, en cas de perturbation.
Lorsqu'il entendit que Jean-Baptiste Biot affirmait que Saturne pouvait être expulsé parce que le rapport des périodes était rationnel, Weierstrass entra dans une colère noire et leur rétorqua qu'il était stupide de penser que des appareils de mesure puissent assurer qu'un nombre était exactement rationnel, puisque $\mathbb{R}\setminus\mathbb{Q}$ était dense dans $\mathbb{R}$. Et Saturne est toujours là, et Weierstrass continue d'être cité par des milliards de taupins, et l'arithmétique d'être enseignée...

■ Dans la méthode 23, on dit que même les photons n'arrivent pas à sortir des trous noirs. En fait ils y arrivent quand même un peu (en faisant de la mécanique quantique) : ça s'appelle l'effet tunnel (vous l'avez déjà rencontré si vous êtes en PC dans votre cours de chimie sur l'ammoniac).
Si vous êtes en MP, votre cours de thermo vous permet alors de calculer la température des trous noirs, en fonction de la longueur d'onde des photons libérés par les trous noirs. Si cette température est supérieure à 3 K (température de l'univers), le trou noir va alors s'évaporer, puisqu'il rayonne plus d'énergie qu'il n'en reçoit.

■ Les bases de lancements sont situées le plus près possible de l'équateur : on utilise en effet le fait que la terre tourne sur elle-même à vitesse angulaire constante, pour aider à lancer les fusées. Plus on est loin de l'axe de rotation plus la vitesse dans le référentiel géocentrique est élevée. Vu le prix du carburant, on comprend pourquoi les lancements d'Ariane se font en Guyane française et pas en Terre Adélie. Idem pour Cap Canaveral aux States.

Exercices

1

Soit un astéroïde sphérique de rayon R et de masse volumique $\mu(r) = \mu_0\left(1 - \frac{r^2}{R^2}\right)$.

Déterminer les champs de gravitation dans tout l'espace.

2

On considère un satellite initialement sur son orbite elliptique et soumis à la seule force de gravitation.
Il est alors freiné par un frottement visqueux. Que se passe-t-il ?

3

Un satellite en orbite basse subit une force de freinage dû à la collision avec des particules d'air. La masse volumique de l'atmosphère varie suivant la loi : $\rho(z) = \rho_0 \exp\left(-\frac{z}{H}\right)$. En supposant que le mouvement puisse être considéré comme restant circulaire, déterminer le temps de Crashage.

4

On place une particule de masse m dans un potentiel en $\alpha \ln(r)$. On la lâche sans vitesse initiale à une distance R du centre.
Calculer le temps de chute.

5 Modification de trajectoire

Un satellite de TV n'étant soumis qu'à la force de gravitation. Il suit une trajectoire elliptique d'excentricité e. Arrivé en haut du petit axe, sa vitesse vaut $\mathbf{v_0}$. Et là d'un coup d'un seul le module de la vitesse est multiplié par λ.
Raconter suivant les valeurs de λ ce qu'il va advenir.

6 Louis-Thom et ses amis

Louis-Thomas aimerait aller voir sa bonne amie Emilie actuellement aux antipodes. Il réalise pour cela un tunnel traversant diamétralement la terre et saute dedans sans vitesse initiale. Sachant qu'il part de chez lui à la maison des Mines à 12H00 heure locale, à quelle heure arrivera-t-il à Tahiti ?

7

Pour placer un satellite en orbite géostationnaire, on le place d'abord sur une orbite basse à 200 km. On l'envoie alors sur son orbite de transfert dont le périgée se trouve sur l'orbite basse et l'apogée sur l'orbite géostationnaire.
1. Rappelez quelle est l'altitude de l'orbite géostationnaire.
2. Quelle est l'excentricité de l'orbite de transfert ?
3. Calculez le temps de transfert.

8 Points de libration

On suppose que le mouvement de la terre autour du soleil est quasiment circulaire et de rayon a. On pose : $k = \frac{M_{soleil}}{M_{terre}}$.

Déterminer les deux points de Libration (appelés également points de Lagrange) du système terre/soleil, situés sur l'axe terre/soleil et tels qu'une sonde spatiale abandonnée en l'un de ces 2 points accompagne constamment la terre dans son mouvement autour du soleil.

9

Etudiez l'existence de trajectoire périodique d'une particule dans un potentiel en $-\frac{\alpha}{r^2}$ en fonction de $\alpha - \frac{L^2}{2m}$.

Corrigés

1

Méthode utilisée : 1

❒ Etape 1 :
Puisque μ ne dépend que de r g est radial.

❒ Etape 2 :
On choisit une bonne surface de Gauss : la sphère de centre 0 est de rayon r en effet μ y garde une valeur constante sur sa surface et g est toujours colinéaire à n.
On a alors :

$$\iint_\Sigma \mathbf{g}.\mathbf{n}d\Sigma = -g4\pi r^2 = -4\pi G M_{int} = -4\pi G \iiint_\tau \mu(r)d\tau$$

Si r<R,

$$g = \frac{G}{r^2}\iiint_\tau \mu_0\left(1-\frac{r^2}{R^2}\right)r^2 dr\sin\theta d\theta d\varphi = \frac{G}{r^2}\int_0^r \mu_0\left(1-\frac{r^2}{R^2}\right)r^2 dr 4\pi = \frac{4\pi G}{r^2}\left(\frac{r^3}{3}-\frac{r^5}{5R^2}\right) = 4\pi G\left(\frac{r}{3}-\frac{r^3}{5R^2}\right)$$

Si r ≥R,

$$g = \frac{G}{r^2}\iiint_\tau \mu_0\left(1-\frac{r^2}{R^2}\right)r^2 dr\sin\theta d\theta d\varphi = \frac{G}{r^2}\int_0^R \mu_0\left(1-\frac{r^2}{R^2}\right)r^2 dr 4\pi = \frac{4\pi G}{r^2}\left(\frac{R^3}{3}-\frac{R^5}{5R^2}\right) = 4\pi G\left(\frac{2R^3}{15r^2}\right)$$

2

Méthodes utilisées

Méthode 2 : Pour l'utilisation intelligente du PFD.
Méthode 3 : Pour déterminer la trajectoire.
Méthode 10 : Pour l'étude de l'ellipse.

Pour bien commencer un problème, on commence par poser :
— le système : notre satellite de masse m.
— le référentiel : géocentrique (**supposé** galiléen).
— le repère : base des coordonnées polaires.
— le bilan des forces :

- la force de gravitation : $\mathbf{f_1} = -\frac{mMG}{r^2}\mathbf{u_r}$
- la force de frottement visqueux : $\mathbf{f_2} = -h\mathbf{v} = -h\dot{r}\mathbf{u_r} - hr\dot{\theta}\mathbf{u_\theta}$

— Le PFD
La loi des Aires n'est plus vérifiée, mais presque.
On peut appliquer le PFD projeté sur $\mathbf{u_\theta}$:

$$m\frac{1}{r}\frac{d}{dt}\left(r^2\dot{\theta}\right) = -hr\dot{\theta} \text{ i.e. } \frac{d}{dt}\left(r^2\dot{\theta}\right) = -\frac{h}{m}r^2\dot{\theta}$$

Soit encore en introduisant la pseudo-constante des Aires C : $C(t) = C_0\exp\left(-\frac{h}{m}t\right)$

On suppose que comme le frottement est faible :

- C varie peu
- la force totale qui s'applique au satellite projeté sur $\mathbf{u_r}$ se réduit à la seule force de gravitation.

D'où le PFD projeté sur $\mathbf{u_r}$:

$$\ddot{r} - r\dot{\theta}^2 = -\frac{MG}{r^2}$$

En utilisant la méthode 3 (changement de variable en introduisant u) et les formules de Binet, on trouve :

$$\frac{d^2u}{d\theta^2} + u = \frac{MG}{C^2(t)}$$

Sur une période, on peut considérer C comme constante, on a alors une ellipse au paramètre p lentement variable :

$$p = \frac{C_0^2 \exp\left(-\frac{2ht}{m}\right)}{MG}$$

On calcule l'excentricité :

$$e^2 = 1 - \frac{1}{a}\frac{C_0^2 \exp\left(-\frac{2ht}{m}\right)}{MG}.$$

Le PFD nous donne $m\mathbf{a} = -\frac{GMm}{r^2}\mathbf{u_r} - h\mathbf{v}$ où h représente le frottement.

Donc $m\mathbf{a}.\mathbf{v} = -\frac{GMm}{r^2}\mathbf{u_r}.\mathbf{v} - hv^2$ soit $\frac{dE_C}{dt} = -\frac{GMm}{r^2}\dot{r} - hv^2$.

Et donc $E(t) = E_0 - \int hv^2 dt$ c'est à dire que E diminue.

On se rapproche de plus en plus d'une trajectoire circulaire.

3

Méthodes utilisées

Méthode 19 : pour modéliser la force de freinage.
Méthode 20 : pour déterminer le temps de crashage.

— On utilise le même modèle que dans l'exemple de la méthode 19, on a vu que le freinage était équivalent à une force $\mathbf{F} = -\pi a^2 V\mathbf{V}\rho_0 \exp\left(-\frac{z}{H}\right)$. Raconter que plus on baisse d'altitude, plus l'atmosphère est dense donc plus on est freiné donc plus on baisse d'altitude... Bref, ça va s'écraser comme un vieux flan.

— Si le mouvement reste de plus circulaire, on peut appliquer le PFD dans le référentiel terrestre **supposé** galiléen puisque la terre est beaucoup plus lourde que le satellite (clin d'œil à l'examinateur qui vient de se rendre compte que l'on connaissait la masse réduite), dans le repère de Frenet :

Sur τ, $m\frac{dv}{dt} = -\pi a^2 \rho_0 v^2 \exp\left(-\frac{z}{H}\right)$ (i)

Sur n, $m\frac{v^2}{z} = \frac{mMG}{z^2}$ (ii)

De (ii), on tire $z = \frac{MG}{v^2}$ qu'on différentie par rapport au temps pour trouver :

$$z = \frac{MG}{v^2} \Rightarrow \frac{dz}{dt} = -2\frac{MG}{v^3}\frac{dv}{dt}$$

En remplaçant dans (i) :

$m\frac{dv}{dt} = v^2\pi a^2 \rho_0 \exp\left(-\frac{z}{H}\right) = -m\frac{v^3}{2MG}\frac{dz}{dt}$, on simplifie par v^2 et on exprime le v restant en fonction de z.

Enfin, puisque l'orbite est basse, z est très petit devant H ; on fait un dl de la masse volumique de l'air au voisinage de 0 :

$$\frac{dz}{dt} = -\frac{2MG\pi a^2 \rho_0}{m}\sqrt{\frac{z}{MG}}\exp\left(-\frac{z}{H}\right) = -\frac{2\pi a^2 \rho_0 \sqrt{MG}}{m}\sqrt{z}\left(1-\frac{z}{H}\right)$$

En introduisant le champ de pesanteur au niveau de la terre, on trouve :

$$\frac{dz}{dt} = -\frac{2\pi a^2 \rho_0 R_0 \sqrt{g_0}}{m}\left(\sqrt{z} - \frac{z^{3/2}}{H}\right)$$

En posant une belle constante de temps (ça ravit les examinateurs) :

$$\tau = \frac{mH}{2\pi a^2 \rho_0 R_0 \sqrt{g_0 R_0}}$$

On arrive à :

$$\frac{dz}{dt} = -\frac{H}{\tau\sqrt{R_0}}\left(\sqrt{z} - \frac{z^{3/2}}{H}\right)$$

On sépare les variables :

$$\frac{dz}{\left(\sqrt{z} - \frac{z^{3/2}}{H}\right)} = -\frac{H}{\tau\sqrt{R_0}}dt$$

On fait un méga changement de variable : $u = \sqrt{z}$ soit $du = \frac{1}{2u}dz$.

On trouve donc :

$$\frac{2du}{1-\frac{1}{H}u^2} = -\frac{H}{\tau\sqrt{R_0}}dt \text{ qu'on intègre en : } 2\sqrt{H}\text{Arcth}\left(\frac{\sqrt{z}}{\sqrt{H}}\right) = -\frac{H}{\tau\sqrt{R_0}}t + 2\sqrt{H}\text{Arcth}\left(\frac{\sqrt{z_{initial}}}{\sqrt{H}}\right)$$

En faisant un dl d'Arcth, au voisinage de 0 (puisque z<<H), on arrive enfin à :

$$\sqrt{z} = \sqrt{z_{initial}} - \frac{1}{2}\sqrt{H}\sqrt{\frac{H}{R_0}}\frac{t}{\tau}.$$

Ca descend, on est content.

— On se souvient alors que ce qu'on cherche est le temps de chute : soit la date à laquelle l'altitude sera nulle. On trouve :

$$\boxed{t = 2\tau\frac{1}{H}\left(\sqrt{R_0 z_{initial}}\right)}$$

4

Méthodes utilisées : 2, 20

Etape 1 : On calcule la force centrale :

$$\mathbf{F} = -\frac{\alpha}{r}\mathbf{u_r}$$

Etape 2 :

— On applique le PFD, en polaire dans le référentiel géocentrique :

$$m\frac{d\mathbf{v}}{dt} = -\frac{\alpha}{r}\mathbf{u_r}$$

On la lâche sans vitesse initiale, donc $C = 0$.

Le mouvement est donc selon $\mathbf{u_r}$. En projetant sur $\mathbf{u_r}$ on a donc :

$$\ddot{r} = -\frac{\alpha}{mr} \Rightarrow \dot{r}\ddot{r} = -\frac{\alpha\dot{r}}{mr}$$

Ce qui est équivalent à :

$$\frac{1}{2}\frac{dv^2}{dt} = -\frac{\alpha}{m}\frac{d(\ln(r))}{dt}$$

— On en déduit v grâce aux conditions initiales :

$$v^2 = -\frac{2\alpha}{m}\ln(r) + \frac{2\alpha}{m}\ln(R) = \frac{2\alpha}{m}\ln\left(\frac{R}{r}\right).$$

En revenant à la définition de v (dérivée de la position par rapport au temps), on en déduit le temps de chute en intégrant entre R et 0 :

$$\int_R^0 \frac{dr}{\sqrt{\ln(R) - \ln(r)}} = \sqrt{\frac{2\alpha}{m}}\tau$$

Petit changement de variable (de l'audace, toujours de l'audace et je vous promets la victoire) : $z = \sqrt{\ln(R) - \ln(r)} \Rightarrow dz = -\frac{1}{rz}dr$

$$\sqrt{\frac{2\alpha}{m}}\tau = \int_0^{+\infty} \frac{2zdz\,\mathrm{Re}\,xp\left(-z^2\right)}{z} = 2R\sqrt{\pi}$$

Le satellite sera une crêpe à la date :

$$\boxed{\tau = R\sqrt{\frac{2\pi m}{\alpha}}}$$

Bien sûr, plus la force est grande, plus le temps est court, pas besoin d'être en spé pour comprendre ça.

REMARQUE :

Ici, on a écrit des trucs comme $\dot{r} = v$. Ce n'est vrai que parce que le mouvement est à une dimension, suivant $\mathbf{u_r}$.

5

Méthodes utilisées

Méthode 5 pour calculer l'énergie mécanique.
Méthode 6 : pour savoir quand la trajectoire reste bornée.

— Que vaut $\mathbf{v_0}$?

Avant la perturbation, l'énergie mécanique du système vaut en b et partout grâce à la méthode 5 et à la méthode 10 :

$$E = \frac{1}{2}mv_0^2 - \frac{mMG}{a} = -\frac{mMG}{2a}$$

On en déduit la valeur de $\mathbf{v_0}$:

$$v_0^2 = \frac{MG}{a}$$

— Calculons la nouvelle énergie mécanique du satellite. Après la perturbation le système reste isolé, son énergie mécanique se conserve alors et vaut :

$$E = \frac{mMG}{a}\left(\frac{\lambda^2}{2} - 1\right) = -\frac{mMG}{2a'} \text{ (i)}$$

— Discutons pour savoir si la trajectoire reste bornée :

Il faut que l'énergie mécanique reste négative d'où l'introduction d'une valeur de λ : $\lambda_{critique} = \sqrt{2}$

Si $\lambda < \lambda_{critique}$, la trajectoire est bornée. Etant donné le champ de force, la trajectoire reste elliptique mais avec des éléments caractéristiques différents.

Si $\lambda > \lambda_{critique}$, la trajectoire n'est plus bornée.

❒ Si $\lambda < \lambda_{critique}$, déterminons les nouveaux éléments caractéristiques :

- Nouveau grand axe :

L'énergie du système, on l'a calculée à la méthode 5, elle vaut :

$$E = \frac{mMG}{a}\left(\frac{\lambda^2}{2} - 1\right) = -\frac{mMG}{2a'}$$

D'où le nouveau grand axe :

$$a' = \frac{a}{2 - \lambda^2}$$

- Nouveau paramètre : $p = \dfrac{C^2}{MG}$

Calculons C : $C = a\lambda v_0 \sin(\alpha) = a\lambda v_0 \dfrac{b}{a} = a\lambda v_0 \sqrt{1 - e^2}$

D'où $p' = \dfrac{C^2}{MG} = \dfrac{(a\lambda v_0)^2}{MG}\left(1 - e^2\right)$.

- Nouveau petit axe : $p' = \dfrac{b'^2}{a'}$

$$b'^2 = a'\frac{(a\lambda v_0)^2}{MG}\left(1 - e^2\right) = a^2\lambda^2 \frac{1}{2 - \lambda^2}\left(1 - e^2\right)$$

- Et nouvelle excentricité :

$$e'^2 = \frac{c'^2}{a'^2} = 1 - \frac{b'^2}{a'^2} = 1 - \lambda^2\left(2 - \lambda^2\right)\left(1 - e^2\right)$$

- Nouvelle orientation des axes de l'ellipse :

Lorsque le satellite subit la perturbation, il est à l'angle α tel que :

$$\cos(\alpha) = -e \text{ et } \sin(\alpha) = \frac{b}{a} = \sqrt{1 - e^2}$$

On reprend la nouvelle équation de l'ellipse : $\dfrac{p'}{r} = 1 + e'\cos(\theta - \beta)$, β étant l'angle que fait le nouveau grand axe avec l'ancien.
Lorsque $r = a$, on a $\theta = \alpha$.
On trouve alors :

$$\frac{p'}{a} = \lambda^2\left(1 - e^2\right) = 1 + e'\cos(\alpha - \beta) = 1 + e'\left(-e\cos(\beta) + \sqrt{1 - e^2}\sin(\beta)\right)$$

$$\left(-e\cos(\beta) + \sqrt{1 - e^2}\sin(\beta)\right) = \frac{\lambda^2\left(1 - e^2\right) - 1}{e'} = \frac{\lambda^2 - \lambda^2 e^2 - 1}{e'} = \frac{-e^2 - \left(1 - e^2\right)\left(1 - \lambda^2\right)}{e'}$$

En identifiant, on trouve :

$$\cos(\beta) = -\frac{e}{e'} \text{ et } \sin(\beta) = -\frac{\sqrt{1 - e^2}}{e'}\left(1 - \lambda^2\right)$$

❒ Si $\lambda > \lambda_{critique}$, la trajectoire est une hyperbole dont un des foyers est F.

6

Méthode utilisée : 2

Le principe, c'est d'appliquer le PFD à Louis-Thomas dans le référentiel géocentrique, dans un repère vertical de centre O, centre de la terre, et orienté du centre de la terre vers la maison des Mines.

— En reprenant l'exemple de la méthode 2, on trouve le champ de gravitation à l'intérieur de la terre :

$$\mathbf{g} = \frac{4\pi\rho z G}{3}\mathbf{u_z}$$

On tombe donc sur une équation différentielle bien connue, puisqu'elle n'est autre que celle d'une masse au bout d'un ressort :

$$m\frac{d^2z}{dt^2}.\mathbf{u_z} = -m\frac{4\pi\rho z G}{3}\mathbf{u_z}$$

— La solution est de la forme :

$$z = z_0 \cos\left(\sqrt{\frac{4\pi\rho G}{3}}t\right)$$

— On en déduit le temps de voyage qui ressemble à s'y méprendre à la demi-période du mouvement.

$$\tau = \frac{\pi}{\sqrt{\frac{4\pi\rho G}{3}}}$$

7

Méthodes utilisées

Méthode 4 pour déterminer l'altitude de l'orbite géostationnaire.
Méthode 10 pour l'excentricité de l'ellipse.
Méthode 17 pour trouver le temps de transfert.

1. Si on appelle ω_0 la vitesse de rotation de la terre autour d'elle-même, un satellite sera dit géostationnaire s'il est vu immobile depuis la terre, donc si sa vitesse de rotation autour de la terre dans le référentiel géocentrique est ω_0. On projetant le PFD sur **n** dans la base de Frenet, on déduit immédiatement la hauteur de l'orbite géostationnaire :

$$R = \sqrt[3]{\frac{MG}{\omega_0^2}}$$

Ordre de grandeur : en vous aidant des ordres de grandeurs donnés à la fin des méthodes, vous trouvez que l'orbite est de l'ordre de 40 000 km.

2. L'équation générale de l'ellipse est donnée par :

$$r = \frac{p}{1+e\cos(\theta)}$$

On trouve facilement l'apogée et le périgée :

$$r_p = \frac{p}{1+e} \text{ et } r_a = \frac{p}{1-e}$$

En en faisant le rapport, on élimine le paramètre p :

$$\frac{r_a}{r_p} = \frac{1+e}{1-e}$$

Pour trouver e :

$$e = \frac{r_a - r_p}{r_a + r_p}$$

On obtient une orbite d'excentricité $e = 0,73$.

3. Le transfert est le temps mis par le satellite pour parcourir la moitié de l'ellipse (pour aller du périgée à l'apogée) : c'est donc la demie-période de l'ellipse :

$$\tau = \frac{1}{2}\sqrt{\frac{4\pi^2(r_a + r_p)^3}{GM}}$$

8

Méthode utilisée

Méthode 4 pour savoir calculer la vitesse de rotation de la terre (et de la sonde) autour du soleil.

— Si on veut que le satellite suive constamment la terre dans son mouvement autour du soleil, ça veut dire que le satellite doit avoir même période de révolution (et donc même vitesse angulaire) autour du soleil que la terre dans le référentiel de Copernic.

Si on appelle a la distance terre soleil (qui vaut d'après les ordres de grandeur 150 millions de km), la vitesse angulaire de rotation de la terre autour du soleil dans le référentiel de Copernic, supposé galiléen vaut :

$$\omega^2 = \frac{M_{soleil}G}{a^3}$$

— Si on applique le PFD à la sonde dans le référentiel de Copernic, projeté sur **n**, il vient :

- Si la sonde est à l'extérieur du segment terre soleil :

$$m\omega^2(a+h) = \frac{mM_{soleil}}{(a+h)^2} + \frac{mM_{terre}}{h^2}$$

Soit :

$$\frac{kG}{a^3}(a+h) = \frac{k}{(a+h)^2} + \frac{1}{h^2}.$$

On fait alors faire fumer la machine pour trouver h.

- Si la sonde est à l'intérieur du segment, on trouve que la condition à réaliser est :

$$\frac{kG}{a^3}(a-h') = \frac{k}{(a-h')^2} + \frac{1}{h'^2}$$

9

Méthode utilisée

Méthode 7 pour savoir si une trajectoire est fermée.
Méthode 6 pour discuter si la trajectoire est bornée ou non.

— En écrivant l'énergie mécanique soit forme astucieuse, il vient :

$$E_0 = \frac{1}{2}m\dot{r}^2 + \frac{1}{r^2}\left(-\alpha + m\frac{C^2}{2}\right)$$

— Le PFD projeté sur $\mathbf{u_r}$ s'obtient en dérivant l'équation de l'énergie est en éliminant $\dot{r}$.

$$m\ddot{r} = \frac{2}{r^3}\left(-\alpha + m\frac{C^2}{2}\right)$$

On applique les formules de Binet en posant : $u = \frac{1}{r}$, on trouve :

$$\frac{d^2u}{d\theta^2} + u = \frac{2\alpha}{mC^2}u$$

La solution en u est, suivant les valeurs de α, soit sinusoïdale, soit affine (dans le cas où le facteur de u est nul), soit exponentielle.

- Si $\frac{2\alpha}{mC^2} < 1$, alors la solution est sinusoïdale et de la forme :

$$u = A\cos\left(\sqrt{\frac{2\alpha}{mC^2} - 1}.\theta\right) + B\sin\left(\sqrt{\frac{2\alpha}{mC^2} - 1}.\theta\right)$$

La trajectoire n'est cependant fermée que si $\sqrt{\frac{2\alpha}{mC^2}-1}$ est rationnel.

- Si $\frac{2\alpha}{mC^2}=1$, la solution est affine, elle n'est bornée que si elle est constante, et dans ce cas la trajectoire est circulaire et donc fermée.

- Si $\frac{2\alpha}{mC^2}>1$, la solution est exponentielle est donc pas périodique, donc la trajectoire n'a aucune chance d'être fermée.

Chapitre 3
METHODES DE MECANIQUE DU SOLIDE

La résolution d'un exercice de Mécanique du solide suit quatre étapes :

I - Je pipote la forme du résultat.

II - Je **paramètre le problème** en définissant les mouvements possibles (rotation, translation...) et les différentes forces et moments du système. A cette étape, il y a donc zéro réflexion : je ne fais que mettre de petites lettres avec éventuellement de petites flèches au-dessus sur mon dessin.

III - J'utilise directement l'énoncé pour **diminuer le nombre de paramètres** du problème. C'est à cette étape que généralement, ça cafouille. Heureusement il y a Findus (pardon Méthodix). En apprenant la première partie de ce chapitre vous pourrez mener à bien cette étape sans réfléchir non plus et ainsi économiser vos neurones pour la quatrième étape.
Exemple : Soit un cylindre roulant sans glisser sur un fil inextensible et tendu autour d'une barre solide glissant sans frottement sur un fil sans masse!
Roulement sans glissement : METHODE 1
Fil inextensible et tendu : METHODE 3
Barre solide : METHODE 2
Glissement sans frottement : METHODE 8
Fil sans masse : METHODE 7

IV - **Je résouds l'exercice** facilement puisque, grâce à la deuxième étape, le nombre de paramètre est très réduit (le plus souvent un ou deux). Attention, il faudra cette fois réfléchir avant d'agir : Quel théorème vais-je utiliser ? Energie ou Théorème fondamental ?
En schématisant un peu (beaucoup même), le choix est simple :
Un seul paramètre : Energie.
Plusieurs paramètres : PFD.

1. Comment paramétrer mon système ?

On vous rappelle juste ici les trois principaux systèmes de coordonnées permettant de définir la position d'un solide.
Coordonnées cartésiennes :
vous connaissez $\mathbf{OM} = x\mathbf{u_x} + y\mathbf{u_y} + z\mathbf{u_z}$

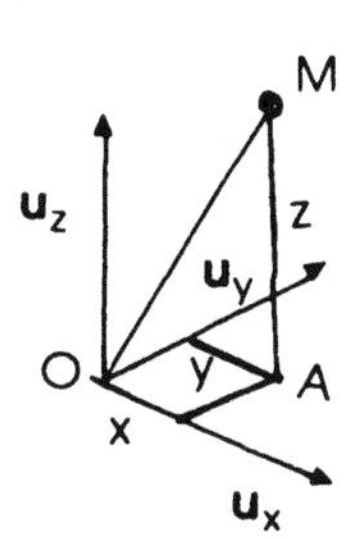

— Coordonnées cylindriques :

$$\mathbf{OM} = \rho\mathbf{u}_\rho + z\mathbf{u}_z$$

$$\mathbf{v} = \dot{\rho}\mathbf{u}_\rho + \rho\dot{\varphi}\mathbf{u}_\varphi + \dot{z}\mathbf{u}_z$$

$$\gamma = \left(\ddot{\rho} - \rho\dot{\varphi}^2\right)\mathbf{u}_\rho + \frac{1}{\rho}\frac{d}{dt}\left(\rho^2\dot{\varphi}\right)\mathbf{u}_\varphi + \ddot{z}\mathbf{u}_z$$

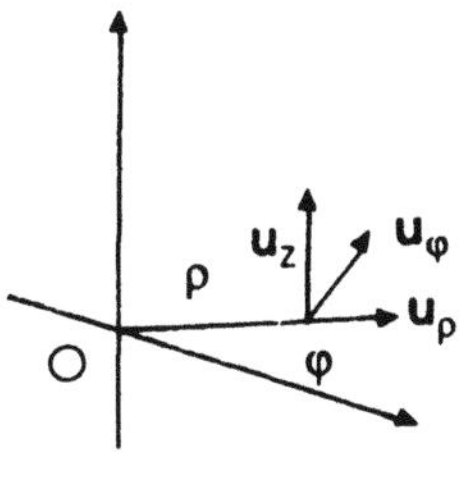

— Coordonnées sphériques : $\mathbf{OM} = r\mathbf{u}_r$

$$\mathbf{v} = \dot{r}\mathbf{u}_r + r\dot{\theta}\mathbf{u}_\theta + r\sin\theta\dot{\varphi}\mathbf{u}_\varphi$$

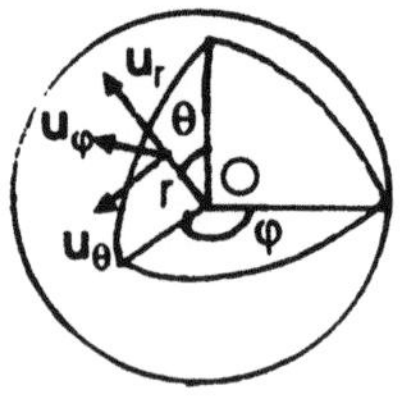

— Trièdre de Frenet : $\mathbf{v} = v\mathbf{u}_t$

$$\gamma = \dot{v}\mathbf{u}_t + \frac{v^2}{R}\mathbf{u}_n$$

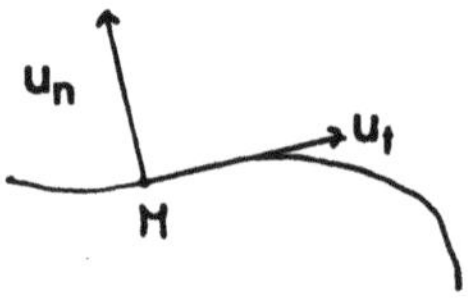

Choisissez évidemment le système de coordonnées qui respecte la symétrie matérielle du système.

2. Comment réduire le nombre de paramètres ?

A) Paramètres de positions

METHODE 1 : Utiliser le roulement sans glissement

■ Rappel

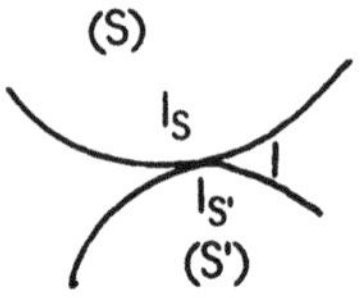

Si (S) et (S′) roulent sans glisser l'un sur l'autre en un point géométrique de contact I, alors : à un instant t donné $\mathbf{V}_g(S/S') = \mathbf{0}$,

où $\mathbf{V}_g(S/S')$, la vitesse de glissement de (S) par rapport à (S′), est définie par :

$$\mathbf{V}_g(S/S') = \mathbf{V}_{\mathcal{R}}(I_S) - \mathbf{V}_{\mathcal{R}}(I_{S'})$$

où ($\mathcal{R}$) est un référentiel quelconque.

I_S est l'élément de matière de (S) confondu avec I à l'instant t.

$I_{S'}$ est l'élément de matière de (S′) confondu avec I à l'instant t.

■ *Exemple : Soit un cylindre (C) roulant sans glisser sur un plan.*

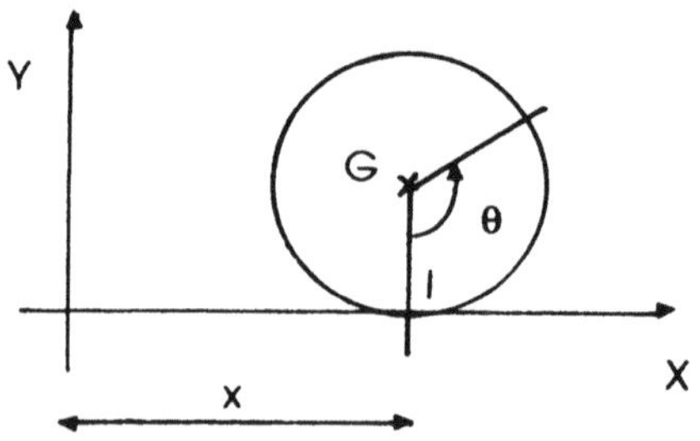

Le mouvement du cylindre est paramétré par l'angle θ de rotation et l'abscisse x de son centre d'inertie. Soit I le point du cylindre en contact avec le plan et (S) le référentiel lié au sol. Comme il y a RSG (roulement sans glissement) en I, on a :

$\mathbf{V}_g(C/S) = \mathbf{0}$ Or $\mathbf{V}_S(I_S) = \mathbf{0}$. ($I_S$ est un point de (S)). Donc $\mathbf{V}_S(I_C) = \mathbf{0}$.

Ainsi, le point I du cylindre a une vitesse nulle par rapport à (S). Donc, (C) est en rotation instantanée autour de I. Le mouvement du cylindre ne dépend que de θ.

METHODE 2 : Utiliser la formule du torseur cinématique

Rappel

Si A et B sont deux points d'un solide (S) en rotation instantanée $\omega(t)$ par rapport au référentiel ($\mathcal{R}$) et à un instant t sont liées par : $\mathbf{v}_A(t) = \mathbf{v}_B(t) + \omega(t) \wedge \mathbf{BA}$

Cas d'application

On l'utilisera lorsque :
- L'axe de rotation est connu.
- $\omega(t)$ garde une direction constante dans ($\mathcal{R}$).

■ *Exemple : le même que précédemment. Trouver une relation entre θ et x.*
Raisonnons dans le référentiel (S). La formule du torseur cinématique nous donne :

$$\mathbf{v}_O(t) = \mathbf{v}_{I_C}(t) + \omega(t) \wedge \mathbf{I_C O}$$

Or, d'après la Méthode 1 $\mathbf{V}_S(I_C) = \mathbf{0}$, donc :

$$\dot{x}(t)\mathbf{u}_x = \dot{\theta}(t)R\mathbf{u}_y \wedge \mathbf{u}_z = R\dot{\theta}(t)\mathbf{u}_x$$

soit $x(t) = R\theta(t)$ (en prenant les bonnes conditions initiales).

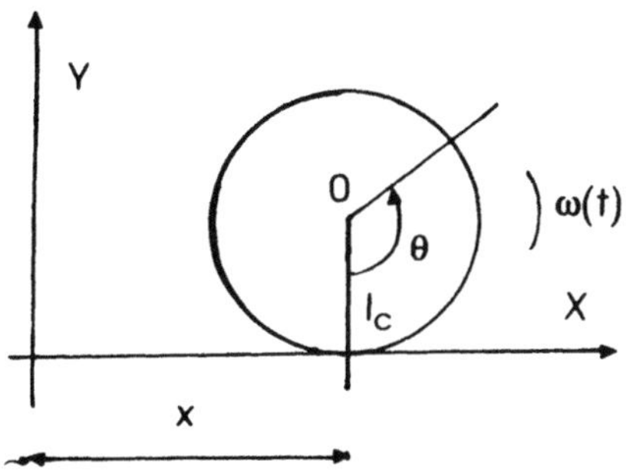

METHODE 3 : Fil inextensible et tendu

Principe

Un fil inextensible tendu garde toujours la même longueur !!!

■ *Exemple : Soit un fil tendu et inextensible coulissant sur une poulie. Le mouvement est* a priori *défini par x_A et z_B.*
Mais, la longueur est constante. Soit, avec les notations du dessin :

$$l(t) = (d - x_A) + (h - z_B) = d + h = l(0)$$

Et donc : $x_A = z_B$.

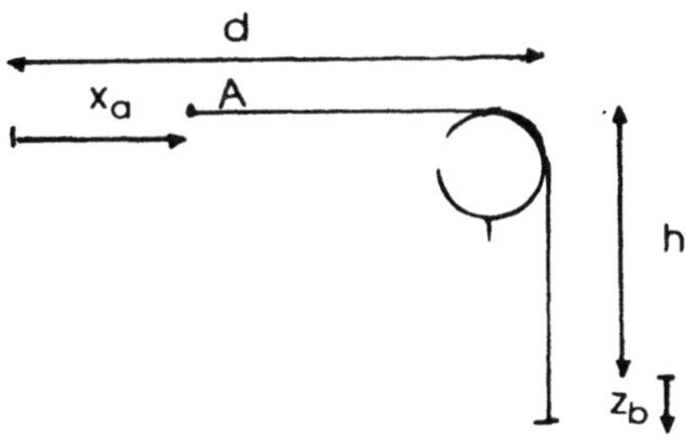

Cet exemple vous parait débile ? En voici un autre.
Avec les notations du dessin, on a :
$l(t) = (h_1 - z_0) + 2\pi R + (h_2 + z_M - z_0)$
Et donc, comme $l(0) = l(t)$, on a :
$-z_O + z_M - z_O = 0$
soit $z_M = 2z_O$
Ici, on gagne du temps en appliquant la méthode rigoureusement.

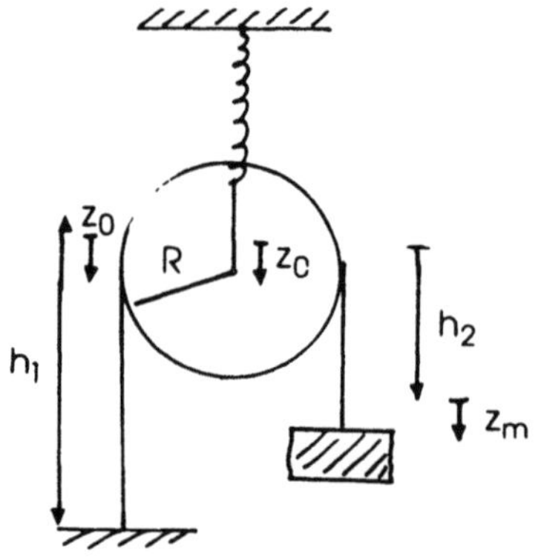

METHODE 4 : Utiliser la conservation de la quantité de mouvement

■ **Principe**

Si aucune force extérieure ne s'applique au système selon une direction donnée, la quantité de mouvement du système selon cette direction est conservée.

■ *Exemple : Soit un homme avançant sur un plateau glissant sans frottement sur un plan.*
Le mouvement est paramétré par x et x' abscisses de l'homme et du chariot dans le référentiel galiléen. Comme aucune force ne s'applique au système chariot + homme selon l'axe des abscisses (pas de frottement), la quantité de mouvement est constante selon cet axe.

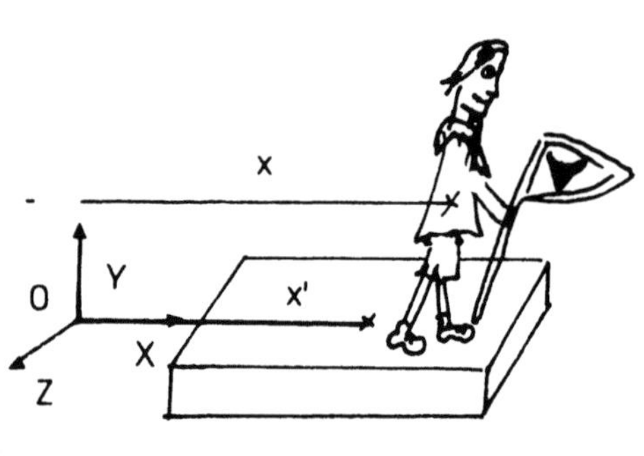

$p_x(\text{charriot}) + p_x(\text{homme}) = \text{Constante} = 0$ selon les conditions initiales.
Par intégration, on trouve : $m_{ch}x_{ch} + m_{ho}x_{ho} = 0$.

METHODE 5 : Utiliser la conservation du moment cinétique

■ **Principe** :

Si le moment résultant selon un axe (Oz) des actions extérieures au système est nul, le moment cinétique se conserve selon (Oz).

■ *Exemple : Soit un disque tournant sans frottement autour de l'axe (Oz) extrémité d'une barre IO fixée en I dans le référentiel (R) galiléen.*

Soit θ angle de rotation du disque dans (*R*). Soit (*R'*) le référentiel en translation par rapport à (*R*) tel que O y soit fixe.

Le moment des actions appliquées sur le disque est nul (y compris celui des forces d'inertie). On peut donc appliquer la méthode :

$\sigma_z = Cte$ Soit $J_{disque/O}\dot{\theta} = Cte$ et donc $\dot{\theta} = Cte$. Or $\dot{\theta}(0) = 0$, donc finalement :

$$\theta = Cte.$$

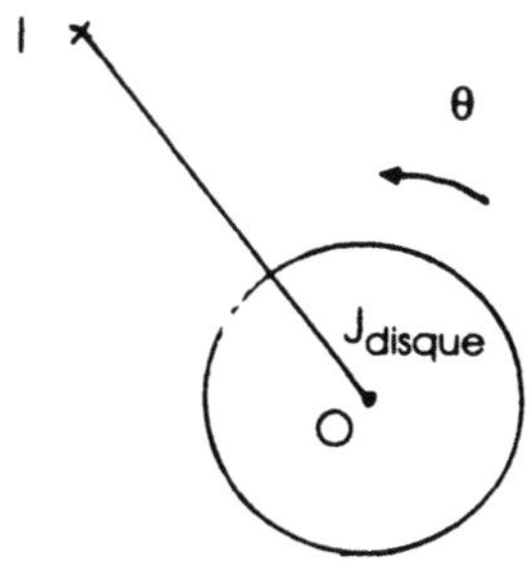

B) Paramètres de forces

METHODE 6 : Cas des mouvements plan sur plan

■ Principe

Dans le cas des mouvements plan sur plan, il n'y a pas de mouvement selon un axe fixe (Oz). Alors, la résultante des forces extérieures selon cet axe est nulle.

■ *Exemple : Chariot glissant sur un plan horizontal.*
On modélise les forces de la façon suivante.
Comme le mouvement est uniquement horizontal, on a : $\mathbf{R}_n + M\mathbf{g} = \mathbf{0}$

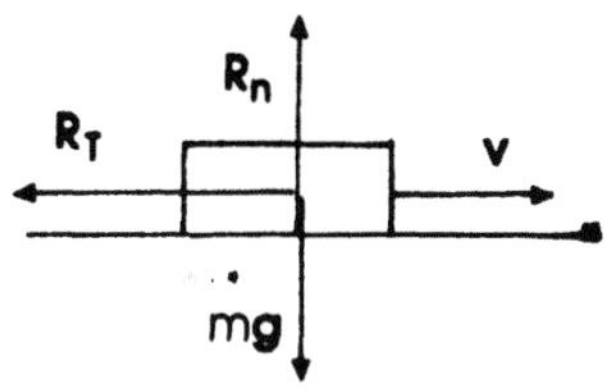

METHODE 7 : Fil sans masse

■ Principe

La tension d'un fil tendu inextensible et sans masse est la même en tout point.

■ Démonstration

Elle vous sera peut-être demandée.
Appliquons le théorème de la résultante cinétique (TRC) au morceau de fil AB.

$$m_{fil}\gamma_{fil} = \mathbf{T}_A - \mathbf{T}_B + m_{fil}\mathbf{g}$$

Or, le fil est de masse nulle, donc :

$$\mathbf{T}_A = \mathbf{T}_B.$$

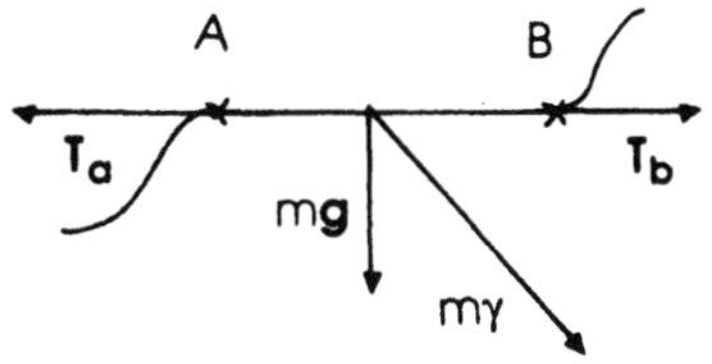

■ **Remarque**

Cela reste vrai s'il y a une poulie sans masse, c'est-à-dire à moment d'inertie nul.
Appliquons le théorème du moment cinétique à l'ensemble poulie + fil :

$$J\dot{\theta} = R(T_B - T_A)$$

Or $J = 0$, donc : $T_A = T_B$.

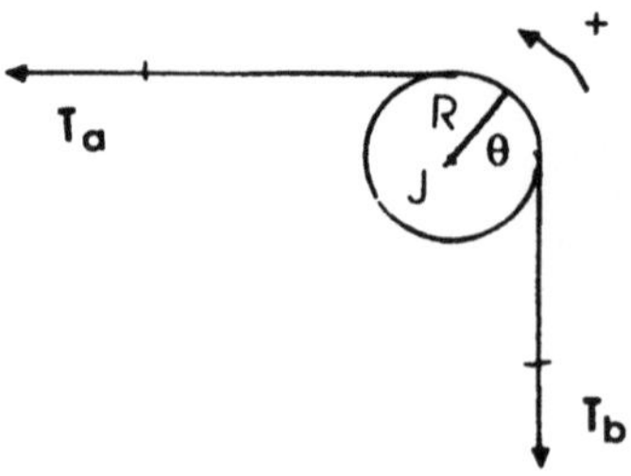

METHODE 8 : Appliquer les lois de Coulomb

■ **Principe**

Soit (S_1) et (S_2) deux solides en contact quasi ponctuels L'action de (S_1) sur (S_2) est donnée par $\mathbf{R}_{12} = \mathbf{R}_n + \mathbf{R}_t$ où $\mathbf{R}_n$ est la réaction normale et $\mathbf{R}_t$ la réaction tangentielle. Les lois de Coulomb nous donnent :

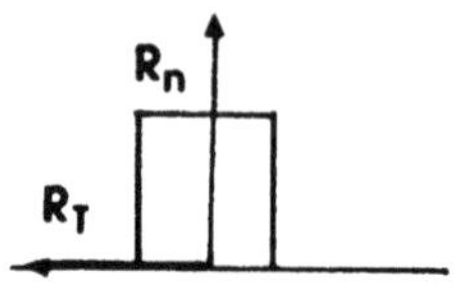

S'il y a glissement : - $\mathbf{R}_t$ est opposé à $\mathbf{v}_g(2/1)$.
- $\|\mathbf{R}_t\| = f_c\|\mathbf{R}_n\|$ où f_c est le coefficient de frottement cinétique de glissement.

Sinon : - $\mathbf{R}_t$ est de direction inconnue.
- $\|\mathbf{R}_t\| = f_O\|\mathbf{R}_n\|$ où f_O est le coefficient de frottement statique de glissement.

On pose en général $f_O = f_c$.

■ **Remarque**

On applique également ces lois si le contact n'est pas quasi-ponctuel.

■ *Exemple : Chariot glissant sur un plan horizontal.*
On a déjà trouvé $R_n = Mg$. Il y a glissement donc :

$$R_t = fR_n.$$

Ainsi :

$$R_t = fMg.$$

Et hop, une inconnue de moins...

3. Résoudre le problème

A) Comment déterminer le théorème à utiliser ?

METHODE 9 : Déterminer le nombre de degrés de liberté

■ **Principe**

Il s'agit ici de calculer le nombre minimum de paramètres définissant entièrement le mouvement de système. Pratiquement, une fois que l'on a effectué les deux premières étapes, on calcule le nombre de paramètres de position qui nous restent.

■ *Exemple : Soit une chenille de char reliant cinq roues comme sur le dessin. Il n'y a pas de glissement entre chacune des roues et la chenille.*

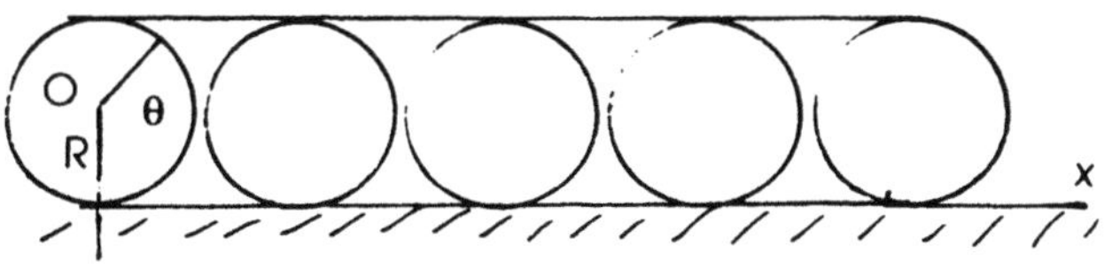

On commence par paramétrer le système. Il y a *a priori* 5*2+1 paramètres correspondants aux degrés de rotation et de translation de chacune des cinq roues et à l'abscisse de la chenille.
En appliquant la méthode 1 vous pouvez lier les degrés de rotation de chacune des cinq roues au degré de translation de la chenille ($R\dot{\theta}_i = v_{chenille}$). Puis, par la méthode 2, vous pouvez lier les degrés de rotation de chaque roue au degré de translation correspondant : $v_i = \frac{1}{2}R\dot{\theta}_i = \frac{1}{2}v_{chenille}$
Finalement, il ne reste donc qu'un seul degré de liberté : l'abscisse de la chenille. Sa connaissance détermine tous les autres.

METHODE 10 : Faire un bilan des actions extérieures et intérieures

Maintenant que l'on sait quels paramètres déterminent le mouvement du système, il faut faire la liste de toutes les actions extérieures agissant sur le système afin de savoir combien il reste d'inconnues de forces.

■ **Principe**

On note toutes les actions extérieures et intérieures sous forme de torseur (force + moment en un point donné) dans le système d'axe défini en première partie. La difficulté est de ne pas oublier d'actions. On caractérise chacune des actions : est-ce un glisseur, un couple ou un pointeur ? Quel est son axe central ? La force est-elle conservative ?...

■ *Exemple : cf. méthode 4.*
Système Homme + Plateau
Il y a glissement sans frottement du plateau sur le plan. La force de réaction du sol sur le plateau est donc normale. En revanche, on ne sait rien de la force s'exerçant entre le plateau et l'homme.

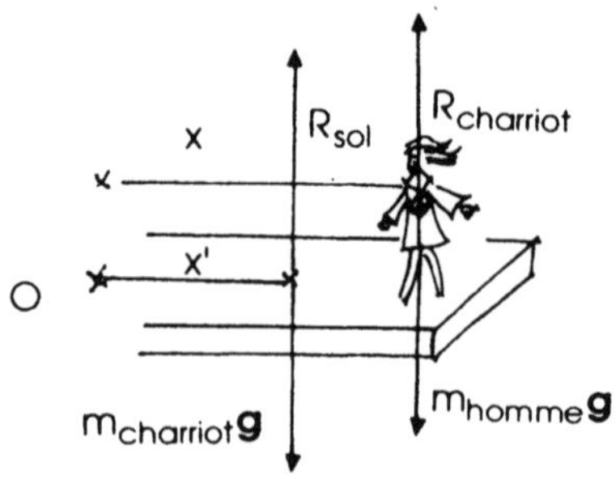

Bilan : Le poids de l'homme $-mg\mathbf{e_z}$ conservative
Le poids du plateau $-m_{pla}g\mathbf{e_z}$ conservative
La réaction du sol sur le plateau $R\mathbf{e_z}$ ne travaille pas
La réaction du plateau sur l'homme $\mathbf{T}$ non conservatif

METHODE 11 : Quel principe utiliser ?

■ Principe

Schématiquement, il n'y a que deux choix possibles. On ne peut utiliser que le Principe Fondamental de la Dynamique (PFD) dans sa forme initiale ou le Théorème de l'Energie Cinétique qui n'en est qu'une conséquence.

- Vous utiliserez le théorème de l'énergie cinétique le plus souvent possible mais seulement s'il n'y a qu'**un seul degré de liberté**. En effet, s'il y a plus d'un degré de liberté, il vous faudra une autre équation et ce théorème n'en donne qu'une.
- Vous utiliserez le théorème de l'énergie cinétique en priorité sous sa forme simple de **conservation de l'énergie mécanique**. En effet, ce sous-produit évite le calcul de puissance qui est souvent pénible. Ce théorème n'est vrai que si toutes les forces (c'est-à-dire extérieures **et intérieures**) sont **conservatives** (i.e. dérivent d'un potentiel) **ou ne travaillent pas.**
- Dans tous les autres cas, vous n'avez pas le choix : il faut utiliser le PFD. Cela vous permet en effet d'avoir plusieurs équations et donc de trouver plusieurs inconnues.

■ Conclusion

Un seul degré de liberté + Forces ne travaillant pas ou conservatives	——————▶	Conservation de l'énergie mécanique
Sinon	– – – – – – ▶	P.F.D.

■ Explication

La conservation de l'énergie a l'avantage immense de vous éviter toute réflexion (car il suffit de faire des calculs) mais l'inconvénient majeur de ne donner qu'une seule équation. De plus, la conservation de l'énergie nécessite la connaissance des forces extérieures et intérieures alors que le PFD ne demande la connaissance que des forces extérieures.

LE P.F.D. vous donne lui beaucoup plus d'équation mais il vous oblige à réfléchir : dois-je appliquer le T.R.C ou le T.M.C ? En quels points les appliquer ? Suivant quels axes les projeter ?

REMARQUE
Cela n'a évidemment rien de systématique : Il peut exister des cas très simples où on gagne du temps en appliquant le PFD bien qu'il n'y ait qu'un seul degré de liberté. Nous avons juste cherché à vous donner une règle qui vous permette de ne pas vous tromper complètement. Bien sur, si vous avez le feeling, vous trouverez tout seul et très vite comment appliquer le PFD et vous gagnerez alors du temps.

■ *Exemple : cf. Méthode 3.*
On choisit le système masse + poulie. On a déjà montré qu'il n'y avait qu'un seul degré de liberté. De plus, les seules forces travaillant sont le poids (conservatif) et la force de rappel du ressort (conservatif). Il n'y a en effet pas de frottement ente le fil et la poulie donc pas de travail.
On applique donc le théorème de conservation de l'énergie mécanique et on trouve tout de suite la solution.
Évidemment, on trouve aussi tout de suite la solution en appliquant le TRC à la poulie puis à la masse mais on risque de s'embrouiller.

B) Comment résoudre à l'aide de l'énergie mécanique ?

METHODE 12 : Calculer l'énergie cinétique du système

■ **Résultat**

On sépare le système en les divers solides dont il est composé et on calcule les énergies cinétiques de chacune des parties à l'aide des équations suivantes.

Solide en translation : $E_C = \frac{1}{2} m v_G^2$.

Solide en rotation par : $E_C = \frac{1}{2} J_\Delta \omega^2$ où J_Δ est le moment d'inertie selon Δ, rapport à un axe Δ et ω la vitesse de rotation.

Solide en mouvement quelconque : on applique le **deuxième théorème de Koenig** en se plaçant dans le référentiel barycentrique du solide : $\boxed{E_C = \frac{1}{2} m v_G^2 + \frac{1}{2} J_{\Delta_G} \omega^2}$.

■ **Rappel**

La difficulté est de calculer le moment d'inertie. On vous donne ici les moments d'inertie des solides simples par rapport à leur axe :

cylindre plein : $J = \frac{1}{2} m R^2$

disque plein : $J = \frac{1}{2} m R^2$

cylindre creux : $J = m R^2$

sphère pleine : $J = \frac{2}{5} m R^2$

Tige par rapport à un axe perpendiculaire à son bout : $J = \frac{1}{3} m l^2$

Si l'axe par rapport auquel vous voulez calculer le moment d'inertie n'est pas le bon, il suffit d'appliquer le **théorème d'Huyghens** : $\boxed{J_\Delta = J_{\Delta_G} + m d^2}$.

Pour les solides complexes, on vous donnera la valeur de J.

■ *Exemple : Disque D (M,a) en rotation autour d'une tige T (m,l) elle même en rotation autour d'un point O fixe. Calculer l'énergie cinétique de l'ensemble dans le référentiel galiléen.*

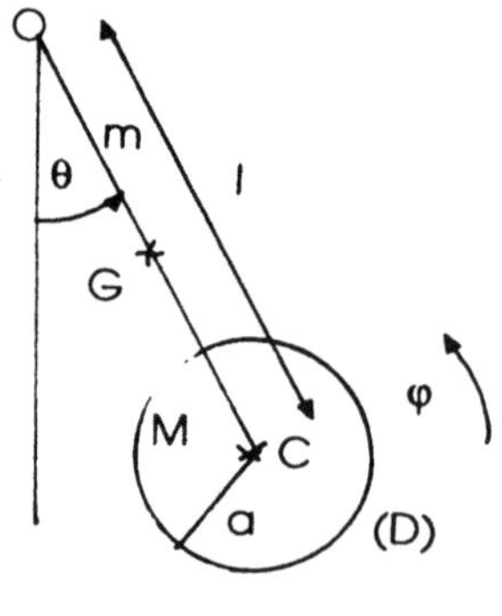

$E_C = E_{C_{barre}} + E_{C_{disque}}$

$E_{C_{barre}} = \frac{1}{2} J_{\Delta_{Oz}}^{barre} \dot{\theta}^2 = \frac{1}{6} ml^2 \dot{\theta}^2$

On applique le 2e théorème de Koenig :

$E_{C_{disque}} = \frac{1}{2} M v_C{}^2 + \frac{1}{2} J_{\Delta_{Cz}}^{disque} \omega^2$

Or - $v_C = l\dot{\theta}$

- $J_{\Delta_{Cz}}^{disque} = \frac{1}{2} Ma^2$

- $\omega = \dot{\varphi}$

donc $E_{C_{disque}} = \frac{1}{2} Ml^2 \dot{\theta}^2 + \frac{1}{4} Ma^2 \dot{\varphi}^2$.

Et finalement $E_C = \frac{1}{6} ml^2 \dot{\theta}^2 + \frac{1}{2} Ml^2 \dot{\theta}^2 + \frac{1}{4} Ma^2 \dot{\varphi}^2$

METHODE 13 : Calculer l'énergie potentielle de toutes les forces conservatives

■ Principe

Une force conservative est une force qui dérive d'un potentiel. Il s'agit donc de trouver un potentiel V(x, y, z) tel que $\mathbf{F} = -\mathbf{grad} V(x, y, z)$.

■ Résultat

Pour les principaux potentiels à connaître, reportez-vous au chapitre 1.

■ *Exemple : cf. méthode 12. Calculer l'énergie potentielle du poids.*

On a $E_P = E_{P_{barre}} + E_{P_{disque}} = mg\frac{l\sin\theta}{2} + Mgl\sin\theta$

METHODE 14 : Vérifier que les forces non conservatives ne travaillent pas

■ Principe

Pour qu'une force ne travaille pas, il suffit qu'elle soit perpendiculaire à la vitesse du point sur lequel elle s'applique. Il y a donc deux cas principaux :

Là ou la force dissipative s'applique, le point ne bouge pas.

exemple : roulement sans glissement.

La force est perpendiculaire au glissement (pas de frottement).

exemple : glissement sans frottement.

Vous devez donc être particulièrement attentifs à l'énoncé pour mener à bien cette méthode. Si des hypothèses manquent, n'hésitez évidemment pas à les faire (en le disant bien sûr).

■ *Exemple : Le champ magnétique ne travaille jamais.*

Il suffit de se souvenir de la formule $\mathbf{F} = q\mathbf{B} \wedge \mathbf{v}$ pour voir que la force est orthogonale à la vitesse.

Cela est bien sur la même chose pour la force d'inertie de Coriolis.

METHODE 15 : Appliquer le Théorème de l'Energie Mécanique

Rappel

Théorème de l'énergie cinétique :

Pour un système matériel (S) dans un référentiel galiléen, on a :
$\frac{d}{dt}\left(E_c + E_{pot}^{int} + E_{pot}^{ext}\right) = P_{int} + P_{ext}$ où P_{int} et P_{ext} sont les puissances des forces extérieures et intérieures non conservatives. On rappelle la formule de la puissance d'une force : $P_{\mathbf{F}}^{R} = \mathbf{F}.\mathbf{v}_R(M) + \omega.\boldsymbol{M}_{\mathbf{F}}(M)$

Si les forces non conservatives ne travaillent pas, l'énergie mécanique $E_c + E_{pot}^{int} + E_{pot}^{ext}$ se conserve.

Si toutes les étapes précédentes ont été menées correctement, cette dernière étape n'est qu'une formalité...

REMARQUE
Si le référentiel n'est pas galiléen, on peut encore appliquer le théorème mais il faut prendre en compte la puissance de la force d'inertie d'entraînement.

■ *Exemple : cf. méthode 12*
La seule force conservative est le poids. Les seules forces non conservatives sont les forces des liaisons rotules en O et en C. On suppose ces liaisons parfaites (pas de couple de frottement) On peut alors appliquer le théorème de l'énergie mécanique.

$$E_c + E_p \text{ soit : } \frac{1}{6}ml^2\dot{\theta}^2 + \frac{1}{2}Ml^2\dot{\theta}^2 + \frac{1}{4}Ma^2\dot{\varphi}^2 + mg\frac{l\sin\theta}{2} + Mgl\sin\theta = \text{Constante}.$$

La constante est déterminée par les conditions initiales mais il nous manque toujours une relation entre θ et φ. Si on avait lu la méthode 11, on n'aurait pas utilisé ce théorème... Enfin, puisqu'on y est, on peut vous le dire quand même si jamais vous avez envie de finir : il suffit d'appliquer le TMC au disque seul au point C.

B) Comment résoudre à l'aide du P.F.D. ?

METHODE 16 : Comment calculer un moment cinétique ?

Principe

On ne s'intéresse ici qu'aux moments cinétiques scalaires car cela suffit dans 99% des cas. Il y a alors deux cas :

— Si Δ est un axe instantané de rotation du solide : $\boxed{\sigma_\Delta = J_\Delta \omega}$.

Faites attention au fait que, si Δ bouge dans le solide, J_Δ peut également varier.

— Sinon, on applique le **premier théorème de Koenig** :

Le moment cinétique d'un solide par rapport à son centre d'inertie G ne dépend pas du référentiel dans lequel on le calcule.

et la **formule du torseur cinétique** :

$$\forall(A,B) : \sigma_{\mathbf{A}} = \sigma_{\mathbf{B}} + \mathbf{p} \wedge \mathbf{BA}$$

pour trouver : $\boxed{\sigma_\Delta = \sigma^*.\mathbf{u}_\Delta + [\mathbf{OG}, m\mathbf{v_G}, \mathbf{u}_\Delta]}$.

— Cette dernière expression se simplifie dans le cas où Δ **est parallèle à l'axe instantané de rotation du solide** : $\boxed{\sigma_\Delta = J_{\Delta_G}\omega + [\mathbf{OG}, m\mathbf{v_G}, \mathbf{u}_\Delta]}$.

— Si vous préférez faire des calculs énormes, vous pouvez toujours utiliser directement la formule $\sigma = \iiint_V (\mathbf{OM} \wedge \rho\mathbf{v})dv$. Mais le plus simple c'est quand même de calculer uniquement des moments cinétiques scalaires par rapport à des axes parallèles à l'axe instantané de rotation. Sinon, on est obligé d'introduire la notion d'axe principal d'inertie et on n'y tient pas...

— Pour le calcul des moments d'inertie, reportez-vous à la méthode 12.

■ *Exemple : cf. méthode 12 Calculer le moment cinétique du système par rapport à l'axe Oz dans le référentiel galiléen.*

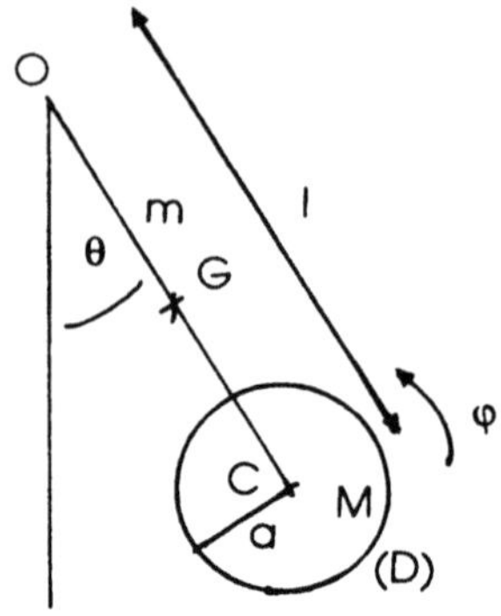

On a : $\sigma_{Oz} = \sigma_{Oz}^{disque} + \sigma_{Oz}^{barre}$.

Pour la barre, Oz est axe instantané de rotation. Donc

$\sigma_{Oz}^{barre} = J_{Oz}^{barre}\omega = \frac{1}{3}ml^2\dot\theta$

Pour le disque, Oz est parallèle à son axe instantané de rotation.

Donc :

$$\sigma_{Oz}^{disque} = \sigma_{Cz}^{disque*} + [\mathbf{OC}, M\mathbf{v_C}, \mathbf{u}_z] = J_{\Delta_C}^{disque}\dot\varphi + Ml^2\dot\theta = \frac{1}{2}Ma^2\dot\varphi + Ml^2\dot\theta$$

Finalement : $\sigma_{Oz} = \frac{1}{2}Ma^2\dot\varphi + \left(M + \frac{1}{3}m\right)l^2\dot\theta$.

METHODE 17 : Calculer le moment des actions extérieures par rapport à un point

■ **Principe**

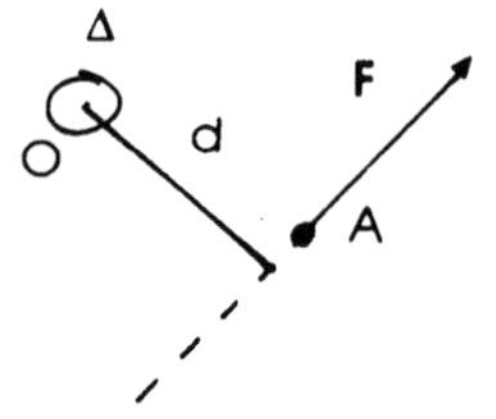

Il y a trois cas :

— Si l'action est un couple Γ, on a immédiatement $M_O = \Gamma$.

— Si l'action est un glisseur $[0, \mathbf{F}_A]$: $M_O = \mathbf{F}_A \wedge \mathbf{AO}$.

On utilise alors un moment scalaire : si Δ est orthogonal à **F** et **AO** alors $M_\Delta = d.F$ où d représente la distance de la force à l'axe comme sur le dessin.

— Cas général $[M_A, \mathbf{F}_A]$, on utilise la formule $M_O = M_A + \mathbf{F}_A \wedge \mathbf{AO}$

METHODE 18 : Appliquer le théorème du moment cinétique

Voilà une méthode très puissante car elle donne de petites équations faciles à résoudre sans introduire d'inconnue supplémentaire. Le revers de la médaille, c'est qu'il faut réfléchir un peu pour l'utiliser correctement.

■ **Résultats**

Si — A est fixe dans R galiléen.
ou — A = G. TMC barycentrique.
ou — $\mathbf{v_A} \,//\, \mathbf{v_G}$.

alors $\boxed{\dfrac{d\sigma_A^R}{dt} = \boldsymbol{M}_A^{ext}}$.

Dans le cas général, on utilise : $\boxed{\dfrac{d\sigma^*}{dt} + \mathbf{AG} \wedge m\gamma_{\mathbf{G}} = \boldsymbol{M}_A^{ext}}$.

Le point intéressant à remarquer est que seules les actions extérieures interviennent.

On utilise en fait dans 99% des cas un théorème scalaire :

Si — Δ est fixe dans R galiléen.
ou — $G \in \Delta$
ou — $I \in \Delta$ et $\mathbf{v_I} \,//\, \mathbf{v_G}$.

alors $\dfrac{d\sigma_\Delta^R}{dt} = M_\Delta^{ext}$

Sinon, on utilise $\dfrac{d\sigma_{\Delta G}}{dt} + \left[\mathbf{AG}, m\gamma_{\mathbf{G}}, \mathbf{u}_\Delta\right] = M_\Delta^{ext}$.

■ **Principe**

Beaucoup hésitent à utiliser le TMC car ils ont peur de s'embourber dans les formules. Ils ont tort. En effet, le TMC a deux avantages considérables :

— Il ne fait pas intervenir les actions intérieures.

— Si on l'utilise en un point intelligent, on peut résoudre sans connaître toutes les forces.

Voici donc en exclusivité comment l'utiliser :

1 - Je cherche le point où appliquer mon TMC. C'est **le point par lequel passent les forces de liaisons dont je ne connais pas la valeur** (Ce n'est pas grave puisque leur expression va disparaître dans le moment). Ainsi, si j'ai affaire à une barre attachée au plafond, j'applique le TMC au pont d'attache de la barre. De cette façon l'action de liaison entre la barre et le plafond n'intervient pas.

2 - Je regarde les caractéristiques du point où j'applique le TMC et j'en déduis le théorème à utiliser. Si le point est mobile, il y a deux choix qui sont en fait équivalents : on peut appliquer le TMC dans le référentiel non galiléen où le point est fixe mais il faut alors introduire les moments des forces d'inertie ; ou bien on applique directement la formule donnée.

3 - Je fais les calculs en utilisant prioritairement les théorèmes scalaires.

REMARQUES

— Bien sûr, si on vous demande de calculer les forces de liaisons, il va falloir appliquer le TMC à un autre endroit. Le plus simple est alors souvent de l'appliquer en G.

— Si on a affaire à un mouvement plan sur plan, appliquez systématiquement le TMC scalaire.

— S'il y a plusieurs forces inconnues, il peut être pratique de prendre un système plus grand afin d'intérioriser certaines de ces inconnues.

■ *Exemple : Soit un cylindre roulant sans glisser sur un plan incliné d'un angle α. Etudiez le mouvement du cylindre.*

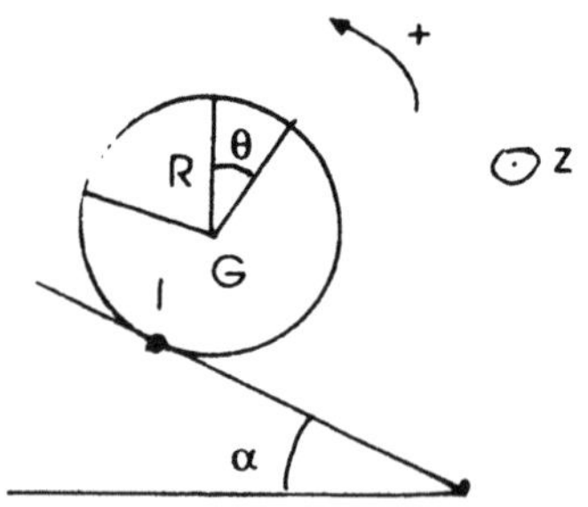

On paramètre le système comme on l'a appris. Grâce à la méthode 1, on s'aperçoit que tout est déterminé par l'angle θ de rotation du cylindre. On pourrait donc appliquer la conservation de l'énergie (la réaction du sol ne travaille pas et le poids est conservatif) mais on va utiliser le TMC.
L'action que l'on ne connaît pas est la réaction du sol. On ne connaît même pas sa direction car il y des frottements. On va donc appliquer le TMC au point I. Celui-ci se déplace parallèlement au point G. On peut donc appliquer le TMC dans sa forme simple : $\frac{d\sigma_{Iz}^{R}}{dt} = M_{Iz}^{ext}$

De plus, I est axe instantané de rotation. On a donc, d'après la méthode 16 : $\sigma_{Iz} = J_{Iz}\dot{\theta}$.

On a d'après la méthode 12 $J_{Iz} = J_{Gz} + MR^2 = \frac{1}{2}MR^2 + MR^2 = \frac{3}{2}MR^2$.

De plus, la méthode 17 nous donne $M_{Iz}^{ext} = M_{Iz}^{poids} + M_{Iz}^{Rsol} = MgR\sin\alpha + 0$

Ainsi, il nous reste : $\frac{3}{2}MR^2\ddot{\theta} = MgR\sin\alpha$ soit $\ddot{\theta} = \frac{2g}{3R}\sin\alpha$. Il ne reste plus qu'à intégrer en fonctions des conditions initiales : mouvement uniformément accéléré.

METHODE 19 : Utiliser le TRC

■ **Rappel**

Dans un référentiel galiléen $\boxed{\frac{d\mathbf{p}}{dt} = \sum \mathbf{F}_{ext}}$

■ **Erreurs**

Confusion de **p** et de $m\gamma$ alors que la masse varie dans le système.
Oubli des forces d'inertie quand le référentiel n'est pas galiléen.
Tendance à utiliser systématiquement cette méthode alors que ce n'est pas toujours la plus rapide.

■ **Principe**

Pour utiliser ce théorème, évitez d'introduire trop d'inconnues. Pour cela, n'hésitez pas à choisir de "grands" systèmes.

■ *Exemple : Calculer la réaction du support dans l'exemple précédent.*

Il suffit de poser l'équation $m\frac{d^2}{dt^2}\left(R\theta\left(\cos\alpha\mathbf{u_x} - \sin\alpha\mathbf{u_y}\right)\right) = -mg\mathbf{u_y} + \mathbf{R_{sol}}$

Il reste donc $\mathbf{R_{sol}} = mg\left(\frac{2}{3}\sin\alpha\cos\alpha\mathbf{u_x} + \left(1 - \frac{2}{3}\sin^2\alpha\right)\mathbf{u_y}\right)$

Erreurs

■ Non !!! La seule solution pour résoudre un problème de mécanique n'est pas d'appliquer le TRC de projeter sur x, y et z et de bourriner les équa diff...

■ N'oubliez pas que le TEC dit que la puissance cinétique est égale à la puissance des forces extérieures **et** intérieures.

■ Lorsque l'on parle de **g**, n'oubliez pas qu'il s'agit de la résultante entre le champ de gravitation et la force d'inertie d'entraînement. g n'est vertical qu'à l'équateur.

■ Il faudrait finir par vous persuader que les mouvements périodiques ne sont pas nécessairement sinusoïdaux. En revanche, ils sont développables en série de Fourier.

Astuces

■ Pour éviter tout problème de signe faites toujours vos schémas avec les angles dans le sens positif, les vecteurs vers les x croissants.

■ S'il n'y a plus qu'un seul paramètre, il faut voir immédiatement si le système choisi est conservatif puis passer par l'énergie.

■ Il est souvent astucieux de prendre de gros systèmes pour faire disparaître des forces extérieures qui ainsi deviennent intérieures.

Exercices

1

Une plaque de masse m est posée sur deux cylindres pleins d'axes horizontaux fixes et distants de 2a. Ils tournent rapidement en sens inverse et vers l'extérieur de telle sorte qu'il y a toujours glissement en I et J. Le coefficient de frottement dynamique en I et J est k. Mouvement de la plaque ?

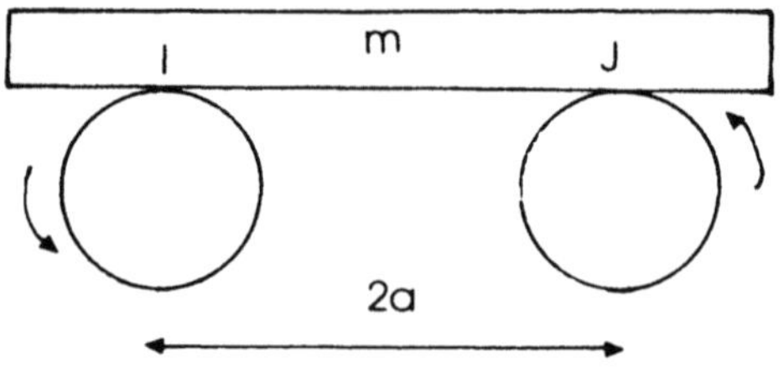

2

On lance une barre AB de longueur 2a le long d'un plan horizontal comme sur le dessin. Les seuls points de contacts entre la barre et le plan sont A et O et il n'y de frottement qu'en A (f coefficient de frottement). Jusqu'à quelle vitesse peut-on lancer la barre sans qu'il n'y ait basculement ?

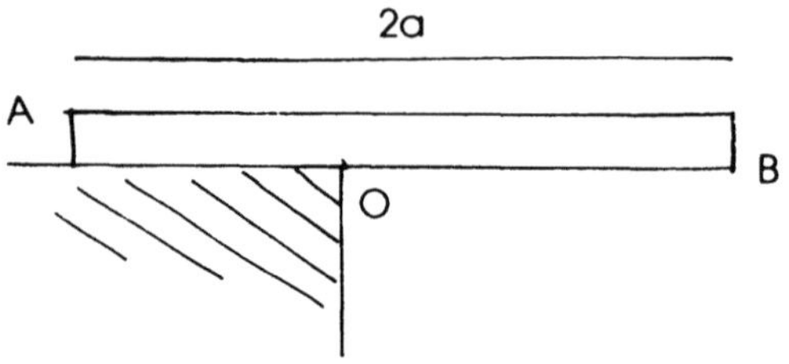

3

Un hamster H de masse m supposé ponctuel court dans une roue à bâton de rayon R et de masse M afin de se maintenir à une hauteur h constante. L'axe de la roue peut se déplacer sur l'horizontale en roulement sans glissement (cas A) ou sans frottement (cas B). Calculer la puissance dépensée par le hamster.

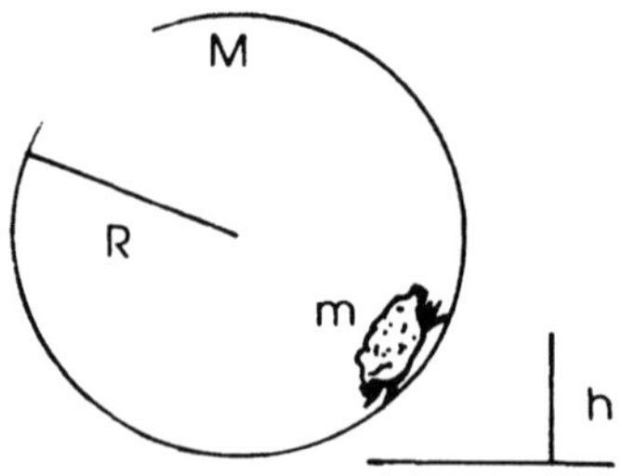

4

Soit une boule de rayon a et de masse m roulant sans glisser sur un plateau tournant à la vitesse Ω. Déterminer la trajectoire de la boule.

5

Soit deux disques homogènes de masse M et de rayon R reliés par une bielle AB de longueur l et de masse m accrochée à distance r des deux centres des disques. Les deux disques roulent sans glisser sur un support horizontal. Déterminer la période des petites oscillations.
Conditions initiales : bielle horizontale à une hauteur h et sans vitesse.

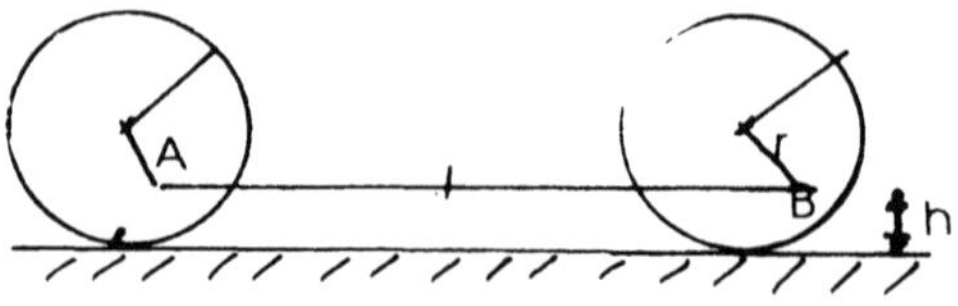

6

Soit une voiture de masse M possédant quatre roues de masse m roulant sans glisser librement et un drapeau (supposé rectangulaire bxb et rigide) de masse d attaché par un piquet de hauteur h au-dessus de la voiture et tournant à une vitesse ω constante à l'aide d'un moteur. La voiture est attachée par l'arrière à l'aide d'un ressort de raideur k et de longueur à vide l_0 à un mur. Etudiez le mouvement de la voiture sachant que l'état initial est : le drapeau tourne, ressort à vide, vitesse nulle de la voiture.

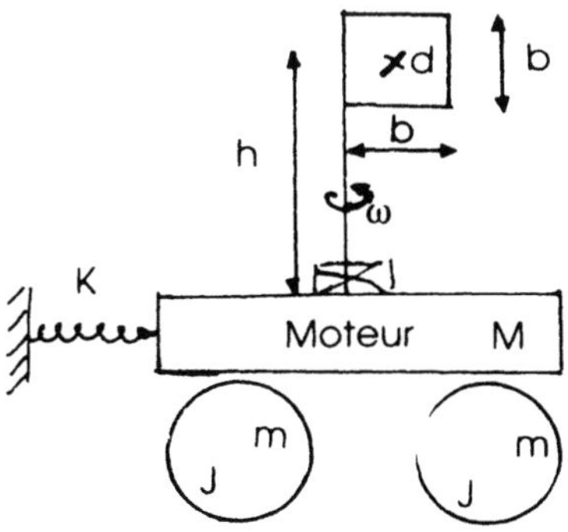

7 **Pont-levis**

Soit un pont-levis de masse M et de longueur l lié par son extrémité à un point A fixe. Il est possible de le lever à l'aide d'une corde attachée à l'autre extrémité du pont et coulissant sans frotter sur une poulie B située à une hauteur h au-dessus du point A. Cette corde possède à son extrémité une masse m qui peut coulisser sans frotter sur une courbe (C). Celle-ci est initialement à une distance r_0 en dessous de B.
Déterminer l'équation de la courbe (C) pour que le mouvement du pont-levis se fasse sans effort extérieur.

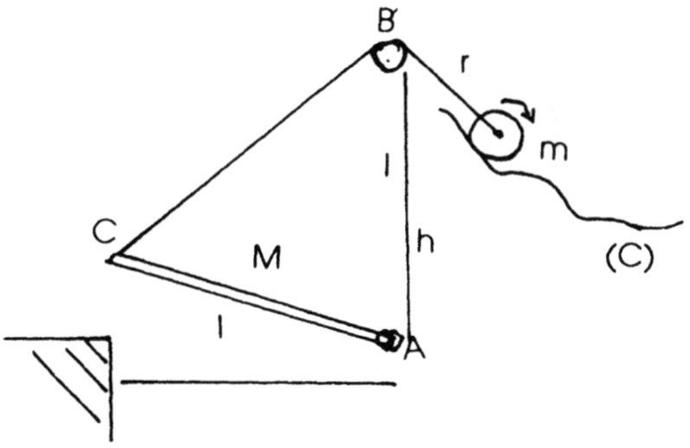

8

Soit un fil enroulé autour d'un tronc d'arbre cylindrique fixe de section quelconque. Au bout de ce fil se trouve une masse m. Initialement, le fil est tendu verticalement. On lance la masse horizontalement (dans le sens où le fil s'enroule autour du tronc) avec une vitesse v_0. On suppose que le fil reste tendu. Décrire le mouvement dans les cas suivants :
- On néglige la gravitation. La section est supposée circulaire.
- On ne néglige plus la gravitation.
- Le tronc d'arbre n'est plus circulaire. On ne néglige pas **g**.

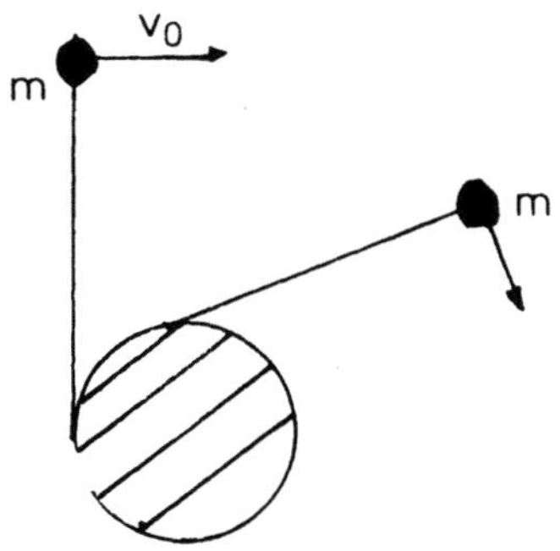

Corrigés

1

Méthodes utilisées : 6,8,11

On commence bien sûr par faire un dessin :

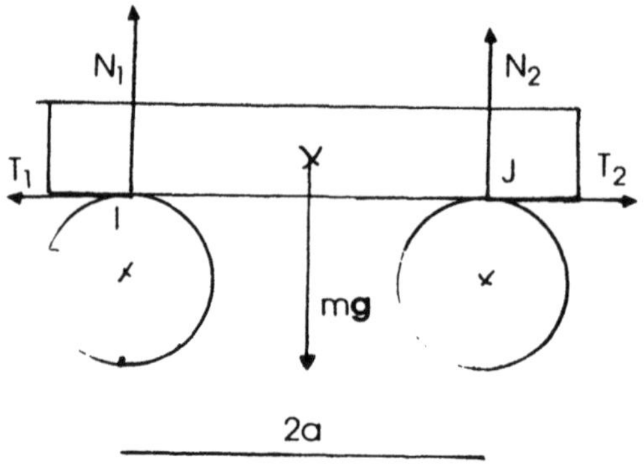

Le seul paramètre de position est l'abscisse x du plateau. En revanche, on ne connaît pas les réactions des rouleaux sur le plateau et ceux-ci travaillent. On ne peut donc pas utiliser la conservation de l'énergie. (Il y a de plus une action extérieure inconnue sur les rouleaux).

On commence bien sûr par simplifier le problème en utilisant la conservation de la quantité de mouvement selon l'axe vertical. La méthode 6 nous donne $mg = N_1 + N_2$. (On a bien sûr supposé que le contact se maintenait).
On a de plus, par la méthode 8 : $T_1 = kN_1$ et $T_2 = kN_2$ avec T_1 et T_2 selon le dessin.

On applique bien sûr selon la méthode 19 le TMC au plateau au point I. Celui-ci est fixe.

On a donc grâce aux méthodes 17 et 18 : $2aN_2 - (a+x)mg = \dfrac{d\sigma_I^{plat}}{dt}$

Avec $\sigma_I^{plat} = -[\mathbf{IG}, m\mathbf{v_G}, \mathbf{u}_z] = -me\dot{x}$ donc $2aN_2 - (a+x)mg = -me\ddot{x}$.
Il nous reste donc $2aN_2 = (a+x)mg - me\ddot{x}$

Il nous manque une équation. On peut par exemple utiliser le TRC selon l'axe Ox :

$$m\ddot{x} = T_2 - T_1.$$

Ainsi grâce à :

$$N_1 + N_2 = mg$$

$$N_2 - N_1 = \frac{m}{k}\ddot{x}$$

on obtient :

$$N_2 = \frac{m}{2}\left(g + \frac{\ddot{x}}{k}\right)$$

et donc :

$$am\left(g + \frac{\ddot{x}}{k}\right) = (a+x)mg - me\ddot{x} \text{ soit } \left(\frac{a}{k} + e\right)m\ddot{x} = (a+x)mg - amg = xmg$$

Finalement, on obtient $\ddot{x} = \dfrac{kg}{a+ek}x$.

Ainsi si G est initialement au milieu des deux rouleaux ($x(0) = 0$), alors $\ddot{x}(0) = 0$ Donc, le plateau reste immobile. Par contre si le plateau est un petit peu décalé vers la droite. Ce décalage va avoir tendance à s'accroître.

Si on change le sens de rotation des deux rouleaux, on obtient des oscillations. Vous pouvez refaire le calcul si vous avez le temps.

2

Méthodes utilisées : 6,8,11

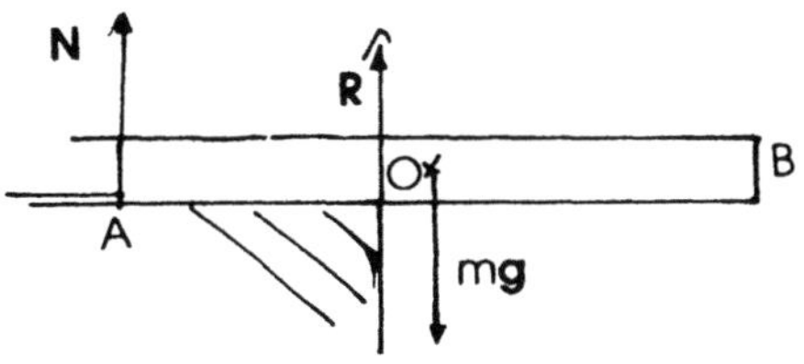

Toujours le sacro-saint dessin :
Tant qu'il n'y a pas basculement, c'est-à-dire tant que le centre de gravité a dépassé le coin, le mouvement se conserve selon Oz. Donc $mg = R + N$
Les lois du frottement solide nous donnent $T = fN$.
La seule inconnue de position est l'abscisse de la barre. On a donc envie d'appliquer le théorème de l'Energie Cinétique. Mais, il nous manque l'expression de T et celle-ci travaille bien que n'étant pas conservative. Il nous faut donc calculer T.
Pour cela, afin de ne pas introduire d'inconnue (genre R), on applique le TMC au point O. Le point O étant fixe et comme on néglige l'épaisseur de la barre :

$$mg(a-x) - N(2a-x) = 0 \text{ soit } N = mg\frac{a-x}{2a-x} \text{ et ainsi } T = fmg\frac{a-x}{2a-x}.$$

Pour trouver l'évolution de x, on pourrait maintenant appliquer le théorème de l'énergie cinétique mais on n'aime pas les puissances. On utilise donc le TRC selon Ox :

$$m\ddot{x} = -T = -fmg\frac{a-x}{2a-x} \text{ donc } \frac{1}{2}\frac{d\dot{x}^2}{dt^2} = \ddot{x}\dot{x} = -fg\frac{a-x}{2a-x}\dot{x}$$

Cela nous donne :

$$v^2(t) = v_0^2 - 2fg\int_0^x \frac{a-x}{2a-x} = v_0^2 - 2fg\left[x - a\int_0^x \frac{1}{x-2a}\right]$$

$$= v_0^2 - 2fgx - 2fga.\ln\frac{x-2a}{-2a} = v_0^2 - 2fg\left(-a\ln\frac{2a}{2a-x} + x\right)$$

On cherche la vitesse initiale limite i.e. la vitesse initiale telle que la vitesse devienne nulle en a.

$$\left(v^2(a) = 0\right) \Rightarrow \left(v_0^2 = 2fg\left(-a\ln\frac{2a}{2a-a} + a\right) = 2fga(1-\ln 2)\right).$$

Ainsi, pour $v_0^2 \leq 2fga(1-\ln 2)$, la barre ne bascule pas.

3

Méthodes utilisées : 4,6,16,17,18

Le dessin ►

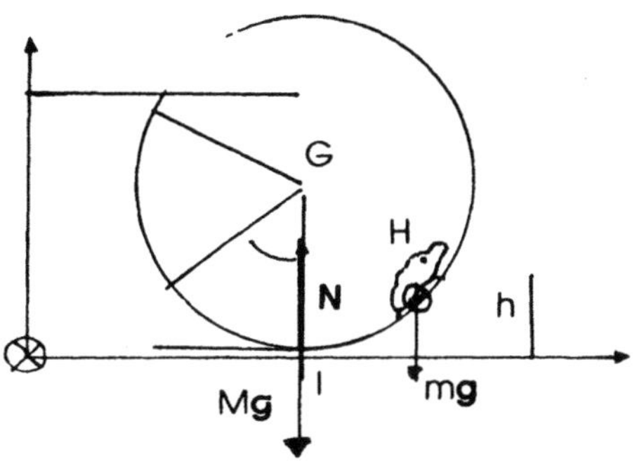

A) Pas de frottement.

Le système est entièrement décrit par l'abscisse x de la roue et son angle θ par rapport au moment initial.
Le système Hamster + Roue ne subit pas de force selon l'axe Ox. D'après la méthode 4, on a donc $m\ddot{x}_{hamster} + M\ddot{x}_{roue} = 0$. Or, le hamster est toujours à la même hauteur, donc toujours à la même abscisse par rapport à la roue. Donc : $\ddot{x}_{hamster} = \ddot{x}_{roue} = 0$.
Ainsi, la vitesse de la roue est constante.
C'est d'ailleurs logique : sans frottement, la roue ne peut accrocher le sol et donc ne peut accélérer.

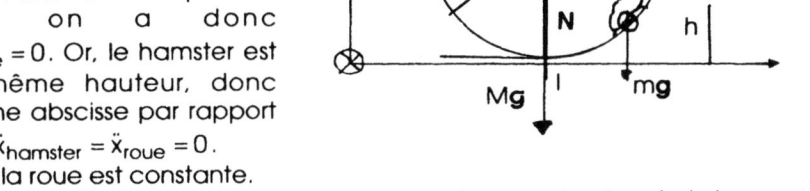

On peut facilement trouver la réaction **N** de la roue en remarquant l'absence de déplacement vertical du système hamster + roue et en appliquant la méthode 6 : $N = mg + Mg$.

Il nous faut encore trouver la vitesse de rotation de la roue. Pour cela, puisqu'on ne connaît pas la valeur de R, appliquons le TMC au système entier à l'axe Hz. Celui-ci a un déplacement parallèle à celui du centre d'inertie. Donc, on applique la formule simple : $\frac{d\sigma_{Hz}^{roue}}{dt} + \frac{d\sigma_{Hz}^{hamster}}{dt} = (Mg - N)d$

On a bien sûr $\frac{d\sigma_{Hz}^{hamster}}{dt} = 0$ et $d = \sqrt{R^2 - (R-h)^2} = \sqrt{2Rh - h^2}$.

de plus $\sigma_{Hz}^{roue} = J_{Gz}^{roue}\omega + [\mathbf{HG}, M\mathbf{v_G}, \mathbf{u}_z] = MR^2\dot{\theta} + (R-h)Mv_0$.

Ainsi : $MR^2\ddot{\theta} = (Mg - N)\sqrt{2Rh - h^2}$ soit $\ddot{\theta} = -\frac{mg}{MR^2}\sqrt{2Rh - h^2}$ et $\omega = \omega_0 - \frac{mg}{MR^2}\sqrt{2Rh - h^2}\,t$

On peut maintenant appliquer le théorème de l'énergie cinétique pour calculer la puissance développée par le Hamster : $\frac{dE_C}{dt} = P^{\mathbf{R}}$

En effet, les autres forces ne travaillent pas (tout reste à une altitude constante et il n'y a pas de frottement).

Or $$E_C = \frac{1}{2}J_{Gz}^{roue}\omega^2 + \frac{1}{2}(m+M)v^2$$

Donc $$\frac{dE_C}{dt} = MR^2\dot{\omega}\omega$$

Soit $$\boxed{P^{\mathbf{R}} = -mg\sqrt{2Rh - h^2}\left(\omega_0 - \frac{mg}{MR^2}\sqrt{2Rh - h^2}\,t\right)}.$$

B) Pas de glissement.

Cette fois, un seul paramètre détermine le mouvement puisque d'après la méthode 1, on trouve $x = -R\theta$.

On ne veut pas s'embêter à calculer la réaction tangentielle **T**. On applique donc le TMC au point I à l'ensemble des deux solides. Le mouvement de Iz étant parallèle à celui de Gz on a : $\frac{d}{dt}\sigma_I^{roue} + \frac{d}{dt}\sigma_I^{hamster} = -mgd = -mg\sqrt{2Rh - h^2}$

Or Iz est axe instantané de rotation de la roue. Donc : $\sigma_{Iz}^{roue} = J_{Iz}^{roue}\omega = \left(MR^2 + MR^2\right)\dot{\theta}$ et $\sigma_{Iz}^{hamster} = [\mathbf{IH}, m\mathbf{v}_H, \mathbf{u}_z] = -hm\dot{x}$

Ainsi : $-hm\ddot{x} + 2MR^2\ddot{\theta} = -mg\sqrt{2Rh - h^2}$ soit $\ddot{\theta} = \frac{mg\sqrt{2Rh - h^2}}{mhR + 2MR^2}$

On peut finalement appliquer le théorème de l'énergie cinétique à la roue. La seule force travaillant est la réaction du Hamster sur la roue.

Donc : $\frac{dE_C}{dt} = P^{\mathbf{R}}$ et $E_C = \frac{1}{2}MR^2\omega^2 + \frac{1}{2}(m+M)v^2 = \frac{1}{2}(2M+m)R^2\omega^2$

donc $\frac{dE_C}{dt} = (2M+m)R^2\omega\dot{\omega}$

Ainsi il reste $$\boxed{P^{\mathbf{R}} = (2M+m)R\frac{mg\sqrt{2Rh - h^2}}{mh + 2MR}\left(\frac{mg\sqrt{2Rh - h^2}}{mhR + 2MR^2}t + \omega_0\right)}.$$

4

Méthodes 2,17

Voilà un exercice différent des autres !!! Mais ne paniquons pas... Posons-nous tout d'abord LA question : quel référentiel choisir ?
Il ne sert à rien de changer de référentiel car cela ajoute des forces d'inertie compliquées sans simplifier les forces de contact. De plus, le dessin n'en serait pas plus simple.
On prend donc le système bille dans le référentiel lié au sol.
On ne connaît rien sur **T** car il n'y a pas de glissement. On applique donc le TMC en I pour ne pas introduire cet inconnu :

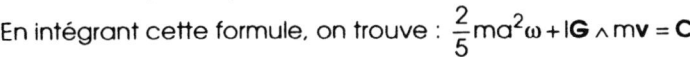

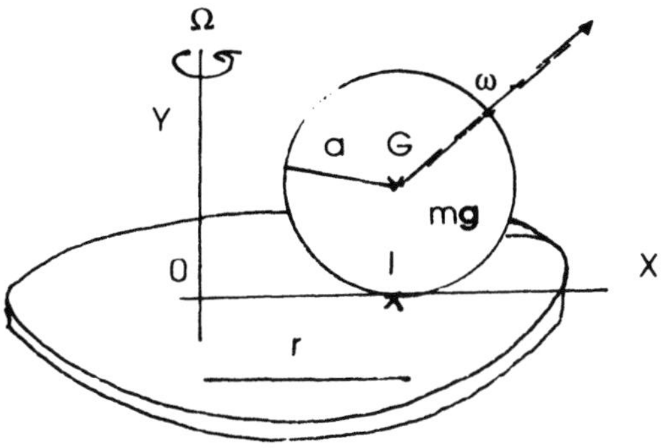

$$\boxed{\frac{d\sigma^*}{dt} + \mathbf{IG} \wedge m\gamma_{\mathbf{G}} = \boldsymbol{M}_I^{ext} = 0}.$$

Selon la méthode 17,
$\sigma = \sigma^* + \mathbf{IG} \wedge m\mathbf{v}_G$
Or, selon la Méthode 2 :
$\sigma^* = J_G\omega = \frac{2}{5}ma^2\omega$ où ω est le vecteur rotation instantané de la bille.

Ainsi, on a : $\frac{2}{5}ma^2\frac{d\omega}{dt} + \mathbf{IG} \wedge m\frac{d\mathbf{v}}{dt} = 0$

En intégrant cette formule, on trouve : $\frac{2}{5}ma^2\omega + \mathbf{IG} \wedge m\mathbf{v} = \mathbf{C}$

C'est maintenant qu'il faut être un peu sioux ou avoir lu le Méthodix.
On écrit la formule du torseur cinématique entre I et G :

$$\mathbf{v} = \mathbf{v}_I^{bille} + \omega \wedge \mathbf{IG} = \mathbf{v}_I^{plateau} + \omega \wedge \mathbf{IG}$$

on remplace ω : $\frac{2}{5}ma^2\mathbf{v} = \frac{2}{5}ma^2\Omega \wedge \mathbf{OI} + (\mathbf{C} - \mathbf{IG} \wedge m\mathbf{v}) \wedge \mathbf{IG}$

En simplifiant grâce à la formule $(\mathbf{a} \wedge \mathbf{b}) \wedge \mathbf{c} = (\mathbf{a}.\mathbf{c})\mathbf{b} - (\mathbf{a}.\mathbf{b})\mathbf{c}$, on trouve :

$$\frac{2}{5}a^2\mathbf{v} = \frac{2}{5}a^2\Omega \wedge \mathbf{OI} + \mathbf{C} \wedge \mathbf{IG} + a^2\mathbf{v} \text{ soit } \frac{7}{2}\mathbf{v} = \Omega \wedge \mathbf{OI} + \mathbf{C}'$$

Donc en utilisant les conditions initiales : $\mathbf{v} = \mathbf{v}_0 + \frac{2}{7}\Omega \wedge \mathbf{G}_0\mathbf{G}$, on retrouve une formule de torseur. On sait donc que $\exists A$ tq $\mathbf{v}_0 = \frac{2}{7}\Omega \wedge \mathbf{AG}_0$

$$\text{Alors } \boxed{\mathbf{v} = \frac{2}{7}\Omega \wedge \mathbf{AG}}$$

G décrit un cercle de centre A passant par G_0 **et à une vitesse angulaire** $\frac{2}{7}\Omega$.

5

Méthodes utilisées : 12,13,14

Les conditions de roulement sans glissement font que tout le système est déterminé par l'angle θ. De plus, la seule force travaillant est le poids qui est conservatif (les réactions du sol sur les disques ne travaillent pas car il n'y a pas de glissement). On suppose en effet qu'il n'y a pas de frottement au niveau des axes des disques. On choisit donc d'utiliser la conservation de l'énergie. On remarque également que la barre reste à tout instant horizontale.

- Energie Potentielle : seul le poids intervient. Donc, comme la hauteur des deux disques reste constante : $E_p = mgz_{barre} = mg(R - r\cos\theta)$

- Energie cinétique : (le disque est en rotation autour du point I).

- Disque 1 : $E_c = \frac{1}{2}J_{Iy}^{disque}\dot{\theta}^2 = \frac{1}{2}\left(MR^2 + \frac{1}{2}MR^2\right)\dot{\theta}^2 = \frac{3}{2}MR^2\dot{\theta}^2$

- Disque 2 : idem

- Barre :
$$E_c = \frac{1}{2}m\mathbf{v_A}^2 = \frac{1}{2}m\left(\mathbf{v_G} + \dot{\theta}r\mathbf{u}_\theta\right)^2 = \frac{1}{2}m\left(R\dot{\theta}\mathbf{u_x} + r\dot{\theta}\cos\theta\mathbf{u_x} + r\dot{\theta}\sin\theta\mathbf{u_z}\right)^2$$
$$= \frac{1}{2}m\left((R + r\cos\theta)^2 + r^2\sin^2\theta\right)\dot{\theta}^2 = \frac{1}{2}m\left(R^2 + r^2 + 2rR\cos\theta\right)\dot{\theta}^2$$

Finalement $E_c = 3MR^2\dot{\theta}^2 \frac{1}{2}m\left(R^2 + r^2 + 2rR\cos\theta\right)\dot{\theta}^2$

La conservation de l'énergie nous donne alors :

$$3MR^2\dot{\theta}^2 + \frac{1}{2}m\left(R^2 + r^2 + 2rR\cos\theta\right)\dot{\theta}^2 - mgr\cos\theta = Cte$$

Soit, pour les petits mouvements :

Au premier ordre $3MR^2\dot{\theta}^2 + \frac{1}{2}m\left(R^2 + r^2 + 2rR\right)\dot{\theta}^2 + \frac{1}{2}mgr\theta^2 = Cte$

Equation de la forme $\dot{\theta}^2 + \omega^2\theta^2 = Cte$ avec $\boxed{\omega^2 = \dfrac{mgr}{6MR^2 + m\left(R^2 + r^2 + 2rR\right)}}$.

6

Méthodes utilisées : 12,13,14,16,17,18

Un petit dessin ►

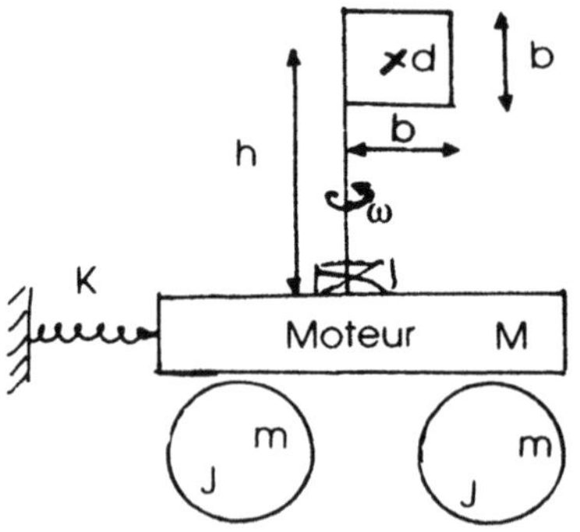

Le roulement sans glissement impose une relation de liaison entre les roues et la carrosserie. La seule coordonnée définissant le système est donc l'abscisse x de la voiture. On voudrait donc appliquer le théorème de conservation de l'énergie d'autant plus qu'il n'y a pas de glissement au niveau des roues donc pas de travail des forces de frottements. Le problème, c'est que le moteur du drapeau dépense, lui, de l'énergie et qu'on ne connaît pas la puissance correspondante.
On va donc devoir bidouiller avec la méthode TRC+TMC pour trouver cette puissance.
Le mouvement du drapeau (x et ω) est bien défini. On pense donc à appliquer un théorème au drapeau seul.
Appliquons le TMC au système mât + drapeau au point I (de cette manière, on élimine l'action de contact de la carrosserie sur le drapeau) :
Le mât étant de masse nulle et le drapeau tournant autour de son axe, on a :

$$\sigma_{Iz}^{drapeau} = J_{Gz}\omega + [\mathbf{IG}, d\mathbf{v}_G, \mathbf{u}_\Delta] = \left(\frac{1}{3}db^2 - d\left(\frac{b}{2}\right)^2\right) + d\left[\mathbf{HG}, \mathbf{v}_H + \frac{b}{2}\omega\mathbf{u}_\theta, \mathbf{u}_\Delta\right]$$
$$= \frac{1}{12}db^2\omega + d\frac{b}{2}\dot{x}[\mathbf{u}_r, \mathbf{u}_x, \mathbf{u}_\Delta] + d\left(\frac{b}{2}\right)^2\omega[\mathbf{u}_r, \mathbf{u}_\theta, \mathbf{u}_\Delta]$$
$$= \frac{1}{12}db^2\omega - d\frac{b}{2}\dot{x}\sin\theta + d\left(\frac{b}{2}\right)^2\omega = \frac{1}{12}db^2\omega - d\frac{b}{2}\dot{x}\sin\theta$$

Le moment du poids du drapeau est nul selon l'axe Iz car parallèle à cet axe.
Le moment exercé par le moteur vaut Γ et est inconnu.

Le moment exercé par la carrosserie sur l'axe est nul car la force passe par cet axe.

On a donc finalement : $-d\frac{b}{2}\ddot{x}\sin\theta - d\frac{b}{2}\dot{x}\omega\cos\theta = \Gamma$

On peut maintenant calculer la puissance exercée par le moteur sur le drapeau :

$P_{moteur\_drapeau} = \Gamma\omega = -d\frac{b}{2}\ddot{x}\omega\sin\omega t - d\frac{b}{2}\dot{x}\omega^2\cos\omega t$

Il ne reste plus qu'à appliquer le théorème de l'énergie cinétique :

L'énergie cinétique de l'ensemble vaut : $E_C = 4E_C^{roue} + E_C^{carosserie} + E_C^{drapeau}$

avec $E_C^{roue} = \frac{1}{2}m\dot{x}^2 + mR^2\dot{\alpha}^2 = \frac{3}{2}m\dot{x}^2$ (les roues sont des circonférences vides)

$E_C^{carosserie} = \frac{1}{2}M\dot{x}^2$

$E_C^{drapeau} = \frac{1}{2}d\dot{x}^2 + \frac{1}{2}\left(\frac{1}{12}d\left(\frac{b}{2}\right)^2\right)\omega^2$

Ainsi : $\frac{dE_C}{dt} = \left(6m + \frac{1}{2}M + \frac{1}{2}d\right)2\dot{x}\ddot{x}$

et, sachant que la seule force conservative travaillant est la force de rappel du ressort et en prenant pour abscisse à l'origine la longueur à vide du ressort on a :

$E_{pot} = E_p^{ressort} = \frac{1}{2}kx^2$

Ainsi, le théorème de l'énergie cinétique nous donne :

$$\left(6m + \frac{1}{2}M + \frac{1}{2}d\right)2\dot{x}\ddot{x} + kx\dot{x} = -d\frac{b}{2}\ddot{x}\omega\sin\omega t - d\frac{b}{2}\dot{x}\omega^2\cos\omega t$$

On vous laisse résoudre...

7

Méthodes utilisées : 14,13

Voici un exo typique de mécanique, dont la résolution comporte 4 parties.

Etape 1 : Pilotage

Le but du jeu, c'est que la trajectoire de la courbe soit telle qu'à tout instant le pont-levis soit à l'équilibre. De cette manière, en déplaçant un petit peu la masse, l'utilisateur peut lever le pont-levis sans effort puisque celui-ci reste à l'équilibre. Intuitivement, on sent bien qu'il faudra une chute raide de la masse au début puisque le pont est dur à lever mais une chute douce à la fin où c'est plus facile. Un peu comme sur le dessin ci-contre quoi.

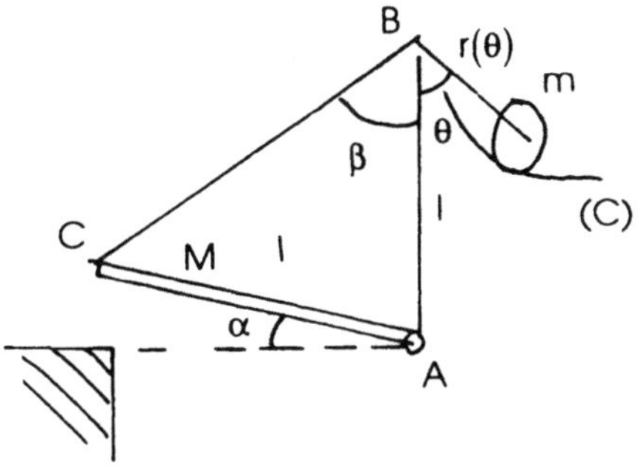

On va le montrer.

Etape 2 : Analyse

Le système global des deux masses plus la ficelle plus la poulie n'est soumis qu'à des forces conservatives (en l'occurrence le poids). On néglige en effet toute liaison d'axe qui pourrait être imparfaite (pas de frottement au niveau de la poulie et de la courbe). Donc l'énergie mécanique de ce système se conserve.

Par ailleurs, on se fout pas mal de son énergie cinétique qui peut-être nulle à tout instant ; (en effet l'utilisateur ne cherche pas à faire acquérir de la vitesse au pont et celui-ci est à l'équilibre) ; donc son énergie potentielle se conserve.

Etape 3 : Résolution avec un peu de trigo.
On paramètre la position de la masse par sa distance avec B (rayon r) et l'angle θ fait avec la verticale.

Un peu de géométrie :

On rappelle que $2\sin^2\theta = 1-\cos 2\theta$. Or, comme le triangle ABC est isocèle en A, la formule d'Al-Kashi donne :

$$(l_0 - r)^2 = 2l^2(1-\sin\alpha)$$

Et donc $\sin\alpha = 1 - \dfrac{(l_0-r)^2}{2l^2}$.

Calculons l'energie potentielle à tout instant en supposant évidemment que la corde est toujours tendue.

$$E_p = E_p^{pont} + E_p^{masse} = Mg\frac{l}{2}\sin(\alpha) - mgr\cos\theta = -mgr_0$$

$$= Mg\frac{l}{2}\left(1 - \frac{(L_0-r)^2}{2l^2}\right) - mgr\cos\theta = -mgr_0$$

Etape 4 : On discute
On résout ce **polynôme du second degré**. Le discriminant peut devenir négatif pour certaines valeurs du rapport des masses M et m. On pense bien qu'on ne pourra quand même pas monter ce p... de pont-levis avec du vent de masse nulle.

8

Méthodes utilisées : 12,13,14

On paramètre le système par l'angle α entre le point A où le fil quitte le tronc et la masse m.

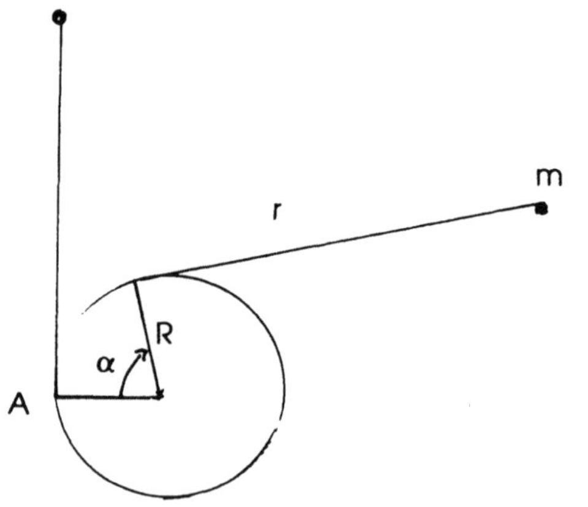

1 - La seule force travaillant est le poids puisque le mouvement de la masse m se fait perpendiculairement à la tension du fil (car la masse est en rotation instantanée autour du point A).

On veut donc encore une fois appliquer la conservation de l'énergie cinétique.

Mais tout d'abord, un peu de géométrie :
L'angle α du fil est le même que l'angle selon lequel il s'est enroulé autour du tronc.

Par conservation de la longueur du fil, la distance r de la masse au point A vaut $r = l_0 - R\alpha$. La vitesse de la masse est donc : $\mathbf{v} = (l_0 - R\alpha)\dot{\alpha}\mathbf{e}_\alpha$

L'énergie cinétique de la masse est $E_c = \frac{1}{2}m(l_0 - R\alpha)^2\dot{\alpha}^2$. Comme on néglige le poids, cette énergie est constante. On a donc $(l_0 - R\alpha)\dot{\alpha} = v_0$ soit $l_0\alpha - R\frac{\alpha^2}{2} = v_0 t$ ce qui nous donne : $\alpha = \frac{l_0}{R}\left(1 - \sqrt{1 - \Delta t}\right)$ avec $\Delta = \frac{2Rv_0}{l_0^2}$.

Le temps pour faire un tour est donc $t = \frac{l_0^2}{2Rv_0}$.

2 - On garde le poids.

Alors la masse a une énergie potentielle $E_p = mgr\cos\alpha = mg(l_0 - R\alpha)\cos\alpha$.
L'équation de conservation devient donc :
$mg(l_0 - R\alpha)\cos\alpha + \frac{1}{2}m(l_0 - R\alpha)^2\dot{\alpha}^2 = mgl_0 + \frac{1}{2}mv_0^2$ ce qui nous donne en dérivant :
$g(l_0 - R\alpha)\sin\alpha - gR\cos\alpha + (l_0 - R\alpha)\dot{\alpha}^2 + (l_0 - R\alpha)^2\ddot{\alpha} = 0$. Bonne chance !

Chapitre 4
METHODES DE RESOLUTION DES PROBLEMES DE MECANIQUE DES FLUIDES

■ S'il n'y avait qu'un seul chapitre se prêtant à une large méthodisation, ce serait sans aucun doute celui-ci. Les méthodes abondent avec des cas d'applications la plupart du temps très distincts, si bien qu'on sait souvent, à la lecture d'un énoncé, quelles seront les méthodes à utiliser.

Et s'il n'y avait que trois choses à comprendre en mécaflotte, ce serait :
—la différence entre la représentation eulérienne et lagrangienne ;
—la **stricte équivalence entre** la mécanique du solide et la mécaflotte (il faut absolument se mettre dans la tête que **le PFD et l'équation d'Euler**, c'est kif, kif bourricot) ;
—les bilans de matière.

On choisit de vous présenter les méthodes par ordre croissant de difficulté, c'est-à-dire, d'abord lorsqu'il n'y a pas d'écoulement (hydrostatique), puis lorsque le fluide est un F.P.I.H., et enfin les méthodes d'étude des fluides visqueux.

■ Nous affectionnons par ailleurs particulièrement ce chapitre, parce qu'il présente de **nombreuses analogies formelles avec l'électrostatique et surtout la magnétostatique** : **v** et **B** sont des champs du même type mathématique (des pseudo-vecteurs), ils vérifient les mêmes équations. On ne s'étonnera donc pas de retrouver des exercices des deux chapitres précédents, dont les énoncés auront été un peu transformés, mais dont les méthodes de résolution sont strictement identiques.

Enfin, terminons cette courte introduction en vous disant que les exercices à la fin du chapitre sont comparativement plus difficiles que ceux des autres chapitres. De plus les exemples sont souvent de véritables exercices de khôlles. Bonne chance, donc ; et si dans trois jours, vous n'êtes pas sortis de votre piaule pour vous nourrir, on envoie une équipe de secours.

0. Ce qu'il est indispensable de savoir du cours de mécaflotte en quatre points

■ **Qu'est-ce qu'une particule de fluide ?**

C'est un volume pas trop grand pour pouvoir le considérer comme un volume infinitésimal et **pas trop petit pour pouvoir faire une moyenne statistique** des vecteurs vitesse de toutes les molécules de fluides dans ce volume. En effet, la vitesse dont on parle n'est pas la vitesse d'une particule mais bien une moyenne de ces vitesses sur un volume assez grand pour ne pas tenir compte de l'aléatoire dû à l'agitation thermique. L'ordre de grandeur du volume de fluide considéré doit donc être très grand devant le libre parcours moyen de la molécule typiquement de l'ordre du **micron-cube** (ce petit cube contient quand même 10^{23} molécules).

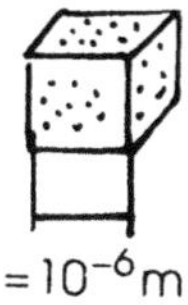

$a = 10^{-6}$ m

■ **La différence entre la représentation eulérienne et lagrangienne**
La représentation Eulérienne s'occupe de savoir quelles sont les grandeurs physiques d'un endroit donné : vitesse, pression, densité...

La représentation lagrangienne suit chaque particule au sens précédent de l'écoulement et donne son état à un instant donné (position, vitesse, accélération).

La plupart du temps en mécanique des fluides, on utilise la représentation eulérienne. Lorsque l'on choisit d'étudier des systèmes ouverts ou fermés (pour faire des bilans de matières), on utilise l'une ou l'autre de ces représentations.

■ L'équation de continuité $\boxed{\mathrm{div}(\rho \mathbf{v}) + \frac{\partial \rho}{\partial t} = 0}$: c'est une équation locale qui traduit la **conservation de la masse** dans un volume élémentaire. Elle est valable tout le temps mais on utilise le plus souvent la forme simplifiée : $\mathrm{div}(\mathbf{v}) = 0$.

■ **L'équation d'Euler** est strictement équivalente au PFD **pour un fluide parfait** ; en effet, le PFD nous dit que $\sum \mathbf{F} = m\mathbf{a}$. Les forces sont de deux types :
— des forces de surfaces.
— des forces de volume.
Si le fluide est parfait, les forces de surfaces se réduisent aux forces de pression.

On remarque maintenant que :

$$\frac{d\mathbf{v}}{dt} = \frac{\partial \mathbf{v}}{dt} + \frac{1}{2}\mathbf{grad}\left(v^2\right) - \mathbf{v} \wedge \mathbf{rot}(v)$$

Il vient :

$$\boxed{\rho\left(\frac{\partial \mathbf{v}}{dt} + \frac{1}{2}\mathbf{grad}\left(v^2\right) - \mathbf{v} \wedge \mathbf{rot}(v)\right) = \mathbf{f}_{vol} - \mathbf{grad}(P)}.$$

C'est justement l'équation d'Euler.

En mécanique des fluides comme en mécanique du solide, il y a donc deux principes fondamentaux : la **conservation de la masse** (rien ne se perd, rien ne se crée) et le principe de la **dynamique** (force = accélération). Bien sûr, suivant les hypothèses que l'on fait, la forme de ces principes change mais il faut bien comprendre que ce sont toujours les mêmes.

1. Méthodes d'étude des problèmes d'hydrostatique

■ On parle d'hydrostatique si dans le repère où on étudie le fluide, celui-ci est au repos, c'est-à-dire que sa vitesse relative par rapport au repère est nulle en tout point. On part de l'équation d'Euler établie ci-dessus, dans lequel on dit que la vitesse est nulle à tout instant (donc ses dérivées aussi).

Il reste alors :

$$\mathbf{f}_{vol} - \mathbf{grad}(P) = 0$$

■ Vous aurez bien souvent affaire à des problèmes d'hydrostatique où le fluide bouge. Essayez de vous en rendre compte et de ne pas les prendre pour des problèmes de dynamique. En fait, **la caractéristique d'un problème d'hydrostatique n'est pas la staticité du fluide mais la conservation de sa forme**. En effet, même si le fluide est en mouvement, si sa forme ne varie pas, on peut se ramener à un fluide statique en changeant de référentiel quitte à introduire des forces d'inertie.

■ En gros, en hydrostatique, il y a 3 types d'exos qu'on peut vous poser :
— la recherche des positions d'équilibre d'un système ;
— la recherche de l'équation de la surface libre d'un fluide ;
— le calcul de la pression P.
Mais, en fait, ils demandent tous un calcul de pression.

METHODE 1 : Comment déterminer la pression en tout point d'un fluide ?

■ **Principe**

1 : Se placer dans le référentiel dans lequel le fluide est immobile.
2 : Déterminer la loi que suit le fluide. Il y a deux méthodes équivalentes :
— appliquer la loi de l'hydrostatique en tout point du fluide ;
— appliquer directement le TRC à un élément élémentaire de masse $\delta m = \rho d\tau$.

Ne pas oublier les éventuelles forces d'inertie. En déduire P en projetant de même.
3 : Projeter sur les trois axes du repère choisi.
4 : Intégrer le système pour trouver P. Pour déterminer les constantes, utilisez la loi de conservation de la pression entre le fluide et ce avec quoi il est en contact (air atmosphérique : P_{atm} ; vide : 0 ; plaque où l'on applique une force : $\frac{F.n}{S}$).

■ *Exemple 1 : Vous sortez votre chat de la machine à laver pour la remplir d'eau. Vous refermez le tout, et vous mettez en route.*
Déterminer la pression en tout point de la machine à laver, lorsque l'eau est fixe par rapport à la machine à laver.

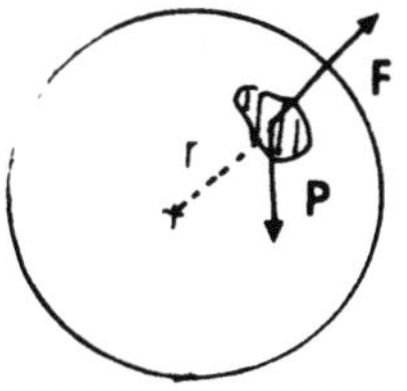

La plupart d'entre vous doivent avoir une machine à laver de forme cylindrique d'axe horizontal et de rayon R. Un élément de fluide est soumis :
- à son poids,
- à la force d'inertie d'entraînement,
- aux forces de pression.

On a donc dans un repère cylindrique :
La loi de l'hydrostatique projetée sur $\mathbf{e}_r$:

$$\frac{\partial P}{\partial r} = -\rho g \sin(\theta) + \rho\omega^2 r$$

Et sur $\mathbf{e}_\theta$:

$$\frac{1}{r}\frac{\partial P}{\partial \theta} = -\rho g \cos(\theta)$$

D'où l'expression de P :

$$P = -\rho g \sin(\theta) r + \frac{1}{2}\rho\omega^2 r^2 + A$$

Pour fixer la constante, il vous faut une information supplémentaire : par exemple une pression atmosphérique en haut de la machine (i.e. en $\theta = \frac{\pi}{2}$ et $r = R$, $P = P_{atm}$).

■ *Exemple 2 : On considère une sphère remplie à moitié d'un liquide incompressible et tournant à vitesse constante ω, autour de l'axe Oz. Le liquide a une vitesse relative nulle par rapport à la sphère. On suppose que la pression de l'air au-dessus du liquide est égale à P_0.*
Déterminer la pression dans tout le fluide.

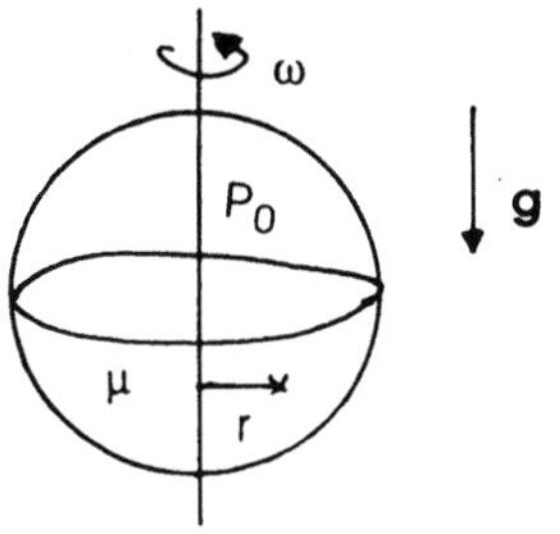

On se place dans le **référentiel lié à la sphère** dans lequel le liquide est immobile et on étudie l'élément de fluide contenu dans le volume dτ, situé à une distance r de l'axe des z.
On se place dans un repère cylindrique.

Cet élément est soumis à trois forces :

Son poids : $-\rho g\mathbf{e_z}$.

Les forces d'inertie qui se limitent ici à $\rho\omega^2 r\mathbf{e_r}$.

Les forces de pression :

$$\mathbf{f}\begin{vmatrix} -\dfrac{\partial P}{\partial r} \\ -\dfrac{\partial P}{r\partial\theta} \\ -\dfrac{\partial P}{dz} \end{vmatrix}$$

Le PFD projeté sur les trois axes nous conduit aux équations suivantes :

P ne dépend pas de θ.

$$\frac{\partial P}{\partial r} = \rho\omega^2 r \Rightarrow P = h(z) + \frac{1}{2}\rho\omega^2 r^2$$

$$\frac{\partial P}{dz} = h'(z) = -\rho g \text{ donc } h(z) = A - \rho g z$$

On en déduit l'expression de la pression P : $P = A - \rho g z + \frac{1}{2}\rho\omega^2 r^2$.

REMARQUE :

— Il est fondamental de savoir qu'en statique des fluides, et en référentiel galiléen, les isobares sont des lignes horizontales. Donc tous les points situés à la même altitude sont à la même pression quel que soit le fluide.

— S'il y a plusieurs fluides non miscibles, on peut faire le même raisonnement pour trouver la surface de séparation de ces deux fluides : invoquer la continuité de la pression à la traversée de l'interface entre les deux fluides (si cette interface est non massique bien sûr et si l'on n'est pas sur le front d'une onde de choc).

METHODE 2 : Comment déterminer une position d'équilibre ?

■ Position du problème

Soit un fluide dans un volume, susceptible de s'y déplacer (par exemple, il oscille), on vous demande de vérifier l'existence d'une position d'équilibre et de la déterminer.

■ Principe

1. Supposer que la position d'équilibre existe. Considérer alors un fluide dans cette position. Dire qu'à l'équilibre le fluide ne bouge pas !!! Utilisez donc la méthode précédente pour calculer la pression en tout point.
2. Déterminer les surfaces de contact du fluide avec d'autres milieux. En déduire l'existence de l'équilibre (pas d'incompatibilité) et sa forme.

■ *Exemple : On renverse un tube de hauteur h rempli d'eau dans une cuve remplie d'eau également. La surface libre dans la cuve est à la pression atmosphérique.*
Existe-t-il une position d'équilibre du système ? La déterminer.

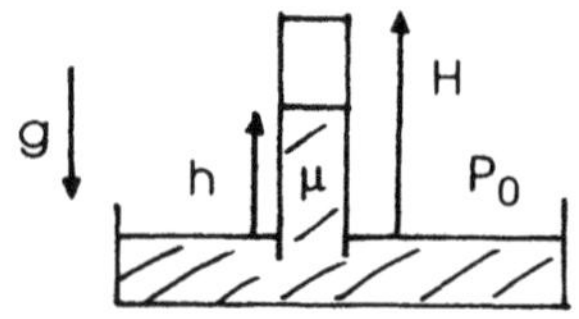

1. On suppose que le fluide contenu dans la cuve et le tube est à l'équilibre. On peut donc appliquer la loi de l'hydrostatique : $\mathbf{grad}(P) = \mu\mathbf{g}$

Projeté sur l'axe ascendant des z, on a :

$$\frac{dP}{dz} = -\mu g$$

Or, à hauteur 0, la pression est égale à la pression atmosphérique. On peut intégrer en :

$$P = P_0 - \mu g z$$

2. Il n'y a pas de molécule d'air dans le tube, donc la pression au-dessus de l'eau dans le tube est nulle.

On en déduit alors l'altitude h où la pression est nulle : $h = \dfrac{P_0}{\mu g}$.

METHODE 3 : Comment déterminer l'équation d'une surface libre ?

■ Position du problème

Vous avez un fluide dans un container, qui bouge, ou qui ne bouge pas. On vous demande l'équation de la surface libre du fluide.

■ Principe

Trouver l'équation de l'isobare P = Pext.

■ Mise en œuvre

1. Déterminer la pression dans tout le fluide à l'aide de la méthode 1.
2. L'équation de la surface libre est donnée par l'équation : $P = P_0$, où P_0 est la pression extérieure.
3. La constante est déterminée en invoquant la conservation du volume (si le liquide est incompressible).

■ Cas d'application

Liquide incompressible (pour pouvoir invoquer la conservation du volume).
et
Liquide fixe par rapport au container.

REMARQUE :
Il y a toujours de bonnes raisons pour sortir sa science en kholle. A la fin de ce genre d'exos, glissez habilement à votre examinateur que vous vous demandez bien comment on a réussi à mettre le fluide en mouvement s'il est vraiment parfait. En effet, il est alors impossible que des forces de surface au niveau de l'interface fluide -container soient intervenues.

■ *Exemple 1 : Montrer que pour un fluide au repos dans un référentiel galiléen, la surface plane est horizontale.*
1. La seule force de volume est le poids, on a alors :

$$-\rho g - \frac{\partial P}{\partial z} = 0$$

2. On en déduit la pression P :

$$P = P_0 - \rho g z$$

L'équation de la surface libre est celle du plan horizontal.

■ *Exemple 2 : Reprenez l'exemple de la méthode 1 : calculer l'équation de la surface libre.*
La surface libre est l'ensemble des points tels que $P = P_0$ c'est-à-dire tels que $z = -\dfrac{P_0}{\rho g} + \dfrac{A}{\rho g} + \dfrac{1}{2g}\omega^2 r^2$. On reconnaît un paraboloïde de révolution. Pour déterminer A, il suffit de dire que le volume du liquide est resté constant et égal à $V = \dfrac{2}{3}\pi R^3$.

2. Comment étudier l'écoulement d'un F.P.I.H. ?

C'est l'hypothèse que vous devrez faire au début de 99 % des exercices de mécaflotte :

— PARFAIT = non visqueux, pas de perte d'entropie $\Rightarrow$ équation d'Euler.

— INCOMPRESSIBLE ET HOMOGENE = $\rho(M, t) = \rho_0$ $\Rightarrow$ l'équation de conservation de la masse devient $\mathrm{div}\mathbf{v} = \mathbf{0}$.

Il y a même une équivalence : **Un fluide homogène est incompressible si et seulement si la divergence de sa vitesse est nulle en tout point.** En effet, la divergence de la vitesse représente le taux de dilatation volumique du fluide.

Presque tous les exos se résolvent de la même façon.

1. J'utilise la conservation de la masse pour déterminer la forme de la vitesse dans le fluide.
2. J'utilise l'équation d'Euler pour finir la détermination de la vitesse et/ou pour calculer la pression.
3. J'utilise une forme intégrale du principe de la dynamique (i.e. TRC ou TMC ou conservation de l'énergie) à l'aide du théorème d'Euler pour trouver les actions exercées par le fluide sur le" reste de l'Univers" (le plus souvent des parois solides).

A) Comment utiliser la conservation de la masse pour calculer la vitesse en tout point du fluide ?

Il y a une multitude d'exos qui vous demande de calculer la vitesse en tout point de l'espace. Ca tombe bien, il y a aussi une multitude de méthodes, avec des cas d'application assez variés.

1. Cas général

Les trois méthodes qui suivent s'utilisent dans tous les écoulements. En effet, il y a toujours conservation de la masse, et la matière est imperméable.

METHODE 4 : Utiliser l'équation de continuité

■ Cas d'utilisation

Le vecteur vitesse ne doit avoir qu'**une seule composante** non nulle dans le repère choisi et de plus, celle-ci ne doit dépendre que d'**une seule variable**. Il faut donc commencer par faire des hypothèses sur la forme de la vitesse afin que l'expression de la divergence ne soit pas trop compliquée.

■ Principe

1. On détermine la direction du vecteur vitesse et les variables dont il dépend à l'aide de symétries du système. Dans le cas des écoulements irrotationnels, ceci se fait de la même manière que pour le champ électrique en électrostatique. Reportez-vous donc au chapitre 1 du tome 1.
2. On choisit le système de coordonnées cohérent avec ces symétries.
3. On écrit la divergence de la vitesse dans ce repère et on intègre.
4. On détermine la constante à l'aide d'une vitesse déjà connue (vitesse nulle à l'infinie par exemple). Il faudra souvent faire des hypothèses simplificatrices dans cette étape.

■ **Astuce**

On passe notre temps à vous le rappeler mais :

— En cylindriques, si **v** ne dépend que de r et est porté suivant $\mathbf{u_r}$, une expression particulièrement astucieuse de la divergence est :

$$\frac{1}{r}\frac{\partial}{\partial r}(rv_r).$$

Ainsi si les deux conditions du cas d'utilisation sont réalisées, on a :

$$\mathrm{div}(\mathbf{v}) = 0 = \frac{1}{r}\frac{\partial}{\partial r}(rv_r) \Rightarrow \frac{\partial}{\partial r}(rv_r) = 0 \Rightarrow \mathbf{v} = \frac{A(t)}{r}\mathbf{e_r}$$

— En sphériques, si **v** ne dépend que de r et est porté suivant $\mathbf{u_r}$, l'expression particulièrement astucieuse de la divergence est :

$$\frac{1}{r^2}\frac{\partial}{\partial r}\left(r^2 v_r\right)$$

De même, si les deux conditions du cas d'application sont réalisées, on a :

$$\mathrm{div}(\mathbf{v}) = 0 = \frac{1}{r^2}\frac{\partial}{\partial r}\left(r^2 v_r\right) \Rightarrow \frac{\partial}{\partial r}\left(r^2 v_r\right) = 0 \Rightarrow \mathbf{v} = \frac{A(t)}{r^2}\mathbf{e_r}$$

■ *Exemple : On considère une bulle sphérique dans un fluide infini incompressible et homogène au repos à l'infini. On note a(t), le rayon de la bulle à l'instant t.*
Déterminer la vitesse du fluide en tout point de l'espace à l'instant t.

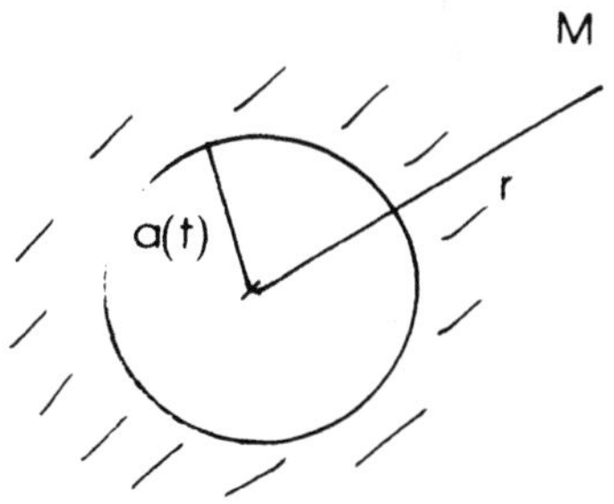

La vitesse est radiale, et par symétrie, n'a de composante que suivant $\mathbf{e_r}$, en utilisant la remarque précédente, il vient :

$$\mathbf{v} = \frac{A(t)}{r^2}\mathbf{e_r}.$$

Reste à déterminer A. Au niveau de la surface de la bulle d'air, on a :

$$\dot{a}(t) = \frac{A(t)}{a^2(t)}$$

D'où la vitesse du fluide en tout point de l'espace où il y a du fluide, à l'instant t :

$$\mathbf{v} = \dot{a}(t)\frac{a^2(t)}{r^2}\mathbf{e_r}$$

METHODE 5 : Utiliser la forme intégrale de la conservation de la masse

■ **Cas d'utilisation**

Lorsqu'on connaît la surface des sections dans l'écoulement.
Lorsqu'on connaît la vitesse en un point de l'écoulement.
Cela va sans dire, mais ça va toujours mieux en le disant, il faut être sûr que la vitesse est constante sur une section.

■ **Avantages par rapport à la méthode précédente**

L'explication est plus physique qu'une simple intégration de divergence.
On peut faire exactement de même si la masse volumique n'est pas constante au cours du temps. Il suffit que le fluide soit homogène.
On n'a pas d'intégration à faire.

■ **Principe**

On choisit pour système le tube de courant compris entre deux sections S_1 et S_2.
On applique à ce système le principe de conservation de la masse : Puisque la masse volumique est constante, le volume de fluide sortant est égal au volume entrant.

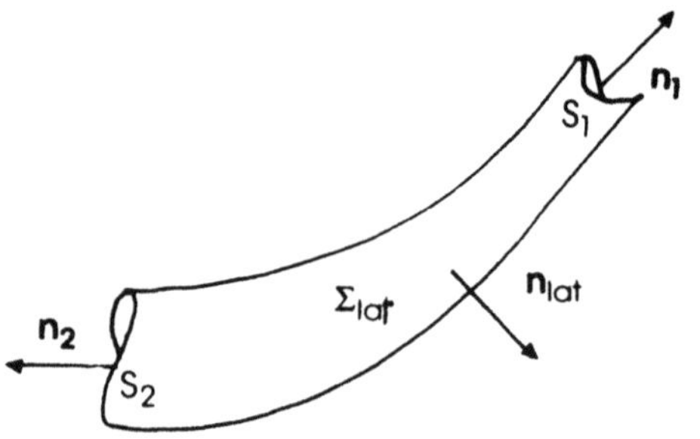

On a $0 = \iint_{S_1} \mathbf{v}.\mathbf{n}dS_1 + \iint_{S_2} \mathbf{v}.\mathbf{n}dS_2 = -v_1S_1 + v_2S_2$ donc $v_2(t) = v_1(t)\frac{S_1}{S_2}$.

On peut remarquer que ceci se déduit de l'équation locale puisque :

$$0 = \iiint_\tau \text{div}(\mathbf{v})d\tau = \iint_S \mathbf{v}.\mathbf{n}dS = \iint_{S_1} \mathbf{v}.\mathbf{n}dS_1 + \iint_{S_2} \mathbf{v}.\mathbf{n}dS_2$$

■ **Erreur fatale**

C'est comme dans le théorème de Gauss en électrostatique, les normales à la surface doivent être orientées vers l'**extérieur** de la surface, sinon y a pas bon.

■ *Exemple : On considère un pavillon exponentiel de révolution dont la tranche a pour équation :* $y = A\exp\left(-\frac{x}{x_0}\right)$, *dans lequel s'écoule de l'eau, considérée comme un fluide parfait incompressible et homogène. A l'origine, la vitesse d'écoulement vaut* v_0.
Déterminer la vitesse à en tout point de l'écoulement.
1. On se place à l'abscisse x, la section vaut alors :

$$S(x) = \pi A^2 \exp\left(-\frac{2x}{x_0}\right)$$

2. On suppose que la vitesse ne dépend que de x et est uniquement horizontale. La conservation de la masse entre les sections $S(0)$ et $S(x)$ nous donne :

$$v(x,t) = v_0(t)\exp\left(\frac{2x}{x_0}\right).$$

REMARQUE :
Il est souvent astucieux, voire nécessaire, de faire un DL du potentiel au voisinage de l'infini pour déterminer des constantes. On a en effet souvent des écoulements non perturbés à l'infini. Attention à ce que ce soit bien un dl et pas un équivalent, car ces derniers passent généralement mal la dérivation.

METHODE 6 : Utiliser la continuité de la matière

■ **Rappel**

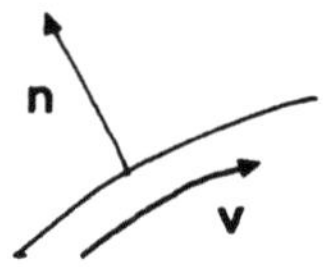

Que cela veut-il donc dire ?
Un fluide ne peut ni pénétrer dans un obstacle solide ni s'en éloigner pour créer du vide. La vitesse d'un écoulement **par rapport à un obstacle**, est donc tangentielle à cet obstacle au niveau de celui-ci. C'est-à-dire que sur l'obstacle : $\mathbf{v}.\mathbf{n} = 0$.

■ Erreur

La chose importante dans la ligne précédente c'est que c'est la vitesse du fluide par rapport à l'obstacle qui doit être tangentielle. Si l'obstacle bouge, ne dites pas n'importe quoi.

■ Principe

Si vous connaissez l'équation de l'obstacle, déterminez un vecteur directeur de la normale à cet obstacle et formulez $\mathbf{v}.\mathbf{n} = 0$.
Ceci permet de déterminer des constantes.

REMARQUE :
Cette méthode ne vous servira jamais à déterminer entièrement $\mathbf{v}$. *Elle est cependant à coupler avec les méthodes précédentes pour déterminer des constantes d'intégration.*

■ Conséquence

Si vous venez de démontrer que la vitesse était portée par l'axe des x, par exemple, et qu'il y a un obstacle perpendiculaire à l'axe des x, le point de rencontre entre le fluide et l'obstacle est un point d'arrêt, la vitesse y est toujours nulle.

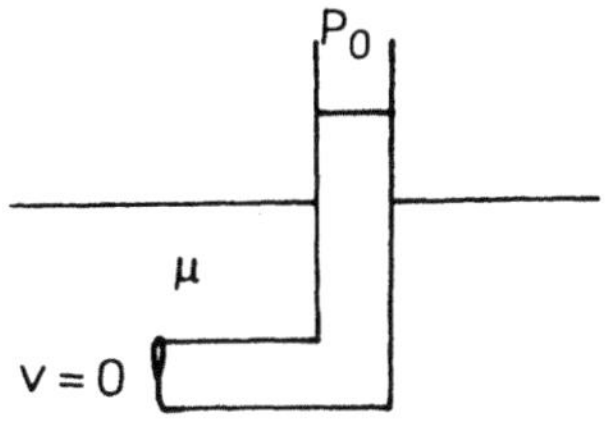

■ *Exemple : On prend un peu d'avance sur le présent. Téléportez-vous donc à la méthode 8 pour l'énoncé de l'exemple et le début de sa résolution, revenez vite ici.*

1. On détermine les coordonnées de la normale au sol.
La normale à la courbe est :

$$\mathbf{n} = -a\frac{2\pi}{L}\cos\left(\frac{2\pi x}{L}\right)\mathbf{e_x} + \mathbf{e_y}$$

2. On exprime la condition $\mathbf{v}.\mathbf{n} = 0$.
Il est normal d'affirmer que v_x a la même période que le sol, donc : $\Omega = \frac{2\pi}{L}$,

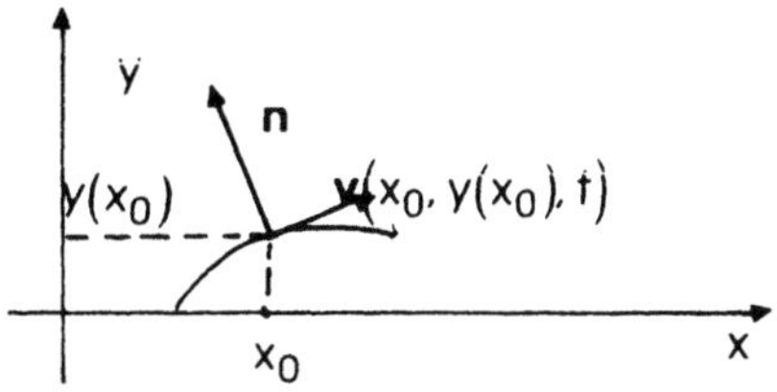

et ainsi :

$$v_x = \frac{2\pi}{L}t_0\exp\left(-\frac{2\pi}{L}y\right)\left(-x_0\sin\left(\frac{2\pi}{L}x\right) + y_0\cos\left(\frac{2\pi}{L}x\right)\right) + v_0$$

$$v_y = -\frac{2\pi}{L}t_0\exp\left(-\frac{2\pi}{L}y\right)\left(x_0\cos\left(\frac{2\pi}{L}x\right) + y_0\sin\left(\frac{2\pi}{L}x\right)\right)$$

$$-a\frac{2\pi}{L}\cos\left(\frac{2\pi x}{L}\right)\left[\frac{2\pi}{L}t_0\exp\left(-\frac{2\pi}{L}y\right)\left(-x_0\sin\left(\frac{2\pi}{L}x\right) + y_0\cos\left(\frac{2\pi}{L}x\right)\right) + v_0\right]$$

$$-\frac{2\pi}{L}t_0\exp\left(-\frac{2\pi}{L}y\right)\left(x_0\cos\left(\frac{2\pi}{L}x\right) + y_0\sin\left(\frac{2\pi}{L}x\right)\right) = 0$$

soit

$$-a\cos\left(\frac{2\pi x}{L}\right)\left[\frac{2\pi}{L}t_0\exp\left(-\frac{2\pi}{L}y\right)\left(-x_0\sin\left(\frac{2\pi}{L}x\right) + y_0\cos\left(\frac{2\pi}{L}x\right)\right) + v_0\right]$$

$$= t_0\exp\left(-\frac{2\pi}{L}y\right)\left(x_0\cos\left(\frac{2\pi}{L}x\right) + y_0\sin\left(\frac{2\pi}{L}x\right)\right)$$

Et ce quel que soit x.

Par exemple :

en $x = 0 = y$, on a : $-a\left(\frac{2\pi}{L}t_0y_0 + v_0\right) = t_0x_0$ donc $t_0 \neq 0$

en $x = \frac{L}{4}$, $t_0y_0\exp\left(-\frac{2\pi}{L}y\right) = 0$ donc $y_0 = 0$. Et donc $-av_0 = t_0x_0$.

Finalement, il reste :

$$v_x = -\frac{2\pi}{L}x_0t_0\sin\left(\frac{2\pi}{L}x\right)\exp\left(-\frac{2\pi}{L}y\right) + v_0 = \frac{2\pi}{L}av_0\sin\left(\frac{2\pi}{L}x\right)\exp\left(-\frac{2\pi}{L}y\right) + v_0$$

$$v_y = -\frac{2\pi}{L}t_0x_0\cos\left(\frac{2\pi}{L}x\right)\exp\left(-\frac{2\pi}{L}y\right) = \frac{2\pi}{L}av_0\cos\left(\frac{2\pi}{L}x\right)\exp\left(-\frac{2\pi}{L}y\right)$$

2. Cas des écoulements permanents

Dès que vous entendez, ou voyez écrit le mot permanent, vous commencez par supprimer des équations toutes les dérivations **partielles** par rapport au temps (surtout pas les dérivées droites, qui tiennent compte de la non-uniformité spatiale du champ de vitesse).

Ainsi l'équation de continuité en régime permanent devient :

$$\mathrm{div}(\rho\mathbf{v}) = 0$$

Quant à l'équation d'Euler, elle se simplifie (un peu, soit) en :

$$\rho\left(\frac{1}{2}\mathbf{grad}\left(v^2\right) - \mathbf{v}\wedge\mathbf{rot}(v)\right) = \mathbf{f}_{vol} - \mathbf{grad}(P)$$

METHODE 7 : Faire une analogie formelle avec la magnétostatique

■ Quand peut-on faire cette analogie ?

Quand l'écoulement est incompressible et homogène (P = cste) et surtout lorsque l'écoulement est rotationnel, puisque c'est une des rares méthodes à le traiter.

■ Principe

On introduit souvent le vecteur tourbillon $\mathbf{w} = \frac{1}{2}\mathbf{rot}(\mathbf{v})$. On écrit une série de correspondance (baudelairiennes).

En magnétostatique	En mécaflotte
$\mathrm{div}(\mathbf{B}) = 0$	$\mathrm{div}(\mathbf{v}) = 0$
$\mathbf{rot}(\mathbf{B}) = \mu_0\mathbf{j}$	$\mathbf{rot}(\mathbf{v}) = 2\mathbf{w}$
$\mu_0\mathbf{j}$	$2\mathbf{w}$
$\mathbf{B} = \iiint_\tau \frac{\mu_0\mathbf{j}\wedge\mathbf{u}}{4\pi r^2}d\tau$ (loi de Biot-Savard)	$\mathbf{v} = \iiint_\tau \frac{2\mathbf{w}\wedge\mathbf{u}}{4\pi r^2}d\tau$
$\oint_\Gamma \mathbf{rot}(\mathbf{B})\mathbf{dl} = \mu_0 I$ (théorème d'Ampère)	$\oint_\Gamma \mathbf{rot}(\mathbf{v})\mathbf{dl} = 2C$ (par définition)
$\mu_0 I = \mu_0\iint_S \mathbf{j}.\mathbf{n}dS$	$2C = \iint_S 2\mathbf{w}.\mathbf{n}dS$ (intensité du vortex)

❐ *Incontournable n°1 : La ligne tourbillonnaire d'intensité de Vortex C.*

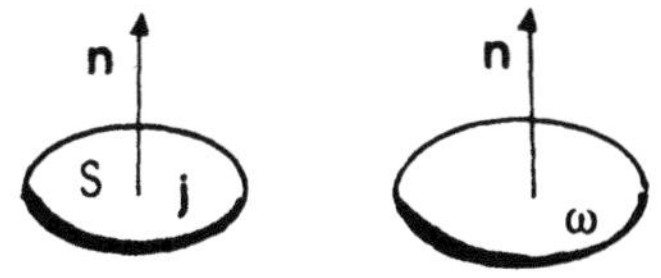

> L'équivalent en mécaflotte du champ magnétique créé par un fil infini parcouru par un courant I est un vortex d'intensité de vortex C.

Par analogie puisque tout un chacun sait que le champ créé par un fil rectiligne infini parcouru par un courant I vaut :
(il suffit d'appliquer le théorème d'Ampère sur un contour circulaire d'axe le fil)

a) à l'extérieur du fil :

$$\mathbf{B} = \frac{\mu_0 I}{2\pi r}\mathbf{e}_\theta$$

La vitesse en M vaut :

$$\mathbf{v} = \frac{C}{\pi r}\mathbf{e}_\theta$$

b) à l'intérieur du fil :

$$B = \frac{\mu_0 j \pi r}{2\pi} e_\theta$$

et la vitesse vaut :

$$v = \frac{\omega \pi r}{2\pi} e_\theta$$

❐ *Incontournable n°2 : Le dipôle magnétique.*

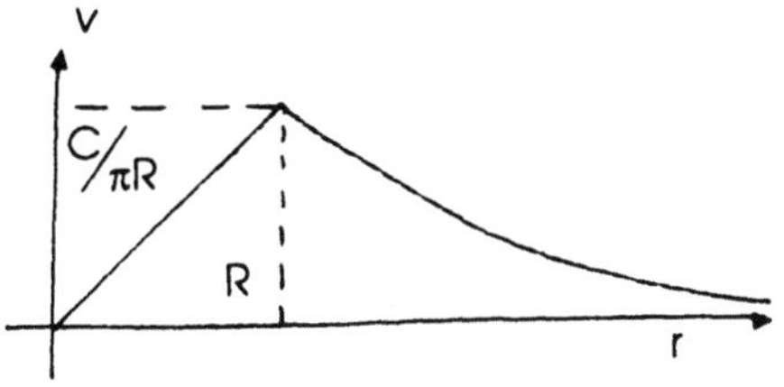

> L'équivalent en mécaflotte du champ magnétostatique créé par un dipôle magnétique est un tore tourbillonnaire d'intensité, de rayon moyen R, de section circulaire très petite, et de Vortex C.

Là encore, c'est la fiche analogique qui fait tout le boulot.
Pour un dipôle magnétique, le champ vaut :

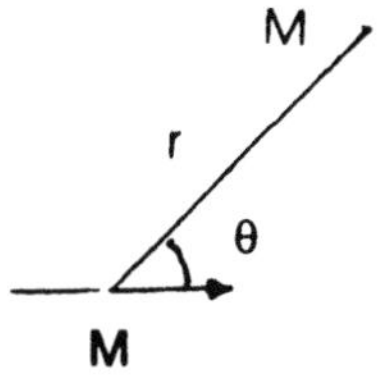

$$\mathbf{B} = \left| \begin{array}{l} \dfrac{2M\mu_0 \cos(\theta)}{4\pi r^3} \\ \dfrac{M\mu_0 \sin(\theta)}{4\pi r^3} \end{array} \right.$$

Avec $\mu_0 \mathbf{M} = \iiint_\tau \frac{\mathbf{OP} \wedge \mu_0 \mathbf{j} d\tau}{2} = \mu_0 \pi R^2 I$

D'où en remplaçant $\mu_0 I$ par 2C, on a immédiatement l'expression de la vitesse de l'écoulement loin du tore :

$$\mathbf{v} = \left| \begin{array}{l} \dfrac{2.2CR^2 \cos(\theta)}{4r^3} \\ \dfrac{2CR^2 \sin(\theta)}{4r^3} \end{array} \right.$$

3. Ecoulement irrotationnel

Il n'est jamais très agréable de travailler avec des rotationnels (d'abord c'est un vecteur et on n'aime pas les vecteurs, en plus ça introduit des dérivées croisées, ce qui n'arrange rien à l'état de dépression déjà latent dans lequel vous êtes lorsqu'on vous demande de résoudre un problème de mécaflotte). Aussi, ce serait sympa si l'écoulement pouvait avoir le bon goût d'être irrotationnel.

Un théorème fameux (théorème de Stokes), complètement hors programme, nous assure que si l'écoulement n'est pas rotationnel est amont, il ne le deviendra pas (en aval).

Les trois quarts du temps, si on ne vous donne aucune hypothèse, lancez-vous en affirmant que l'écoulement est irrotationnel. Ne vous lancez cependant pas si vous voyez le mot **Vortex**, ou si on vous donne l'expression de la vitesse.
Dans le premier cas, l'écoulement est rotationnel, c'est sûr, dans le second, il l'est peut-être : calculer alors le rotationnel de la vitesse pour savoir s'il est nul ou non.

■ Intérêt des écoulements non rotationnels

$$\mathbf{rot}(\mathbf{v}) = 0 \Rightarrow \mathbf{v} = -\mathbf{grad}(-\phi)$$

Vous l'avez donc deviné, c'est l'introduction d'un potentiel scalaire ϕ, plus facile à manier qu'un vecteur.

Par ailleurs dans le cas où l'écoulement est irrotationnel, et de plus permanent, ϕ a la même structure que le champ électrique **E** en électrostatique dans le vide.

■ *Exemple : On considère un écoulement bidimensionnel, dont le champ de vitesse est défini par :*

$$v_x = a\frac{x+y}{x^2+y^2} \quad \textit{et} \quad v_y = -a\frac{x-y}{x^2+y^2}$$

L'écoulement est-il irrotationnel ?

On calcule le rotationnel de la vitesse v :

$$\mathbf{rot}(\mathbf{v}).\mathbf{e_z} = \frac{\partial v_y}{\partial x} - \frac{\partial v_x}{\partial y} = \frac{a}{\left(x^2+y^2\right)^2}\left(-x^2 - y^2 - 2x(y-x) - x^2 - y^2 - 2y(x+y)\right) = 0$$

L'écoulement est irrotationnel.

METHODE 8 : Utiliser le potentiel des vitesses (et tenter une séparation des variables)

■ Cas d'utilisation

Ecoulement **irrotationnel :** il existe un potentiel scalaire ϕ dont dérive **v** : $\mathbf{v} = \mathbf{grad}\phi$.
Par raison de symétrie, ce potentiel ne dépend que de deux variables. Dès lors, la méthode précédente est prise à défaut, un seul espoir : prier pour que ϕ se laisse mettre sous la forme : $\phi(x, y) = f(x)g(y)$.

REMARQUE :
Il faut invoquer l'unicité de la solution trouvée, si vous arrivez à en trouver une qui vérifie les conditions aux limites (c'est un bête problème de Cauchy sur les équations différentielles).

■ Principe

Résoudre l'équation au Laplacien en séparant les variables.

■ Mise en œuvre

1. Reprendre l'équation de continuité dans lequel vous supposez que ϕ s'écrit sous la forme ci-dessus.
2. Séparez les variables, à gauche de l'égalité, ce qui dépend de x, à droite, ce qui dépend de y ; finalement les deux membres ne peuvent être que des constantes puisque les variables x et y sont totalement indépendantes. On tombe alors sur deux équations différentielles.

3. Réfléchir alors 5 minutes pour savoir quelle est, de f ou de g, la fonction qui risque d'être exponentielle et celle qui risque d'être sinusoïdale (si vous êtes en cartésiennes, c'est en ces termes que se posera la discussion).
4. Trouver les deux constantes déterminant f et g totalement en invoquant les conditions limites (et/ou en invoquant la méthode 6).
5. Dire qu'il n'y a qu'une seule solution au problème :
$\Delta\phi = \text{div}\,\mathbf{grad}\phi = \text{div}\mathbf{v} = \mathbf{0}$ + conditions aux limites. Vous en avez trouvé une. C'est donc celle-là.

■ *Exemple : On considère un écoulement irrotationnel, d'un fluide incompressible. Lorsque y tend vers l'infini,* $\mathbf{v} = v_0\mathbf{e_x}$. *L'état du sol en* $y = 0$ *est donné par l'équation :* $y(x) = a\sin\left(\frac{2\pi x}{L}\right)$. *Déterminer la vitesse en tout point de l'espace où il y a du fluide.*

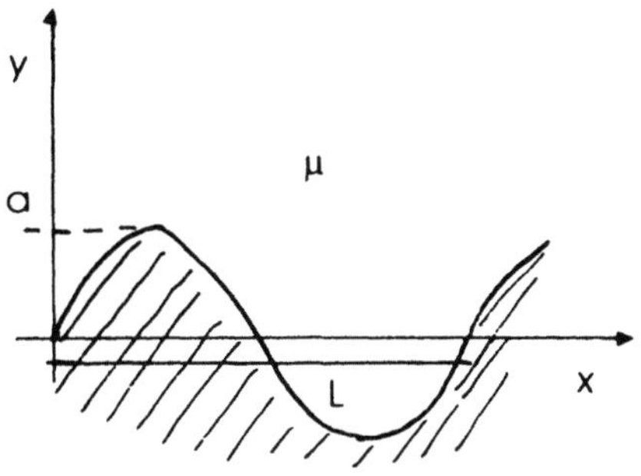

1. L'écoulement est supposé irrotationnel, donc $\mathbf{v}$ dérive d'un potentiel ϕ. En reportant ϕ dans l'équation de continuité, on trouve : $\Delta\phi = 0$.
On suppose que ce potentiel s'écrit sous la forme $\phi(x, y) = f(x)g(y)$.
2. Or, $\Delta\phi = f(x)g''(y) + f''(x)g(y) = 0$. On sépare alors les variables :

$$\frac{f''(x)}{f(x)} = -\frac{g''(y)}{g(y)} = -K$$

3. Etant donné que l'équation du sol est périodique, il y a de grande chance pour que ce soit f qui soit sinusoïdale.
On en déduit que K est positif, en posant $K = \Omega^2$:
On a :

$$f(x) = x_0\cos(\Omega x) + y_0\sin(\Omega x)$$

et

$$g(y) = z_0\exp(\Omega y) + t_0\exp(-\Omega y)$$

4. L'expression de la vitesse est alors : $\mathbf{v} = \mathbf{grad}\phi$.

$$v_x = (-x_0\Omega\sin(\Omega x) + y_0\Omega\cos(\Omega x))(z_0\exp(\Omega y) + t_0\exp(-\Omega y)) + A$$
$$v_y = (x_0\cos(\Omega x) + y_0\sin(\Omega x))(z_0\Omega\exp(\Omega y) - \Omega t_0\exp(-\Omega y)) + B$$

Les conditions aux limites imposent que la vitesse reste finie à l'infini donc que :

$$z_0 = 0$$
$$B = 0$$
$$A = v_0$$

Il reste donc $v_x = \Omega t_0\exp(-\Omega y)(-x_0\sin(\Omega x) + y_0\cos(\Omega x)) + v_0$

$$v_y = -\Omega t_0\exp(-\Omega y)(x_0\cos(\Omega x) + y_0\sin(\Omega x))$$

On s'arrête ici mais la suite est à la méthode 6.

4. Ecoulement irrotationnel et permanent

METHODE 9 : Faire une analogie formelle avec l'électrostatique

■ Quand peut-on faire cette analogie ?

Seulement lorsque l'écoulement est **irrotationnel et permanent**.

On a alors la fiche analogique suivante :

En électrostatique :	En mécaflotte :
$\text{div}(\mathbf{E}) = 0$ (iii)	$\text{div}(\mathbf{v}) = 0$ (i)
$\mathbf{rot}(\mathbf{E}) = 0$ (iv)	$\mathbf{rot}(\mathbf{v}) = 0$ (ii)
$\mathbf{E} = -\mathbf{grad}(V)$	$\mathbf{v} = -\mathbf{grad}(\phi)$

Si on arrive à trouver des distributions de charges équivalentes à des distributions de vitesse, comme on sait calculer les champs électriques avec les lois de Coulomb, on aura la forme mathématique des lois de vitesses.

❐ *Incontournable n°1 : Le modèle de la source infinie.*

■ Résultat

> Une source infinie (tube percé d'une infinité de petits trous répartis uniformément et débitant le fluide à débit volumique constant, par unité de longueur) est l'équivalent mécaflottique d'un fil infini, uniformément chargé positivement.

Démonstration

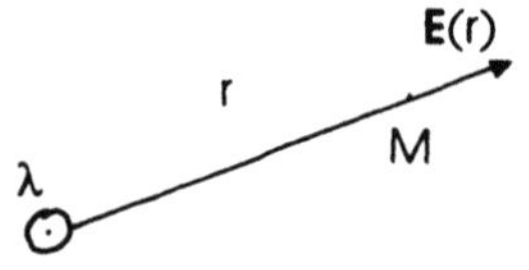

Dans tout l'espace excepté sur le fil, les équations (iii) et (iv) sont vérifiées. Le champ est par ailleurs radial et ne dépend que de r. Il est nul à l'infini.
Le champ électrique est par application du théorème de gauss :

$$\mathbf{E} = \frac{\lambda}{2\pi\varepsilon_0 r}\mathbf{u_r}$$

Pour la source infinie, la vitesse est donc de fa forme :

$$\mathbf{v} = \frac{A}{r}\mathbf{u_r}$$

On en déduit A en calculant le débit volumique par unité de longueur :

$$q_v = \iint_\Sigma \mathbf{v}.\mathbf{n}d\Sigma = 1 \times 2\pi r \times \frac{A}{r}$$

$$A = \frac{q_v}{2\pi}$$

❐ *Incontournable n°2 :*

> Un champ uniforme est l'équivalent d'une vitesse constante.

❐ *Incontournable n°3 :*

> Une sphère immobile dans un écoulement à vitesse uniforme à l'infini est l'équivalent d'un dipôle placé au centre d'un conducteur sphérique, superposé à un champ uniforme parallèle à ce dipôle et orienté dans le sens opposé.

En effet, les deux problèmes vérifient :

$$\Delta\phi = \Delta V = 0$$

Et $V(\infty) = \phi(\infty) = 0$. Par ailleurs, la condition de passage : $E_{1T} - E_{2T} = 0$, se traduit en mécanique des fluides par le fait que la composante radiale de la vitesse au voisinage de la sphère est nulle (problème d'obstacle).

5. Comment tracer les lignes de courant ?

REMARQUES :
— Il ne faut pas confondre lignes de courants et trajectoire des particules. Si l'écoulement n'est pas permanent, elles ne se confondent pas.
— Bizarrement, c'est la seule partie vraiment triv de la mécaflotte et peu de personnes savent tracer correctement des lignes de courant.

METHODE 10 : Les intuiter

Niveau zéro du raisonnement physique, certes, mais expéditif.

■ **Cas d'application**

Lorsque l'expression de la vitesse est particulièrement simple, c'est-à-dire lorsqu'il existe un système de coordonnées dans lequel la vitesse n'a qu'une composante non nulle.

■ *Exemple : Dans le cas de la bulle dont le rayon évolue dans un fluide incompressible parfait, déterminer les lignes de courants.*

La vitesse est radiale, les lignes de courants sont donc les demi-droites dont le prolongement passe par O, centre de la bulle, et qui commencent là où s'arrête la bulle.

METHODE 11 : Calculer la vitesse dans le fluide

■ **Rappel**

Une ligne de courant est une courbe telle qu'en chacun de ses points, le vecteur vitesse y est tangent.
Si on suppose que l'équation des lignes de champ peut se mettre sous la forme $y = f(x)$, la tangente à la courbe sera portée par le vecteur :

$$\tau \left| \begin{array}{l} 1 \\ \dfrac{dy}{dx} \end{array} \right.$$

Elle est colinéaire au vecteur **v** si les vecteurs sont proportionnels, donc si :

$$\frac{dx}{v_x} = \frac{dy}{v_y}$$

■ **Cas d'utilisation**

Lorsque vous venez de calculer **v**.

■ **Analogie**

C'est le moment idéal pour jouer à fond la carte analogie avec l'électrostatique. Pour peu que l'écoulement soit irrotationnel, vous pouvez même chercher les équipotentielles (du potentiel des vitesses) et dire qu'elles sont normales aux lignes de courant.

■ *Exemple : On considère une sphère de rayon R, immobile dans un écoulement dont la vitesse vaut v_0.*
En admettant que la vitesse dans un repère cylindrique vaut :

$$\mathbf{v} = A\left(1 - \frac{R^3}{r^3}\right)\cos(\theta)\mathbf{e}_r - A\left(1 + \frac{R^3}{2r^3}\right)\sin(\theta)\mathbf{e}_\theta$$

déterminer les lignes de courants.
L'équation différentielle sur laquelle on tombe est :

$$dr\frac{\left(2r^3 + R^3\right)}{2r\left(r^3 - R^3\right)} = -\frac{d\theta}{\tan(\theta)}$$

Jusqu'ici pas de souci, on prend son Méthodix d'algèbre sur le chapitre préféré de son auteur et on fait une décomposition en éléments simples tranquilles, on vous laisse faire le calcul.

METHODE 12 : Passer par le potentiel des vitesses

■ **Rappel**

On l'a déjà dit 100 fois, les vecteurs sont énervants à manier, on leur préfère des scalaires. Aussi est-il astucieux d'introduire autant que possible le potentiel des vitesses lorsque celui-ci est facilement calculable (avec les analogies électrostatiques par exemple).

■ **Principe**

1. Déterminer le potentiel des vitesses.
2. Trouver les courbes orthogonales aux équipotentielles.

■ **Cas d'utilisation**

Lorsque ces courbes orthogonales se devinent à vue (ou bien lorsque vous êtes une bête en géométrie différentielle).

■ *Exemple : On considère une source infinie et un puits infini distant de a.*
Déterminer l'équation des lignes de courants.

On a vu dans les analogies que les champs de vitesses étaient en $\frac{1}{r}$. Donc le potentiel des vitesses est en lnr, à une constante infinie près, soit, mais c'est une constante.
On a donc pour la source :

$$\varphi_1 = -A\ln(r_1) + cst$$

$$\varphi_2 = +A\ln(r_2) - cst$$

$$\varphi = A\ln\left(\frac{r_2}{r_1}\right)$$

Les équipotentielles sont donc des cercles (souvenez-vous, la division harmonique pour trouver les éléments caractéristiques).
Ensuite, ya pu ka trouver les courbes orthogonales à cette famille de cercles et ça c'est pas gagné.
Que ceux qui sont complètement à l'ouest sur cet exemple se replongent dans le tome 1 dans l'exemple de magnétostatique sur le potentiel complexe.

METHODE 13 : Introduire la fonction de courant

Ceci est méga puissant, hors-programme et super sexe, c'est une méthode rapide pour trouver l'équation des lignes de courants.

■ **Cas d'utilisation**

Le fluide doit être incompressible et homogène.
L'écoulement doit être plan et irrotationnel.

■ **Principe**

Lorsque le fluide est incompressible, on peut sortir la masse volumique de la divergence et alors la vitesse dérive d'un potentiel vecteur qui n'a qu'une composante non nulle (puisque le mouvement est plan), qu'on appelle ψ. Les lignes de courant sont déterminées par l'équation : $\psi(x, y) = \text{cst}$. Il suffit donc de pouvoir calculer cette fonction ψ.

■ **Démonstration**

Ecrivons les égalités vérifiées par φ et ψ.
Les lignes de courant sont données par la première égalité :

$$0 = \frac{dx}{v_x} - \frac{dy}{v_y} = \frac{dx}{-\dfrac{\partial\psi}{\partial y}} - \frac{dy}{\dfrac{\partial\psi}{\partial x}} = -\left(\frac{\partial\psi}{\partial x}dx + \frac{\partial\psi}{\partial y}dy\right) = -d\psi$$

Ce qui correspond à $\psi(x, y) = \text{cst}$.

■ *Exemple : On considère une source infinie. Donner l'équation des lignes de courants.*

On se place en cylindrique et on écrit les égalités vérifiées :

$$v_r = -\frac{\partial\varphi}{\partial r} = \frac{1}{r}\frac{\partial\psi}{\partial\theta} = \frac{A}{r}$$

$$v_\vartheta = -\frac{1}{r}\frac{\partial\varphi}{\partial\theta} = -\frac{\partial\psi}{\partial r} = 0$$

D'où : $\psi = \theta + \text{cst}$.
Les lignes de courant sont donc, comme on l'avait deviné les lignes d'équation :

$$\theta = \text{cst}$$

B) Comment utiliser l'équation d'Euler pour calculer la pression ?

METHODE 14 : Utiliser le théorème de Bernoulli étendu

■ **Cas d'utilisation**

— Ecoulement **irrotationnel** d'un **FPIH** en régime **stationnaire** dans un champ de **force dérivant d'un potentiel**.
— Lorsque vous connaissez la vitesse de l'écoulement en au moins un endroit (pour déterminer la constate d'intégration).

■ **Principe**

On note **V le potentiel dont dérivent les forces volumiques**.
L'équation d'Euler prend alors une forme extrêmement avenante, puisqu'elle se réduit à :

$$\mathbf{grad}\left(\frac{P}{\rho} + V + \frac{v^2}{2}\right) = 0 \text{ soit } \frac{P}{\rho} + V + \frac{v^2}{2} = \text{Cte dans tout l'espace.}$$

REMARQUE :
Cette méthode vous fournit la pression en fonction de la vitesse ou la vitesse en fonction de la pression. Elle est à combiner avec une des méthodes de la partie A.

■ *Exemple : On considère un fluide incompressible, s'écoulant. La pression du fluide vaut :* $p(z) = -\rho g(z - h + \delta) + p_0$. *Sachant que la vitesse du fluide en* $h - \delta$ *vaut* v_0, *déterminer la vitesse de l'écoulement, supposé irrotationnel.*

On a $\frac{P}{\rho} + V + \frac{v^2}{2} = Cte$,

soit $\frac{-\rho g(z-h+\delta)+P_0}{\rho} + gz + \frac{v^2(z)}{2} = \frac{0+P_0}{\rho} + g(h-\delta) + \frac{v^2{}_0}{2}$ soit $v^2(z) = v^2{}_0$.

On en déduit immédiatement : $v = v_0$

METHODE 15 : Utiliser le théorème de Bernoulli simple

■ Cas d'utilisation

Ecoulement **rotationnel** d'un **FPIH** en régime **stationnaire** dans un champ de **force dérivant d'un potentiel**.

■ Rappel

En faisant circuler l'équation d'Euler le long d'une ligne de courant quelconque (LC) on trouve, l'écoulement étant permanent :

$$\frac{v^2}{2} + V + \frac{P}{\rho} = cst(LC)$$

Il faut bien comprendre que cette constante dépend de la ligne de courant et n'est donc pas la même dans tout l'espace.

■ *Exemple : On considère un entonnoir dans lequel s'écoule de l'eau, en régime permanent. L'eau sera supposée FPIH. On donne les sections à l'arrivée et au départ, ainsi que la vitesse à l'arrivée. La pression en aval vaut* P_b. *On néglige les forces de pesanteur. Déterminer la pression au niveau de la section droite.*

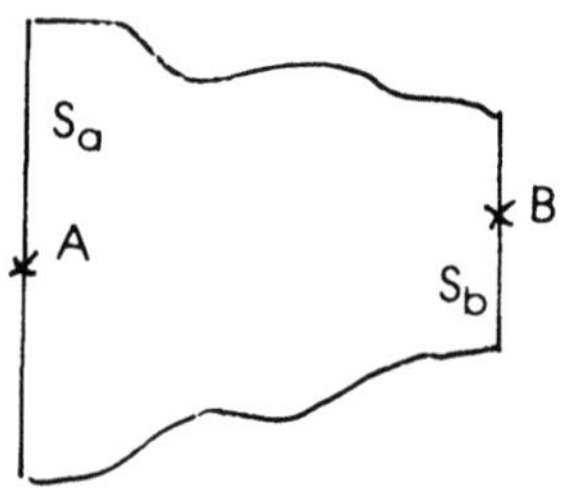

Les 5 hypothèses de la formule de Bernoulli : régime permanent, irrotationnel, incompressible, à potentiel et fluide parfait, sont réunies, on applique la formule entre les points A et B extrémités gauche et droite d'une ligne de courant.

On calcule la vitesse d'entrée au moyen de l'équation de continuité (on suppose de plus les vitesses constantes sur chacune des sections) :

$$v_a S_a = v_b S_b \text{(i)}$$

Il n'y a pas de forces dérivant d'un potentiel (on néglige le poids) donc V est nul, le théorème de Bernoulli s'exprime alors :

$$\frac{v_a^2}{2} + \frac{P_a}{\rho} = \frac{v_b^2}{2} + \frac{P_b}{\rho} \text{(ii)}$$

En couplant (i) et (ii), on obtient l'expression de la pression en amont :

$$P_b = P_a + \frac{\rho}{2} v_b^2 \left(\frac{S_b^2}{S_a^2} - 1 \right)$$

METHODE 16 : Faire circuler l'équation d'Euler le long d'une ligne de courant

Cas d'utilisation

Ecoulement **rotationnel** d'un **FPIH** en régime **non stationnaire** dans un champ de **force dérivant d'un potentiel**.
En pratique, on utilisera cette méthode :
— Sur une ligne de courant où la vitesse est constante afin de pouvoir utiliser :

$$\int \frac{\partial \mathbf{v}}{\partial t}\mathbf{dl} = \int \frac{\partial v}{\partial t}dl = \frac{\partial v}{\partial t}\int dl.$$

— Lorsque l'on connaît les pressions aux extrémités de la ligne de courant.

Principe

En faisant circuler l'équation d'Euler le long d'une ligne de courant quelconque (LC) on trouve : $\int_{LC} \frac{\partial \mathbf{v}}{\partial t}.\mathbf{dl} + \mathbf{grad}\left(\frac{v^2}{2}+\frac{P}{\rho}+V\right).\mathbf{dl} + (\mathbf{rotv} \wedge \mathbf{v}).\mathbf{dl} = 0$ Or **dl** est colinéaire à **v**. Donc cela se simplifie en : $\int_A^B \frac{\partial \mathbf{v}}{\partial t}.\mathbf{dl} + \left[\frac{v^2}{2}+\frac{P}{\rho}+V\right]_A^B = 0$

Essayez de comprendre (ou apprendre) que $\int_A^B \mathbf{grad}(U)dl = U(B) - U(A)$

Astuces

Dans le cas où il y a plusieurs fluides non miscibles qui se superposent, utiliser cette relation en n'omettant pas de séparer le calcul de l'intégrale dans un fluide puis dans l'autre (à cause du changement de masse volumique).
Dans ces exos, il est alors toujours du meilleur goût de dire qu'à la traversée de l'interface non massique entre les deux fluides, il y a conservation de la pression.

■ *Exemple : Soit un réservoir de volume V se vidant lentement dans un tube cylindrique horizontal de longueur l situé à son extrémité basse. Déterminer la vitesse de l'eau dans le tube.*
On applique évidemment la méthode précédente entre B et C où la vitesse est uniforme par conservation de la masse.
(On suppose la vitesse uniforme sur une section du tube car celles-ci sont très petites :
$\text{div}\mathbf{v} = \frac{\partial}{\partial x}v(x,t) = 0$).

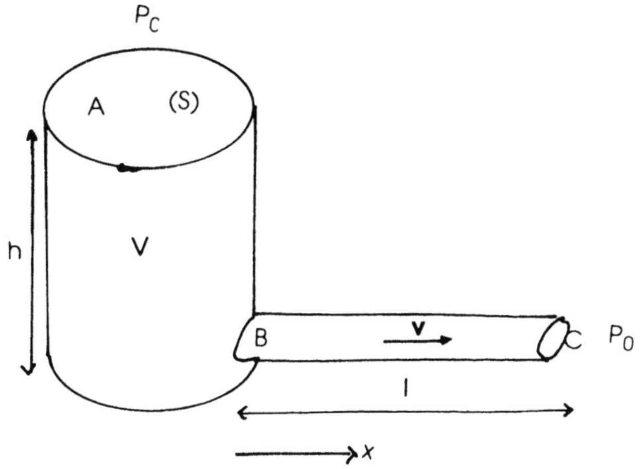

On trouve alors, en sortant $\frac{\partial \mathbf{v}}{\partial t}$ de l'intégrale, en prenant la pression atmosphérique à la fin du tube et en nous souvenant que la hauteur est constante :

$$\frac{\partial \mathbf{v}}{\partial t}.\mathbf{BC} + \frac{P_0 - P(B)}{\rho} = 0.$$

soit

$$\frac{\partial v}{\partial t} = \frac{P(B) - P_0}{l\rho}.$$

Comme la section du réservoir est très grande devant celle du tube, on néglige la vitesse à l'intérieure du réservoir devant celle du tube. En faisant circuler l'équation d'Euler entre A et B, on a alors : $\frac{P(B)}{\rho}+\frac{v^2(B)}{2}V(B)=\frac{P(A)}{\rho}+V(A)$ soit :

$$P(B)=P_0+\rho gh-\frac{\rho v^2}{2}.$$

Finalement, on trouve : $\frac{\partial v}{\partial t}+\frac{v^2}{2l}=\frac{gh}{l}$ Cela se résout facilement en $v(t)=v_\infty th\frac{t}{\tau}$ où $v_\infty=\sqrt{2gh}$ est la vitesse du régime permanent.

$\tau=\frac{2l}{v_\infty}$ est le temps de relaxation.

C) Comment déterminer les actions exercées sur le fluide ?

Plusieurs méthodes s'offrent à nous : soit on applique le PFD à un système fermé du fluide (méthodes 17 et 18) et on égalise aux forces, soit on utilise le principe de l'action et de réaction (méthode 19), soit on fait un calcul direct (méthodes 20 et 21), soit on utilise l'énergie cinétique (méthode 23) (on aura alors accès au travail des forces). Enfin on peut utiliser un mateau-pilon : le théorème d'Euler (méthode 22).

1. Utiliser le PFD

• Comment bien faire les bilans de matière ?

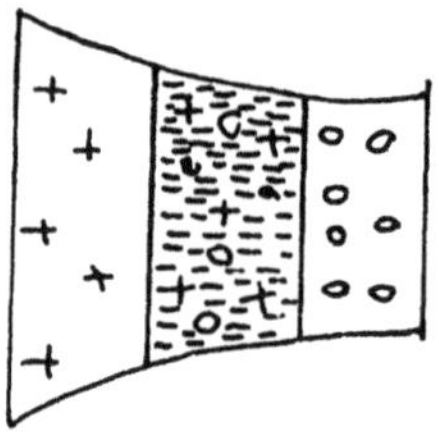

Voilà la partie qui nous semble la plus difficile à comprendre. C'est un pli à prendre, on vous conseille de toujours faire ce petit schéma :

— On étudie le système fermé constitué à l'instant t des particules contenu dans la surface de contrôle S. Ces particules, vous leur collez des lentilles de couleur (violette) pour savoir qu'elles appartiennent à ce club très fermé, et sélect des particules-du-système-fermé-qui-nous-intéresse et vous calculez ce que vous cherchez (l'énergie cinétique, le moment cinétique, la quantité de mouvement).

A l'instant $t+dt$, vous rassemblez votre petit monde et vous calculez à nouveau les quantités cherchées.

Mais, comme les membres du club ont bougé pendant dt, leur vitesse risque d'avoir changé et donc les quantités cherchées aussi.

— Sur le dessin ci-dessus, on a divisé l'espace en 3 parties.

La première est dans le système à t mais n'y est plus à $t+dt$. Il faut le compter au début mais pas à la fin.

La troisième, symétriquement, n'est dans le système qu'à $t+dt$. On ne le compte donc qu'à la fin.

La seconde représente l'ensemble des points de l'espace pour lequel il y a toujours eu des particules du système entre t et t + dt. **Le fait que le régime soit permanent nous permet de dire que les quantités cherchées** (l'énergie cinétique, le moment cinétique, la quantité de mouvement) **n'ont pas changé dans ce domaine** : c'est la chose la plus importante à comprendre. Si en revanche le régime **n'est pas permanent**, il faut prendre en compte la **variation de la grandeur** dans cette partie.

— Le but du jeu, c'est d'inclure les actions extérieures au fluide (type action de l'opérateur ou réaction du tuyau ou poussée des réacteurs) dans le système et d'ainsi pouvoir les calculer grâce aux pressions que l'on a préalablement calculées.

■ **Analogie**

Lorsque vous étudiez des écoulements pour les machines thermos, et que voulez écrire le premier principe, c'est exactement le même raisonnement.
Maintenant que vous avez compris ceci, il ne vous reste plus qu'à faire les calculs. Comme en mécanique du solide, vous pouvez utiliser soit le principe fondamental sous sa forme initiale (TRC + TMC) soit la conservation de l'énergie (théorème de l'énergie cinétique).

■ **Recommandation préliminaire**

Si la pression atmosphérique intervient dans vos calculs (l'inoubliable P_0), et qu'il en reste dans l'expression finale de la force s'exerçant sur une paroi, c'est que votre calcul a toutes les chances d'être faux, vous avez dû oublier que de l'autre coté de la paroi, P_0 s'appliquait aussi et qu'il y avait donc une force de pression.

• **Comment utiliser le PFD sous sa forme simple ?**

METHODE 17 : Déterminer la dérivée de quantité de mouvement

■ **Principe**

Forts du dessin ci-dessus, on écrit que la quantité de mouvement totale à l'instant t des particules à lentille de couleur est :

$$\mathbf{p}(t) = \mathbf{p_1} + \mathbf{p_{commun}}$$

A l'instant t + dt, la quantité de mouvement totale du système vaut :

$$\mathbf{p}(t+dt) = \mathbf{p_2} + \mathbf{p_{commun}}$$

On calcule les quantités de mouvements dans les parties 1 et 3. Puisque dt est petit, on peut supposer que les sections valent S_1 et S_2.
On trouve :

$$\mathbf{p_2} = \rho S_2 v_2 \mathbf{v_2} dt \text{ et } \mathbf{p_1} = \rho S_1 v_1 \mathbf{v_1} dt$$

D'où la dérivée de la quantité de mouvement :

$$\frac{d\mathbf{p}}{dt} = \frac{1}{dt}(\mathbf{p}(t+dt) - \mathbf{p}(t)) = \rho S_2 v_2 \mathbf{v_2} - \rho S_1 v_1 \mathbf{v_1}$$

■ **Cas d'utilisation**

Lorsque vous voulez utiliser le PFD.

On profite de ces rubriques pour vous donner une liste non exhaustive de force volumique :
— Le poids : $\rho\mathbf{g}$.
— La force de Laplace : $\mathbf{j}\wedge\mathbf{B}$.
— La force électrique $\rho_{électrique}\mathbf{E}$.

METHODE 18 : Appliquer le PFD à un système fermé

■ **Cas d'application**

Les 4 conditions doivent être simultanément réalisées.
1. Lorsque vous devez calculer la force de pression sur une paroi dont vous ne connaissez pas l'équation.

2. Que la pression qui s'applique sur cette paroi n'est pas *a priori* uniforme.
3. Lorsque vous connaissez au moins la vitesse à une extrémité de la paroi Σ, ainsi qu'une pression.
4. Lorsque le fluide est incompressible.

■ Principe

Calcul $\frac{ds}{dt}$ et l'égaliser à F pour le système fermé considéré.

■ Mise en œuvre

1. Utiliser l'équation de continuité pour déterminer la vitesse à l'autre extrémité de la paroi.
2. Calculer la dérivée (droite) de la quantité de mouvement du système fermé étudié.
3. Appliquer le PFD au fluide contenu entre les deux extrémités à l'instant t. Les forces extérieures étant :
   — les forces de pression s'appliquant sur les deux surfaces extrémales (pour trouver la pression manquante en utilisant Bernoulli ;
   — les forces de pression s'exerçant sur la paroi Σ ;
   — le poids lorsqu'il n'est pas négligé ;
   — toute autre force de volume introduit par l'énoncé.
4. Déduisez-en par différence la force de pression s'exerçant sur la paroi Σ.

■ *Exemple : Avec les mêmes notations que l'exemple précédent, déterminer la force de pression exercée par le fluide sur la paroi Σ de l'entonnoir, sachant que l'eau arrive à gauche avec la vitesse $v_1\mathbf{e_x}$ et que la pression sur l'extrémité droite vaut P_0. On négligera l'action de la pesanteur. On appellera P_1 la pression à l'entrée de l'entonnoir, qu'on ne cherchera pas à calculer.*

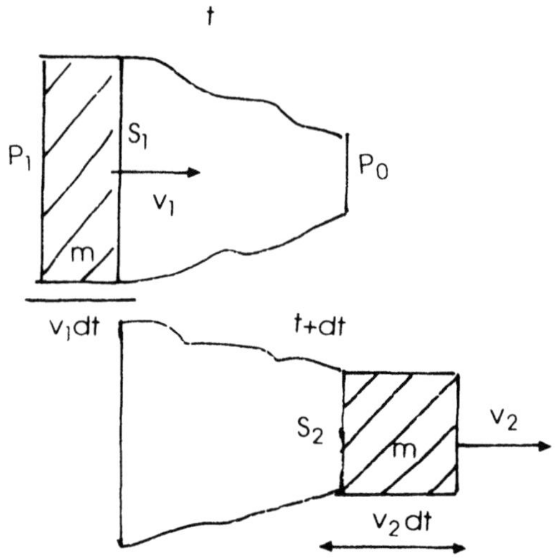

1. On calcule la vitesse de sortie du fluide à l'aide de la forme intégrale de l'équation de continuité :

$$\mathbf{v}_2 = v_1 \frac{S_1}{S_2}\mathbf{e_x}$$

2. On applique le PFD au système compris à l'instant t entre les deux extrémités S_1 et S_2.

La quantité de mouvement à l'instant t vaut :

$$\mathbf{p}(t) = m_1\mathbf{v_1} + \mathbf{p_{commun}}$$

A l'instant t + dt, elle sera :

$$\mathbf{p}(t+dt) = \mathbf{p_{commun}} + m_2\mathbf{v_2}$$

La différence de quantité de mouvement projetée sur Ox entre ces deux instants vaut :

$$d\mathbf{p} = \mathbf{p}(t+dt) - \mathbf{p}(t) = \left(\rho v_2^2 S_2 dt - \rho v_1^2 S_1 dt\right)\mathbf{e_x} = \rho v_1^2 S_1\left(\frac{v_2^2 S_2}{v_1^2 S_1} - 1\right)dt\mathbf{e_x} = \rho v_1^2 S_1\left(\frac{S_1}{S_2} - 1\right)dt\mathbf{e_x}$$

$$\text{soit } \frac{d\mathbf{p}}{dt} = \rho v_1^2 S_1\left(\frac{S_1}{S_2} - 1\right)\mathbf{e_x}.$$

3. On fait un bilan des forces :
— Forces de pression sur les deux sections.
— Forces de pression du fluide sur la paroi Σ.

On néglige le poids.
La résultante des forces vaut :

$$\mathbf{F} + P_1S_1\mathbf{e_x} - P_0S_2\mathbf{e_x} = \rho v_1^2 S_1\left(\frac{S_1}{S_2} - 1\right)\mathbf{e_x}$$

4. On en déduit F :

$$\mathbf{F} = \left[(P_0S_2 - P_1S_1) + \rho v_1^2 S_1\left(\frac{S_1}{S_2} - 1\right)\right]\mathbf{e_x}$$

Pour vraiment faire les choses bien, il faudrait utiliser la relation de Bernoulli pour calculer en fonction des données la pression à l'entrée de l'entonnoir.

REMARQUE :
Dites que dans la vie de tous les jours, si $S_1 > S_2$ *la force est bien dirigée vers les x croissants, puisque l'eau dans l'entonnoir a tendance à le pousser dans ce sens. Si vous voyez que la force résultante n'est pas dans le bon sens, commencez à vous inquiéter et surtout dites-le à votre examinateur qui devra admettre qu'à défaut de savoir faire des calculs, vous avez au moins du bon sens.*

2. UTILISER LE PRINCIPE DE L'ACTION ET DE LA RÉACTION

METHODE 19 : Tirer parti du principe de l'action et de la réaction

■ Principe

La force exercée par Brandon sur Emilie est l'opposée de la force exercée par Emilie sur Brandon.

■ Cas d'utilisation

Lorsqu'on vous demande de trouver l'expression de la force exercée par le fluide sur une canalisation, il faut alors dire que c'est l'opposée de la force exercée par la canalisation sur le fluide et appliquer le PFD ou l'équation d'Euler à ce fluide pour déterminer cette force.

■ Astuce pour gagner du temps en kholle

Ce genre de raisonnement est souvent à coupler avec l'immobilité de certaines parties du système. Lorsque, par exemple, vous avez une canalisation dans laquelle il y a un écoulement, que cette canalisation est fixée au mur, et qu'on vous demande de calculer la force exercée par la canalisation sur le mur, vous gagnerez du temps en vous persuadant que cette force est exactement égale à la force exercée par le fluide sur la canalisation (moins par moins ça fait plus).

3. FAIRE UN CALCUL DIRECT

METHODE 20 : Calculer l'action exercée sur la paroi en y intégrant la pression

■ Principe

1. Déterminer la valeur de P sur la surface à l'aide du B).
2. L'intégrer.

REMARQUE :
Si vous voulez calculer le moment de la force par rapport à un point, n'oubliez pas d'intégrer sur toute la surface :

$$\mathbf{M}_\Delta = \iint_S \mathbf{OM} \wedge P(M)\mathbf{n}dS$$

■ Cas d'utilisation

Lorsque P est calculable.
Lorsque l'on connaît l'équation de la surface.

■ *Exemple : Un fluide incompressible de masse volumique ρ est en équilibre dans le champ de pesanteur* **g**. *Il est contenu par un barrage de hauteur h, de longueur L, sur le plan Oxy. La pression atmosphérique vaut* P_0.
Déterminer l'action résultante des forces de pression dues seulement à l'eau s'exerçant sur le barrage, ainsi que le moment résultant par rapport à l'axe de basculement possible du barrage.

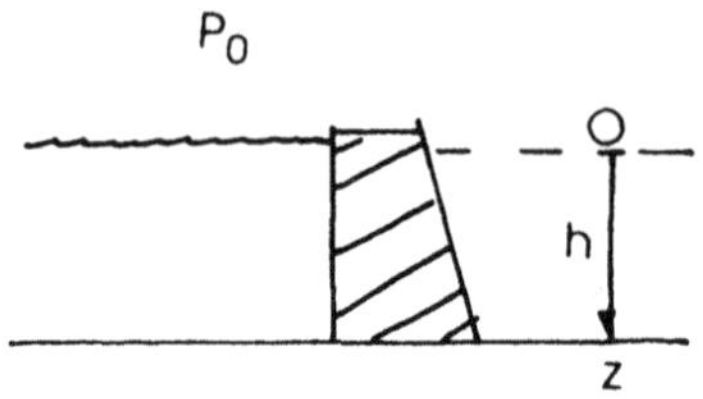

1. On calcule P grâce à la loi de l'hydrostatique :

$$\mathbf{grad}(P) = \rho g \mathbf{e_z}$$
$$P = P_0 + \rho g z$$

2. On en déduit l'expression de la force résultante :

$$\mathbf{F} = \iint_S P\mathbf{n}dS = \mathbf{e_y}\iint_S (P_0 + \rho g z)dzdx = \left(LP_0 h + \frac{1}{2}\rho g h^2\right)\mathbf{e_y}$$

3. L'axe en question est la droite d'équation : $z = h$
Le moment par rapport à cet axe vaut :

$$\mathbf{M}_\Delta = \iint_S \mathbf{OM} \wedge P(M)\mathbf{n}dS = \iint_S (h-z)(P_0 + \rho g z)dzdy = L\frac{1}{6}\rho g h^3 + P_0 L \frac{1}{2}h^2$$

REMARQUE :
Vous devez vous dire qu'il y a du P_0 *dans l'expression et donc puisque vous avez bien lu la recommandation préliminaire, que c'est mauvais signe. On n'a pas compté les forces exercées par l'air sur l'autre côté du barrage, où la pression vaut constamment* $P_0 + \rho_{air} g z$ *car* $\rho_{air} << \rho_0$ *et quand on fait la somme de deux, les contraintes s'exerçant sur la surface du barrage ne font pas intervenir de* P_0.

METHODE 21 : Utiliser, quand c'est possible, le fait que $\forall \mathbf{k}$, $\mathrm{div}(\mathbf{k}P) = 0$

■ Cas d'utilisation

Les trois conditions suivantes doivent être simultanément réalisées.
1. Lorsqu'on vous demande de calculer la résultante des forces de pression s'exerçant sur une paroi Σ dont vous ne connaissez pas l'équation (ni la forme, rien du tout quoi).
2. Lorsque la pression est uniforme sur cette paroi.
3. Lorsque vous pouvez fermer cette paroi (par l'esprit) par d'autres parois sur lesquelles vous pouvez calculer la force résultante de pression.

■ Principe

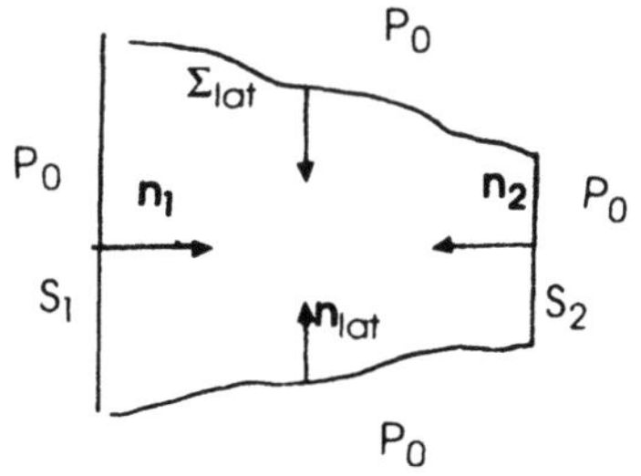

La pression sur la paroi Σ qui nous intéresse et dont nous ne connaissons pas l'équation est uniforme. Fermons la paroi par l'esprit (à l'aide de deux surfaces S_1 et S_2), et supposons que la nouvelle surface fermée obtenue est soumise à une pression uniforme P_0.

On aurait alors, pour tout vecteur **k** constant, $\mathbf{k}P_0 = Cte$ sur la surface et donc $\mathrm{div}(\mathbf{k}P) = 0$ sur la surface.

Si on applique la formule d'Ostrogradsky au volume délimité par la paroi nouvellement fermée, on a :

$$\iiint_\tau \mathrm{div}(\mathbf{k}P_0)d\tau = \iint_S P_0\mathbf{k}.\mathbf{n}dS = 0 = \iint_\Sigma P_0\mathbf{k}.\mathbf{n}d\Sigma + \iint_{S_1} P_0\mathbf{k}.\mathbf{n}dS_1 + \iint_{S_2} P_0\mathbf{k}.\mathbf{n}dS_2$$

On a donc :

$$\mathbf{F}_{\mathbf{press}\to\Sigma}.\mathbf{k} = \iint_\Sigma P_0\mathbf{k}.\mathbf{n}d\Sigma = -\iint_{S_1} P_0\mathbf{k}.\mathbf{n}dS_1 - \iint_{S_2} P_0\mathbf{k}.\mathbf{n}dS_2$$

Pour avoir les trois composantes de la force, il suffit de calculer ces intégrales pour **k** égal aux trois vecteurs de base.

■ Erreur à ne surtout pas commettre

Il est fondamental **de ne pas oublier d'orienter vos normales aux surfaces vers l'intérieur** du volume qu'elles délimitent si les forces appliquées sont extérieures au volume (force de pression atmosphérique, forces de pression aux deux extrémités).

■ Erreur fréquente

Il faut bien dire que sur les parois avec lesquelles on a fermé la surface Σ, la pression appliquée vaut P_0 et pas celle qu'il y a effectivement si on tenait compte de l'écoulement.

■ *Exemple : On considère un entonnoir psychédélique, dont la surface latérale Σ est extrêmement bizarre. Il est placé dans votre jardin et vous avez trouvé spirituel de faire couler de l'eau à l'intérieur, si bien qu'un régime permanent s'y est installé.*

Déterminer la résultante des forces de pression atmosphérique sur l'entonnoir.

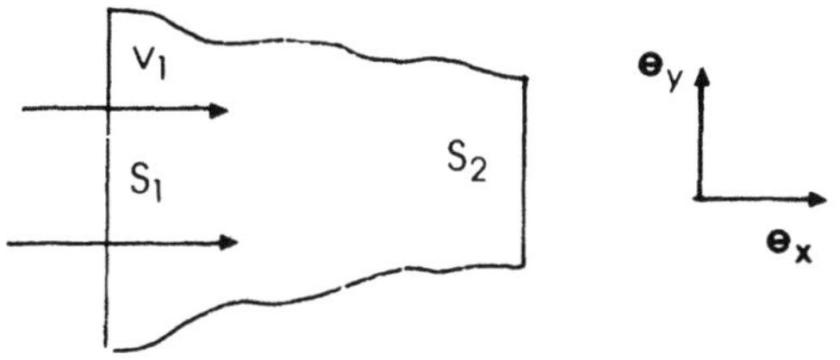

La pression extérieure est uniforme et vaut P_0.

Fermons par la pensée l'entonnoir à ses deux extrémités par des parois perpendiculaires à l'axe des x.

On a donc :

$$\iint_\Sigma P\mathbf{k}.\mathbf{n}d\Sigma = -\iint_{S_1} P\mathbf{k}.\mathbf{n}dS_1 - \iint_{S_2} P\mathbf{k}.\mathbf{n}dS_2$$

Soit en projetant sur les trois axes de coordonnées :

$$\mathbf{F} = -P_0(S_1 - S_2)\mathbf{e_x}$$

4. UTILISER LA CONSERVATION DE L'ÉNERGIE

METHODE 22 : Comment calculer la puissance cinétique

■ Principe

Faire exactement le même raisonnement que précédemment en calculant l'énergie cinétique à l'instant t et à l'instant t + dt.

■ Résultat

Avec les notations de la méthode précédente :

$$\frac{dEc}{dt} = \frac{1}{2}\rho\left(S_2 v_2^3 - S_1 v_1^3\right)$$

REMARQUE :
Pour ne pas vous tromper de signe, dites-vous que lorsqu'il y a un rétrécissement de la canalisation, la vitesse en aval augmente et le débit reste constant, donc l'énergie cinétique du système est obligée d'augmenter, donc la puissance cinétique est positive.

METHODE 23 : Utiliser le théorème de l'énergie cinétique

■ Principe

1. Ecrire l'expression de l'énergie cinétique. Puisque le fluide se meut en bloc, la norme de la vitesse est la même en tout point de l'écoulement.
2. Ecrire l'énergie potentielle du fluide dans chacune des parties du tube.
3. Dériver le tout par rapport au temps, salez, poivrez, c'est prêt.

REMARQUE :
On vous conseille de faire un schéma où vous prenez 2 origines des altitudes :
— une à la base du tube ;
— l'autre au niveau du point d'équilibre.
Exprimez toujours les altitudes de g dans le formalisme du second repère.

■ *Exemple : On considère un tube en U, rempli sur une longueur L_1 d'un fluide parfait incompressible de masse volumique μ. Les deux surfaces libres sont à la pression atmosphérique.*
Déterminer la période des oscillations.

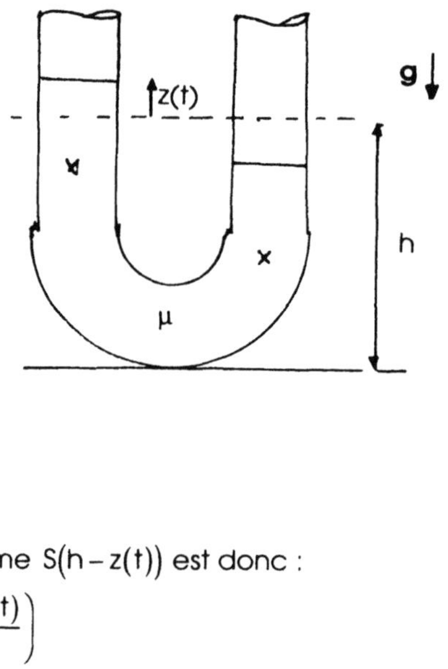

1. L'énergie cinétique se calcule facilement puisque le fluide bouge en bloc.
On a donc :

$$E_C = \frac{1}{2}\mu S L_1 \dot{v}^2$$

2. Déterminons l'énergie potentielle dans la partie gauche du tube.
Le centre de gravité est à l'altitude :

$$-\frac{h + z(t)}{2}$$

L'énergie potentielle de la partie de fluide de volume $S(h - z(t))$ est donc :

$$\mu S(h - z(t))g\left(-\frac{h + z(t)}{2}\right)$$

Le centre de gravité du fluide dans la partie de droite est à l'altitude :

$$-\frac{h-z(t)}{2}$$

L'énergie potentielle de la partie de fluide de volume $S(h+z(t))$ est donc :

$$-\mu S(h+z(t))g\frac{h-z(t)}{2}$$

D'où l'expression de l'énergie potentielle totale :

$$E_p = -g\mu S\left(h^2 - z^2(t)\right)$$

La force de pesanteur étant conservative, et en l'absence de frottement, l'énergie mécanique du système se conserve, d'où :

$$\mu S L_1 v\frac{\partial^2 z}{\partial t^2} = -2\mu S g v z$$

Même faute, même pénitence, c'est la même équation qu'à la méthode précédente ; on retrouve après résolution la période des oscillations :

$$T = 2\pi\sqrt{\frac{L_1}{2g}}$$

Voici un exemple où la méthode de l'énergie cinétique est particulièrement efficace.

METHODE 24 : Utiliser le théorème d'Euler

Ce résultat est hors-programme, mais il constitue véritablement le top du top des armes mises à votre disposition pour calculer une force (mieux que le faisceau rétro-pulseur, les phospho-bombes et les mordo-blasters).

■ Préliminaire

Ce qui suit s'applique aux systèmes ouverts, délimités par une surface de contrôle **fixe** Σ. L'ensemble des forces extérieures s'appliquant sur ce volume vaut :

$$R_{ext} = \iint_{\Sigma} \rho \mathbf{v}(\mathbf{v}.\mathbf{n})d\Sigma \text{ en régime permanent.}$$

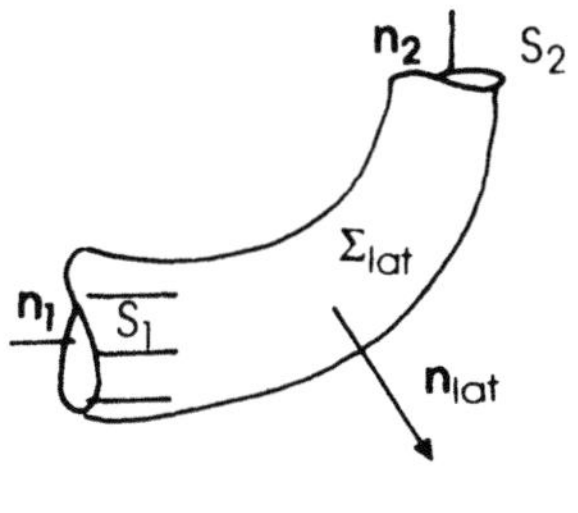

■ Cas d'application

Surtout si vous utilisez ce théorème à l'oral, il faudrait savoir le démontrer. Ceci vient de la formule de Reynolds, qui se simplifie parce qu'on est en régime stationnaire.
Il vous faut connaître les surfaces et au moins une vitesse.

■ Erreur

Comme pour la forme intégrale de l'équation de continuité, n'oubliez pas d'orienter vos normales à la surface de contrôle vers l'extérieur de cette surface.

■ *Exemple : En négligeant les effets de la pesanteur, déterminer la résultante des efforts appliqués sur le tube coudé, sachant qu'on connaît la valeur des surfaces en amont et en aval, ainsi que la vitesse en amont. On suppose de plus que cet amont est loin de la partie coudée de sorte que la vitesse peut être considérée comme uniforme sur une section. On est en régime permanent.*
On applique le théorème d'Euler à la surface de contrôle contenant l'amont et l'aval du tube coudé.

Pour cette surface de contrôle, la résultante des forces extérieures vaut :

$$\mathbf{R_{ext}} = \iint_{\Sigma} \rho\mathbf{v}(\mathbf{v}.\mathbf{n})d\Sigma = \iint_{S_A} \rho\mathbf{v_A}(\mathbf{v_A}.\mathbf{n_A})dS_A + \iint_{S_B} \rho\mathbf{v_B}(\mathbf{v_B}.\mathbf{n_B})d\Sigma = -\rho v_A^2\left(\mathbf{n_A}S_A - \mathbf{n_B}\frac{S_A^2}{S_B}\right)$$

Par ailleurs, les forces extérieures sont :

— Les forces de pression en S_A et S_B.

— La résultante des efforts exercés sur le tube, notée -**F** (principe de l'action et de la réaction ces efforts sont l'opposé des forces exercées par le tube coudé sur le fluide).

On a donc :

$$\mathbf{F} = +\rho v_A^2\left(\mathbf{n_A}S_A - \mathbf{n_B}\frac{S_A^2}{S_B}\right) + P_A S_A \mathbf{n_A} - P_B S_B \mathbf{n_B}$$

Vous pouvez encore simplifier cette expression en utilisant Bernoulli et remplacer les pressions en fonctions des données.

METHODE 25 : Déterminer le temps d'implosion d'une bulle

Principe

1. Déterminer la puissance des forces de pression fournie par la bulle au reste du fluide (intégrale étendue à tout l'espace hors de la bulle), en fonction du rayon de la bulle.
2. Ecrire l'énergie cinétique du reste du fluide et appliquer le théorème du même nom.
3. Faire une séparation des variables, à gauche ce qui dépend de rayon de la bulle, à droite le temps.
4. Intégrer entre l'instant initial et le temps cherché, le rayon variant de sa valeur initiale à la valeur nulle.

Cas d'application

Lorsque vous pouvez connaître P à l'infini (ou aux frontières de l'écoulement si celui-ci a des dimensions finies).

Astuce

Il est souvent facile de déterminer la puissance des forces de pression en revenant au bon $P = \mathbf{F}.\mathbf{v}$, puis d'intégrer entre 0 et t pour obtenir le travail.

■ *Exemple : Soit une bulle sphérique de pression intérieure supposée constante et négligeable et de rayon a(t) variable. A l'infini, la pression est constante est égale à* P_0. *Donner une expression du temps mis par la bulle pour imploser en fonction d'une intégrale qu'on ne cherchera pas à calculer.*

1. Déterminons l'énergie cinétique du fluide.

$$E_C = \iiint_{\text{l'espace-bulle}} \frac{1}{2}\mu v^2 d\tau = \iiint_{\text{l'espace-bulle}} \frac{1}{2}\mu v^2 r^2 dr d\theta \sin(\theta) d\varphi$$

$$E_C = \iiint_{\text{l'espace-bulle}} \frac{1}{2}\mu v^2 r^2 dr d\theta \sin(\theta) d\varphi = 2\pi\mu \int_{a(t)}^{+\infty} \left(\frac{da}{dt}\right)^2 a^4 \frac{1}{r^2} dr = 2\pi\mu\left(\frac{da}{dt}\right)^2 a^3$$

2. Déterminons le travail des forces extérieures : elles se réduisent aux forces de pression.

Pour cela, il suffit de se souvenir de son cours de physique de terminale $P = \mathbf{F}.\mathbf{v}$.

On a donc :

$$P = \mathbf{F}.\mathbf{v} = \iiint_{\text{espace-bulle}} -\mathbf{grad}(P)d\tau\left(\frac{da}{dt}\right)\frac{a^2}{r^2}\mathbf{u_r} = -\int_{a(t)}^{+\infty} \frac{\partial P}{\partial r} dr 4\pi\left(\frac{da}{dt}\right)a^2 = -4\pi\left(\frac{da}{dt}\right)a^2 P_0$$

D'où le travail :

$$W(t)=\int_0^t -4\pi\left(\frac{da}{dt}\right)a^2P_0dt=-\int_{a(0)}^{a(t)}4\pi a^2P_0da=-\frac{4}{3}\pi P_0\left(a^3(t)-a_0^3\right)$$

3. On applique le théorème de l'énergie cinétique :

$$E_C=2\pi\mu\left(\frac{da}{dt}\right)^2a^3=-\frac{4}{3}\pi P_0\left(a^3(t)-a_0^3\right)$$

On sépare les variables :

$$\int_{a_0}^{0}da\sqrt{\frac{-a^3}{a^3(t)-a_0^3}}=\int_0^{\tau}\sqrt{\frac{2P_0}{3\mu}}dt=\tau\sqrt{\frac{2P_0}{3\mu}}$$

D'où :

$$\tau=\sqrt{\frac{3\mu}{2P_0}}I$$

Avec $I=\int_{a_0}^{0}da\sqrt{\frac{-a^3}{a^3(t)-a_0^3}}$.

3. Le fluide n'est plus un F.P.I.H.

A) Comment faire des approximations ?

On tombe souvent en mécaflotte sur des équations difficiles, voire impossible à résoudre, surtout lorsque la viscosité s'en mêle. Même si les solutions exactes ne nous intéressent pas, on peut obtenir un ordre de grandeur des solutions, de leur période variations...
On peut aussi, moyennant certaine hypothèse sur ces grandeurs, simplifier l'équation d'Euler, et la résoudre.

Ce qui suit est fondé sur le principe de base, qu'on a déjà présenté dans le chapitre 13 du tome 1 en diffusion de la chaleur : Il faut faire siennes ce genre d'égalités :

$$\left\|\frac{\partial \mathbf{v}}{\partial t}\right\|\approx\frac{v_{max}}{T}\text{ et }\frac{v_{max}}{\lambda}\approx\left\|\mathbf{grad}(\mathbf{v})\right\|$$

Si T et λ sont de grandeurs caractéristiques de l'écoulement respectivement d'un point de vue temporel et spatial.

METHODE 26 : Quand peut-on supposer que l'écoulement est quasi-permanent ?

■ Principe

Lorsque la vitesse est sous forme d'une onde progressive en $v_0\exp(i(kx-\omega t))$, on aimerait bien pouvoir simplifier l'équation d'Euler. En particulier, si on veut qu'il ne reste, dans l'expression de l'accélération, que l'accélération particulaire, il faut sans se poser de cas de conscience dire que :

$$\left\|\frac{\partial \mathbf{v}}{\partial t}\right\|>>\left\|\mathbf{v}.\mathbf{grad}(\mathbf{v})\right\|$$

Si la période des variations temporelles de la vitesse est T, et λ la longueur d'onde spatiale de la vitesse, l'équation précédente est équivalente à :

$$\left\|\frac{\partial \mathbf{v}}{\partial t}\right\| \approx \frac{v_0}{T} >> \frac{v_0^2}{\lambda} \approx \|\mathbf{v}.\mathbf{grad}(\mathbf{v})\| \Leftrightarrow \frac{\lambda}{Tv_0} >> 1$$

On note $F = \frac{1}{T}$. Alors la condition de permanence est $\frac{v_0}{\lambda F} << 1$ où $\frac{v_0}{\lambda F}$ est appelé nombre de Strouhal.

■ **Cas d'application**

Généralement en tout début de problème sur les ondes de gravitation, ou tout phénomène ondulatoire couplé à un problème de mécanique des fluides. Une fois cette question résolue, vous pouvez confondre $\frac{d\mathbf{v}}{dt}$ avec $\frac{\partial \mathbf{v}}{\partial t}$. Ce qui revient à dire que la vitesse est uniforme dans l'écoulement.

B) Fluide visqueux

La viscosité apparaît sous deux formes : d'une part un solide dans le fluide subit des forces de fortement de type visqueux (linéaire en v), d'autre part les couches de fluides subissent les unes par rapport aux autres des efforts surfaciques tangentiels.

— La masse se conserve toujours et encore, donc l'équation de continuité reste inchangée.

— On modélise, dans les écoulements laminaires (à faible nombre de Reynolds) les forces de frottement visqueux par une force volumique $\mathbf{f}_{vol} = \eta \Delta \mathbf{v}$.

METHODE 27 : Comment trouver la vitesse moyenne d'un écoulement à travers une section ?

■ **Principe**

1. Appliquer l'équation d'Euler à un élément **élémentaire** de fluide en la projetant sur les axes. Il faut souvent discuter des variables dont dépendent les membres de gauche et de droite dans les égalités obtenues.
2. En déduire v en tout point d'une section droite.
3. Calculer la vitesse moyenne :

$$U = \frac{1}{S}\iint_S \mathbf{v}.\mathbf{n}dS$$

■ **Cas d'application**

Lorsqu'on vous donne l'expression de la force de viscosité.

■ *Exemple : Soit un écoulement d'un fluide visqueux, incompressible et homogène, dans un tuyau cylindrique de rayon a, de longueur L, d'axe Ox. On suppose que la vitesse ne dépend que de r, et qu'elle n'a de composantes non nulles que sur l'axe des x. On modélise la force de frottement visqueux par une force s'exerçant sur l'élément de fluide contenu dans le cylindre d'axe Ox et de rayon r d'expression :*

$$\mathbf{f} = \eta \frac{dv}{dr} \Sigma_{latéral}(r)\mathbf{e}_x$$

Déterminer la vitesse moyenne de l'écoulement. On néglige les effets de la pesanteur.

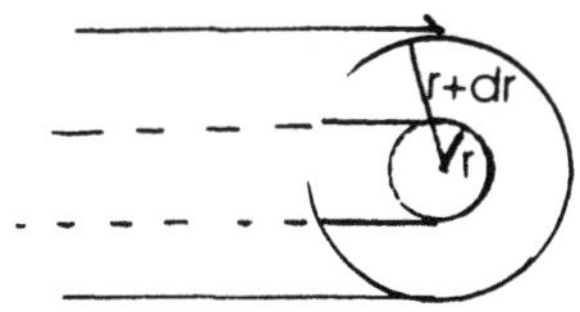

1. On applique le PFD à l'élément de volume compris entre les cylindres de rayon r et r + dr. Dans ce volume élémentaire, la vitesse peut être considérée comme constante. Horizontalement, et comme on est en régime permanent, l'accélération est nulle. On a donc l'équation suivante :

$$P(x)S_1 - P(x+dx)S_1 + \eta \frac{dv}{dr}_{r+dr} S_2(r+dr) - \eta \frac{dv}{dr}_r S_2(r) = 0$$

Le signe moins dans l'expression de la force de frottement vient du principe de l'action et de la réaction.

Ceci nous conduit à : $-\frac{\partial P}{\partial x} dxdr2\pi r + \eta dx 2\pi \frac{d}{dr}\left(r\frac{dv}{dr}\right)dr = 0$, ce qui après simplification donne :

$$\frac{\eta}{r}\frac{d}{dr}\left(r\frac{dv}{dr}\right)dr = \frac{\partial P}{\partial x} \quad (i)$$

2. Cette équation permet de voir que $\frac{\partial P}{\partial x}$ ne dépend pas de x puisque à gauche, il n'y a que des fonctions de r.

Puisque de plus $\frac{\partial P}{\partial x}$ ne dépend pas non plus de r, puisqu'il n'y a aucune force radiale, on en déduit que $\frac{\partial P}{\partial x}$ est constant et vaut : $\frac{\partial P}{\partial x} = \frac{P_2 - P_1}{L}$.

3. On en déduit v ; en remplaçant dans (i), les constantes se trouvent en remarquant :
Que la vitesse du fluide est nulle au niveau des parois du tuyau.
Que la vitesse ne peut être infinie.

$$v(r) = \frac{P_2 - P_1}{2L\eta}\left(r^2 - R^2\right) + 0.\ln(r)$$

On en déduit la vitesse moyenne :

$$< v >= \frac{P_2 - P_1}{8L\eta}R^2$$

METHODE 27 : Comment déterminer expérimentalement un coefficient de viscosité ?

■ **Principe**

Appliquer le PFD à une boule tombant dans un fluide visqueux (ne pas oublier les éventuelles poussées d'Archimède).
Il s'établit une vitesse limite v, telle que le poids est exactement contré par la force de frottement.
On mesure cette vitesse limite.

■ *Exemple : Sachant que pour une bille de rayon r, et de masse m, la force de frottement vaut* $\mathbf{f} = -6\pi\eta r\mathbf{v}$. *déterminer la valeur du coefficient de viscosité, lorsque la vitesse limite est connue. On négligera la poussée d'Archimède.*

On dit que le poids est exactement contré par la force de frottement :

$$\eta = \frac{mg}{6\pi r v_{limite}}$$

METHODE 28 : Quel est l'intérêt des nombres sans dimensions ?

■ Idée heuristique

Les nombres sans dimension (nombre de Reynolds, nombre de Bernard) ont été introduits pour savoir si un écoulement était laminaire ou turbulent.
Un écoulement à faible nombre de Reynolds (compris entre 0 et 1) est laminaire : l'expression de la force de viscosité est donnée par une fonction linéaire de la vitesse. Dans le cas d'un grand nombre de Reynolds (supérieur à 1000), la force de viscosité est proportionnelle à la vitesse au carré.

L'intérêt des nombres sans dimensions, c'est de savoir quelle force de viscosité on va utiliser pour modéliser l'écoulement.

■ Interprétation physique du nombre de Reynolds

Pour ceux qui comprennent quelque chose à la physique, le nombre de Reynolds est également le rapport entre les temps caractéristiques des transports de quantité de mouvement par diffusion et par convection.

■ *Exemple : On appelle μ_1 la masse volumique de l'acier, μ_2 celle de la glycérine, et η le coefficient de viscosité. Soit une bille d'acier sphérique de rayon a, abandonnée sans vitesse initiale dans une éprouvette de hauteur h remplie de glycérine. On calcule le temps mis par la bille pour toucher le fond. Donner un encadrement des valeurs de a et h pour pouvoir calculer simplement η.*

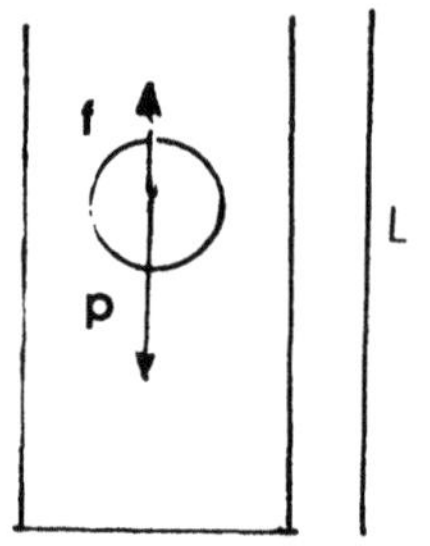

1. Appliquons le PFD à la bille :

$$\frac{4}{3}\pi\mu_1 a^3 \frac{dv}{dt} = \frac{4}{3}\pi(\mu_1 - \mu_2)a^3 g - 6\pi\eta a v \quad \text{(i)}$$

2. Si la vitesse limitée est rapidement atteinte, on a :

$$\tau \approx \frac{h}{v_{limite}} = \frac{9\eta h}{(\mu_1 - \mu_2) g a^2}$$

3. Pour utiliser cette expression de la force de viscosité, il faut être en écoulement laminaire, donc pour un nombre de Reynolds plus petit que 1, soit :

$$\Re_e = \frac{\mu_1 a v_{limite}}{\eta} < 1$$

Ce qui est équivalent à : $a < \sqrt[3]{\dfrac{9\eta^2}{2\mu_1(\mu_1 - \mu_2)g}}$

4. Il faut de plus que la durée du régime transitoire soit petite devant le temps de chute. Si on résolvait rigoureusement l'équation (i), on trouverait une loi exponentielle décroissante pour v tendant vers la vitesse limite ; le temps de demi-vie serait alors :

$$\frac{2\mu_1 a^2}{9\pi\eta} = \tau'.$$

D'où une nouvelle inégalité :

$$h >> \frac{4\mu_1(\mu_1 - \mu_2) g a^4}{81\eta^2}$$

METHODE 29 : Faire une analogie avec l'électromagnétisme

■ Cas d'application

Dès que vous avez une paroi mobile suivant une loi sinusoïdale, c'est cette méthode qu'il faut utiliser.
Il faut que le fluide soit incompressible.

■ Principe

1. Déterminer l'expression de la force de viscosité s'appliquant sur un élément de volume élémentaire.
2. En déduire l'équation vérifiée par v.
3. Retomber sur la fameuse équation de diffusion de la chaleur $\frac{\partial f}{\partial t} = D\frac{\partial^2 f}{\partial x^2}$ et raconter ce qui vous savez sur l'effet de peau (relire le chapitre 14 du tome 1).

■ *Exemple : On considère une plaque infinie, horizontale, animée d'une vitesse sinusoïdale. Elle est surmontée d'une fluide incompressible, visqueux de coefficient de viscosité* η.
Déterminer v dans tout le fluide.

v ne peut dépendre que de z, et n'a pas *a priori* de composante suivant x et z.
L'équation de continuité permet d'affirmer que la composante suivant z est nulle (elle est constante et comme en $z = 0$ elle est nulle, elle est donc tout le temps nulle).
Donc v est de la forme suivante :

$$\mathbf{v} = v(z, t)\mathbf{e_x}$$

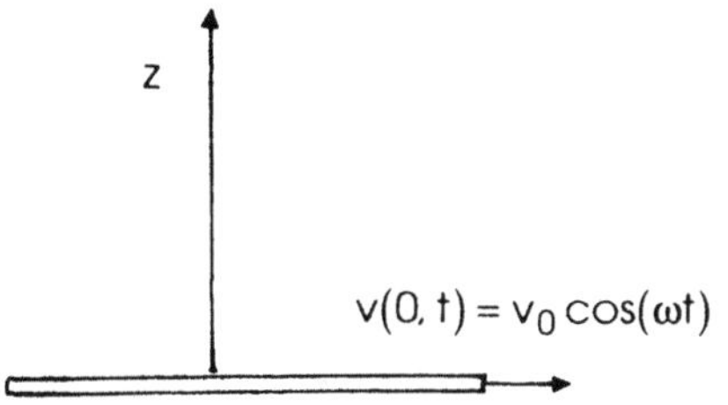

Par ailleurs, si on applique le PFD a un élément de volume élémentaire, projeté sur Ox, on a :

$$\mu \frac{\partial v}{\partial t} dzdxdy = +\eta \frac{d^2 v}{dz^2} dzdydx$$

On reconnaît alors l'équation de diffusion habituelle, il faut poser : $v = v_0 \exp(i(kz - \omega t))$, remplacer dans l'équation pour trouver k, complexe :

$$-i\omega\mu = -\eta k^2$$

Donc en remarquant que $i = \left(\frac{1+i}{\sqrt{2}}\right)^2$, on trouve :

$$v = v_0 \exp\left(-\frac{z}{\delta}\right)\cos\left(\frac{z}{\delta} - \omega t\right) \text{en posant } \delta = \sqrt{\frac{2\eta}{\mu\omega}} \text{ épaisseur de peau.}$$

REMARQUE :
Lorsque la pulsation des oscillations est grande, la vitesse du fluide ne varie presque pas : le fluide n'a pas le temps de bouger. Plus il y a de la viscosité, plus cette épaisseur de peau est grande, car les couches de fluides sont alors plus liées entre elles ; donc si une est entraînée, celle du dessus aussi.
Le coefficient de viscosité est à rapprocher de la conductivité électrique.

C) Fluide compressible

Tout d'abord, quand peut-on considérer qu'un fluide est incompressible ?
Il nous faut calculer son coefficient de compressibilité :

— Transformation isotherme : $\chi_T = \frac{-1}{V}\left(\frac{\partial V}{\partial P}\right)_T$

Or, pour un gaz parfait à T constant : $PV = Cte$ donc $\frac{dP}{P} + \frac{dV}{V} = 0$ et finalement $\chi_T = \frac{1}{P}$.

— Transformation réversible : $\chi_S = \frac{-1}{V}\left(\frac{\partial V}{\partial P}\right)_S$

Or la loi de Laplace nous donne $PV^\gamma = Cte$ soit $\frac{dP}{P} + \gamma\frac{dV}{V} = 0$ et donc $\chi_S = \frac{1}{\gamma P}$.

Pour pouvoir négliger la compressibilité du fluide, il faut que la vitesse du fluide soit négligeable devant celle du son : $c = \frac{1}{\sqrt{\rho\chi_S}}$. On introduit donc le nombre de Mach $M = \frac{v}{c}$ qu'il s'agira de comparer à 1.

Si le fluide est compressible, le problème thermodynamique n'est plus découplé du problème de mécanique. On doit donc résoudre les deux problèmes simultanément.
Un principe de base est de vous persuader que si le fluide est parfait, la transformation thermodynamique qu'il subit est réversible.

Comment faire si la transformation est adiabatique ?

METHODE 30 : Utiliser la loi de Laplace

■ Cas d'utilisation

Lorsque le fluide étudié peut être considéré comme un gaz parfait.
Lorsque la transformation est réversible (si l'écoulement est parfait).

■ Principe

1. La pression est reliée au volume par la relation : $PV^\gamma = cst$.
2. On a également la loi des gaz parfaits : $PV = nRT$.

Ces deux équations sont à rajouter à l'équation d'Euler (si le fluide est parfait), et à la loi de continuité.

■ *Exemple : On considère une bulle d'air, dont la pression intérieure est uniforme. Elle est noyée dans un fluide incompressible. A l'équilibre, la pression dans la bulle de rayon R_0 vaut P_0. On néglige les effets de la pesanteur. Dans l'hypothèse d'une transformation adiabatique réversible pour le gaz compris dans la bulle, déterminer la pulsation des petites oscillations autour de la position d'équilibre.*

Soit P la pression dans la bulle à l'instant t, si la transformation est adiabatique réversible, on a :

$PV^\gamma = P_0V_0^\gamma$, ou encore, ce qui est équivalent : $Pa(t)^{3\gamma} = P_0a_0^{3\gamma}$ (i)

Si on étudie maintenant le fluide incompressible, on a :

$$\frac{\partial v_r}{\partial t} = -\frac{1}{\mu}\frac{\partial P}{\partial r} - v_r\frac{\partial v_r}{\partial r} = -\frac{\partial}{\partial r}\left(\frac{P}{\mu} + \frac{v_r^2}{2}\right) \text{ (équation d'Euler).}$$

Essayons de résoudre cette seconde équation :

$$\int_{a(t)}^{\infty}\frac{\partial v_r}{\partial t}dr = -\left(\frac{P_0}{\mu} + 0 - \frac{P}{\mu} + \frac{\dot{a}^2(t)}{2}\right) = \int_{a(t)}^{\infty}\left(\frac{\ddot{a}(t)a^2(t) + 2\dot{a}^2(t)a(t)}{r^2}\right)dr = \ddot{a}(t)a(t) + 2\dot{a}^2(t) \text{ (ii)}$$

Si on pose $a(t) = a_0(1+\varepsilon(t))$, (i) et (ii) deviennent : $\ddot{\varepsilon}(t) = -\frac{3\gamma P_0}{\mu a_0^2}\varepsilon(t)$

D'où la pulsation des petites oscillations :

$$\omega(t) = \sqrt{\frac{3\gamma P_0}{\mu a_0^2}}$$

METHODE 31 : Revenir au premier principe

■ Cas d'utilisation

L'avantage de cette méthode, c'est :
— que le fluide n'a pas besoin d'être un gaz parfait,
— que la transformation n'a pas besoin d'être réversible.

■ Principe

1. Ecrire le premier principe dans lequel on traduit que la transformation est adiabatique :

$$\Delta U + \Delta E_c = W + Q = W .$$

2. Coupler avec l'équation d'Euler.

Ordre de grandeur

Les coefficients de viscosité valent :

— Pour l'air : $1,7.10^{-5}$ P.

— Pour l'eau : 10^{-3} P.
— Pour la glycérine (fluide encore plus visqueux que la crème Mont-Blanc) : 0,9 P.

Unités

Le coefficient de viscosité s'exprime en poiseuille. Un poiseuille est homogène à $1 N.s.m^{-1}$. C'est une énorme unité, les coefficients de viscosité dépassent rarement le 0,7 P.

Erreurs

Ces erreurs sont grosses, mais on les a faites avant vous, et d'autres les feront encore quand vous serez grand-père (ou grand-mère). Il n'est donc jamais trop tard pour se sortir de la tête une quantité non négligeable de contre-vérités dont les taupins sont souvent victimes.

■ Vous allez trouver ça bête, mais lorsque vous écrivez des équations **regardez bien le système que vous étudiez** : vous auriez vraiment l'air bête si vous appliquiez l'équation d'Euler à une bille d'acier, en tenant compte des forces de pression, des forces volumiques...

■ On l'a déjà dit en électrostatique, mais on se répète : ce n'est pas parce que la divergence de la vitesse est nulle que la vitesse est constante. Ce n'est vrai que si la vitesse n'a qu'une seule composante et qu'elle ne dépend que d'une variable (et encore pas n'importe laquelle, celle de la composante).

■ Lorsque vous êtes en régime non permanent et que vous avez choisi la représentation d'Euler pour étudier votre écoulement, réfléchissez à ce que vous faites lorsque vous dérivez le vecteur vitesse en r, par rapport au temps. Ne dérivez pas r en disant que sa dérivée vaut $\frac{\partial r}{\partial t}$. Par exemple, dans l'exemple sur l'implosion de la bulle, on avait dit que la vitesse dans le fluide vaut : $\mathbf{v} = \dot{a}(t)\frac{a^2(t)}{r^2}\mathbf{e_r}$. On est désolé, mais la dérivée partielle de cette vitesse par rapport à temps **ne vaut pas** : $\mathbf{v} = \frac{f(t)}{r^2} - \frac{2\dot{r}g(t)}{r^3}\mathbf{e_r}$.

■ Faites attention à ce que **le fluide soit incompressible pour sortir la masse volumique de l'expression de la divergence** ; entre autres les gaz parfaits ne sont pas incompressibles.

■ N'oubliez pas les forces de pression s'appliquant sur les sections droites de vos systèmes fermés lorsque vous écrivez le PFD.

■ Souvenez-vous que lorsqu'on vous demande de calculer la résultante des forces de pression s'exerçant sur un système fixe, plongé dans la pression atmosphérique extérieurement, et siège d'un écoulement débouchant sur l'extérieur, la pression atmosphérique n'intervient jamais dans l'expression finale.

■ N'oubliez pas que les analogies entre **v** et le champ électrostatique **E** ne sont valables que pour les fluides incompressibles.

■ Evitez de dire des trucs du genre : on peut supposer qu'à un instant donné le régime est permanent. C'est n'importe quoi, et vous vous ferez vraiment décalquer ce jour-là.

Astuces

■ Lorsqu'un écoulement débouche à l'air libre, vous gagnerez du temps et des points, en assurant que la pression en ces points de l'écoulement est égale à la pression atmosphérique si vous avez affaire à un "jet subsonique". C'est en fait faux si l'écoulement est supersonique (onde de choc) et s'il n'y a pas de jet (très faible Reynolds). Voir dessin.

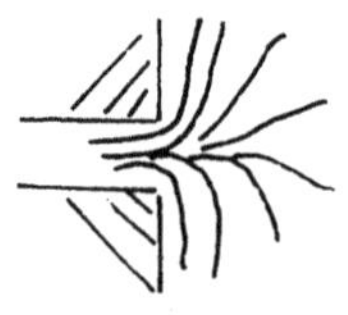

■ Pour déterminer la vitesse dans un FPIH ayez le réflexe **irrotationnel = potentiel des vitesses.**

■ Lorsque vous tentez la méthode de séparation de variables, regardez ce qui se passe à l'infini pour trouver la constante (ça s'appelle la méthode asymptotique), avec un peu de chance vous arriverez aussi à résoudre les équa diffs (voir exo 1 pour les sceptiques).

■ Si vous êtes en régime permanent dans une conduite qui garde la même section, vous pouvez être assuré que le PFD appliqué aux systèmes fermés dont vous avez l'habitude vous donnera que la résultante des forces est nulle. De même, la puissance cinétique est également nulle.

Exercices

1

On considère une sphère immobile dans un écoulement de fluide incompressible, irrotationnel, et à vitesse uniforme à l'infini.
1) Déterminer la vitesse en tout point de l'écoulement.
2) Tracer les lignes de courant.
3) Faites une analogie avec l'électrostatique.

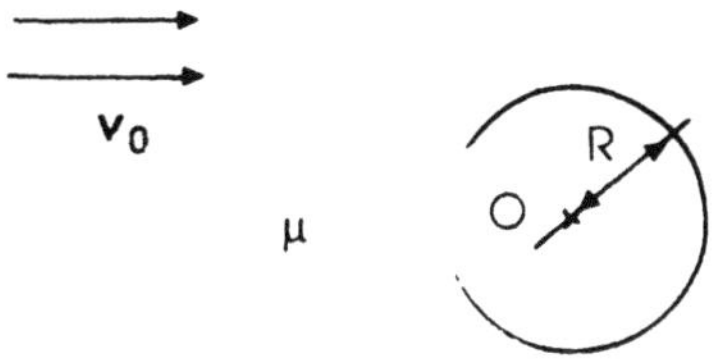

2

On considère une hélice placée dans un écoulement.
1) Montrer que $v_e = v_f$.
2) Calculer de deux manières différentes la résultante des actions de contact sur l'hélice.

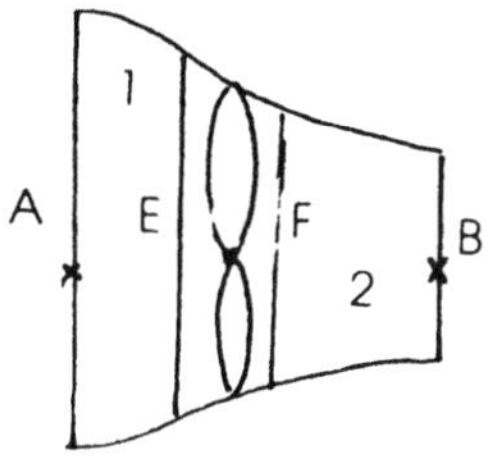

3

Soit un jet d'huile, de débit massique q et de vitesse U, arrivant sur les pales d'une roue dont la vitesse angulaire est constante et égale à ω. On considère que le choc de l'huile sur les pales est mou.
1) Déterminer la force qui s'exerce sur les pales de la roue.
2) Trouver une vitesse U optimale pour que cette roue ait un rendement maximal.
3) Essayer d'améliorer le dispositif.

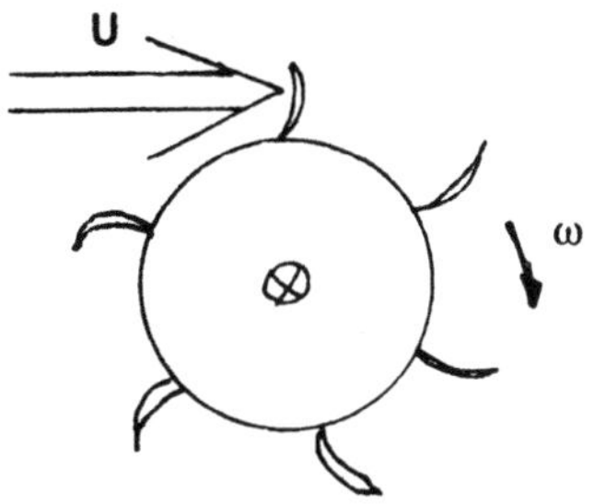

4 **Phénomène de Mascaret**

On dispose en travers d'un canal, à l'air libre et au repos, de largeur l, un panneau, se mouvant suivant Ox. Initialement le liquide et le panneau étaient au repos. Puis on fait soudainement varier la position du panneau en faisant passer sa vitesse de 0 à U, constante.
S'ensuit une onde de célérité c qui se propage suivant le plan d'onde P. On note h, la hauteur de l'eau initialement, qui reste celle dans le demi-espace droit avant que l'onde de choc n'arrive, et H la hauteur d'eau après passage de l'onde de choc.
1) Donner une relation entre h, H, U et c.
2) On note P' et P" les deux plans passant par B aux abscisses x et x + dx. On suppose qu'à l'instant t le front d'onde est en B. Il est en B' à l'instant t + dt.
Exprimer dx en fonction de dt.
3) Donner l'allure du fluide contenu dans tranche comprise entre P' et P", entre les instants t et t + dt.
4) Donner une autre relation entre h, H, U et c, pour en déduire c en fonction de h, H et g.

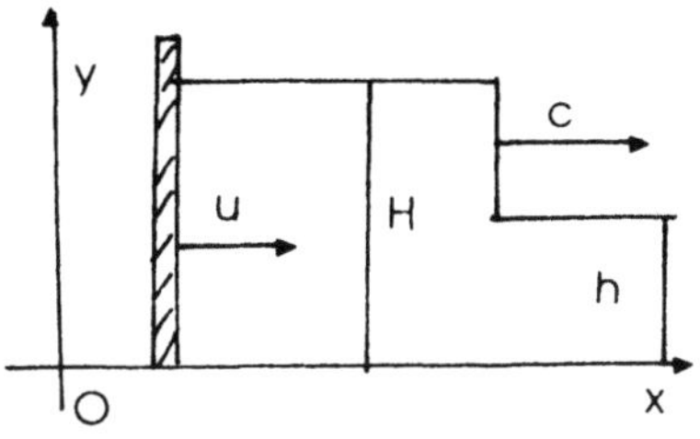

5 Vent solaire

On modélise le vent solaire à un gaz parfait non chargé, constitué de particules de masse m de densité particulaire n(r), et de pression P(r). Le champ de vitesse est radial et ne dépend que de r. On cherche à montrer qu'il est possible que v soit une fonction croissante de r. Les seules forces volumiques sont les forces de pesanteur.

1) Montrer que la quantité $n(r)v(r)r^2$ se conserve.

2) Trouver une équation différentielle déterminant v.

6 Accident de parachutisme

Lorsque Alexis a effectué son service militaire, il est allé dans l'armée de l'air et a failli y laisser sa vie. En effet, alors qu'il effectuait un saut en parachute, il est arrivé au-dessus du parachute d'un de ses compagnons de jeu.
Expliquer ce qui lui est ensuite arrivé.

7

On considère un tube coudé rempli de deux fluides incompressibles respectivement sur une longueur K et L, de masse volumique différente. La partie gauche du tube fait un angle α_1 avec l'horizontale, la partie droite, un angle α_2.
Déterminer la position d'équilibre.
Déterminer la pulsation des oscillations autour de cette position d'équilibre.

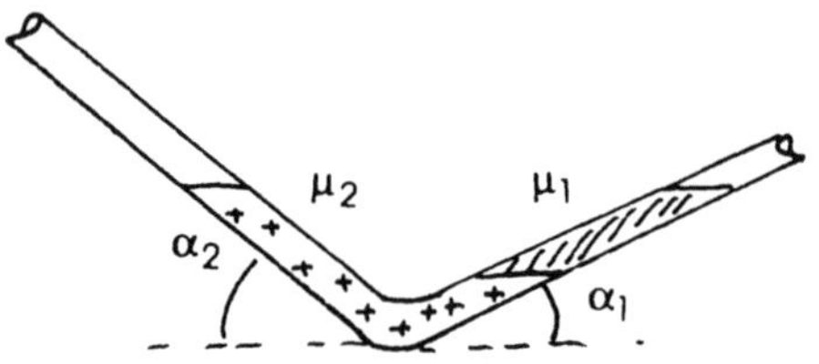

8

Le tuyau est percé de N trous par mètres (N n'est pas forcément grand), uniformément répartis, et il est ouvert à son extrémité.
On suppose qu'avant l'instant initial il y a de l'eau dans la cuve et dans le tuyau et que tous les trous sont bouchés. A l'instant initial, on débouche les trous.
Calculer v(x, t).

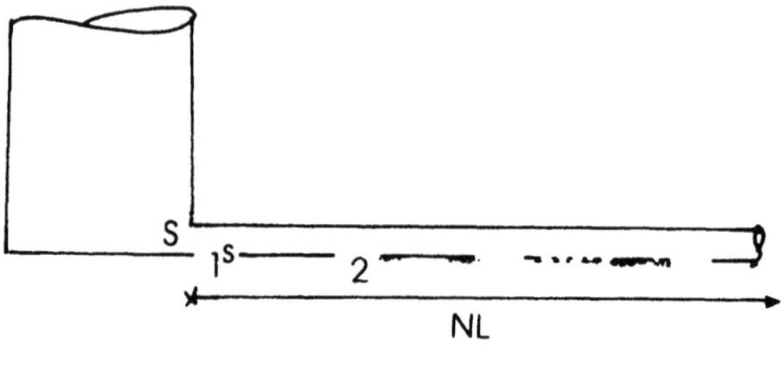

Corrigés

1

Méthodes utilisées

Méthode 8, pour utiliser le potentiel des vitesses et tenter la séparation de variable.
Méthodes 9, pour l'analogie électrostatique dans la dernière question.

1)

Etape 1 : Choix d'un système de coordonnées

Le système est invariant par rapport à n'importe quelle symétrie de plan méridien. On peut donc réduire notre étude à un plan méridien et utiliser cependant des coordonnées sphériques (tenant compte de la forme de l'obstacle).
Dans ce repère, la vitesse dépend *a priori* des 2 variables r et θ.

Etape 2 : Choix de la méthode à utiliser

Donc on ne peut utiliser la méthode de la divergence.
L'écoulement étant supposé irrotationnel, on est pile poil dans le cas d'application de la méthode 8, vu que la méthode 4 vient d'être prise à défaut.
On introduit donc le potentiel des vitesses ϕ, qui vérifie dans tout l'espace où il y a l'écoulement :

$$\Delta\phi = 0$$

On tente la solution stationnaire (c'est-à-dire à variables séparées) :

$$\Delta\phi = \Delta\big(f(r)g(\theta)\big) = \frac{1}{r^2}\frac{\partial}{\partial r}\left(r^2\frac{\partial\phi}{\partial r}\right) + \frac{1}{r^2\sin(\theta)}\frac{\partial}{\partial\theta}\left(\sin(\theta)\frac{\partial\phi}{\partial\theta}\right) = 0$$

Ce qui revient à :

$$\frac{r^2 f''(r) + 2rf'(r)}{f(r)} = -\frac{\cos(\theta)g'(\theta) + \sin(\theta)g''(\theta)}{g(\theta)\sin(\theta)} = K$$

Etape 3 : Déterminons K en exploitant la connaissance de v à l'infini.

A l'infini, la vitesse est uniforme et horizontale, on doit avoir le potentiel des vitesses équivalent à :

$$\phi = Ar\cos(\theta)$$

Tout ça pour dire que g est équivalent à $\cos(\theta)$ à l'infini. Allons-y gaiement, dérivons les équivalents (ça met les profs de Maths dans des colères folles), on calcule alors K qui vaut 2.

— Pour résoudre l'équation en f, on remarque que c'est la fameuse équation différentielle d'Euler (voir le chapitre n°10 : « Best of des équations différentielles utiles en physique ») ; il faut donc chercher les solutions sous la forme $f = Ar^{\Omega}$. En remplaçant dans l'équa. diff., on trouve :

$$\Omega(\Omega - 1) + 2\Omega - K = 0$$

Soit : $\Omega_1 = 1$ et $\Omega_2 = -2$.

— On résout également l'équation en g, qui nous donne étant données les conditions aux limites (vitesse nulle en $\theta = 0$).

On obtient finalement :

$$\phi = \left(\frac{a}{r^2} + br\right)\cos(\theta)$$

Etape 5 : Déterminons la vitesse grâce à $\mathbf{v} = -\mathbf{grad}(\phi)$

$$v_r = \left(\frac{2a}{r^3} - b\right)\cos(\theta) \text{ et } v_\theta = \left(\frac{a}{r} + b\right)\sin(\theta)$$

La vitesse à l'infini permet de calculer b qui vaut v_0.

La condition d'obstacle imposant que la vitesse radiale est nulle donne $a = \frac{R^3}{2} v_0$.

2) On trace alors les lignes de courant (en vous rappelant, comme on l'a une fois vu en kholle en MP* dans une très bonne prépa dont nous tairons le nom, que pour tracer des courbes en polaires on **ne met pas** θ en abscisses et r en ordonnées comme en cartésiennes). Elles ont cette tête :

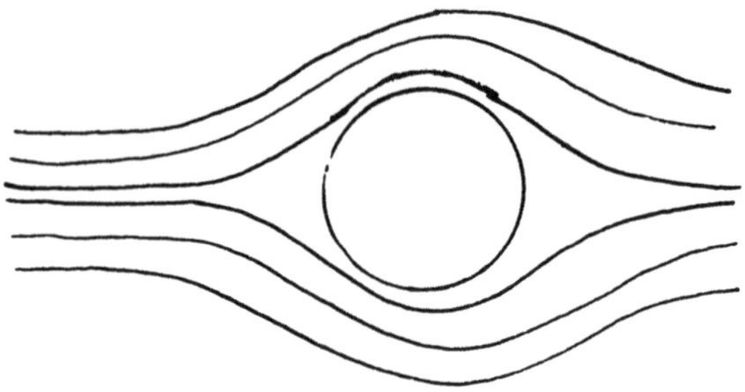

3) Les incontournables nous l'avaient dit, l'équivalent électrostatique de cet écoulement est un champ uniforme à l'infini perturbé par un dipôle de moment dipolaire de même direction que $\mathbf{E_0}$ mais de sens opposé, et de norme $p = \frac{4\pi\varepsilon_0 R^3}{2} E_0$.

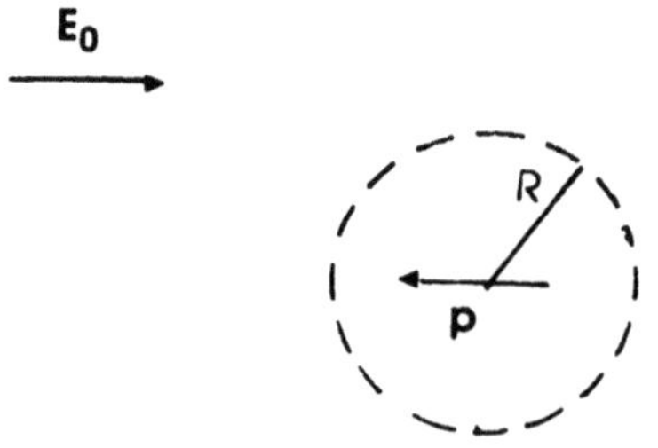

2

Méthodes utilisées :

Méthode 5 pour l'utilisation de la forme intégrale de l'équation de continuité.
Méthodes 23 et 24 pour faire le bilan d'énergie cinétique.

1) La forme intégrale de l'équation de continuité appliquée au fluide sur la tranche de section S entourant l'hélice nous permet d'affirmer que :

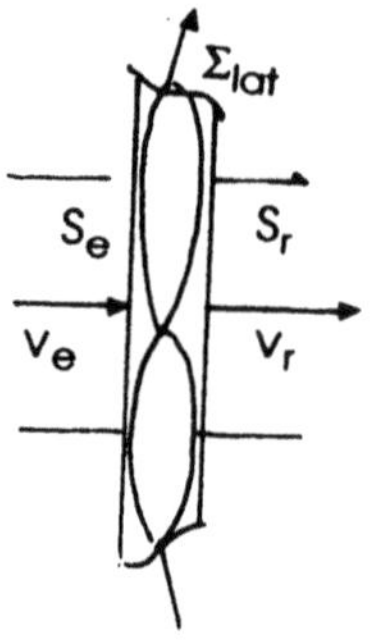

$$-v_e S_e + \iint_{\Sigma_{\text{latéral}}} \mathbf{v}.\mathbf{n} d\Sigma + v_r S_r = 0$$

Comme on est sur une tranche de fluide, on a $S_e \approx S_r$.
D'où l'égalité des deux vitesses de part et d'autre de l'hélice.

Un autre raisonnement serait de dire que s'il y avait une discontinuité de la vitesse, le fluide serait alors soumis à une force équivalent volumique infinie (vous appliquez le PFD, en disant que l'accélération est infinie), ce qui ne se trouve pas facilement dans le commerce (ni au marché noir d'ailleurs).

2) *Première méthode :*
On applique le **théorème de l'énergie cinétique au système fermé** situé dans la tranche de fluide comprise de part et d'autre de l'hélice.
La variation d'énergie cinétique est nulle de par le 1).

La puissance des forces est d'une part la puissance des forces reçue par le fluide de la part de l'hélice, d'autre part la puissance des forces de pression s'exerçant sur les limites de ce système fermé.
On a donc :

$$P_e S v_e - P_r S v_e + \wp = 0$$

On calcule ces pressions en appliquant la **relation de Bernoulli** dans chacune des parties 1 et 2 entre les points A et B, puis C et D.

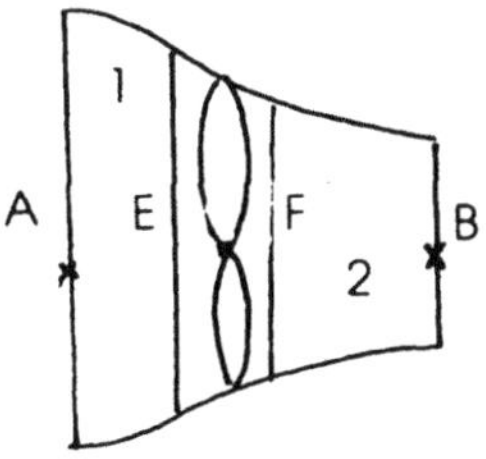

$$P_1 + \frac{\mu v_1^2}{2} = P_e + \frac{\mu v_1^2}{2}\left(\frac{S_1}{S}\right)^2$$

et

$$P_2 + \frac{\mu v_2^2}{2} = P_r + \frac{\mu v_r^2}{2}\left(\frac{S_1}{S}\right)^2$$

D'où la puissance des forces cédée par l'hélice au fluide :

$$\wp = S v_e (P_e - P_r) = S v_1 \frac{S}{S_1}\left(P_1 + \frac{\mu v_1^2}{2}\left(1-\left(\frac{S_1}{S}\right)^2\right) - P_2 + \frac{\mu v_2^2}{2}\left(1-\left(\frac{S_2}{S}\right)^2\right)\right)$$

Deuxième méthode :
On applique **le PFD à l'élément de fluide compris de part et d'autre de l'hélice**, on trouve la force subie par le fluide de la part de l'hélice — les autres forces étant les forces de pression de part et d'autre de cette tranche —, puis la puissance.

3

Méthodes utilisées :

Méthode 17 pour réaliser le bilan de quantité de mouvement.

1) Principe de ce qui suit : On va déterminer la variation de quantité de mouvement de la roue entre les instants t et t + dt, en invoquant la conservation de la quantité de mouvement (même lorsque le choc est mou on a toujours conservation de la quantité de mouvement, en revanche, on a plus conservation de l'énergie cinétique du système).

Soit le système fermé {huile arrivant pendant dt sur les pales + les pales}

— Une quantité d'huile qdt arrive sur les pales de la roue, avec une quantité de mouvement : qUdt.
A la date t, la quantité de mouvement d'une pale vaut mV, où m est la masse d'une pale.

— A la date t + dt, comme le choc est mou la quantité d'huile qdt possède une quantité de mouvement qdtV.
A la date t + dt la quantité de mouvement d'une pale vaut mV(t + dt).

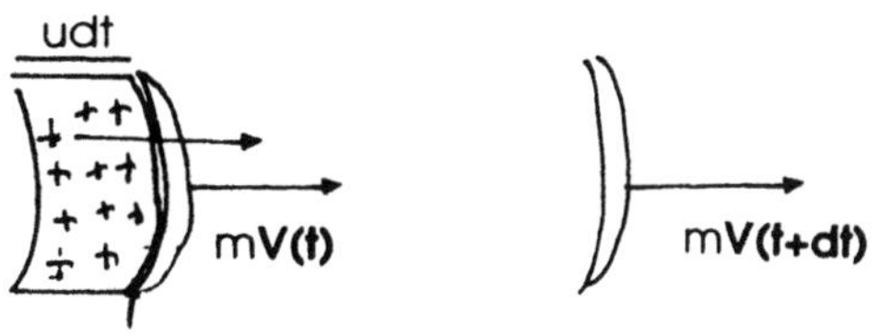

La variation de quantité de mouvement des pales pendant dt vaut donc $q(U - V)dt$.

— Le PFD appliqué à une pâle permet donc d'affirmer que celle-ci est soumise à une force $F = -q(V - U)$.

2) On nous demande un rendement, pas de panique, il faut se poser les bonnes questions :
— A quoi sert ce dispositif ? A faire tourner une roue : donc la **puissance utile c'est la puissance de la force exercée sur la pale de la roue**.

— Qu'est-ce que ça nous coûte de faire tourner cette roue ? Il faut lui envoyer de l'huile sur les pales : donc **la puissance dépensée est la puissance cinétique de l'huile**.

On détermine la puissance reçue par la roue $P = \mathbf{F}.\mathbf{V} = q(U - V)V$.
Déterminons la valeur de la vitesse de la roue qui maximalise cette puissance : Il suffit de dériver cette puissance par rapport à V. On trouve : $V = \frac{U}{2}$, et la puissance reçue par la roue qui vaut alors : $P = \mathbf{F}.\mathbf{V} = q\frac{U^2}{4}$.

La puissance cinétique de l'huile envoyée sur les pales vaut : $P_c = \frac{1}{2}qU^2$.

Donc le rendement maximal vaut $r = \frac{P}{P_c} = 0,5$ et jamais plus.

3) Voilà typiquement le genre de question vicelarde qu'on vous pose en fin d'oral. Le top du top se serait que vous puissiez dire que ça va se passer comme **la pression de radiation**. On s'explique : si l'huile arrivait à rebondir sur les pales et à repartir dans l'autre sens, avec la même vitesse relative en norme par rapport à la pale, on aurait une force beaucoup plus importante. En effet : exprimons la conservation de la quantité de mouvement du système précédent, **dans le référentiel lié à la roue**.

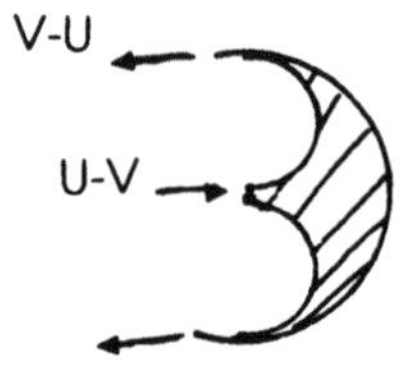

On a donc dans ce référentiel la vitesse de l'huile qui vaut $U - V$. Si elle repart avec la même vitesse relative, mais en sens opposé, sa vitesse vaut alors $V - U$.
La variation de quantité de mouvement de la pale vaut donc :

$$\frac{dP}{dt} = 2q(U - V) = F$$

La puissance est alors deux fois plus importante, car la force est deux fois plus importante, le rendement est alors égal à 1. Que demander de mieux ?
Ce dispositif s'appelle la turbine **Pelton**, c'est la Rolls des turbines à jet de fluide.

4

Méthodes utilisées

Méthode 4 pour exprimer la conservation de la masse.
Méthode 1 pour déterminer la loi de pression dans le fluide.
Méthode 23 et 31 pour appliquer le PFD.

1) Relation entre H, h, U et c

On utilise la méthode permettant d'effectuer les bilans de matière.
On s'intéresse au système fermé constitué par la matière qui est à l'instant t hachurée (voir figure).
A l'instant t + dt, l'eau chassée a permis la progression du front d'onde.

On exprime la conservation de la matière dans le référentiel fixe galiléen.

La conservation de la matière entraîne :

$$HUdt = (H - h)cdt$$

D'où la relation cherchée :

$$\boxed{U = \frac{H-h}{H}c} \quad (i)$$

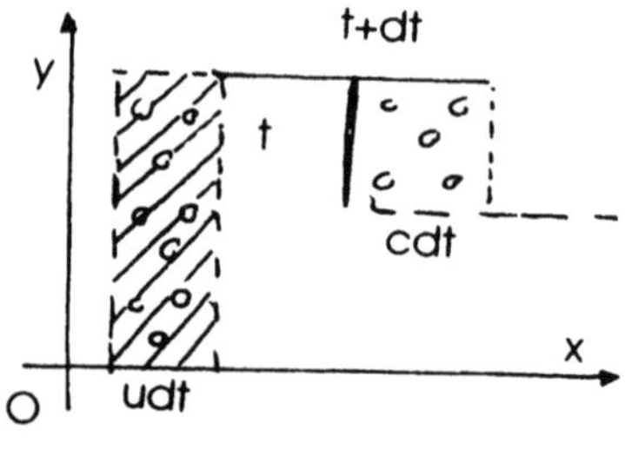

2) C'est facile, le front d'onde se déplace à la vitesse c donc la relation entre dx et dt est simplement :

$$dx = cdt$$

3) A l'instant t, P' passe par B. a l'instant t + dt, P'' passe par B'. Entre t et t + dt, le front d'onde a cette tête-là.

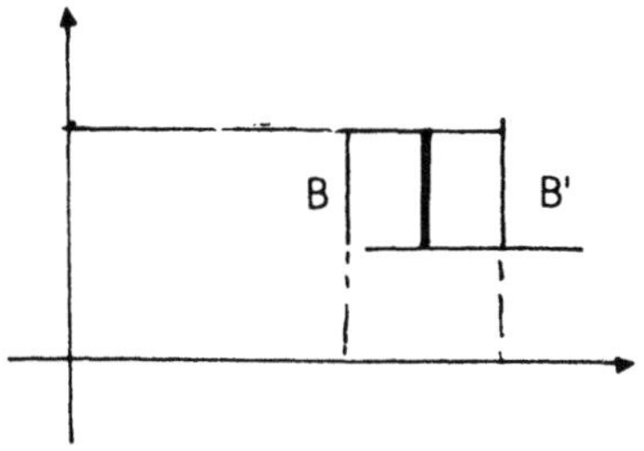

4)

Etape 1 : Obtention d'une nouvelle relation entre U, c, H et h

On applique le PFD au système **fermé** constitué par les molécules de fluide à un instant quelconque T. A T + dT ; le système a bougé.

— Exprimons la variation de quantité de mouvement de ce système fermé.

$$\mathbf{p}(T+dT)-\mathbf{p}(T)=\mathbf{u_x}(dm_1c-dm_2u)=\mathbf{u_x}\left((H-h)\rho lc^2dt-H\rho ludtu\right)=\mathbf{u_x}l\left((H-h)c^2-Hu^2\right)dt$$

—On fait un bilan des forces qui s'appliquent sur ce système fermé :
Remarquons que puisque **les lignes de courant sont parallèles à Ox, on a une répartition hydrostatique des pressions** suivant la verticale.

On calcule alors la résultante des forces de pression :

$$\mathbf{F}.\mathbf{u_x}=\int_0^H(P_0+\rho gz)ldz-l(H-h)P_0-\int_0^h(P_0+\rho gz)ldz$$

Soit :

$$\mathbf{F}.\mathbf{u_x}=\int_h^H(P_0+\rho gz)ldz-l(H-h)P_0=\frac{1}{2}\rho gl\left(H^2-h^2\right)$$

REMARQUE :
Le résultat est en accord avec une remarque que nous avons faite plusieurs fois : le résultat final ne fait pas intervenir la pression atmosphérique au niveau de la surface.

Le PFD donne alors :

$$\boxed{\left((H-h)c^2-Hu^2\right)=\frac{1}{2}g\left(H^2-h^2\right)}\quad\text{(ii)}$$

Etape 2 : calcul de la célérité

On en déduit de (i) et (ii) la valeur de la célérité de l'onde en fonction de g, h et H :

$$c^2=\frac{1}{2}g\frac{(H+h)H}{h}$$

Après cet exercice, vous devez être ls roi ou la reine du bilan de matière et de quantités de mouvement pour les systèmes fermés.

5

Méthodes utilisées :
Méthode 4 : pour l'équation locale de continuité.
Les rappels préliminaires donnant la formule de la divergence en sphérique pour un scalaire ne dépendant que de r.
L'équation d'Euler pour déterminer **v**.

1) En régime permanent, l'équation de continuité est :

$$\text{div}(\mu\mathbf{v})=0$$

Ici, le fluide n'est pas incompressible, on a en effet : $\mu = mn(r)$.

Puisque la vitesse n'a de composante que suivant r, on a en coordonnée cylindrique :

$$\frac{1}{r^2}\frac{\partial}{\partial r}\left(r^2 mn(r)v_r\right)=0$$

On a donc, en indiquant 0 au niveau du soleil :

$$r^2 n(r)v_r(r)=r_0^2 n_0 v(0)$$

2) **Déterminons v**

On applique pour cela l'équation d'Euler à un volume élémentaire situé entre les altitudes r et r + dr :

$$v(r)\frac{dv(r)}{dr}=-\frac{1}{mn(r)dr}\frac{dP}{dr}-\left(\frac{GM}{r^2}\right)(i)$$

Par ailleurs, si le gaz est assimilé à un gaz parfait, on a :

$$P=n(r)k_BT \text{ (ii)}$$

En faisant le ménage dans (i) (on multiplie (i) par v) et (ii), et en différentiant logarithmiquement la relation obtenue au 1) :

$$\frac{dn}{n}=-\frac{dv}{v}-\frac{2dr}{r}$$

On obtient une équation différentielle en v :

$$\left(v^2-C^2\right)\frac{dv(r)}{dr}=\frac{v}{r}\left(2C^2-\frac{GM}{r}\right)$$

6

Méthodes utilisées :

Méthode 5 : Forme intégrale de l'équation de continuité.
Méthode 14 pour la relation de Bernoulli.

Hypothèse préliminaire :
On néglige les effets de la compressibilité, la vitesse de l'écoulement étant très inférieure à la célérité du son dans l'air.

Dans le référentiel lié à l'ami d'Alexis, l'écoulement peut être supposé comme permanent. Les lignes de courant de cet écoulement doivent donc être du style suivant.

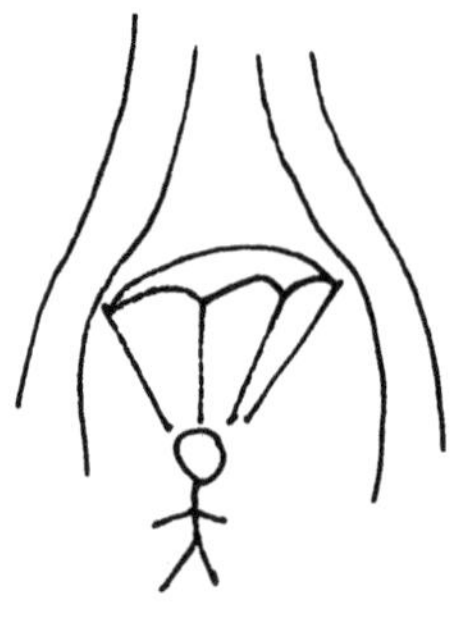

Donc au-dessus d'Alexis, la vitesse est très grande (équation de continuité oblige). Or le théorème de Bernoulli nous assure que les régions de forte vitesse sont des régions de basses pressions. Il en résulte qu'il y a au-dessus du parachute une région de dépression vers laquelle Alexis semble inexorablement attiré, puisqu'il se meut dans un fluide dont les mouvements vont, d'après l'équation d'Euler, des régions les plus pressurisées vers les moins pressurisées.
Alexis va donc se manger le parachute de son ami, qui va alors se mettre en torche, et tout le monde les attend en bas avec des sacs plastiques...

Pour la petite histoire, les cyclistes utilisent ceci pour rattraper leurs concurrents ; on appelle ça «sucer la roue», les pilotes de F1 « se mettent dans l'aspi ».

7

Méthodes utilisées

Méthode 1 pour la loi de l'hydrostatique.
Méthode 16

1) On applique la loi de l'hydrostatique.
On a dans le cas du dessin ▶

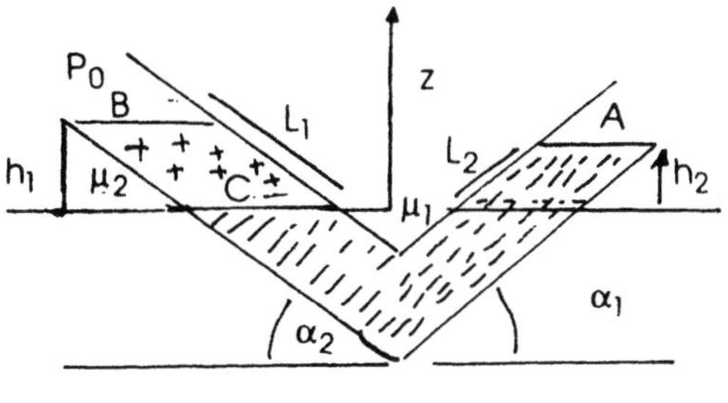

On a dans la partie occupée par le premier fluide : $P(B) = P_0 + \mu_1 g(h_1)$.
Dans celle occupée par le second :
$P(C) = P_0 + \mu_2 g h_2$
Par ailleurs, on a $P(C) = P(B)$
D'où :

$$\mu_2 L_2 \sin(\alpha_2) = \mu_1 L_1 \sin(\alpha_1)$$

2) On applique la méthode : intégration de la relation de Bernoulli sur une ligne de courant reliant A à C, et C à B :

$$\int_A^C \frac{\partial \mathbf{v}}{\partial t} \mathbf{dl} + \int_A^C \mathrm{grad}\left(\frac{v^2}{2}\right) \mathbf{dl} = -\frac{1}{\mu_1}(P(C) - P(A)) - g(h(C) - h(A))$$

$$\int_C^B \frac{\partial \mathbf{v}}{\partial t} \mathbf{dl} + \int_C^B \mathrm{grad}\left(\frac{v^2}{2}\right) \mathbf{dl} = -\frac{1}{\mu_2}(P(B) - P(C)) - g(h(B) - h(C))$$

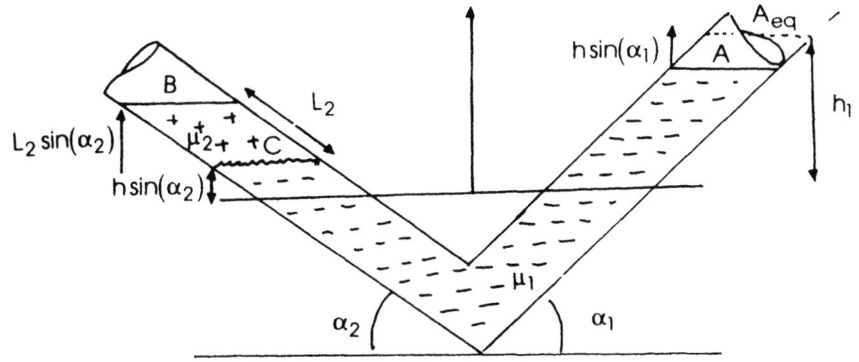

En remarquant que $h(B) - h(C) = L_2 \sin(\alpha_2)$, et que $h(C) - h(A) = h\sin(\alpha_1) + h\sin(\alpha_2) - h_1$.
On tombe sur l'équation suivante, après avoir éliminé la pression en C (elle est continue en C car l'interface est non massique et il n'y a pas d'onde de choc) :

$$\frac{\partial v}{\partial t}(\mu_1 L_1 + \mu_2 L_2) = -g\mu_1 h(\sin(\alpha_1) + \sin(\alpha_2))$$

La vitesse dans l'expression est la norme de la vitesse dans le tube. On ne s'intéresse qu'à la projection de la vitesse sur l'axe des z, on trouve une pulsation d'oscillation :

$$\boxed{\omega^2 = \frac{\mu_1 g(\sin(\alpha_1) + \sin(\alpha_2))}{\sin(\alpha_1)(\mu_1 L_1 + \mu_2 L_2)}}$$

REMARQUE :
Il faut supposer que la section du tube est très petite pour pouvoir dire que les surfaces libres sont quasiment perpendiculaires aux parois du tube, dans les calculs des hauteurs de fluides en A et B.

8

Méthodes utilisées
Méthode 4 pour donner une forme de la vitesse.
Méthode 16 entre les trous et 14 dans la cuve.

C'est le genre d'exo, où l'énoncé est muet comme une carpe, et où il faut donc tout inventer.

Faire des hypothèses

La première chose à dire dans ce genre d'exercice, c'est qu'on peut diviser l'écoulement en trois parties :
— la partie dans la cuve ;
— la partie dans le tube entre deux trous consécutifs ;
— ce qu'il se passe au niveau des trous.

— Si la cuve à un volume très grand devant les dimensions du tube et des trous qui percent le tube, on peut faire l'hypothèse d'un régime permanent dans la cuve (on pourra donc appliquer la relation de Bernoulli dans la cuve entre A et B pour déterminer v(0, t)).

— On fait les hypothèses suivantes pour l'écoulement dans les parties du tube situées entre les trous.
❐ Les lignes de courant sont parallèles à Ox entre les tubes, et ne changent de direction (à cause de l'évacuation) par les trous que sur des distances minuscules devant la distance entre chaque trou.
❐ Si la section du tube est vraiment petite et que le fluide est parfait, on peut supposer que la vitesse est la même sur toute section droite du tube (lorsqu'on n'est pas au niveau des trous). L'équation de continuité et l'incompressibilité du fluide nous permettent en effet d'arriver à ce résultat. Ce qu'on vient d'écrire n'est vrai que parce qu'on a supposé que la vitesse n'avait de composantes que suivant Ox.

REMARQUE :
Dans cette partie, l'écoulement n'est pas permanent.

— Au niveau des trous, la vitesse est verticale et la pression vaut la pression atmosphérique.

Résoudre l'exercice

— Déterminons la vitesse dans la partie du tube comprise entre le point 1 et le point 2.

Dans les parties entre les trous, l'équation en continuité nous permet d'affirmer que v ne dépend pas de x, c'est donc seulement une fonction de t.
Entre le premier et le second trou, on peut faire circuler l'équation d'Euler entre les points 1 et 2.
On a alors :

$$\int_1^2 \frac{\partial \mathbf{v}}{\partial t}\mathbf{dl} = -\frac{1}{\mu}(P(2)-P(1))$$

On a par ailleurs la pression au point 2 égale à la pression atmosphérique.
On a donc :

$$\frac{\partial v}{\partial t}\frac{L}{N} = -\frac{1}{\mu}(P_0 - P(1)) \quad (i)$$

❒ Calculons la pression au point 1.
Compte tenu de la masse importante de fluide dans la cuve s'écoulant très doucement au niveau du point 1, on peut considérer que l'écoulement dans la cuve est permanent. On peut donc utiliser la relation de Bernoulli entre un point de la surface et le point 1.

$$0+\mu gh+P_0=\frac{v_1^2}{2}+P_1$$

Remplissons de contentement les examinateurs en posant des constantes intelligentes du genre $v_c=\sqrt{2gh}$, qui correspond à la vitesse qu'aurait le fluide si la pression au point 1 valait les pressions atmosphériques.

❒ En remplaçant dans (i), on obtient alors une équation en v_1 :

$$\frac{\partial v_1}{\partial t}\frac{L}{N}=gh-\frac{v_1^2}{2\mu}=\frac{1}{2\mu}\left(v_c^2-v_1^2\right)$$

On résout cette équa diff, sachant qu'à l'instant initial la vitesse est nulle :

$$v_1=v_{lim}\mathrm{th}\left(\frac{v_c}{2l}t\right)$$

— Calculons la vitesse dans la seconde partie du tube entre le trou 1 et le trou 2.
Dans l'approximation où s << S, on a, en intégrant la relation de Bernoulli entre les points 1 et 1', en négligeant $[z]_1^{1'}$ et en disant que la pression et uniforme sur toute section du trou :

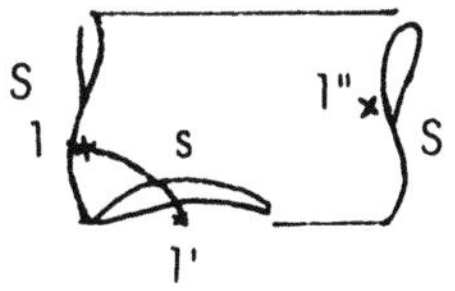

$$v_{1'}=v_1$$

En appliquant alors la forme intégrale de l'équation de continuité dans le volume T, on obtient la vitesse au point 1".

$$v_{1''}=v_1\left(\frac{S-s}{S}\right)$$

On en déduit alors la vitesse dans la partie entre les points q et q+1 :

$$v_q=v_l\mathrm{th}\left(\frac{v_c}{2l}t\right)\left(\frac{S-s}{S}\right)^{q-1}$$

Chapitre 5
METHODES DE DEGUSTATION DES DELICES-CHOCS

■ Il pourrait paraître inutile à beaucoup d'entre vous d'insister sur un chapitre qui tient une part minuscule dans les programmes de sup. Et pourtant, oui pourtant, il n'est pas rare que des problèmes d'écrits d'écoles honorables (avec des uniformes militaires et des locaux de folie) utilisent **la théorie des chocs** pour étudier des problèmes d'ordre plus général dont l'intérêt s'inscrit plus significativement dans le cadre du programme de spé, à savoir tout ce qui tourne autour des équations de Maxwell et de la pression de radiation. On rassemblera donc dans ce chapitre toutes les méthodes qui permettent de traiter des problèmes généraux à ce sujet. Elles viendront rejoindre les méthodes permettant de résoudre les exercices dits à la c... sur les boules de billards que tout le monde a déjà faits.
Ce chapitre est donc à relier à l'électromagnétisme, à la mécanique du point ou du solide.

■ Par ailleurs, le nombre de candidats connaissant les résultats de manière précise n'est que sensiblement supérieur aux nombres de places offertes dans la dite école. (Vous avez déjà vu cette phrase dans un autre chapitre ? C'est normal : rabâchage et répétition sont les deux mamelles de la pédagogie.)

Il faudrait se mettre dans la tête qu'il y a conservation de la quantité de mouvement dans le référentiel barycentrique **pour tous les chocs**, et que la conservation de l'énergie cinétique dans le cas de chocs élastiques n'est vraie **que dans le référentiel barycentrique**.

On a décidé de rassembler dans ce chapitre toutes les méthodes et les résultats importants qui ont un rapport (même lointain) avec les chocs. Ainsi, nous avons pensé qu'il serait astucieux de vous parler de l'effet Doppler-Fizeau dans ce chapitre, ne voulant pas en faire un chapitre à part de 2 pages.

■ **Pratiquement**

Quelles sont les questions généralement abordées dans ces problèmes ?

— Déterminer une vitesse finale de particule(s) après un choc.
— Trouver la pression de radiation sur une surface fixe ou mobile.
— Bien repérer tous les cas d'intervention de l'effet Doppler.

Mais avant de commencer, il est nécessaire de faire le point sur un nombre non négligeable de contre-vérités qui sévissent un peu partout en prépa. (Non, nous ne donnerons pas de noms...)

■ **Remarque physique préliminaire**

Et pour faire taire les mauvaises langues, qui aiment à demander des choses du genre « pourquoi on étudie toujours des chocs entre deux particules et pas plus », nous répondrons qu'un choc est quasi-instantané : que deux particules aient la bonne idée de se trouver au même endroit de l'espace à un instant donné, c'est plutôt sympa, mais si vous arrivez à nous en trouver trois (ponctuelles qui plus est, il faut bien viser) au même endroit et au même instant, vous pouvez commencer à avoir des inquiétudes justifiées sur la fidélité de votre petit(e) ami(e) qui vous attend au pays.
Il faudrait également que vous compreniez que, puisqu'on ne prend pas en compte les interactions des deux objets, les lois qu'il nous reste ne nous permettent pas de déterminer complètement le mouvement des deux objets après le choc. Il faudrait

connaître exactement l'endroit où les deux objets s'entrechoquent et ainsi déterminer la direction. Comme on suppose les objets ponctuels, on n'a aucun moyen de vérifier cela. Il nous faut donc d'autres informations comme la vitesse finale d'un des deux objets, la direction des deux objets ou leur angle relatif...

1. Que déduire immédiatement des hypothèses faites sur le choc ?

● **Choc quasi-instantané**

Vous devrez faire cette hypothèse **à chaque fois** car elle vous permet de négliger les mouvements pendant le choc lui-même. On ne s'intéresse alors pas aux interactions entre les deux objets pendant le choc ce qui nous arrange bien, il faut l'avouer.

● **Choc "isolé"**

Par là, on veut dire qu'il faut, **le plus souvent possible,** supposer que le **système** des deux objets s'entrechoquant est **isolé.** C'est-à-dire qu'il faut que la **résultante** des forces s'exerçant sur ce système soit **nulle**. Cette hypothèse se justifie dans la pratique en disant qu'on a lancé les deux objets l'un contre l'autre puis qu'on les a abandonnés à eux-mêmes. La chose à déduire de cette hypothèse systématique, c'est que **la quantité de mouvement se conserve. (C.Q.M.)**

METHODE 1 : Comment démontrer qu'on a conservation de la quantité de mouvement ?

■ **Principe**

1. Etudier le système formé de deux objets qui s'entrechoquent. Supposer que ce système est isolé. Le référentiel barycentrique est alors galiléen.
2. Appliquer le PFD dans **ce** référentiel, la quantité de mouvement global est constante, puisque sa dérivée temporelle est nulle (à cause du PFD).

■ **Intérêt**

Lorsque vous avez choc d'une particule sur une autre particule et que vous connaissez l'un des vecteurs vitesse après le choc vous pouvez en déduire l'autre.

■ **Exemple**

Un pêcheur est debout immobile sur une barque immobile elle aussi au milieu d'un lac immobile. Il part de la proue de sa barque et avance jusqu'au gouvernail. De combien s'est-il réellement déplacé ?

Le système barque + pêcheur est isolé (si on néglige les forces de frottements dues à l'eau). Sa quantité de mouvement est donc constante. Initialement elle est nulle donc elle le reste tout au long de l'expérience.
On a donc dans le référentiel fixe, en appliquant le PFD à l'ensemble.

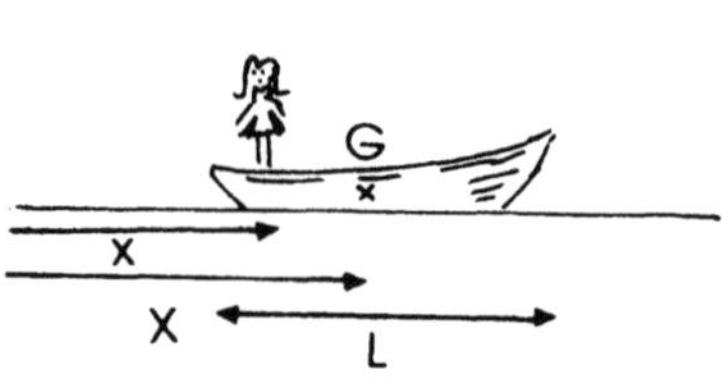

$$0 = M\dot{\mathbf{X}} + m\dot{\mathbf{x}}$$

Soit en intégrant entre le début de l'expérience et la fin :

$$M\mathbf{X} + m\mathbf{x} = A$$

Initialement $X - x = \frac{L}{2}$

Finalement $x - X = \frac{L}{2}$

On cherche x^{fin}, en fonction de x^{ini} et X^{ini}. On trouve alors que le pêcheur n'a pas bougé. S'il compte rejoindre la rive comme ça, c'est pas gagné pour lui.

● **Choc élastique**

Généralement, quand l'énoncé ne vous dit rien du tout, et que le choc n'est visiblement pas mou, tenter un « on va supposer que le choc est élastique». Cela signifie que, dans le **référentiel galiléen considéré** (celui ou le système est isolé), **l'énergie cinétique totale se conserve. (C.E.C.)**

● **Choc "mou"**

Cela signifie qu'après le choc, les deux objets restent collés. Les vitesses finales des objets sont reliées entre elles : leur vitesse relative est nulle.
On a toujours conservation de la quantité de mouvement mais l'énergie, elle, varie.
Exemple : lorsque vous vous prenez un moustique sur le pare-brise à 160 sur l'autoroute, le choc est mou, parce que le moustique, malheureusement pour vous, reste collé au pare-brise. Il est donc immobile dans votre référentiel. Malheureusement pour lui, lui aussi est mou après le choc.

● **Choc « bâtard »**

C'est un choc qui n'est ni mou ni élastique. Le mouvement est alors indéterminé sans autre hypothèse sur le choc. Evitez au maximum cette hypothèse. Malheureusement, on ne fait pas toujours ce que l'on veut...

2. Comment déterminer une vitesse finale après choc ?

A) Les deux objets sont de masses finies et le choc élastique

METHODE 2 : Coupler la CQM et la CEC

■ **Principe**

1. Déterminer les quantités de mouvements et les énergies cinétiques juste avant le choc.
2. En déduire les **deux** vitesses des objets juste après choc.

■ **Cas d'application**

— Il faut que le choc soit **élastique**.
— De plus, c'est la méthode à utiliser, dès que le choc est unidimensionnel. En effet, la conservation de l'énergie cinétique nous donne alors entièrement la vitesse puisque la direction est déjà connue. Cette méthode a de plus le bon goût de vous donner les deux vitesses, puisqu'on a un système de deux équations à deux inconnues.

■ **Astuce de calcul**

Le problème, c'est que vous tombez systématiquement sur un polynôme du second degré. Actionnez alors la **factorisation canonique**, pour éviter un calcul de discriminant souvent coûteux en temps autant qu'en points.

■ *Exemple : On lâche un ballon gonflable de masse M et une bille de masse m, la bille étant quasiment en contact au-dessus du ballon, d'une hauteur h et sans vitesse initiale. Le ballon gonflable rebondit sur le sol et vient heurter la bille encore en train de descendre.*
Déterminer la hauteur à laquelle remonte la bille, dans le cas de chocs élastiques.

1. Déterminons la vitesse des objets avant leur choc.
Choc Sol-Ballon : la conservation de l'énergie cinétique pour le système sol + ballon dans le référentiel barycentrique du ballon et du sol qui se confond ici avec le référentiel fixe du labo donne que le ballon repart avec une vitesse verticale ascendante de norme $\sqrt{2gh}$.

Choc Bille-Ballon : la bille arrive avec une vitesse $\sqrt{2gh}$ verticale descendante. Le choc est fatal (ça ce n'est pas un théorème...).

2. La conservation de la quantité de mouvement projeté sur l'axe vertical ascendant donne :

$$(-m+M)\sqrt{2gh} = m\overline{v_0} + M\overline{v_0'}$$

La conservation de l'énergie cinétique donne :

$$\frac{1}{2}m2gh + \frac{1}{2}M2gh = \frac{1}{2}mv_0^2 + \frac{1}{2}Mv_0'^2$$

Seule nous intéresse la vitesse de la bille après le choc, on remplace donc v_0' par sa valeur : $\overline{v_0'} = \left(1-\frac{m}{M}\right)\sqrt{2gh} - \frac{m}{M}\overline{v_0}$

Il nous reste : $gh\left(3-\frac{m}{M}\right) = \frac{1}{2}v_0^2\left(1+\frac{m}{M}\right) - \left(1-\frac{m}{M}\right)\sqrt{2gh}\,v_0$

En posant $X = \frac{m}{M}$, on trouve : $v_0^2 - 2\left(\sqrt{2gh}\,\frac{1-X}{1+X}\right)v_0 = 2gh\frac{3-X}{1+X}$. Il ne reste plus qu'à faire la factorisation canonique : $\left(v_0 - \sqrt{2gh}\,\frac{1-X}{1+X}\right)^2 = \frac{2gh(3-X)}{1+X} + \frac{2gh(1-X)^2}{(1+X)^2} = \frac{8gh}{(1+X)^2}$

D'où la vitesse de la bille juste après le choc avec le ballon gonflable :

$$v_0 = \sqrt{2gh}\left(\frac{3-X}{1+X}\right)$$

Vous pouvez vous amuser à vérifier que le ballon ne heurte pas une deuxième fois la bille si ça vous chante...
3. Pour avoir accès à la hauteur cherchée, on applique la conservation de l'énergie mécanique de la bille, on trouve donc :

$$v_0 = \sqrt{2gh'} \text{ soit } h' = h\left(\frac{3-X}{1+X}\right)^2.$$

Si X est très petite on remarque la nouvelle hauteur est presque 10 fois plus grande que la hauteur initiale : splendeur extatique de la science. Si vous avez une grande cage d'escalier, faites l'expérience en plus ça marche dans la vraie vie : pas avec votre Méthodix toutefois : il peut encore servir.

REMARQUE :
N'oubliez jamais que la quantité de mouvement est un vecteur. Donc on ne divise pas par des vecteurs, on n'oublie pas non plus de signe moins éventuel lorsqu'on le projette sur un axe...

METHODE 3 : Tenter une construction vectorielle

■ Cas d'application

— Lorsqu'on n'a pas la chance d'avoir un choc unidimensionnel. La non-ponctualité des objets impose une méconnaissance de la direction de diffusion.

— Lorsque l'un des deux objets est initialement au repos : la conservation de la quantité de mouvement s'exprime alors dans un triangle et qui dit triangle dit Formule d'Al-Kashi. L'intérêt, c'est que celle ci peut ne faire intervenir que l'angle de déviation d'un des objets par rapport à l'horizontal.

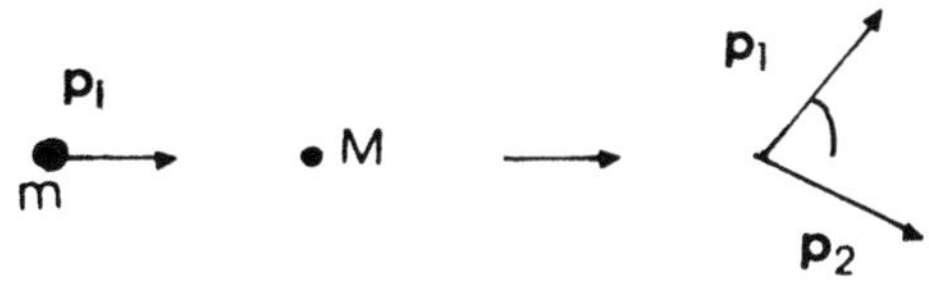

■ Type d'exercice utilisant cette méthode

Cette construction vectorielle permet aussi de déterminer un angle de déviation maximum lorsqu'on a certaines conditions sur le rapport des masses des deux objets entrant en collision.

■ Principe

1. Appliquer le CQM en « vectorielle ».

— Soit on vous donne les normes des deux vitesses, prenez-en le carré. Il s'introduit un double produit faisant intervenir le produit scalaire des deux vecteurs vitesses et donc l'angle entre ces deux vecteurs.

— Soit on vous demande l'angle de déviation maximum, dans ce cas il faut projeter dans un repère orthonormé.

2. Ecrire la conservation de l'énergie cinétique, si le choc est élastique. Relier les deux.

■ *Exemple : Une particule m de vitesse* ***v*** *percute de plein fouet une particule cible immobile de masse M. Le choc est élastique. Déterminer l'angle maximal de déviation de la particule incidente dans l'hypothèse m > M.*

On applique la CQM :

$$m\mathbf{v} = m\mathbf{v_1} + M\mathbf{v_2}$$

En projection dans un repère orthonormé :

$$mv = mv_1\cos(\theta_1) + Mv_2\cos(\theta_2)$$
$$0 = mv_1\sin(\theta_1) + Mv_2\sin(\theta_2)$$

Ainsi que le CEC :

$$\frac{1}{2}mv^2 = \frac{1}{2}mv_1^2 + \frac{1}{2}Mv_2^2$$

Exprimons l'angle de déviation θ_1, en fonction de v de v_1 et de $X = \frac{m}{M}$:

$$\cos(\theta_1) = \frac{v^2\left(1 - \frac{1}{X}\right) + v_1^2\left(1 + \frac{1}{X}\right)}{2vv_1}$$

θ_1 dépend donc de v_1, on calcule la valeur maximale de $\cos(\theta_1)$ en dérivant et en trouvant la vitesse v_1 qui le maximise. On trouve : $\cos(\theta_1) = \frac{\sqrt{X^2 - 1}}{X}$.

METHODE 4 : Comment faire si l'un des deux objets au moins n'est pas ponctuel ?

■ Principe

C'est le théorème du moment cinétique qu'il faut alors appliquer, puisque le moment cinétique du système global est constant (en effet, la somme des moments des forces **extérieures** est nulle).

■ Intérêt

Le système que vous considérez peut ne pas être isolé, cependant, si le moment de certaines forces inconnues est nul, il y aura quand même conservation du moment cinétique de votre système pseudo-isolé (pour ceux qui ne comprennent rien, voir l'exemple de cette méthode).

■ Cas d'application

Si vous avez compris la différence entre le PFD et le théorème du moment cinétique en mécanique, vous devez savoir quand on préfère cette méthode à la CQM.
Pour ceux qui n'ont pas compris, la CQM devient difficile à utiliser dès qu'un des objets n'est plus ponctuel (en effet tous les points de l'objet n'ont alors pas nécessairement la même quantité de mouvement) et même carrément fausse lorsque le système « les deux objets en collision » n'est pas isolé (réaction d'axe par exemple).

■ Erreur over-fréquente

Généralement vous voulez quand même toujours utiliser la quantité de mouvement. Faites attention à la définition de votre système : **est-il vraiment toujours aussi isolé que vous le pensez ?** Un cas hyper fréquent, c'est lorsqu'un des objets est attaché à un axe. Le système formé par les deux objets n'est alors pas isolé : il n'y a pas conservation de la quantité de mouvement. En revanche, dès que vous utilisez le moment cinétique par rapport à l'axe, le moment de la réaction d'axe s'annule (si on néglige le couple exercé par l'axe sur l'objet).

■ Mise en pratique

1. Déterminer le moment cinétique du système juste avant le choc.
2. L'égaliser avec celui juste après le choc.

■ *Exemple : Une balle de tennis vient s'incruster perpendiculairement dans une porte rectangulaire d'axe Oz initialement immobile. On notera J le moment d'inertie de la porte par rapport à l'axe Oz.*
Déterminer la vitesse angulaire de la porte juste après le choc.

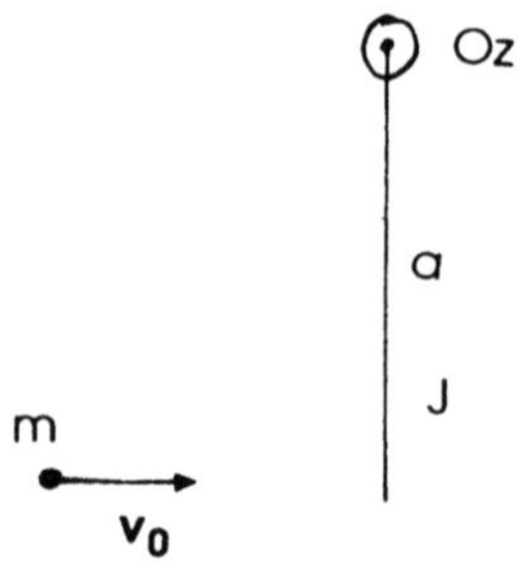

1. Juste avant le choc. Le moment cinétique de la porte est nul et celui de la balle de tennis vaut :
$\mathbf{M} = \mathbf{OM} \wedge \mathbf{v_0} = a v_0 \mathbf{u_z}$.
2. Le choc est mou donc la vitesse relative de la balle de tennis par rapport au point de la porte où elle est incrustée est nulle. On a donc le moment cinétique total qui vaut :

$$\mathbf{M} = J\omega_0 \mathbf{u_z} + a^2 m \omega_0 \mathbf{u_z}$$

D'où la vitesse angulaire initiale :

$$\omega_0 = \frac{am}{\left(J + ma^2\right)} v_0$$

B) Le choc est élastique et l'un des deux objets est de masse infinie

Tout d'abord, céquoidon une masse infinie ? C'est une masse très grande devant celle de l'autre objet. Cela nous apporte une information supplémentaire : l'objet de masse infinie garde la même trajectoire : vous avez déjà vu un piéton arrêter un 38 tonnes ??? Mais, vous n'avez pas tout gagné : la CQM devient en effet caduque ; comment la définir en effet, puisqu'elle fait intervenir la masse et que celle-ci est infinie ?
La seule méthode encore utilisable est donc la conservation de l'énergie cinétique dans le référentiel barycentrique **de l'objet de masse finie** si le choc est élastique ou le fait que la vitesse relative des deux objets est nulle après choc, dans le cas du choc mou.

METHODE 5 : Comment calculer la vitesse après choc élastique d'une balle sur un mur immobile ?

La formulation de la méthode est imprécise à dessein, mais elle vous permettra d'avoir le résultat en tête. Cependant ne l'utilisez que lorsque les conditions suivantes sont simultanément réunies.

■ Cas d'application

a) Lorsque le choc est supposé élastique,
et
b) lorsque la masse de la balle peut-être négligée devant celle du mur, lorsque l'inertie du mur est infinie (ce qui revient à prendre sa masse infinie).

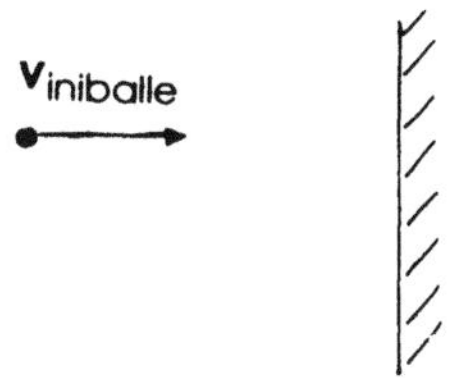

■ Principe

1. Se placer dans le référentiel barycentrique qui se confond d'après b) avec le référentiel du mur.
2. Appliquer la conservation de l'énergie cinétique du système $\{$balle, mur$\}$. Comme le mur est immobile et le reste on a :

$$E^{ini}_{cmur} + E^{ini}_{cballe} = 0 + \frac{1}{2} m_{balle} \left(v^{ini}_{balle}\right)^2 = E^{fin}_{cmur} + E^{fin}_{cballe} = 0 + \frac{1}{2} m_{balle} \left(v^{fin}_{balle}\right)^2$$

Soit $v^{fin}_{balle} = v^{ini}_{balle}$.

Ces vitesses correspondent à la fois dans ce cas aux vitesses absolues et aux vitesses dans le référentiel barycentrique.

■ Erreur fréquente

C'est généralement le moment où vous pleurnichez en disant : « si j'avais appliqué la conservation de la quantité de mouvement, ce n'aurait pas été possible de trouver le résultat précédent vu que la vitesse initiale et finale du mur reste nulle ». On vous répondra par une autre question : « ça vaut combien $0.\infty$? ». Nous on ne sait pas. En effet, la vitesse a beau être nulle, comme la masse du mur est supposée infinie, la quantité de mouvement est indéterminée, la méthode de sa conservation est donc caduque.

METHODE 6 : Comment calculer la vitesse finale d'une balle après choc élastique sur un mur mobile

■ Principe

1. On applique la conservation de l'énergie cinétique au système balle + mur dans le référentiel barycentrique, qui s'identifie ici avec le repère lié au mur.
2. Repasser dans le référentiel galiléen du labo, avec la formule de composition des vitesses.

■ *Exemple : Une balle de masse m arrive à la vitesse v sur un mur mobile à la vitesse V. Le système global est totalement isolé.*
Déterminer la vitesse de la balle après un choc élastique dans le référentiel du labo.

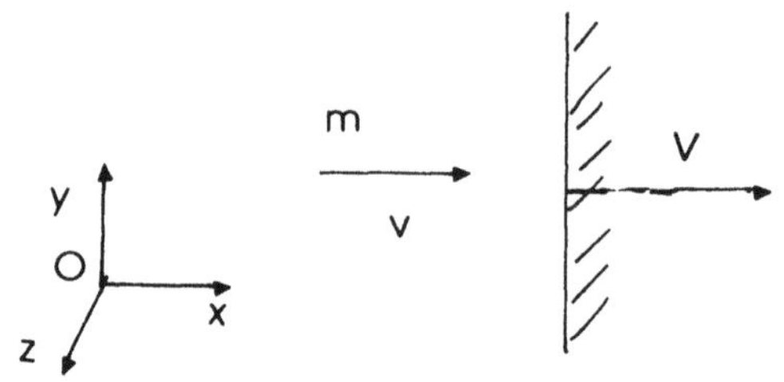

Admirez d'abord que le fait que le système soit isolé et que la masse du mur soit infinie impose que sa vitesse soit constante dans le temps. Le référentiel lié au mur est donc galiléen.

1. Dans le référentiel barycentrique, la balle arrive avec la vitesse v-V, et repart avec la vitesse v'. La conservation de l'énergie cinétique de la balle impose que la norme de la vitesse de la balle après choc vale v-V, mais comme elle a rebondi sur le mur, le vecteur vitesse est orienté dans l'autre sens.
2. En repassant dans le référentiel galiléen fixe, la vitesse de la balle vaut alors :

$$v - 2V$$

C) Le choc est mou

METHODE 7 : Comment déterminer la vitesse après le choc mou ?

■ Principe

1. Déterminer la vitesse des deux objets juste avant le choc.
2. Appliquer la conservation de la quantité de mouvement dans le référentiel galiléen.
3. Dire que, dans ce référentiel, les vitesses des deux objets sont les mêmes après le choc.

■ Cas d'application

C'est la seule méthode dans les chocs mous car la conservation de l'énergie cinétique n'est alors plus vérifiée.

■ *Exemple : On lâche, sans vitesse initiale, et avec un écart angulaire initial α_0 un pendule simple (de masse m et la longueur du fil vaut l). Il est suspendu au même point qu'un autre pendule identique et qui lui est à sa position d'équilibre. Le choc est parfaitement mou.*
Déterminer l'amplitude angulaire des oscillations futures.

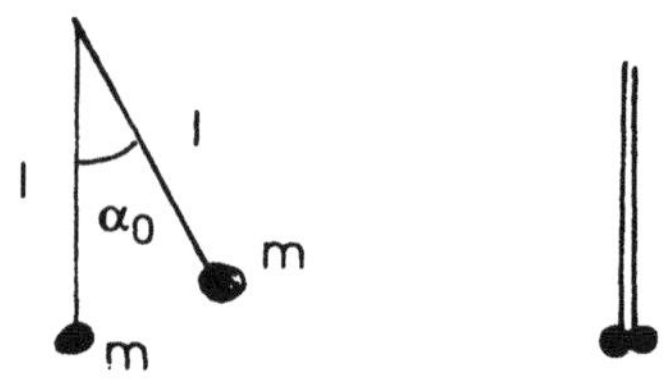

1. Avant le choc la conservation de l'énergie mécanique pour la première boule donne que la vitesse vaut :

$$\frac{1}{2}mv^2 = mgl(1-\cos(\alpha_0))$$

Soit : $v = \sqrt{2gl(1-\cos(\alpha_0))}$

La vitesse de la deuxième balle vaut la tête à Toto.

2. La conservation de la quantité de mouvement (ou du moment cinétique) donne :

$$mv = 2mv'$$

On a donc l'amplitude des nouvelles oscillations du pendule de masse 2m et de longueur l donnée par :

$$\frac{1}{2}2m(v')^2 = 2mgl(1-\cos(\beta_0))$$

Ce qui est équivalent à :

$$\frac{1}{2}mgl(1-\cos(\alpha_0)) = 2mgl(1-\cos(\beta_0))$$

D'où l'amplitude des oscillations :

$$\cos(\beta_0) = \frac{3+\cos(\alpha_0)}{4}$$

D) Le choc est bâtard

Eh oui ! tout n'est pas rose, vous vous en doutiez déjà avant d'entrer en prépa (maintenant vous en êtes sûr, vous seriez plutôt à vous demander si quelque chose est rose à part votre MéthodiX physique 1), les chocs ne sont pas soit élastiques soit mous. Pour cela, Dieu créa le coefficient de restitution e, liant les vitesses avant et après choc :

$$v_1' - v_2' = -e(v_1 - v_2)$$

METHODE 8 : Comment interpréter physiquement le coefficient de restitution ?

■ Pipoting

La différence des vitesses correspond en gros à la vitesse active lors d'un choc entre deux objets de masse identiques (en gros, si vous vous prenez une voiture dans la figure, ça fait toujours moins mal si vous restez immobile que si vous courez vers elle). Le coefficient est un indicateur de l'efficacité du choc.

Si le choc est élastique, ce coefficient vaut 1.

On peut imaginer des coefficients supérieurs à 1 en lançant par exemple une balle sur un mur vibrant. Celui-ci va renvoyer la balle plus vite qu'elle n'est venue et, en considérant le mur comme immobile, c'est comme si le coefficient était supérieur à 1.

METHODE 9 : Comment déterminer la variation d'énergie cinétique ?

■ Principe

1. Appliquer le CQM, qui est vrai tout le temps, dans le référentiel barycentrique.
2. Utiliser le seconde égalité donnée par le coefficient de restitution.
3. Exprimer les vitesses finales en fonction des vitesses initiales et de e.
4. Les remplacer dans l'expression de la variation d'énergie cinétique.

■ **Cas d'utilisation**

Généralement, ce n'est pas la chose qui s'intuite comme ça, il faut qu'on vous dise : le choc n'est ni mou ni élastique.
Il faut que le choc soit unidimensionnel ou alors qu'on vous donne les directions d'émission.

■ *Exemple : On considère un choc ni mou ni élastique unidimensionnel entre deux particules de masse m et M et de vitesse initiale* v_1 *et* v_2 *et de vitesse finale* v_1' *et* v_2'. *On note e le coefficient de restitution du choc.*
Déterminer la variation d'énergie cinétique avant et après le choc.

1. La conservation de la quantité de mouvement donne :

$$mv_1 + Mv_2 = mv_1' + Mv_2'$$

2. La définition du coefficient de restitution donne :

$$v_1' - v_2' = -e(v_1 - v_2)$$

3. On exprime les vitesses finales en résolvant le système formé par les deux équations précédentes.

$$v_1' = \frac{mv_1(1+e) + v_2(M-me)}{m+M}$$

$$v_2' = \frac{Mv_2(1+e) + v_1(m-Me)}{m+M}$$

4. La variation d'énergie cinétique vaut alors :

$$\Delta E_C = \frac{1}{2}mv_1'^2 + \frac{1}{2}Mv_2'^2 - \frac{1}{2}mv_1^2 - \frac{1}{2}Mv_2^2 = -\frac{1}{2}\frac{mM}{m+M}\left(1-e^2\right)\left(v_2 - v_1\right)^2$$

On retrouve la conservation de l'énergie cinétique dans le cas d'un choc élastique, où e vaut 1.

3. Comment résoudre les problèmes sur la pression de radiation ?

Nous en avons fini avec les méthodes pour les exercices de base sur les chocs, à savoir ceux qui traitent des chocs et rien que des chocs. Cependant y a pas que ça dans la vie, il y a aussi la pression de radiation (je sais, c'est fou la vie). Elle intervient lorsque le rapport des masses des objets est nul, c'est-à-dire dans les deux cas suivants :
— un des deux objets à une masse nulle (les photons) ;
— un des objets à une masse infinie (votre sœur).

La partie à l'intérêt de vous faire voir les liens très ténus entre la théorie des chocs et l'électromagnétisme, et donc par conséquent les différentes façons de voir la lumière, ce que l'on appelle souvent la **dualité onde-particule.**
A ce propos, on se permet de vous faire quelque (r)appels sur la quantité de mouvement des photons. On serait tenté de dire que leur vitesse vaut c et leur masse 0 donc qu'elle est nulle. Eh bien pas du tout ! Vous verrez un jour, quand vous serez grand, que la quantité de mouvement se définit à partir de l'énergie. En particulier pour un photon d'énergie $h\nu$, la quantité de mouvement s'obtient en divisant par la vitesse :

$$p = \frac{h\nu}{c}$$

Les méthodes sont les mêmes dans les deux cas : il faut appliquer la CQM dans le référentiel barycentrique qui s'identifie avec le référentiel de l'objet le plus lourd ici. Dans le cas élastique, il y a conservation de l'énergie cinétique (on vous l'a déjà dit ? Non, parce qu'on ne voudrait surtout pas se répéter...).

METHODE 10 : Comment exprimer la pression de radiation dans le cas d'un choc élastique ?

■ Heuristique incompréhensible pour Hulk et Superman

Lorsque vous vous prenez de l'eau issue d'un Karsher dans les dents, vous avez mal. La pression de radiation c'est pareil : il y a variation de quantité de mouvement de vos dents pendant le choc, ce qui est équivalent via le PFD à une force.

■ Principe

1. Dans le cas élastique appliquer la conservation de l'énergie cinétique dans le référentiel barycentrique (celle de l'objet de masse infini est nulle parce que sa vitesse est nulle).
2. Exprimer la CQM, au système total en calculant cette quantité de mouvement à la date t juste avant le choc et à la date t + dt juste après.
On a alors :

$$\mathbf{p_1}(t)+\mathbf{p_2}(t)=\mathbf{p_1}(t+dt)+\mathbf{p_2}(t+dt)$$

3. Reliez-le au PFD :

$$\frac{d\mathbf{p_2}}{dt}=\mathbf{F}$$

■ Cas d'application

Il faut être dans le cas **élastique.**
Il faut pouvoir relier la variation de la première quantité de mouvement $\mathbf{p_1}(t)$ à une variation de temps dt pour pouvoir tomber sur l'expression de F. C'est le moment de faire de petits raisonnements dans le genre de « pendant dt il y a S**N.v**dt particules qui tombent sur la surface, ce qui correspond à une quantité de mouvement totale de... ».

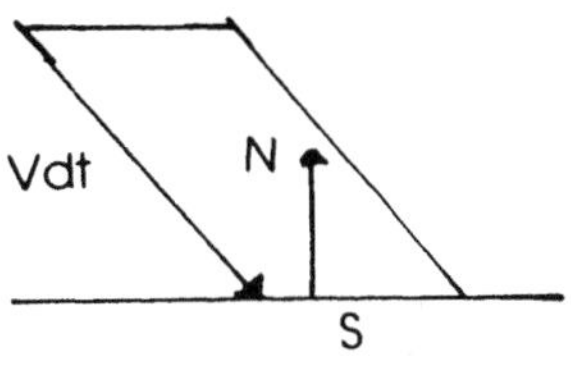

■ Astuces usuelles

— Lorsqu'un photon vient frapper un miroir, ou un objet blanc de plein fouet, l'objet en question subit une variation de quantité de mouvement égale à 2 fois la quantité de mouvement du photon incident.
— Lorsque l'objet est noir le photon est absorbé, et la variation de quantité de mouvement de l'objet est donc égale à une fois la quantité de mouvement initiale du photon incident.

■ *Exemple : On considère un gaz de photons de densité N qui vient frapper la surface d'un miroir horizontal fixé au sol avec une incidence i. Déterminer la pression qui s'exerce sur sa surface S.*

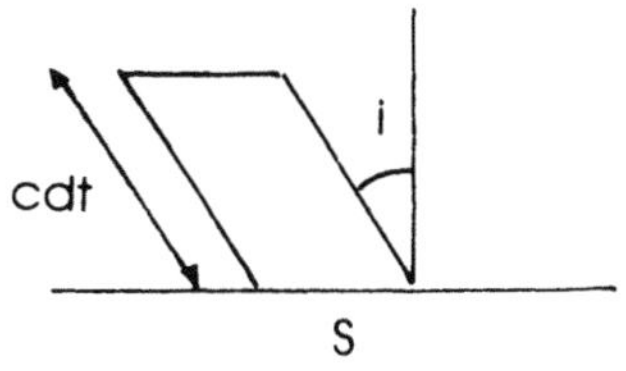

Dans le référentiel lié au miroir, galiléen, la conservation de l'énergie cinétique impose que la vitesse des photons encore égale à C.

Par ailleurs la conservation de la quantité de mouvement appliqué au système miroir-photons donne :

$$\mathbf{p_1}(t)+\mathbf{p_2}(t)=\mathbf{p_1}(t+dt)+\mathbf{p_2}(t+dt)$$

Projetée sur l'horizontale, elle donne la continuité de la composante tangentielle de la vitesse des photons.

Il y a donc, puisque la norme de v vaut toujours C, un passage à l'opposée de la composante verticale du vecteur vitesse des photons. En projection sur l'axe vertical, la CQM pour un photon donne alors :

$$p_{1zphotons}(t+dt) - p_{1zphotons}(t) = 2C\cos(i)$$

Pendant dt, il y a choc sur la paroi pour tous les photons qui sont compris dans le cylindre de section S et de longueur Cdt.
La variation de quantité de mouvement du miroir vaut donc :

$$p_{z2}(t+dt) - p_{z2}(t) = \frac{dp_{z2}}{dt}dt = -2C^2S\cos(i)dt$$

Ce qui correspond grâce au PFD à l'application d'une force dirigée vers l'intérieur du miroir :

$$\mathbf{F} = -2C^2S\cos(i)\mathbf{u_z}$$

Ou encore à une pression :

$$P = 2C^2\cos(i)$$

REMARQUE 1 :
Il vaut toujours mieux ne pas se prendre le Karsher de plein fouet car alors l'angle incidence est nul et la pression de radiation est maximale. Un certain Malus s'en était rendu compte en regardant le soleil se refléter sur les vitres de l'observatoire de Paris. Il en déduisit que l'intensité lumineuse était proportionnelle au cosinus de l'angle d'incidence.

REMARQUE 2 :
*Cet exercice se traite également avec des méthodes d'électromagnétisme. Il faut pour cela vous procurer d'urgence le MÉTHODIX rose page 135, relier **E** à **j** via la conductivité électrique et dire que le courant ainsi généré et soumis à la force de Laplace du fait de l'existence d'un champ **B**.*
Cette force divisée par la surface vous donnera la pression de radiation.

METHODE 11 : Que se passe-t-il lors d'un choc entre un photon et une particule de masse finie ?

■ Réponse

Le photon est diffusé avec une nouvelle longueur d'onde qui dépend de l'angle de diffusion de celui-ci : c'est l'effet Compton (prix Nobel en 1927).

■ Principe

1. Appliquer la CQM, en écrivant la formule d'Al-Kashi.
2. Appliquer la conservation de l'énergie, en écrivant que $E^2 = p^2c^2 + m^2c^4$, pour une particule de masse m de quantité de mouvement p et d'énergie E. Ici cette conservation s'écrit :

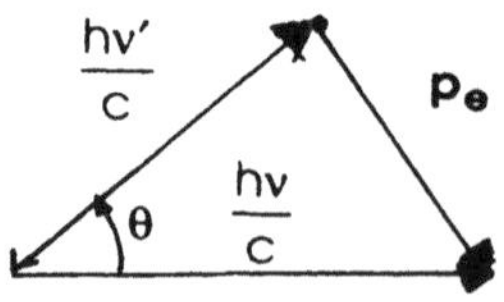

$$h\nu + mc^2 = h\nu' + \sqrt{p_e^2c^2 + m^2c^4}$$

■ Mise en œuvre

Afin d'être le plus clair possible, on illustre cette méthode par l'exemple suivant.

■ *Exemple : Un photon de fréquence ν percute un électron de masse m au repos. On note θ la direction de diffusion du photon après choc.*
Déterminer sa nouvelle fréquence.
En appliquant la transformation vectorielle suivante :

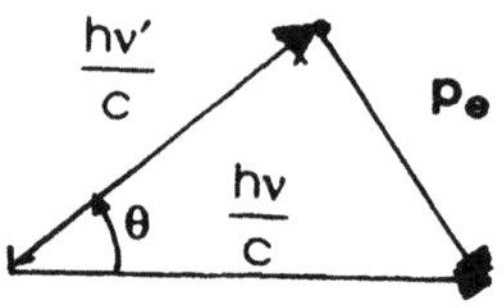

On trouve :
$$p_e^2 = \frac{h^2\upsilon^2}{c^2} + \frac{h^2\upsilon'^2}{c^2} - 2\frac{h^2\upsilon\upsilon'}{c^2}\cos(\theta)$$

En remplaçant dans la conservation de l'énergie, on élimine p_e^2, pour obtenir finalement :
$$\frac{\upsilon - \upsilon'}{\upsilon\upsilon'} = \frac{h}{mc^2}(1 - \cos(\theta)) = \lambda_c(1 - \cos(\theta))$$

où λ_c s'appelle **longueur d'onde Compton**.

C'est une manière de disperser de la lumière : à partir d'une onde monochromatique, on a séparation de différentes fréquences en fonction de l'angle de diffusion.

4. Comment traiter les exercices sur l'effet Doppler ?

Il existe une foultitude d'exercices sur l'effet Doppler, avec des hypothèses relativement différentes, mais utilisant exactement la même méthode de raisonnement.

Il n'y a qu'une seule question qu'on puisse vous poser : connaissant la vitesse de la source et de l'observateur ainsi que la longueur d'onde des ondes émises que vaut la longueur d'onde des ondes perçues par l'observateur ?

Mais avant toute chose, le plus dur dans ce genre d'exercice (et vous le verrez d'ailleurs sous la rubrique exercices), est de reconnaître qu'il y a de l'effet Doppler. Voici donc pour les lecteurs de MéthodiX, sans filet et sans dégonfle, les cas où l'effet Doppler a lieu.

A) Quand rencontre-t-on l'effet Doppler ?

L'effet Doppler se rencontre dans de nombreux phénomènes physiques. En fait **dès qu'il y a des ondes**, qu'elles soient sonores ou électromagnétiques, et que la source qui les émet soit en mouvement par rapport à un observateur fixe ou non, cet effet est mis en évidence.

Dans la vraie vie, les longueurs d'onde permettant de réaliser les expériences correspondent aux longueurs des ondes sonores de l'audible. Il n'est donc pas rare de rencontrer l'effet Doppler lors du passage d'une ambulance ou des pompiers.

Effet DOPPLER et longueur d'onde

Les ondes électromagnétiques et sonores sont caractérisées par leur longueur d'onde qui est reliée à la période du signal. On peut donc légitimement penser qu'on reconnaît une certaine note de musique grâce à la période de l'onde sonore correspondante, donc grâce à l'écart entre deux bips consécutifs. Le fait que l'observateur et/ou la source se déplace(nt) fait que l'on a l'impression que l'écart entre deux bips à la réception est différente de l'écart entre deux bips à l'émission, c'est pourquoi l'observateur croira entendre un « la » alors que la source avait envoyé un « ré ».

B) Comment calculer la longueur d'onde perçue par l'observateur ?

METHODE 12 : Déterminer le temps entre deux bips reçue par l'observateur

■ **Position du problème**

Nous nous plaçons dans le cas le plus général où la source et l'observateur sont mobiles dans un référentiel galiléen supposé fixe. On note **v** la vitesse de la source et **u** celle de l'observateur. La source émet une onde (électromagnétique ou sonore) à la longueur d'onde λ. On cherche la longueur de l'onde perçue par l'observateur.

■ Cas d'application

Le raisonnement qui suit ne marche que si ni la source ni l'observateur ne sont supersonique. En effet sinon, il se peut que le son n'arrive jamais à l'observateur.

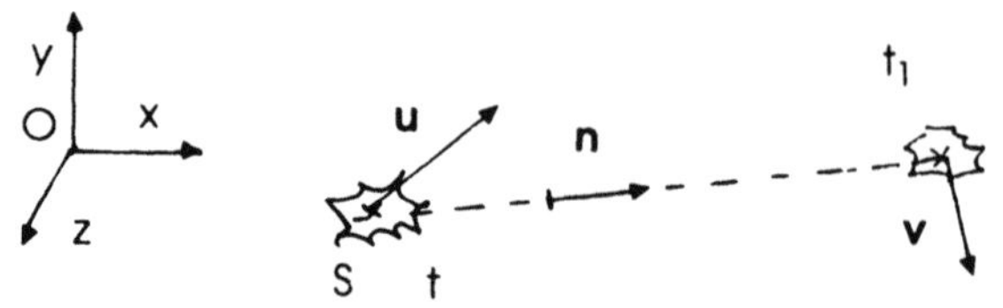

■ Principe

Différentier le carré de la longueur entre la source et l'observateur.

■ Mise en œuvre

1. Déterminer la distance parcourue par le signal entre son émission et à la réception, en fonction de la date de réception, d'émission et de la célérité du signal :

$$(SO_1)^2 = c^2(t_1 - t)^2$$

2. Différentier le carré de cette distance, et introduire les vitesses de la source et de l'observateur :

$$2\mathbf{SO_1}d\mathbf{SO_1} = 2c^2(dt_1 - dt)(t_1 - t)$$

3. On tente d'évaluer le membre de gauche, après simplification :

$$\mathbf{n}.d\mathbf{SO_1} = c(dt_1 - dt) = \mathbf{n}.(\mathbf{v}dt_1 - \mathbf{u}dt)$$

4. On en déduit le différentiel de la date d'arrivée en fonction de la différentielle de la date d'émission :

$$dt_1 = \frac{c - \mathbf{n.u}}{c - \mathbf{n.v}}dt$$

il ne reste plus qu'à intégrer on trouve si on appelle T la période d'émission du signal :

$$\boxed{T_1 = \frac{c - \mathbf{n.u}}{c - \mathbf{n.v}}T}$$

■ Mise en garde :

Faites attention à ce qui est la source et ce qui est l'observateur. L'exemple proposé est une bonne illustration. Une source peut aussi être un récepteur, et vice versa. Si on envoie un signal sur un objet qui réfléchit cette onde il se comportera comme une source secondaire.

■ *Exemple 1 :* ***Cas général.*** *Mesure du débit sanguin par effet Doppler. Une source émet une onde sonore ultrasonique, monochromatique, qui se réfléchit sur un globule rouge mobile à la vitesse* $\mathbf{v}$*. L'onde est ensuite réémise sans changement de fréquence dans le référentiel lié au globule rouge vers la source. On mesure la période du signal capté. Quelle information a-t-on sur la vitesse des globules rouges ? On note* α*, la direction que fait la vitesse* $\mathbf{v}$ *des globules avec la direction, globule/source.*

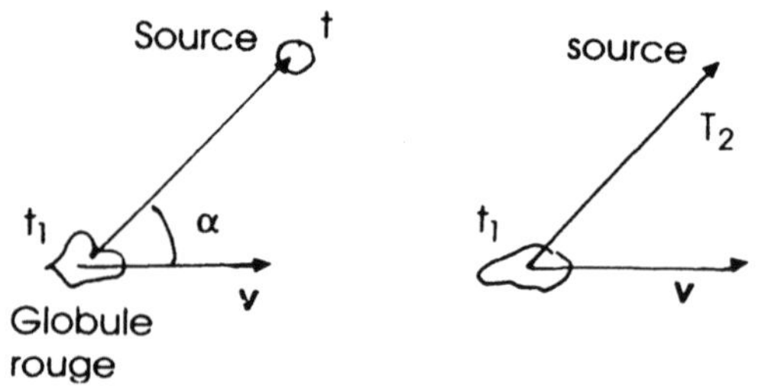

La période du signal perçue par le globule rouge vaut (cas de la source fixe et de l'observateur mobile) :

$$T_1 = \frac{c}{c - \mathbf{n.v}}T$$

où **n** représente le vecteur unitaire de direction : Source/globule blanc.

Le signal est renvoyé vers la source. Le globule se comporte alors comme une source fictive, mobile à la vitesse **v**. La période perçue au niveau de la vraie source vaut :

$$T_2 = \frac{c - \mathbf{n}'.\mathbf{v}}{c} T_1$$

où **n'** représente le vecteur unitaire de direction globule rouge/source, soit **l'opposé du vecteur n précédent.**

On en déduit une relation entre la période du signal émis et la période du signal capté :

$$T_2 = \frac{c + \mathbf{n}.\mathbf{v}}{c - \mathbf{n}.\mathbf{v}} T$$

On tire de cette expression que la vitesse de l'écoulement vaut :

$$v = c\frac{1}{\cos(\alpha)}\left(\frac{T_2 - T}{T_2 + T}\right)$$

REMARQUE :

Ces travaux sont les prémices d'une étude plus approfondie sur le champ de vitesse de l'écoulement sanguin, qui permettent de déterminer le coefficient de viscosité du sang.

■ *Exemple 2 :* ***Récepteur immobile.***

Vous êtes à votre table de travail à l'internat. Au loin déboulent des cars de policier qui passent devant l'école et s'éloignent loin de vos problèmes journaliers.

Quelle est la gamme de longueurs d'onde que vous percevez ?

On fera une application numérique.

Principe :

Il faut repérer que la valeur du produit scalaire **n.v** est une fonction du temps et que la période du signal évolue donc de manière continue pour un observateur fixe voyant la source passer devant lui. L'angle entre la direction source/ observateur varie continûment entre 0 et π. Si on suppose que la sirène des pompiers est un « la », Les longueurs d'onde qui seront successivement perçue par vous vaudront :

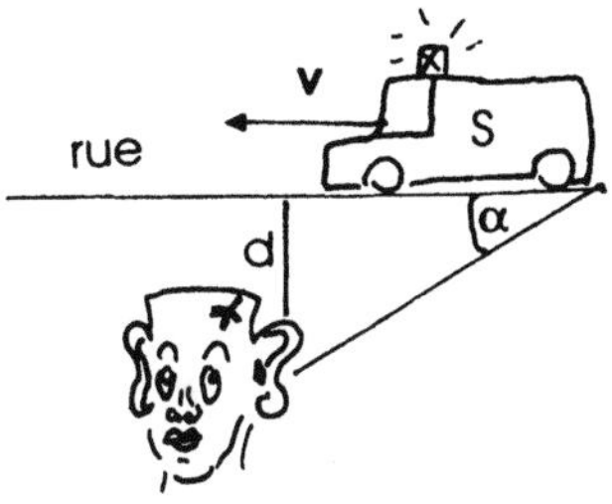

$$\lambda' = \lambda\frac{c - v\cos(\alpha)}{c}$$

Où l'angle α est relié au temps t par l'équation $v = -d\frac{1}{\sin^2(\alpha)}\frac{d\alpha}{dt}$

Les longueurs d'onde limites valent donc :

$$\lambda' = \lambda\frac{c \pm v}{c}$$

Application numérique : $\lambda' = \lambda\frac{c \pm v}{c} = 440.\frac{320 \pm 13,8}{320} = \begin{vmatrix} 421\text{Hz} \\ 459\text{Hz} \end{vmatrix}$

Il faut repérer que la valeur du produit scalaire **n.v** est une fonction du temps et que la période du signal évolue donc de manière continue pour un observateur fixe voyant la source passez devant lui à vitesse constante (ou non).

Ordres de grandeur

■ Pour l'effet Doppler, il est important de choisir des longueurs d'onde astucieuses pour avoir une chance de recevoir des informations sur la vitesse que vous cherchez à mesurer. En cela, il vous faut déjà une petite estimation de la vitesse pour savoir si l'expérience, compte tenu de la précision de vos appareils de mesure, nécessitera des longueurs d'onde grandes ou petites. Pour les échographies, on utilise des ultrasons.

■ On vous redonne le «la» du diapason qui est de 440 Hz.

■ Par ailleurs, il peut vous être utile de vous souvenir que la célérité du son dans l'air est de 320 m/s.

■ Et que dans le vide ... elle est nulle (puisqu'il n'y a alors pas de propagation possible).

■ Dans l'eau pure, le son se meut à la vitesse de 1500m/s.

■ Dans l'eau de mer cette vitesse varie de manière significative (variation de 300 m/s) en fonction de la température et de la salinité.

Le saviez-vous ?

Une vérification du fait que l'univers est en expansion
Il est aisé, on l'a dit, de rencontrer de l'effet DOPPLER sous forme d'onde sonore. Cependant, on peut aussi le rencontrer avec des ondes électromagnétiques, autrement dit avec de la lumière.

Cet effet permet de vérifier que l'univers est en expansion. Eh oui, les gars, la physique sert à autre chose qu'à intégrer des écoles d'ingénieur. Lorsqu'on regarde les spectres d'émission des étoiles, on peut reconnaître certaines raies caractéristiques de certaines molécules ou atomes (revoir votre cours de chimie pour les PC).

Cependant les longueurs d'onde de ses raies sont toujours déplacées vers les grandes longueurs d'onde. En particulier, lorsqu'on est dans le visible, il y a **déplacement vers le rouge**. Par ailleurs, toujours expérimentalement, le déplacement vers le rouge est une fonction croissante de la distance de la terre à l'étoile qui émet ce rayonnement.
Des pros, des vrais, ont proposé un modèle donnant l'ajustement des longueurs d'ondes en fonction de la distance r de la terre à l'étoile, c célérité de la lumière et H constante de Hubble (homogène à l'inverse d'un temps) :

$$\frac{\Delta \upsilon}{\upsilon} = H\frac{r}{c}$$

On pense actuellement que ce déplacement vers le rouge est le résultat d'un effet Doppler : les étoiles s'éloignant à grande vitesse. En reprenant la formule démontrée à la méthode, on trouve que la vitesse d'éloignement de ces étoiles vaut :

$$V = Hr$$

Par ailleurs, toutes les étoiles s'éloignent de la terre avec cette loi, et la constante H est indépendante de la direction d'observation : il y a **expansion isotrope de l'univers**, à une **vitesse proportionnelle à la distance entre deux régions**.

Erreurs

■ Essayer de vous brider un peu lorsque vous faites des changements de référentiel lorsqu'il y a des photons. Dans un référentiel galiléen en translation uniforme à la vitesse **v** par rapport à un référentiel fixe, la vitesse d'un photon est c et **pas** $c - v$. La **vitesse de la lumière est invariante par changement de référentiel galiléen.**
Votre professeur vous l'a sûrement dit, lorsque vous avez vu que les équations de Maxwell n'étaient pas invariantes par changement de référentiel galiléen avec la

composition des vitesses classiques. Il faut alors utiliser les transformations de Lorentz, et alors on fait de la relativité.

■ Lorsque vous faites des exercices sur la pression de radiation, il se peut que la surface sur laquelle s'applique cette pression ait une drôle de forme. Restez en donc à l'expression de la force élémentaire sur un petit élément de surface, puis trouvez la direction résultante de la force, et projetez sur cette direction résultante. Enfin intégrer. Attention à vos bornes d'intégration. Pour plus d'information voir l'exercice 4.

Astuces

■ La quantité de mouvement est **un vecteur**, ne l'oubliez jamais, la CQM donne donc deux informations pas une, il suffit de projeter sur les axes de coordonnées.

■ Ayez le plus souvent possible recours à la construction vectorielle lorsqu'un des objets est immobile avant le choc. Ceci vous permettra d'obtenir souvent plus facilement l'angle de déviation d'un des objets.

Exercices

1 Fusée à propulsion photonique

On veut envoyer dans l'espace une fusée à propulsion photonique.
1) Expliquer comment s'y prendre, puis donner la loi horaire de cette fusée.
2) Discuter du réalisme d'un tel procédé.

2 Circulation en agglomération

Monsieur Dupont est au volant de sa BMW 16 soupapes, et roule à vive allure en agglomération. Il voit un feu qui passe rouge à 50 mètres et décide cependant d'accélérer jusqu'à atteindre la vitesse v. Il grille le feu rouge.
Après le feu, un agent l'arrête et lui dit qu'il vient de griller un feu. Monsieur Dupont, qui est témoin de Jéhovah, affirme en toute bonne fois qu'il a vu le feu vert.
Expliquer pourquoi. On supposera que la BMW a des chevaux sous le moteur. Monsieur Dupont s'en sortira-t-il pour autant ?

3 Ricochet sur un lac

Le soleil se couche et sur le lac près de votre maison de campagne, vous vous promenez main dans la main avec l'être aimé. L'odeur de l'herbe fraîchement coupée vous monte à la tête, et vous décidez soudainement de prendre un galet pour impressionner l'être cher. Le lac est calme et la légère brise qui fait trembler insensiblement ses mèches de cheveux sur ses tempes, ne suffit pas à inquiéter l'onde. Vous vous aimez.
Le front défiant la ligne bleue des Vosges, tel saint Jean osant regarder le soleil en face, vous lancez votre caillou. A chaque rebond, la norme de sa vitesse est multipliée par a ($0 < a < 1$). On néglige les frottements.
Au bout de combien de rebonds, l'être aimé vous sautera-t-il au cou en disant qu'il est très impressionné par le nombre de ricochets que vous avez effectués ?

N.D.L.R. : Je prie pour que a ne soit pas nul, sinon l'être aimé aura du mal à être crédible, et qu'il ne soit pas égal à 1 pour que vous puissiez encore le tenir dans vos bras avant votre mort.

4 Problème de frein

Monsieur Dupont, encore lui, a payé 5 millions de francs d'amende pour excès de vitesse dans l'exercice précédent. Il n'a donc pas pu payer le contrôle technique de sa voiture. Il arrive devant un feu rouge (cette fois-ci il ne fait pas le malin avec l'effet Doppler) et veut freiner. Les freins lâchent. Il a alors le réflexe d'allumer ses feux de routes.
Expliquer pourquoi. Décidément, Monsieur Dupont doit être prof de physique en prépa.

5 Ventilateur solaire

Une cloche de verre est éclairée de manière isotrope par de la lumière monochromatique. Dans cette cloche de verre il y a du vide et deux panneaux rectangulaires. Le premier à une face noire et une face blanche, le second l'inverse.
Que se passe-t-il ?

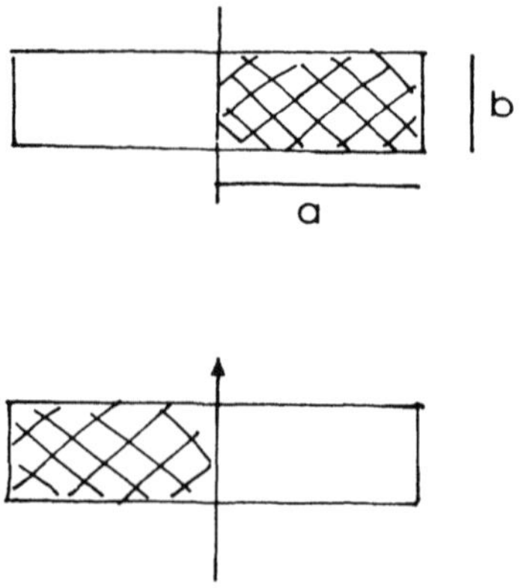

Corrigés

1

Méthode utilisée

Méthode 10.

❒ Etape 1 : Imaginons un dispositif expérimental

Si le cul de la fusée est formé d'un grand miroir éclairé par des photons d'énergie puissante (petite longueur d'onde), la fusée est soumise à une pression de radiation qui correspond à une force verticale ascendante. Elle est alors uniformément accélérée.

❒ Etape 2 : Faisabilité d'un tel dispositif

L'intérêt, c'est que la fusée n'a pas besoin d'emporter du carburant avec elle. Quand on sait que le carburant/comburant représente environ 90% de la masse emportée, ceci donnerait raison aux fusées à photons.
Cependant, même pour une fusée ne faisant plus qu'une tonne de rayon 5 mètres, il faudrait pour soulever la fusée une force égalisant au moins le poids, soit une densité de photons de : $2NC^2\pi r^2 = mg$.
Application numérique :

$$N \approx \frac{5.10^4}{2010^{18}.75} \approx \frac{3}{4}10^{-14}$$

Ce qui est énorme et pas encore disponible dans le commerce.

2

Méthodes utilisées

Méthode 12. Il y a, en effet, un effet DOPPLER, et on est dans le cas source fixe et observateur mobile.

L'exercice est assez déroutant certes, d'où la nécessité de revenir au principe de base de la physique : le bon sens.

❒ Etape 1 : Reconnaître l'effet Doppler

Si Monsieur Dupont est témoin de Jéhovah, il ne peut pas mentir. Donc il a effectivement vu le feu vert dans sa voiture alors qu'il était rouge dans le référentiel fixe.
Le feu est rouge parce que la longueur d'onde émise est celle du rouge à savoir 800 µm. La longueur d'onde est reliée à la période d'émission par la relation :

$$\lambda = Tc$$

où c représente la célérité de la lumière dans l'air assimilé à du vide.
Le feu émet donc une onde électromagnétique qui est reçu par l'observateur Dupont dans sa voiture mobile à la vitesse v.
Toutes les conditions sont donc rassemblées pour observer l'effet Doppler : onde, source ou observateur mobile.
On est de plus dans le cas unidimensionnel, plus simple à appréhender, donc ça pourrait être pire...

❒ **Etape 2 : Déterminer la différence de temps entre deux bips rouge du feu**

— A $t = 0$, le feu envoie le premier bip. La distance entre le feu et la voiture est alors de D, il est reçu à la date t_1 par la voiture qui a parcouru vt_1. Le signal a, quant à lui, parcouru $c\,t_1$.

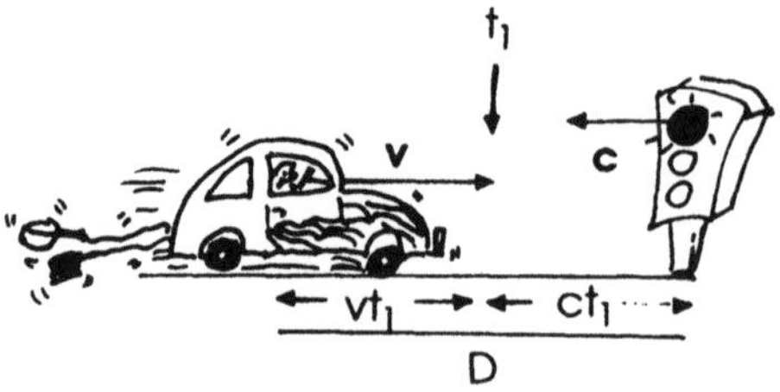

Calculons t_1 :

$$t_1 = \frac{D}{c + v}$$

— A la date $t = T$, le deuxième signal est émis. La voiture est alors à la distance $D - vT$ de l'émetteur.

— A la date t_2 le signal arrive sur la voiture après avoir parcouru $c(t_2 - T)$ la voiture à quant à elle parcouru $v(t_2 - T)$.

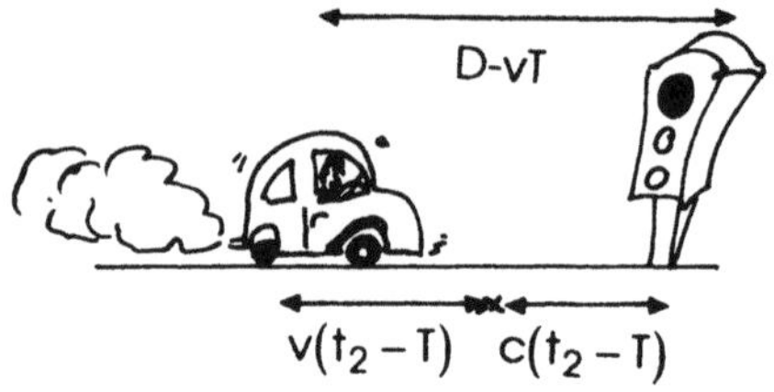

Calculons t_2 :

$$t_2 = \frac{D + cT}{v + c}$$

La différence entre les deux dates calculées donne la période du signal perçu par la voiture soit $T' = t_2 - t_1 = \frac{c}{v + c} T$.

❒ **Etape 3 : Déterminons la vitesse de la voiture**

De cette dernière égalité, on déduit la même relation avec les longueurs d'onde :

$$\lambda' = \frac{c}{v + c}\lambda$$

Soit la vitesse de la voiture :

$$\boxed{v = c\left(\frac{\lambda}{\lambda'} - 1\right)}.$$

❒ **Etape 4 : Faire une application numérique**

Dans la voiture on voit le feu vert, donc on trouve :

$$v = 3.10^8\left(\frac{800}{600} - 1\right) \approx 10^8 \text{m.s}^{-1}$$

Il y a peu de chance que Monsieur Dupont s'en sorte, la vitesse en agglomération étant, comme chacun sait, limitée à 50 km/h.

3

Méthodes utilisées

Méthodes 2,3,9

On se place dans le référentiel barycentrique du système caillou lac. A chaque choc, il y a conservation de la quantité de mouvement, ce qui, nous l'avons dit, nous aide relativement peu parce qu'un des objets est de masse infinie.

Cependant, nous pouvons déduire de ceci qu'il y a conservation de la quantité de mouvement tangentielle à chaque choc.
Malheureusement, le choc n'est pas élastique (à moins que a ne soit égal à 1, ce qui est rarement le cas pour un lac ne fumant pas de haschich). On a alors :

$$\frac{1}{2}mv_n^2 = \frac{1}{2}ma^2v_{n-1}^2$$

Ceci nous permet de trouver une relation entre les angles d'incidence et de réflexion de votre galet.

On trouve finalement que $\cos(\alpha_n) = \frac{1}{a^n}\cos(\alpha_0)$.

Il n'y aura plus de ricochet dès que l'angle sera nul. Le dernier ricochet correspondra à un angle tel que s'il y avait un autre ricochet, l'angle serait négatif.
D'où :

$$n = E\left(\frac{\ln[\cos(\alpha_0)]}{\ln a}\right)$$

4

Méthode utilisée

Méthode 10.
Des connaissances sur les paraboles en géométrie.

Encore un exercice difficile à formaliser !

❐ Etape 1 : Difficulté légitime pour un taupin moyen

Pour cela, il aurait fallu que vous sachiez comment est fait un phare. On sait qu'il ne faut pas trop vous en demander à ce sujet, votre mère doit assez vous casser les pieds avec son fameux « Puisque tu seras ingénieur, répare la machine à laver», et que vous risquez bien de vous faire bitter si par malheur on vous demandait le fonctionnement d'un tournevis en khôlle de SI.

Voila donc pour votre gouverne le premier cours sur les phares de voitures dans toute l'histoire des classes préparatoires...

Phare : n.m. (grec *pharos*, île située près d'Alexandrie, où Ptolémée Philadelphe fit construire une tour en marbre blanc, d'où l'on pouvait apercevoir les bateaux jusqu'à 100 miles).

Pour les gens qui n'ont pas compris, un phare, c'est ça :

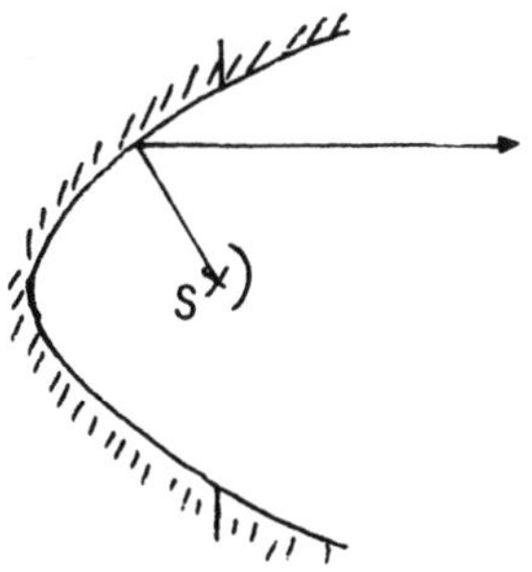

❐ Etape 2 : Mise en équation de la force élémentaire exercée par la lumière sur un élément de miroir

Une lampe éclaire un paraboloïde de révolution, d'équation $x = y^2$ depuis son foyer pour éclairer à l'infini (on est en feu de route). Ce paraboloïde est un miroir. C'est là que la géométrie intervient :
Prenons une petite surface dS. D'après la méthode, elle subit la force :

$$\delta\mathbf{F} = -2NC^2 dS\cos(i)\mathbf{u}_r$$

Un petit dessin vaut mieux qu'un long discours,

on remarque que $i = \frac{\theta}{2}$

La projection sur Ox de la force vaut alors :

$$\delta F = -2NC^2 \cos\left(\frac{\theta}{2}\right)\cos(\theta)\left[rd\theta 2\pi r \sin(\theta)\right]$$

Il nous faut maintenant connaître l'expression polaire de r en fonction de l'angle θ :

$$\rho = \frac{2\rho_0}{1+\cos(\theta)} = \frac{\rho_0}{\cos^2\left(\frac{\theta}{2}\right)}$$

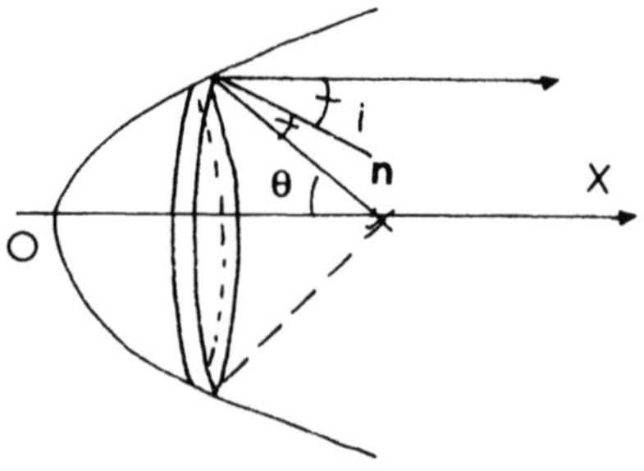

❐ **Etape 3 : Détermination de la force résultante**

D'où l'expression de la force F :

$$F = 2\int_0^{\theta_{LIM}} -2NC^2 \cos\left(\frac{\theta}{2}\right)\cos(\theta)\left[rd\theta 2\pi r \sin(\theta)\right]$$

$$\boxed{\mathbf{F} = -8\pi NC^2\rho_0^2\left(\int_0^{\frac{\pi}{2}} \sin\left(\frac{\theta}{2}\right)\left(2 - \frac{1}{\cos^2\left(\frac{\theta}{2}\right)}\right)d\theta\right) = -8\pi NC^2\rho_0^2\left(6-4\sqrt{2}\right)\mathbf{u_x}}$$

La force est bien dirigée vers les phares, comme on l'a dit dans la remarque de la méthode sur la pression de radiation.
On multiplie ceci par le nombre de phares avants et on applique le PFD, cette force ne dépend pas de la vitesse, la voiture sera donc uniformément décélérée.

❐ **Etape 4 : Grappillage de points à la fin de la Khôlle**

On peut raffiner en soustrayant la force due aux phares stop arrières qui eux propulsent la voiture. On peut également encore plus raffiner en disant que la lumière qui agit sur les phares est blanche. Elle est donc composée de toutes les longueurs d'onde du visible, on reprend le résultat en intégrant par rapport à la longueur d'onde sur tout le spectre du visible.
Enfin, dire que si le phénomène était observable, ça se saurait. La pression de radiation à un effet ridicule, la densité de photons étant minable.

Il est beau, celui-là, hein !?

5

Méthodes utilisées

Méthode 10

❐ **Etape 1 : Comprendre ce qu'il se passe**

La lumière arrive de tout côté avec la même densité N (éclairement isotrope). Le choc des photons sur les parois blanches leur communique une quantité de mouvement égale à deux fois la quantité de mouvement d'incidence normale des photons. Les panneaux qui sont blancs à l'envers sont noirs à l'endroit, et donc les photons qui viennent frapper la partie noir sont absorbés — le panneau reçoit alors une fois la quantité de mouvement d'incidence normale des photons —,

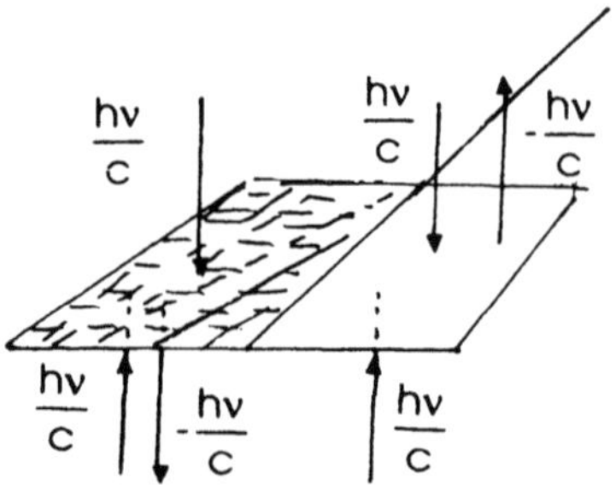

si bien que la résultante des forces s'appliquant sur les panneaux vaut 2F-F.
Cette force s'appliquant sur un petit élément de surface est à l'origine d'un couple qu'il faudra calculer en intégrant sur la largeur des panneaux.
On en déduira ainsi la loi horaire des panneaux.

❒ Etape 2 : Déterminons la force élémentaire résultante s'appliquant sur un panneau

On a vu, via la méthode, que la force pour une incidence i valait :

$$\delta\mathbf{F} = -2NC^2 dS\cos(i)\mathbf{u}_r,$$

lorsque les photons étaient réfléchis.
Et seulement la moitié lorsqu'ils étaient absorbés.
Sur un panneau la force résultante vaut donc :

$$\delta F_{res} = NC^2\cos(i)dxdy$$

Le couple s'appliquant sur le panneau, pour un angle d'incidence i donné, vaut :

$$M(i) = 2\int_0^a xNC^2\cos(i)dx\int_0^b dy = 2bNC^2\cos(i)\frac{a^2}{2}$$

Comme l'éclairement est isotrope, il faut maintenant intégrer sur tout les valeurs de i, soit :

$$M = \int_{-\frac{\pi}{2}}^{\frac{\pi}{2}} M(i)di = bNC^2a^2 2$$

❒ Etape 3 : Etablissement de la loi horaire

Il suffit d'appliquer le théorème du moment cinétique aux deux panneaux par rapport à l'axe Oz, dans le référentiel galiléen, on trouve :

$$J\ddot{\theta} = bNC^2a^2 2$$

❒ Etape 4 : Critique des résultats

On verra quelque chose seulement si la masse des panneaux est très petite (sinon il y a trop d'inertie) et si on peut légitimement négliger les forces de frottements solides et fluides.
Par ailleurs, quand on fait l'expérience, les panneaux tournent, mais pas dans le bon sens.
Ceci est dû au fait qu'il y a des poussières sur les panneaux noirs, qui diffractent la lumière.

Chapitre 6
MÉTHODES DE THERMODYNAMIQUE

« Je vous promets de faire diminuer l'entropie de l'univers »,
B.H.L.

■ Ce chapitre aurait pu aussi bien s'appeler : comment arrêter de faire des fautes de signes dans les exercices sur les machines thermiques. En effet, qui ne s'est pas pris la tête des nuits entières sur ces foutus problèmes de signes de chaleur qui rentre, de travail qui sort, mais pour qui...
Fini de tirer vos signes à pile ou face, nous allons tenter de vous rendre assez méthodiques pour torcher ce genre d'exercice sans trop de difficulté.

La thermo n'est pas seulement un mauvais souvenir de sup. Pour beaucoup c'est aussi un mauvais souvenir de spé. En particulier pour les 5/2 qui sont là parce qu'ils pensaient que ça ne tomberait jamais à l'oral.

■ Le but de ce chapitre — qui est considéré comme facile — est de vous permettre de réviser rapidement le thermo (en moins d'une heure), et vous redonnant les réflexes indispensables.
Souvenez-vous d'abord que la thermo devient simple dès lors qu'on sait **parler thermodynamicien**. Si vous avez la malchance d'avoir plutôt pris anglais ou allemand en première langue, ce chapitre vous fournira un petit lexique qui sera suffisant pour la conversation de tous les jours (acheter son pain, un ticket de bus, passer un oral à Palaiseau...).
Une deuxième façon de se sortir de situations inextricables en thermo est de **définir de bons systèmes**. On essaiera autant que possible de vous donner des trucs pour y arriver.

■ Encore un chapitre où il n'y a pas grand chose à comprendre et beaucoup de choses à apprendre. On vous posera toujours les mêmes questions : il y a les exercices classiques sur les transformations des gaz parfaits, puis des gaz non parfaits. Enfin, il y les problèmes sur les machines thermiques dont le but est systématique de **calculer l'efficacité ou le rendement,** mais encore faut-il savoir comment les définir.

■ Ainsi, lorsque le mauvais sort vous a désigné pour faire un exercice de thermo, commencez d'abord par **commenter l'énoncé** en énumérant les variables d'état qui sont connues à l'équilibre final. Puis trouver un bon système, dont la transformation est simple (du genre une adiabatique réversible). Ensuite réciter votre cours en appliquant le premier principe et une équation d'état et ça devrait suffire.

■ Enfin, dites-vous que votre arrière grand-père (celui qui était polytechnicien et à qui vous ressemblez beaucoup selon vos parents) avait à résoudre les mêmes exercices : calcul de travail de chaleur, de variation de fonction d'état ; détermination de fonction d'état de système physique qui ne sont pas de bêtes gaz parfaits... Donc si vous ne comprenez rien à ce chapitre, vous aurez toujours la possibilité d'apprendre par cœur toutes les pâles de thermo de l'X, Centrale et les Mines qui sont tombées depuis 150 ans. C'est une méthode, certes, mais la vie étant courte, on vous conseille plutôt d'apprendre ce chapitre.

Il est intellectuellement satisfaisant que vous sachiez que **la thermo n'est pas seulement l'étude des gaz parfaits**. Cependant, ceci constitue le gros des exercices et ça fait 40 ans qu'il n'y a rien de nouveau sous le soleil en ce qui concerne les méthodes permettant de résoudre ces exercices.

Beaucoup de ces méthodes sont connues par les trois quarts des taupins. Pour le quart restant, voici comment majorer une pâle de thermo : il suffit d'être rapide, et surtout de ne pas réfléchir. Oh oui, on aime...

Ce qu'on vous demandera c'est de trouver la valeur des variables d'état, la variation des fonctions d'état, le travail ou la chaleur lors d'une transformation. Le problème, et selon nous la **seule difficulté de la thermo**, c'est que l'**on ne vous guidera pas sur l'ordre des calculs**. Ainsi, dans toute la suite, attachez-vous plus que jamais aux cas d'applications des méthodes.

METHODE 0 : Utiliser des chemins fictifs

Voici sûrement la méthode la plus importante du chapitre. C'est pour cela qu'on la met à part. Si vous retenez cette méthode, vous saurez vous sortir de pas mal de situations difficiles.

■ Principe

Quand vous voulez calculer la variation d'une fonction d'état dans une transformation qui n'a pas de caractéristiques particulières et utiles, changez de transformation !!!
On veut dire par là que, puisque vous avez affaire à une fonction d'état, **sa valeur ne dépend pas du chemin suivi, mais seulement des états initiaux et finaux**. Vous avez donc tout intérêt à utiliser des chemins fictifs plus simples (i.e. avec des caractéristiques facilitant le calcul du travail, de la chaleur ou de l'entropie) menant au même état final.

■ Cas d'application

Vous ne pouvez le faire que pour calculer des variations de fonction d'état (rien ne vous interdit en revanche d'en déduire *a posteriori* un travail, une chaleur ou une création d'entropie).
Dès que vous êtes bloqués : pensez-y...

■ *Exemple : Calculez la variation d'entropie d'un gaz parfait pour une transformation quelconque.*

Pour une transformation quelconque, on ne sait rien faire car on n'a aucun moyen de calculer la création d'entropie. Heureusement (merci le second principe), **l'entropie est une fonction d'état**. On construit donc une évolution réversible fictive entre les deux mêmes états initiaux et finaux.
Pour cette transformation réversible, on n'a pas de création d'entropie. Donc $dS = \frac{\delta Q_{rev}}{T_{ext}} = \frac{\delta Q_{rev}}{T}$ car, en plus, la transformation est quasistatique (puisque réversible). Il ne reste plus qu'à utiliser le premier principe :
$dS = \frac{dU - \delta W}{T}$ où δW représente le travail au cours de la transformation fictive.
Pour un gaz parfait : $dU = nC_V dT$ et $\delta W = -PdV$
donc, grâce à l'équation d'état : $dS = nC_V \frac{dT}{T} + nR\frac{dV}{V}$.
Et ceci est valable pour toute transformation puisque S est une fonction d'état et que cette formule ne dépend que des états initiaux et finaux.

0. Rappels et définitions

Les exercices de thermo ont ceci de facile que **les solutions sont dans les énoncés**. Ainsi lorsque vous voyez écrit certains mots, ceci vous permet d'avancer beaucoup dans la résolution du système.
On vous conseille donc d'apprendre cette rubrique par cœur.

PETIT LEXIQUE THERMODYNAMICIEN-FRANCAIS

Grandeur Thermodynamique

Une grandeur thermodynamique est une moyenne statistique sur un petit volume de la grandeur microscopique correspondante.

Equilibre Thermodynamique

Un système macroscopique est dit en équilibre thermodynamique lorsque toutes les grandeurs du système sont homogènes dans le système.

Quelles que soient les conditions initiales, le système tend à s'uniformiser, les valeurs des variables macroscopiques tendent donc à être uniforme dans le système. La thermo au niveau sup et spé ne pourra fonctionner que lorsqu'on veut passer d'un état d'équilibre thermodynamique à un autre état d'équilibre. Assurez-vous donc dans vos énoncés que vous êtes toujours dans ces hypothèses-là.

Fonction d'état

Une fonction d'état est une fonction du système qui ne dépend que de l'état du système et non de l'historique de celui-ci.

La thermo sert à caractériser un état d'équilibre final partant d'un état d'équilibre initial.
Or on ne sait pas trop ce qui se passe hors-équilibre, en particulier entre ces deux états. D'où l'intérêt des fonctions d'état.

Caractérisation des fonctions d'état

Une fonction est une fonction d'état si et seulement si c'est une différentielle totale exacte. Qu'est ce que ça veut dire ? Pratiquement, on calcule les fonctions des systèmes thermodynamiques à travers leurs variations infinitésimales. Il s'agit de savoir si ces expressions que l'on trouve sont ou non les différentielles de fonctions des grandeurs du système.

On utilise en fait le **théorème de Schwartz** qui caractérise les différentielles exactes :

Si $df(x, y, z) = \frac{\partial f}{\partial x}dx + \frac{\partial f}{\partial y}dy + \frac{\partial f}{\partial z}dz$,

$$df \text{ est une différentielle exacte} \Leftrightarrow \frac{\partial^2 f}{\partial x \partial y} = \frac{\partial^2 f}{\partial y \partial x}, \frac{\partial^2 f}{\partial x \partial z} = \frac{\partial^2 f}{\partial z \partial x}, \frac{\partial^2 f}{\partial z \partial y} = \frac{\partial^2 f}{\partial y \partial z}.$$

Vous utiliserez la plupart du temps cette formule pour des fonctions de seulement deux variables. Elle est utile dans deux cas :
— si on vous demande de démontrer qu'une différentielle est exacte, utilisez cette équivalence ;
— utilisez également cette formule sur une fonction que vous savez d'état afin de déterminer des relations entre les grandeurs thermodynamiques.

■ *Exemple : La quantité de chaleur échangée par un gaz avec l'extérieur est donnée en fonction des deux variables indépendantes pression et température, par l'équation :*

$$\delta Q = -\frac{RT}{P}dP + c_p(T)dT \quad (i)$$

Q est elle une fonction d'état ?

J'espère que tout le monde est d'accord que $\left(\frac{\partial Q}{\partial p}\right)_T = -\frac{RT}{p}$.

En effet, à T constant dT est nulle et (i) se réécrit bien ainsi.

La condition de Schwarz qu'on doit vérifier s'écrit alors :

$$\frac{\partial\left(-\frac{RT}{p}\right)}{\partial T} = \frac{\partial C_p(T)}{\partial p}$$

Or $\frac{\partial C_p(T)}{\partial p} = 0$ et $\frac{\partial\left(-\frac{RT}{p}\right)}{\partial T} = -\frac{R}{p} \neq 0$

Donc Q n'est pas une fonction d'état.

Transformation quasistatique

Transformation au cours de laquelle le système est à tout instant en état d'équilibre mécanique et thermodynamique. L'intérêt principal est que vous pouvez alors remplacer la pression extérieure dans l'expression du travail par la pression intérieure (elles sont en effet toutes les deux égales, équilibre mécanique oblige). De même, si il y a contact thermique, vous pouvez remplacer la température extérieure dans une l'expression de l'entropie d'une transformation réversible par la température intérieure.

Transformation réversible

Transformation dont on peut à tout moment inverser le sens par une modification infinitésimale des actions extérieures. En particulier, une transformation réversible est quasistatique.

Transformation Isochore

C'est une transformation au cours de laquelle le volume ne varie pas. Alors $dV = 0$ et donc le travail des forces de pression est nul.

Transformation Isotherme

Transformation à température constante (et égale à la température extérieure) à tout instant. Alors $dT = 0$. Pour un gaz parfait, cela nous donne une énergie et une enthalpie constante : $\Delta U = \Delta H = 0$.

Transformation Isobare

Transformation où le système reste à pression constante (et égale à la pression extérieure) à tout instant. Alors $dP = 0$. Si le travail des forces se réduit aux seules forces de pression, alors $\Delta H = Q$.

Idem avec mono à la place de Iso

Cette fois, on sait seulement que la pression (ou le volume ou la température) est la même au début et à la fin de la réaction. On ne peut donc pas écrire à tout instant $dX = 0$ mais seulement $\Delta X = 0$. La grandeur X reste constante à l'extérieur du système et n'est donc pas égale à celle de l'intérieur en permanence.

Transformation Adiabatique

Cela signifie qu'il n'y a pas d'échange de chaleur avec l'extérieur. Soit $Q = 0$. On réalise ce genre de réaction avec des enceintes calorifugées.

Parois diathermes

Ce sont les parois qui laissent passer la chaleur entre le système et l'extérieur si bien qu'à l'équilibre thermodynamique, la température intérieure est la même qu'à l'extérieur.

Transformation rapide ou brutale

Les échanges de chaleur n'ont alors pas le temps de se faire. On a donc $Q = 0$.
On peut de plus souvent supposer que la pression exterieure est constante.

Transformation adiabatique réversible

C'est une transformation isentropique c'est-à-dire une transformation au cours de laquelle l'entropie du système se conserve. Pour un gaz parfait, on connaît la loi de Laplace : $PV^{\gamma} = Cte$.

On peut également vous demander de déterminer le type de transformation à partir du diagramme de Clapeyron

Bizarrement, ceci constitue un exercice facile et pourtant ça vous met dans tous vos états.
On vous donne donc une méthode pour vous sortir la tête haute de ce genre de question.

> **Résultat**
> Dans un diagramme de Clapeyron :
> 1. Les isobares sont des segments horizontaux,
> 2. Les isochores sont des segments verticaux,
> 3. Les isothermes sont des hyperboles, de paramètre nRT,
> 4. Les adiabatiques réversibles sont des fonctions puissances, de paramètre nRT et de puissance $-\gamma$,
> 5. Les transformations polytropiques sont représentées par des fonctions puissances d'équations $P = \frac{A}{V^k}$.

■ Démonstration

1. Une isobare, c'est P cst, donc pas de lézard.
2. Une isochore c'est V cst donc pas de médor (rime en or).
3. Une isotherme c'est PV cst donc c'est une hyperbole.
4. Un adiabatique réversible c'est PV^{γ} cst, donc pas de Hic.
5. Un polytropique c'est PV^k, donc toujours pas de Hic.

REMARQUE :
Il n'est pas trop tard pour savoir que pour un gaz parfait, $\gamma = 1,4$ et donc que l'adiabatique réversible sera plus pentue que lisotherme.

■ *Exemple : Déterminer sur le diagramme de Clapeyron suivant les transformations entre chaque état d'équilibre, sachant qu'on a une isochore, une isobare, un adiabatique réversible et un isotherme.*
Le trajet 1 est l'isochore, le trajet 2 l'adiabatique réversible, le 3 l'isobare et le 4 l'isotherme, puisque le 4 est moins pentue que le 2.

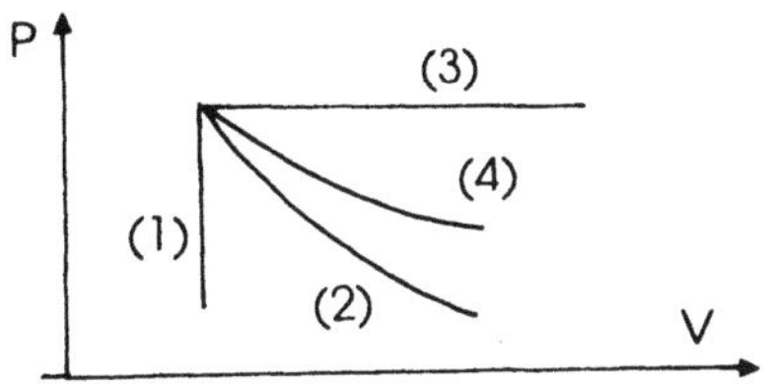

Gaz Parfait

C'est typiquement la question vicelarde de début de colle qu'un examinateur est en droit de vous poser (c'est pour cela qu'on le paye).

Répondez alors avec assurance que :
1. c'est un gaz (donc déjà faible densité),
2. dont on néglige les interactions entre particules,
3. dont on a assimilé les molécules à des points matériels,
4. La pression P est la pression cinétique due aux seuls chocs des particules sur les parois du récipient.

Par ailleurs l'**énergie interne** de ces gaz **ne dépend que de T** et elle vaut $\boxed{U = nC_VT + Cte}$.
De plus, leur **capacité calorifique** à volume constant (C_V) et à pression constante (C_P) sont des **constantes** (alors que d'habitude elles dépendent de la température).
Enfin le Gaz Parfait a la propriété intéressante de satisfaire à l'**équation d'état** que vous connaissez tous : $\boxed{PV = nRT}$ où, on le rappelle $R = 8.31$ USI.

❒ *Séquence pipot*
Enfin, vous pouvez dire que le modèle du gaz parfait rend bien compte de la réalité tant qu'on est à des pressions pas trop grandes et pour des températures pas trop élevées (au-delà le gaz s'ionise).
Par ailleurs, sachez que le fameux gaz de Van Der Waals, est un raffinement qui ne sert qu'à em...der les taupins, puisque les changements qu'il introduit sont sans commune mesure avec la quantité de boîtes de Guronsan et de Prozac que vous avez dû ingurgiter pour venir à bout des calculs.
Bref le gaz parfait, c'est bien.

Le Gaz de Van der Waals

Van der Waals s'est levé un matin et s'est dit :
— D'abord les molécules ne sont pas ponctuelles, donc il faudrait remplacer le volume total par le volume réel de vide dans l'équation des gaz parfaits : c'est ainsi que l'équation des gaz parfaits est d'abord devenue : $P(V_{mol} - b) = RT$, où b représentait le **co-volume** molaire (volume des atomes quoi). Il est à peu près clair dans l'esprit de toutes personnes sensées (qui n'est pas en fac de droit, quoi), que le rayon des molécules étant un nombre strictement positif, b est lui-même strictement positif.
— De plus, il y a des chocs entre molécules. La pression totale sera donc plus importante que pour un gaz parfait, et d'autant plus grande que le volume molaire est faible (logique, plus il y a de particules, plus il y a des chocs). Et voilà que l'équation des gaz parfaits devient :

$$\left(P + \frac{a}{V_{mol}^2}\right)(V_{mol} - b) = RT$$

Et là encore pas besoin d'avoir fait l'X pour se douter que a est positif.

Le gaz réel

Une bonne question à se poser pour un gaz quelconque (et on vous la posera) est de savoir si on peut le considérer comme parfait. D'où la méthode suivante.

METHODE 1 : Comment déterminer l'écart au modèle du gaz parfait

■ Position du problème

Pour un gaz parfait, d'après la loi de Mariotte, le produit PV reste constant. On cherche donc à le calculer.
Pour cela, on utilise ce que les plus savants d'entre vous appellent le développement du Viriel.

Celui-ci consiste à faire un dl du produit PV en fonction de V ou de P (c'est selon). On a alors :

$$PV = \left(\sum_{n \in N} \frac{a_n}{V^n} \right)$$

Le but de la manip est de calculer les coefficients a_n en partant de l'équation d'état.

■ Principe

1. Débrouillez-vous pour mettre le produit PV sont le forme d'une fonction de $\frac{1}{V}$. pour cela on vous conseille de mettre d'abord P sous cette forme puis de multiplier par V.
2. Puis faites un dl lorsque V tend vers l'infini de cette expression (ce qui correspond bien à une pression faible).

■ Cas d'application

Comme on vient de le dire, on doit vous donner l'équation d'état du gaz.

■ *Exemple : Déterminer le développement du Viriel d'une mole de gaz de Van der Waals.*

Il faut avoir le réflexe de balancer l'équation d'état (un examinateur de l'X tristement célèbre a laissé sécher un candidat pendant toute la Kholle, car il ne connaissait pas l'équation d'état de Van der Waals : $\left(P + \frac{a}{V^2}\right)(V - b) = RT$.

1. On tente de mettre P sous la forme d'une fonction de $\frac{1}{V}$: $P = \frac{RT}{V-b} - \frac{a}{V^2}$

Puis le produit PV : $PV = \frac{RT}{1 - \frac{b}{V}} - \frac{a}{V}$.

2. En faisant un dl en l'infini pour V, on obtient :

$$PV = RT\left(\sum_{k=0}^{\infty} \left(\frac{b}{V}\right)^k - \frac{a}{RTV} \right)$$

Ainsi $a_0 = RT$, et heureusement puisqu'on retrouve alors la loi des gaz parfaits qui correspond bien à l'ordre 0 du DL souhaité.

$a_1 = RTb - a$ et pour tout n strictement supérieur à 1 $a_n = RTb^n$.

REMARQUE :
Ceux qui aiment bien gagner des points à chaque Kholle (qui les blâmerait ?) auront certainement flashé sur le signe -, symbole de la possible annulation du terme de degré 1 dans le DL. Cette température est appelée ***température de Mariotte****. Lorsqu'on est à suffisamment basse pression pour pouvoir négliger les termes d'ordre supérieur à 2, on remarque qu'à cette température, le diagramme de Clapeyron se confond avec celui du gaz parfait. Cependant, il suffit de changer de température pour s'en éloigner.*

Premier Principe

Tout le monde retient le classique $\Delta U = W + Q$. En fait le premier principe réside dans le fait que l'on a le droit d'écrire cette formule. Cela n'a rien d'évident car ni le travail ni la chaleur ne sont des fonctions d'état. Elles dépendent du chemin suivi. Rigoureusement, le premier principe s'énonce en fait de la manière suivante : **La différentielle $\delta W + \delta Q$ est une fonction d'état.** Cela signifie qu'il existe une fonction notée U et appelée Energie Interne dont dérive la somme du travail et de la chaleur.
De plus, cela n'est valable que lorsque l'énergie cinétique du système se conserve au cours de la transformation. Si ce n'est pas le cas, il faut rajouter un terme : $\Delta U + \Delta K = W + Q$. Dans la plupart des exos, cela n'intervient pas.

Second Principe

Enoncé du second principe
Pour tout système, il existe une fonction d'état extensive, notée S et appelée **entropie**, somme de deux termes, qui ne sont pas des fonctions d'état :

$$dS = \delta S_{echan} + \delta\sigma$$

Le premier terme, **l'entropie d'échange**, met en évidence l'échange d'entropie avec l'extérieur et vaut : $\delta S_{echan} = \dfrac{\delta Q}{T_{ext}}$.

Le second, **la création d'entropie**, nous renseigne sur la réversibilité de la transformation. Pour toute transformation $\delta\sigma \geq 0$

On a de plus : $\delta\sigma = 0 \Leftrightarrow$ la transformation est réversible.

L'intérêt de ce principe est triple :

— Il permet de calculer Q pour les transformations réversibles.
— Il permet de savoir si une réaction peut ou non se faire.
— Il permet aux examinateurs de poser tout plein de questions.

1. Comment déterminer l'état final d'un système ?

On dispose de trois principes :
1. Conservation de la matière : $n_{initial} = n_{final}$.
2. Equilibre mécanique : égalité des pressions de part et d'autre d'un éventuel piston ou d'une paroi en équilibre.
3. Equilibre thermodynamique : premier principe.
Le premier principe vous donne une relation entre la chaleur le travail et l'énergie interne. Le but du jeu est donc de déterminer deux de ces trois grandeurs à l'aide de l'énoncé ; d'en déduire la troisième que vous pourrez alors utiliser pour trouver ce que vous cherchez. C'est toujours la même technique. La difficulté est de savoir quelles grandeurs vous allez pouvoir calculer facilement.

A) Comment calculer le travail reçu par le système ?

Pour les gaz

Le travail le plus important pour les gaz est le travail des forces de pression dont vous connaissez tous l'expression : $\delta W = -P_{ext}dV$ où P_{ext} est la pression extérieure du système au niveau de la frontière.

METHODE 2 : Transformation brutale

■ **Cas d'application**

Il faut être dans un des deux cas suivants :
1. Transformation monobare.
2. Transformation isochore : dans ce cas-là c'est facile, le travail est nul.

■ **Principe**

On calcule l'intégrale $W = -\int_{(1)}^{(2)} P_{ext}.dV$ entre les deux états d'équilibre thermodynamique 1 et 2 (initial et final). Si la pression n'est pas uniforme sur la frontière, il faut décomposer...
On a les résultats suivants dans les trois cas d'application :
1. La pression extérieure est constante. On peut donc la sortir de l'intégrale :

$$W = -\int_{(1)}^{(2)} P_{ext}.dV = -P_{ext}\int_{(1)}^{(2)} dV = P_{ext}(V_1 - V_2) = -P_{ext}\Delta V$$

2. Comme à tout instant $dV = 0$, le travail est nul à tout instant et finalement $W = 0$.

METHODE 3 : Transformation quasistatique

■ **Principe**

Cette fois-ci, comme il y a équilibre mécanique à tout instant, on peut remplacer la pression extérieure par la pression du gaz : $P_{ext} = P(T, V)$. Il n'y a alors plus qu'à calculer l'intégrale $W = -\int_{(1)}^{(2)} P(V)dV$.

■ **Cas d'application**

Il faut pouvoir exprimer les deux variables P et V en fonction d'une seule des trois variables d'état du gaz (P,V et T) et éventuellement en fonction d'une autre à condition que celle-ci soit constante.

■ **Erreur**

Utiliser systématiquement l'expression $\delta W = -PdV$ alors que cela n'est **vrai que pour les transformations quasistatiques.**

■ *Exemple :* Il suffit de calculer l'intégrale. Voici quelques cas très courants :

- Isotherme pour un Gaz Parfait :

$$: W = -\int_{(1)}^{(2)} P(V)dV = -\int_{(1)}^{(2)} \frac{nRT}{V}dV = nRT\ln\left(\frac{V_1}{V_2}\right)$$

- Transformation polytropique (i.e. telle que $PV^k = Cte$) :

Alors : $$W = -\int_{(1)}^{(2)} P(V)dV = -\int_{(1)}^{(2)} \frac{P_1V_1^k}{V^k}dV = P_1V_1^k\left[\frac{1}{V^{k-1}}\right]_{V_1}^{V_2}.\frac{1}{k-1} = \frac{P_2V_2 - P_1V_1}{k-1}$$

■ *Exemple : On considère un gaz de Van der Waals, dans un récipient à paroi diatherme. Le gaz est initialement à l'équilibre thermodynamique, dans un volume V. On comprime le gaz de manière isotherme.*
Déterminer le travail des forces de pression.

Puisque P ne dépend que de V (la transformation est isotherme), on a :

$$W = -\int_{(1)}^{(2)} PdV = -\int_{(1)}^{(2)}\left(\frac{nRT}{V-nb} - \frac{an^2}{V^2}\right)dV = nRT\ln\left(\frac{V_1 - nb}{V_2 - nb}\right) - an^2\left(\frac{1}{V_2} - \frac{1}{V_1}\right)$$

REMARQUE 1 :
Si votre examinateur resp (trice) est beau (resp belle) et que vous êtes une fille (resp garçon), et que vous voulez qu'il (resp elle) vous invite à dîner, dites que lorsque vous annulez a et b (retour au gaz parfait), vous retrouvez l'expression bien connue du travail.
REMARQUE 2 :
Pour un gaz de Van der Waals c_p et c_v sont des fonctions de la température.

METHODE 4 : Utiliser le diagramme de Clapeyron

■ Principe

Le travail des forces de pression représente l'intégrale de la courbe P(V) dans le diagramme de Clapeyron entre les états initiaux et finaux. C'est en fait exactement la même chose que la méthode 1 mais les colleurs apprécient particulièrement l'utilisation de la géométrie. Donc...

■ Cas d'utilisation

Lorsqu'on vous met un diagramme de Clapeyron devant le nez et qu'on dit de quels types de transformations il s'agit.

■ *Exemple : On considère 3 transformations conduisant n moles de gaz parfaits d'un même état d'équilibre à un autre.*
La première est une isotherme 1.
La deuxième est une isochore suivie d'une isobare.
La troisième est tel que le digramme de Clapeyron est une droite.

Déterminer dans les trois cas le travail reçu par le gaz supposé parfait.

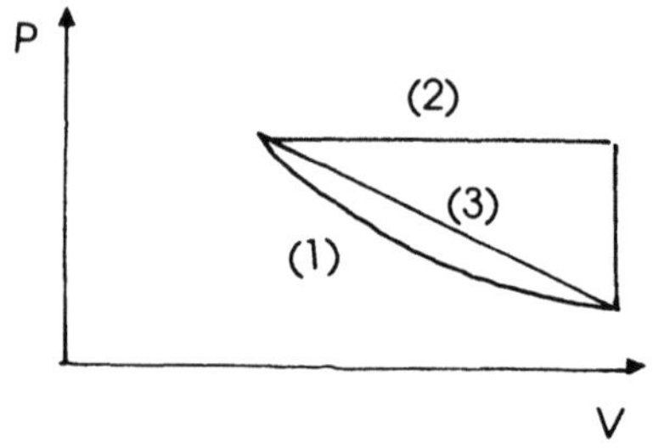

Pour 1, la courbe P(V) est une hyperbole, le travail est donné par l'aire sous la courbe :

$$W_1 = -\int_{(1)}^{(2)} PdV = nRT\ln\left(\frac{V_1}{V_2}\right)$$

Pour la courbe 2, l'intégrale de P vaut :

$$W_2 = -\int_{(1)}^{(2)} PdV = -\int_{(1)}^{(2')} PdV - \int_{(2')}^{(2)} PdV = 0 + P_2(V_1 - V_2)$$

Pour la courbe trois, l'aire sous la courbe vaut :

$$W_3 = P_1(V_1 - V_2) + \frac{1}{2}(P_2 - P_1)(V_2 - V_1)$$

Aire d'un rectangle plus aire d'un triangle.

TRAVAIL DES FORCES DE PRESSION POUR UN LIQUIDE OU UN SOLIDE

Pour un liquide ou un solide, on néglige dans 99 % des cas la variation de volume. On suppose qu'ils sont indilatables et incompressibles. L'équation d'état est donc $V = Cte$. Donc $\delta W = -P_{ext}dV = 0$.

Dans le cas général, on a $dV = \left(\frac{\partial V}{\partial T}\right)_P dP + \left(\frac{\partial V}{\partial P}\right)_T dT$ où $\left(\frac{\partial V}{\partial T}\right)_P$ est le coefficient de dilatation thermique isobare et $\left(\frac{\partial V}{\partial P}\right)_T$ le coefficient de compressibilité isotherme. Ce sont ces grandeurs que l'on néglige.

TRAVAIL DES AUTRES FORCES

METHODE 5 : Ne pas oublier le travail des autres forces

■ **Rappel**

N'oubliez jamais que le travail W est le travail de toutes les forces s'appliquant sur le système. Voici donc en exclusivité pour les lecteurs de MéthodiX une liste non exhaustive de force qui reviennent souvent dans les exercices.

— La fameuse **force électrique** : on chauffe une enceinte à l'aide d'une résistance. La puissance reçue vaut alors : $\wp = Ri^2$.
Le travail s'obtient en intégrant ceci entre 0 et t.

— La force de traction d'un ressort $W = \frac{1}{2}kx^2$.
La force de traction **F** exercée sur une barre dilatable : $\delta W = -\mathbf{F}.\mathbf{dl}$.

— Le travail du **moment de torsion** $W = \frac{1}{2}C\theta^2$.

— **La pesanteur** : Si vous comparez deux systèmes qui ne sont pas à la même altitude, ils n'ont pas la même énergie interne, toutes choses égales par ailleurs.

En fait il suffit de revenir à l'expression du travail d'une force donnée dans le chapitre 1
Travail = Force * Déplacement du point d'application de la force.

B) Comment calculer la chaleur reçue par le système ?

C'est souvent cette grandeur qui est le plus difficile à calculer. Il existe heureusement le second principe qui va bien nous aider.

METHODE 6 : Comment calculer Q ?

■ **Principe**

Il n'y a que quatre cas où l'on peut calculer Q.

● *Transformation adiabatique.*
Pas de problème $Q = 0$.

● *Transformation brutale.*
C'est la même chose. On suppose dans 99% des cas que les échanges de chaleur n'ont pas eu le temps de se faire. Il y a équilibre mécanique mais pas thermodynamique. Donc $Q \approx 0$.

● *Transformation réversible.*
1. On calcule la variation d'entropie à l'aide des méthodes suivantes.
2. On utilise le second principe pour en tirer Q.
A ne surtout pas utiliser si la transformation n'est pas réversible !!!

● *Transformation où l'on vous donne Q.*
Tout se passe bien.
Dans les autres cas, vous devrez vous résoudre à trouver Q à l'aide du travail et de l'énergie interne.

METHODE 7 : Intégrer l'expression de la chaleur

■ Rappel

Dans le cas général, les capacités calorifiques à pression ou à volume constant sont des fonctions de T.

■ Cas d'application

Lorsqu'on vous donne l'expression des capacités calorifiques à pression ou à volume constant.
Lorsque soit la pression soit le volume est constant.

■ Principe

Ecrire l'expression différentielle de Q en fonction des variables T et P ou T et V.
Simplifier le problème en disant que dP ou dV est nulle.
En déduire qu'alors Q est intégrable et déterminer Q.

■ *Exemple : Lorsque la pression n'est pas trop importante, on peut dire que la chaleur massique à pression constante a pour expression :* $c_p(T) = c_{p0} - \frac{A}{T} + \frac{B}{T^2}$.
Déterminer la quantité de chaleur reçue par une mole de ce gaz lorsqu'il est chauffé de T à T', à pression constante.
On a $\delta Q = nC_PdT + hdP = nC_PdT$ car $dP = 0$. On peut donc intégrer l'expression :
$\delta Q = \frac{m}{M}C_PdT = mc_pdT = mc_{p,0}dT - mA\frac{dT}{T} + mB\frac{dT}{T^2}$ ce qui nous donne par intégration :
$Q = Mc_{p0}(T' - T) - MA\ln\left(\frac{T'}{T}\right) - B\left(\frac{1}{T'} - \frac{1}{T}\right)$.

METHODE 8 : Entropie d'un gaz parfait

■ Principe

D'après le petit lexique : $dS = \frac{\delta Q_{rev}}{T}$.

Donc, **pour un gaz** : $dS = \frac{dU + PdV}{T}$.

et pour un **gaz parfait** : $dS = nC_V\frac{dT}{T} + nR\frac{dV}{V}$.

Avant d'intégrer bêtement cette expression, pensez à remplacer T et V par les variables qui vous intéressent (c'est toujours plus simple de le faire avant).

Si on choisi T et V, on trouve : $\Delta S = \frac{nR}{\gamma - 1}\ln\left(\frac{T_1V_1^{\gamma-1}}{T_0V_0^{\gamma-1}}\right)$

On a remplacé C_V par sa valeur mais vous la connaissez déjà tous.

■ Cas d'utilisation

Lorsque le gaz est parfait.

■ *Exemple : On considère un gaz parfait diatomique enfermé dans un récipient en verre. On note avec un indice 1 les variables de l'état initial. Ce récipient est séparé en deux parties a et b où le gaz est également réparti en volume, moles et pression par un piston diatherme. On pousse le piston jusqu'à ce que $V_a = 9V_b$. Déterminer la variation d'entropie totale du gaz.*

La fonction entropie étant extensive, la variation cherchée est la somme des variations d'entropie du gaz dans chacun des compartiments.

D'où en appliquant la méthode précédente avec les variables T et V et en simplifiant par T car la transformation est monotherme :

$$\Delta S = \frac{1}{2} n_1 c_V \mathrm{Ln}\left(\frac{2V_a^{\gamma-1}}{V_1}\right) + \frac{1}{2} n_1 c_V \mathrm{Ln}\left(\frac{2V_b^{\gamma-1}}{V_1}\right) = \frac{1}{2} n_1 c_V \mathrm{Ln}\left(\frac{4V_a^{\gamma-1}V_b^{\gamma-1}}{V_1^2}\right) = n_1 c_V \mathrm{Ln}\left(\frac{6V_b^{\gamma-1}}{V_1}\right)$$

METHODE 9 : Entropie d'un solide ou d'un liquide

■ Principe

On a toujours $dS = \frac{\delta Q_{rev}}{T} = \frac{dU - \delta W}{T}$. Comme de plus, le volume ne varie pas et d'après la partie A) on a finalement : $dS = mc\frac{dT}{T}$ soit après intégration $\boxed{\Delta S = mc\ln\left(\frac{T_1}{T_0}\right)}$.

■ *Exemple : une pierre, de masse m, de capacité calorifique massique c, de température 273 K, est posée dans un lac de température 298 K. Déterminer la variation d'entropie de la pierre une fois l'équilibre thermique atteint.*

Il y aura échange de chaleur tant que les deux températures seront différentes. A l'équilibre, on a donc, puisque le lac est un thermostat (vu qu'un lac, c'est grand devant une pierre) :

$$\Delta S = mc\ln\left(\frac{298}{273}\right)$$

METHODE 10 : Utiliser l'équation d'état et l'expression différentielle (*a priori*) de Q

■ Remarque

Voici une méthode très générale. Il n'y a pas de grande difficulté et on arrive toujours au résultat. La difficulté est d'utiliser les bonnes fonctions d'état pour ne pas perdre de temps. Si vraiment vous êtes perdus, vous pouvez toujours utiliser l'identité :

$$\left(\frac{\partial X}{\partial Y}\right)_Z \left(\frac{\partial Y}{\partial Z}\right)_X \left(\frac{\partial Z}{\partial X}\right)_Y = -1$$

■ Principe

1. Partir de l'expression différentielle à priori de Q.

On écrit *a priori* : $\delta Q(T, V) = C_V dT + l dV$

ou $\delta Q(T, P) = C_P dT + h dP$

Cela ne fait que traduire que δQ ne dépend que de deux des trois variables d'état puisqu'elles sont liées entre elles par l'équation d'état.
2. En déduire l'expression de dS.
Exprimer alors les coefficients en fonction des dérivées partielles de dS.

3. Utiliser une deuxième fonction d'état parmi les formes : $\boxed{\begin{array}{l} dF = -PdV - SdT \\ dG = VdP - SdT \end{array}}$

pour exprimer cette dérivée partielle de S en fonction d'une dérivée partielle d'une des trois variables d'état. Utiliser pour cela le théorème de Schwartz (égalité des dérivées croisées).
4. En déduire finalement une expression des coefficients en fonction des variables d'état et utiliser l'équation d'état pour simplifier.

■ Cas d'application

Il faut qu'on vous donne l'équation d'état.

■ *Exemple : On considère un gaz réel dont l'équation d'état est donnée par :*
$\left(P+\frac{a}{Tv^2}\right)(v-b)=RT$, *où v représente le volume molaire (pour les frimeurs, cette équation s'appelle équation de Berthelot). On appelle* $C_{V,0}$ *la limite de la capacité calorifique à volume constant lorsque le volume molaire tend vers l'infini. On suppose que* $C_{V,0}$ *ne dépend pas de T. Déterminer la chaleur.*

1. On écrit l'expression différentielle de Q $\delta Q = C_V dT + l dV$ car c'est sur C_V que l'on a des infos.

2. On a donc $dS = \frac{C_V}{T}dT + \frac{l}{T}dV$ pour une transformation réversible donc pour toute transformation d'après la méthode 1.

On a donc $\frac{l}{T} = \left(\frac{\partial S}{\partial V}\right)_T$ soit $l = T\left(\frac{\partial S}{\partial V}\right)_T$.

3. Or $dF = -PdV - SdT$ donc selon le théorème de Schwartz : $\left(\frac{\partial P}{\partial T}\right)_V = \left(\frac{\partial S}{\partial V}\right)_T$.

et ainsi $l = T\left(\frac{\partial P}{\partial T}\right)_V$.

4. Il ne reste plus qu'à utiliser l'équation d'état :

$$l = T\left(\frac{R}{v-b} + \frac{a}{T^2v^2}\right) = \frac{RT}{v-b} + \frac{a}{Tv^2} = P + \frac{2a}{Tv^2}$$

Il nous faut maintenant déterminer C_V.

$dU = (C_V dT + l dV) - PdV = C_V dT + (l-P)dV$ donc $\left(\frac{\partial C_V}{\partial V}\right)_T = \left(\frac{\partial (l-P)}{\partial T}\right)_V = -\frac{2a}{T^2V^2}$

On intègre entre V et l'infini : $[C_V]_V^{+\infty} = \left[\frac{2a}{T^2V}\right]_V^{+\infty} = \frac{-2a}{T^2V}$ soit $C_{V,0} - C_V = \left[\frac{2a}{T^2V}\right]_V^{+\infty} = \frac{-2a}{T^2V}$

Donc $C_V = C_{V,0} + \frac{2a}{T^2V}$

Il nous reste donc : $\boxed{\partial Q = \left(C_{V,0} + \frac{2a}{T^2V}\right)dT + \left(P + \frac{2a}{Tv^2}\right)dV}$.

METHODE 11 : Entropie de mélange

■ Position d'un problème

Vous mélangez deux systèmes initialement séparés et vous voulez connaître la variation d'entropie du système total.
Celle-ci doit être positive car quand vous mélangez deux systèmes, vous accroissez le désordre et donc l'entropie.

■ Principe

On mélange des molécules (a) avec des molécules (b).
Il y a deux cas tout à fait différents à considérer :

1. Les molécules des deux parties sont **identiques** :
A la fin, la molécule (a) est sous la pression P_{tot}. Elle occupe le volume $\frac{n_a}{n_a+n_b}(V_a+V_b)$.

2. Les molécules sont **différentes** :
A la fin, la molécule de type (a) est sous la **pression partielle** $\boxed{P_1 = P_{tot}\frac{n_a}{n_a+n_b}}$ et occupe le volume V_a+V_b.

Le plus simple est à notre avis d'exprimer l'entropie en fonctions des pressions et de calculer les pressions partielles.
1. Déterminer l'état final (P, T, V) grâce au premier principe et à l'équilibre mécanique.
2. Invoquer la propriété d'extensivité de l'entropie pour dire que $\Delta S_{A+B} = \Delta S_A + \Delta S_B$.
3. Calculer ΔS_A et ΔS_B puis sommer.

■ Mise en garde

Il faut bien comprendre pourquoi on ne trouve pas la même valeur. Si les deux molécules ne sont pas les mêmes, il y a beaucoup plus de désordre créé car on ne peut plus les séparer. Au contraire, si les molécules sont identiques, le seul désordre créé vient des éventuelles différences de pression et de températures entre les deux gaz.

■ *Exemple : On met en communication dans un récipient thermostaté à T_0 un volume V_a de gaz parfait, contenant n_a moles, sous une pression de P_a, et un volume V_b de gaz parfait, contenant n_b moles sous une pression de P_b. Le récipient est indéformable. Déterminer la variation d'entropie du mélange dans les deux cas molécules identiques et molécules différentes.*

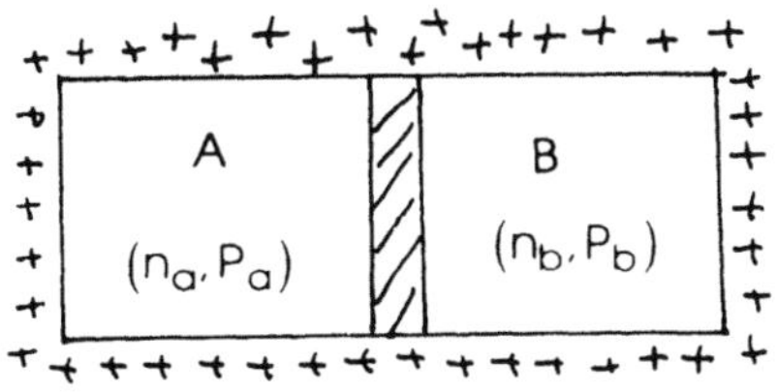

Le premier principe nous donne $n_aT_0+n_bT_0=(n_a+n_b)T'$ soit $T=T_0$ et l'équation d'état :

$$P'(V_a+V_b)=(n_a+n_b)RT=n_aRT_a+n_bRT_b=P_aV_a+P_bV_b \text{ soit } P'=\frac{P_aV_a+P_bV_b}{V_a+V_b}$$

Pour $dT=0$, $dS=nC_v\frac{dT}{T}+nR\frac{dV}{V}=nR\frac{dV}{V}$.

a) Mélange de molécules identiques :

$\Delta S_a = n_a R \ln \frac{n_a}{n_a + n_b} \frac{V_a + V_b}{V_a}$ et $\Delta S_b = n_b R \ln \frac{n_b}{n_a + n_b} \frac{V_a + V_b}{V_b}$ donc :

$$\Delta S = n_a R \ln \frac{n_a}{n_a + n_b} \frac{V_a + V_b}{V_a} + n_b R \ln \frac{n_b}{n_a + n_b} \frac{V_a + V_b}{V_b}$$

b) Mélange de deux molécules différentes :

Cette fois, $\Delta S_a = n_a R \ln \frac{V_a + V_b}{V_a}$ et $\Delta S_b = n_b R \ln \frac{V_a + V_b}{V_b}$

donc $\Delta S = n_a R \ln \frac{V_a + V_b}{V_a} + n_b R \ln \frac{V_a + V_b}{V_b}$.

On ne trouve pas la même valeur.

C) Comment calculer la variation d'énergie interne ?

METHODE 12 : Utiliser directement la formule

■ **Cas d'application**

Lorsque vous avez accès à une formule vous donnant l'énergie interne en fonction des grandeurs d'état.

Exemple : Gaz Parfait : $\Delta U = nC_V \Delta T$

Solide ou liquide incompressible : $\Delta U = mc_V \Delta T$

■ **Principe**

Il n'y a qu'à utiliser la formule que vous connaissez.

METHODE 13 : Utiliser des tables

Vous avez dû voir en TP qu'il existait des tables donnant la valeur de l'énergie interne, en fonction de la température, ou de la pression et du volume... C'est très pratique dans la vraie vie car il n'y a pas d'hypothèse à faire sur la nature du gaz puisqu'elles sont établies expérimentalement. Mais comme ça fait moins de calcul, les examinateurs s'arrangent pour vous confisquer en Kholles le diagramme de Mollier que vous gardez pieusement sur vous.

METHODE 14 : Déterminer la formule de l'énergie interne

■ **Cas d'application**

Lorsque vous n'avez pas de formule toute faite.
Il vous faut alors utiliser la définition $dU = \delta W + \delta Q$.

■ **Principe**

— On remplace δW par sa valeur et δQ par son expression implicite ($\delta Q(T, V) = C_V dT + l dV$ ou $\delta Q(T, P) = C_P dT + h dP$).

— On calcule les coefficients inconnus par une méthode analogue à celle de la méthode 8 (à l'aide de l'équation d'état).

— On intègre la différentielle ainsi trouvée.

■ *Exemple : Calculer l'énergie interne d'un gaz parfait.*
On utilise le premier principe $dU = \delta W + \delta Q$.
On a $\delta Q(T, V) = C_V dT + l dV$.
$dS = \frac{C_V}{T} dT + \frac{l}{T} dV$ pour une transformation réversible donc pour toute transformation d'après la méthode 1.
On a donc $\frac{l}{T} = \left(\frac{\partial S}{\partial V}\right)_T$ soit $l = T\left(\frac{\partial S}{\partial V}\right)_T$
Or $dF = -PdV - SdT$ donc selon le théorème de Schwartz : $\left(\frac{\partial P}{\partial T}\right)_V = \left(\frac{\partial S}{\partial V}\right)_T$,
et ainsi $l = T\left(\frac{\partial P}{\partial T}\right)_V$.
Il ne reste plus qu'à utiliser l'équation d'état : $l = T\left(\frac{nR}{V}\right) = P$.
Donc $dU = -PdV + C_V dT + PdV = C_V dT$,
et $dS = \frac{C_V}{T} dT + \frac{P}{T} dV$ donc $\left(\frac{\partial \frac{C_V}{T}}{\partial V}\right)_T = \left(\frac{\partial \frac{P}{T}}{\partial T}\right)_V = \left(\frac{\partial \frac{nR}{V}}{\partial T}\right)_V = 0$ soit $C_V = C_V(T)$.
La plupart du temps, on suppose C_V indépendant de la température.

Incontournable : Comment calculer les capacités calorifiques ?

Cette méthode n'est valable que pour un gaz **parfait** dont les capacités calorifiques sont supposées **constantes**.

1. *Rappel des définitions* : $C_V = \left(\frac{\partial U}{\partial T}\right)_V$ et $C_P = \left(\frac{\partial U}{\partial T}\right)_P$.

2. *Définition équivalente du gaz parfait.*
On a déjà montré que pour un gaz parfait, si on notait $\delta Q(T, V) = C_V dT + l dV$, on avait alors $l = T\left(\frac{nR}{V}\right) = P$. Ainsi $dU = \delta Q - PdV = nC_V dT + PdV - PdV = nC_V dT$.
On montre exactement de la même manière que $dH = nC_P dT$.
On a en fait l'équivalence : $\boxed{(\text{gaz parfait}) \Leftrightarrow (dU = nC_V dT \text{ et } dH = nC_P dT)}$.

3. *Démonstration de la relation de Mayer.*
Par définition $H = U + PV$ donc $dH = dU + d(PV)$ soit, d'après ce que l'on vient de montré : $nC_P dT = nC_V dT + d(PV) = nC_V dT + nRdT = n(C_V + R)dT$
Il reste donc $\boxed{C_P = C_V + R}$.

4. *Introduction de* γ.
Par définition $\boxed{\gamma = \frac{C_P}{C_V}}$. *A priori* γ dépend de T mais on le suppose indépendant.
Alors : $C_V = \frac{R}{\gamma - 1}$ et $C_P = \frac{R\gamma}{\gamma - 1}$.

D) Comment utiliser le premier principe ?

Vous avez donc exprimé séparément les trois termes du premier principe en fonction des données et des inconnues. Il ne vous reste plus qu'à écrire l'identité $\Delta U = W + Q$ pour obtenir une équation qui vous fournira automatiquement la grandeur qui vous manque : la température finale, le travail, la pression initiale...
Le plus souvent, l'un des trois termes est nul.
On vous rappelle les cas les plus courants pour un gaz parfait (le seul travail est celui des forces de pression) mais cela ne sert à rien d'apprendre par cœur :

Isotherme	: Travail + chaleur = 0	(1re loi de Joule)
Isobare	: Chaleur = Variation d'enthalpie.	(2e loi de Joule)
Isochore	: Chaleur = Variation d'énergie interne.	
Adiabatique	: Travail = Variation d'énergie interne.	
Réversible	: $\delta Q = TdS$	

Adiabatique réversible : vous pouvez gagner du temps en utilisant directement $PV^\gamma = Cte$.

Utiliser la seconde loi de Joule

Vous êtes parfois tenté d'utiliser directement l'enthalpie. Voici donc comment il faut procéder.

METHODE 15 : Utiliser la variation d'enthalpie

■ **Remarque**

Cette méthode n'apporte rien de plus car elle n'utilise pas d'autre principe. Il s'agit juste d'un artifice de calcul permettant de simplifier votre travail. Cessez donc de parler de principe de l'enthalpie ou d'autre chose de ce genre : tout ce qui suit est strictement équivalent au premier principe. Seulement, cela permet souvent de gagner du temps.

■ **Cas d'application**

Transformation à **pression constante**.
Gaz Parfait afin de pouvoir calculer ΔH.
Pas d'autre travail que celui des forces de pression et surtout, il faut être en régime stationnaire, pour pouvoir annuler la variation d'énergie cinétique.

■ **Rappel**

On rappelle la définition : $H = U + PV$.
Donc, pour un gaz : $dH = dU + PdV + VdP = \delta Q + VdP$
La pression est constante. Il nous reste donc $dH = \delta Q$ soit $\boxed{\Delta H = Q}$.

■ **Principe**

On a donc intérêt à calculer directement ΔH. Pour cela, si le **gaz est parfait**, on a immédiatement $\boxed{dH = C_p dT}$. On a juste remplacé c_v par c_p.
Et voilà. C'est tout.
L'équation $\boxed{\delta Q = C_p dT}$ (valable pour une transformation à pression constante) peut par exemple vous permettre, comme dans l'exemple, de déterminer rapidement la variation d'entropie.

■ *Exemple : Un récipient calorifugé est fermé par un piston susceptible de se déplacer verticalement, sans masse. Le récipient est plongé dans l'air extérieur à la pression constante P_0. Dans le récipient se trouve une mole de gaz parfait et un agitateur magnétique. On fait tourner l'agitateur, pas trop vite. La température passe de 273 à 293 K.*
Décrire le type de transformation à laquelle est soumis le gaz, puis donner la variation d'entropie de celui-ci.

L'agitateur ne va pas trop vite : la transformation est supposée réversible. Le piston peut se déplacer, et la pression extérieure vaut P_0 donc la transformation est de plus isobare. On est donc dans le cas d'application de cette méthode : $\delta Q = C_P dT$ donc $dS = \frac{\delta Q_{rev}}{T} = C_P \frac{dT}{T}$ et en intégrant $\Delta S = C_P \ln\left(\frac{T}{T_0}\right)$.

Qu'est-ce que ça change d'avoir un système ouvert ?

On ne s'est intéressé pour l'instant qu'à de bons systèmes contenus dans des pistons qu'on maintenait fermés. Que se passe-t-il lorsque le gaz est un mouvement ? Ce sont les fameux problèmes d'écoulement. Il faut alors prendre en compte l'énergie cinétique.

METHODE 16 : Pourquoi c'est H et pas U ?

■ Résultat

Dans un écoulement, le premier principe se réécrit :

$$\Delta H + \Delta K = W + Q$$

Où W représente le travail des forces autres que les forces de pression qui s'appliquent sur le système.
Il faut donc acquérir, dès que vous voyez le mot frigo, pompe à chaleur, tuyau, écoulement, le réflexe d'écrire le premier principe avec un H.
En fait, cela ne change rien. C'est juste un artifice d'écriture. On a mis à gauche le travail des forces de pression. C'est tout !!

■ Démonstration

Elle est dans tous les bons cours, mais personne ne la comprend en sup. Il faut attendre la spé, pour ceux qui font de la mécaflotte, et toute une vie pour les autres pour comprendre quelque chose au bilan de matière.
On prend un système fermé, constitué de n mole de particules de fluides contenues à l'instant t, dans le rectangle ABCD. Elles ont alors une énergie cinétique K_1.
Un instant ultérieur ces particules de fluides sont dans le rectangle A'B'C'D' et ont une énergie cinétique K_2. Le système reçoit entre les deux instants un travail de la part des forces de pression : $W_{press} = \int_{AD}^{A'D'} \mathbf{F}.d\mathbf{r} = \int_{AD}^{A'D'} PS.d\mathbf{r} = P_1V_1$, et cède en aval un travail $W_{press} = -P_2V_2$.
Le premier principe appliqué à ce système donne :
$K_2 + U_{A'B'C'D'} - U_{ABCD} - K_1 = P_1V_1 - P_2V_2 + W + Q = U_{B'BCC'} - U_{AA'D'D}$, où W représente le travail des forces autres que celles de pression (turbine, force électrique...).
En posant $U_{B'BCC'} = U_2$ et $U_{AA'D'D} = U_1$, on tombe sur :

$$K_2 - K_1 + H_2 - H_1 = W + Q$$

METHODE 17 : Comment résoudre les exercices sur les propulseurs à réaction ?

■ Principe

1. Appliquer le premier principe avec H et K, l'énergie cinétique.
2. Si on vous donne les débits des écoulements, dérivez le premier principe par rapport au temps, au lieu de m vous aurez le débit massique q.

■ Cas d'application

Lorsqu'on vous demande la température, ou la vitesse de l'écoulement en amont ou en aval du réacteur.

■ Erreur

Attention, lorsque vous avez des moles, à ne pas oublier la masse molaire lorsque vous voulez introduire le débit massique.

■ *Exemple : Avion à réaction.*
Le gaz arrivant dans le réacteur d'un avion à réaction avec un débit massique q_m *et une vitesse très faible subit quatre transformations successives :*
1) ***Compression*** *adiabatique réversible dans le compresseur de* $(T_0 = 288K, P_0 = 1atm)$ *à* $(T_1, P_1 = 4atm)$. *Calculer* T_1 *et le travail* W_c *nécessaire au compresseur pour une mole d'air.*
2) ***Combustion*** *isobare jusqu'à la température* $T_2 = 1000K$. *Calculer la quantité de combustible utilisé par seconde sachant que son pouvoir calorifique est* $K = 42.10^3 Kj.kg^{-1}$ *et que l'on néglige la variation de composition du milieu.*
3) ***Détente*** *adiabatique réversible dans la turbine jusqu'à* (T_3, P_3). *Le travail fourni par cette détente sert à alimenter le compresseur en énergie. Calculer* (T_3, P_3).
4) ***Détente et accélération*** *dans la tuyère (adiabatique reversible) jusqu'à* $P_0 = 1atm$. *Calculer* $T_4 = 1000K$ *et la vitesse de sortie U du gaz. Calculer la poussée* $F = q_m U$ *du réacteur.*

1) La loi de Laplace nous donne immédiatement $P_1^{1-\gamma}T_1^{\gamma} = P_0^{1-\gamma}T_0^{\gamma}$ soit $\boxed{T_1 = T_0\left(\frac{P_1}{P_0}\right)^{\frac{\gamma-1}{\gamma}}}$

numériquement

La transformation est quasistatique. Le travail fourni au gaz est donc : $W_c = -\int_{P_0}^{P_1} PdV$

$$\text{soit } W_c = -R\int_{P_0}^{P_1} Pd\frac{T}{P} = \frac{1}{\gamma}RP_0^{\frac{1-\gamma}{\gamma}}T_0\int_{P_0}^{P_1} P^{\frac{-1}{\gamma}}dP = \frac{RT_0}{\gamma}P_0^{\frac{1-\gamma}{\gamma}}\frac{\gamma}{\gamma-1}\left[P^{\frac{\gamma-1}{\gamma}}\right]_{P_0}^{P_1} = \frac{RT_0}{\gamma-1}\left(\left(\frac{P_1}{P_0}\right)^{\frac{\gamma-1}{\gamma}} - 1\right)$$

2) Soit dm la quantité de combustible utilisée en une seconde. L'énergie fournie en une seconde par la combustion est alors Kdm. Or la variation d'energie interne du gaz après une seconde est $\Delta U = \frac{q_m}{M}\frac{R}{\gamma-1}(T_2 - T_1)$.

Le travail recu par le gaz (en une seconde) est : $W = -P_1(V_2 - V_1) = \frac{q_m}{M}R(T_1 - T_2)$.

Le gaz a donc recu une chaleur $Q = \frac{q_m}{M}\frac{\gamma R}{\gamma - 1}(T_2 - T_1)$. On suppose que cette chaleur est entièrement fournie par la combustion. On a alors : $\boxed{dm = \frac{q_m}{KM}\frac{\gamma R}{\gamma - 1}(T_2 - T_1)}$

3) On a la même expression du travail qu'au 2) : $W = \frac{RT_2}{\gamma - 1}\left(\left(\frac{P_3}{P_1}\right)^{\frac{\gamma-1}{\gamma}} - 1\right)$

Or, on veut $W = -W_c$. Donc : $1 - \frac{T_0}{T_2}\left(\left(\frac{P_1}{P_0}\right)^{\frac{\gamma-1}{\gamma}} - 1\right) = \left(\frac{P_3}{P_1}\right)^{\frac{\gamma-1}{\gamma}}$

soit $\boxed{P_3 = P_1\left(1 - \frac{T_0}{T_2}\left(\left(\frac{P_1}{P_0}\right)^{\frac{\gamma-1}{\gamma}} - 1\right)\right)^{\frac{1-\gamma}{\gamma}}}$

On peut alors calculer T_3 à l'aide de $T_3 = T_2\left(\frac{P_3}{P_1}\right)^{\frac{\gamma-1}{\gamma}}$ soit $\boxed{T_3 = T_2 - T_0\left(\left(\frac{P_1}{P_0}\right)^{\frac{\gamma-1}{\gamma}} - 1\right)}$

4) Toujours une isentropique. Donc : $T_4 = T_3\left(\frac{P_4}{P_3}\right)^{\frac{\gamma-1}{\gamma}}$.

On applique la premier principe en n'oubliant pas le terme de variation d'energie cinétique : $\Delta H + \Delta K = W' + Q$. soit, comme il n'y a pas d'autre travail que celui des forces de pression et comme la transformation est adiabatique : $\boxed{\frac{R\gamma}{\gamma - 1}(T_4 - T_3) + \frac{1}{2}MU^2 = 0}$ ce qui nous donne U. Il ne reste alors plus qu'à calculer la poussée.

2. Comment prévoir l'évolution d'un système ?

L'intérêt du deuxième principe, c'est qu'il renseigne sur la possibilité d'une transformation. Le second intérêt, c'est qu'il étudie l'évolution des systèmes hors équilibre.

METHODE 18 : Calculer la création d'entropie

■ Principe

Ecrire $\Delta S - \Delta S_{échange} = \sigma$.

Le terme de gauche se calcule facilement à l'aide des méthodes précédentes.

En général, si on vous demande de calculer une création d'entropie, c'est que la transformation n'est pas réversible. Il vous faudra donc calculer la chaleur grâce au premier principe.

■ **Cas particulier**

Rappelez-vous que dès que la transformation est réversible, la création d'entropie est nulle.
En revanche, ce n'est pas parce qu'elle est quasi-statique que la création d'entropie est nulle (cf. exemple suivant).

■ *Exemple : On considère un gaz parfait subissant une détente de joule-Thomson entre deux états de température et de pression. Le régime est stationnaire. Déterminer la création d'entropie massique, en fonction de R, M, masse molaire du gaz, et les deux pressions.*

Les détentes de Joule-Thomson sont isenthalpiques, on a en effet :

$$\Delta H = Q + W_{\text{autre que force de pression}} = 0 + 0 = 0.$$

Ceci nous permet de dire que les températures initiales et finales sont égales (gaz parfait et deuxième loi de joule).
Par ailleurs, puisque la détente est adiabatique le terme d'entropie d'échange est nul. La création d'entropie est donc égale à la variation d'entropie entre ces deux états.
On calcule donc au moyen de la méthode (numéro de la méthode), la variation d'entropie pour un gaz parfait :

$$\sigma = \Delta S = c_V \cdot \frac{1}{M} \cdot \ln\left(\frac{P_2^{\gamma-1} T_2^{\gamma}}{P_1^{\gamma-1} T_1^{\gamma}}\right) = \frac{R}{M} \ln\left(\frac{P_2}{P_1}\right)$$

Il y a eu création d'entropie.

METHODE 19 : Comment savoir si une transformation est possible

■ **Rappel**

On a dit que toutes les transformations n'étaient pas possibles. En particulier, les transformations non réversibles ne sont possibles que dans un sens et s'accompagnent d'une création d'entropie de l'univers.

■ **Principe**

Pour savoir si une transformation est possible, on calcule le terme de création d'entropie, typiquement en faisant la différence entre l'entropie et l'entropie d'échange :
— s'il est positif la transformation est possible ;
— s'il est nul, elle est possible et réversible ;
— s'il est négatif, elle est impossible.

■ **Cas d'application**

— Lorsqu'on vous demande si telle transformation est possible,
ou
— lorsqu'on vous donne deux états et qu'on vous demande de savoir dans quel sens a eu lieu la transformation, ce qui revient à savoir quel est l'état final et l'état initial.

■ **Astuce**

Cette méthode devient particulièrement expéditive lorsque la transformation est adiabatique. Dans ce cas, le terme d'échange s'annule, et on a accès directement au terme de création d'entropie, puisqu'il est égal à la variation d'entropie. Or, on sait la calculer grâce aux méthodes précédentes.

■ *Exemple : On considère un gaz parfait diatomique qui subit une transformation adiabatique entre 2 états* $E_A \left| \begin{matrix} 1atm \\ 273K \end{matrix} \right.$ *et* $E_B \left| \begin{matrix} 2atm \\ 320K \end{matrix} \right.$.

Dans quel sens s'est fait la transformation ?

La transformation est adiabatique donc le terme d'entropie d'échange est nul (pas de chaleur).
Par ailleurs, il s'agit d'un gaz parfait donc on sait bien calculer la variation d'entropie entre les états A et B :

$$\Delta S_{a \to b} = nR\left(\frac{\gamma}{\gamma - 1}\ln\left(\frac{T_B}{T_A}\right) + \ln\left(\frac{P_A}{P_B}\right)\right) < 0$$

Or toutes les transformations s'accompagnent d'une création d'entropie de l'univers, qui s'identifie ici avec le terme de variation d'entropie. Donc la transformation se fait dans le sens de B vers A.

3. Comment résoudre un exercice sur les machines thermiques ?

Il y a deux questions possibles :
— on nous donne le rendement (ou l'efficacité) et on nous demande de calculer la grandeur intéressante : le travail pour un moteur, la puissance calorifique pour un climatiseur ;
— on nous donne la puissance fournie et on nous demande de calculer le rendement ou l'efficacité du dispositif.

METHODE 20 : Comment bien commencer un exercice ?

Généralement, après lecture des hypothèses et avant lecture de la question, vous pouvez déjà écrire ce genre de choses au tableau.

■ **Principe**

La résolution de tels types d'exercices se fait en trois temps.
— D'abord, il faut lire l'énoncé pour savoir dans quel sens se font les échanges de chaleur : on fait alors un dessin pour y voir clair.
— Ensuite, **on regarde si la fonction de la machine est cyclique** : si c'est le cas, on écrit que la variation des fonctions d'état des gaz ou des fluides qui circulent dans la machine, le long d'un cycle est nulle (puisque ce sont des différentielles exactes).
— On écrit ensuite **l'inégalité de Clausius au système machine** : si le cycle est réversible, cette inégalité est une égalité, et on peut faire des calculs. S'il est irréversible c'est une inégalité stricte et on est nettement moins bavard.

Dans tout ce qui précède, on écrit les travaux et les chaleurs **en algébrique** : on se fout pas mal si c'est négatif ou positif : **ne regardez pas** votre dessin et surtout n'écrivez pas : « Ah oui mais sur mon dessin Q est sortant donc dans le premier principe, on devrait écrire W-Q et pas W+Q. »
Les problèmes de signe sont tellement embêtants qu'il faut les introduire en dernier lieu.

Lorsqu'on écrit que le long d'un cycle W+Q est nul, c'est que la variation **d'enthalpie** est nulle. W représente le travail des forces autres que les forces de pression.

Si la cette méthode s'applique pour toutes les machines thermiques, la suite des problèmes diffère lorsqu'il s'agit d'un moteur, d'une pompe à chaleur ou d'un frigo.

A) Comment savoir s'il s'agit d'un moteur, d'une pompe à chaleur ou d'un frigo ?

METHODE 21 : En lisant l'énoncé

Pas bête, hein ?

■ *Exemple : Etude d'une pompe à chaleur. S'agit-il d'un moteur ou d'une pompe à chaleur ?*
Un frigo sert à tirer la chaleur d'une source chaude, à l'aide d'un moteur qui fournit du travail, il s'agit donc d'une pompe à chaleur.

METHODE 22 : En calculant W avec le premier principe

■ Cas d'application

Lorsqu'on vous donne les valeurs des chaleurs.

■ Principe

Calculer W en disant que la variation de U est nulle sur un cycle.
Discuter suivant le signe de W :
— si W<0, ceci signifie que la **machine cède du travail à l'extérieur, donc que la machine est un moteur** ;
— si W>0, ceci signifie que la **machine reçoit du travail de l'extérieur. Donc, c'est soit un frigo, soit une pompe à chaleur**.

■ *Exemple : On considère une machine cyclique en contact avec une source chaude et une source froide. Le bilan des énergies calorifiques reçues est* $Q_1 = 220J$ *et* $Q_2 = -200J$*. De quel type de machine s'agit-il ?*
Le premier principe donne que sur un cycle, W < 0, donc c'est un moteur.

METHODE 23 : En étudiant le diagramme de Clapeyron

■ Cas d'application

Lorsqu'on vous donne beaucoup d'informations sur les transformations du gaz, si bien que vous pouvez construire le cycle.

■ Principe

On vous fournit le diagramme de Clapeyron du cycle. Vous vous souvenez que le travail reçu par le système est l'aire du cycle, orienté dans le sens où il est parcouru.
On regarde donc dans quel sens le cycle est parcouru,
— si c'est le sens trigo, alors W>0, et donc c'est une pompe à chaleur,
— si c'est le sens des aiguilles d'une montre, alors W < 0 et c'est un moteur.

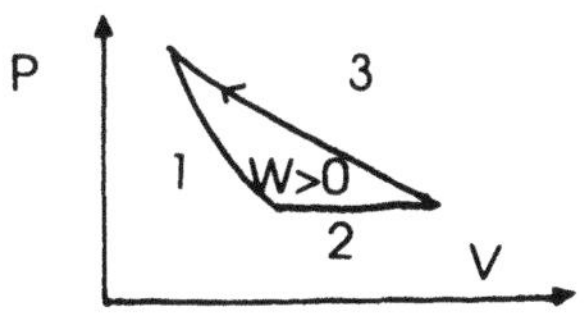

■ *Exemple : On fait subir à un gaz parfait le cycle suivant : le gaz est détendu de manière adiabatique, puis il subit un échauffement isobare, et enfin une compression isotherme.*
A quel type de machine est associé un tel cycle ?
On construit le diagramme de Clapeyron. On part de A, on augmente le volume de manière adiabatique, puis on a une horizontale et enfin une hyperbole, moins pentue que l'adiabatique. Le cycle est parcouru dans le sens trigonométrique, donc le travail W est positif donc la machine reçoit du travail de l'extérieur, donc c'est une pompe à chaleur.

B) Comment calculer le coefficient de « performance » ?

Beaucoup cherchent à apprendre par cœur les définitions des efficacités et rendements au risque de se tromper alors qu'il suffit de raisonner simplement en disant que : $\text{efficacité ou rendement} = \dfrac{\text{ce qu' on veut obtenir}}{\text{ce que cela nous a coûté}}$.

METHODE 24 : Comment définir le rendement d'un moteur ?

■ Cas d'application

Les moteurs.

■ Principe

Revenir au principe de fonctionnement du moteur : on cherche à fournir un travail donc le rendement sera d'autant meilleur que le travail sera important en valeur absolue : donc on va mettre la valeur absolue du **travail au numérateur**.
En revanche, plus la source chaude fournit de chaleur plus cela nous coûte cher. On met donc **au dénominateur la chaleur reçue de la source chaude**.

D'où la définition du rendement d'un moteur :

$$\boxed{r = \frac{|W|}{Q_{chaude}}}$$

L'inégalité de Clausius nous donne un encadrement du rendement des moteurs :

— si la machine est parfaite (i.e. cycle réversible) : $r = 1$
— si elle est réelle (i.e. cycle irréversible) : $r < 1$

■ Démonstration

On considère un moteur recevant une quantité de chaleur Q_{chaude} d'une source chaude et Q_{froide} d'une source froide.
L'inégalité de Clausius appliquée au fluide qui circule dans le moteur donne :

$$\boxed{\frac{Q_{froide}}{T_{froide}} + \frac{Q_{chaude}}{T_{chaude}} \leq 0}$$

soit encore :

$$Q_{froide} + Q_{chaude}\frac{T_{froide}}{T_{chaude}} = Q_{froide} + Q_{chaude} + Q_{chaude}\left(\frac{T_{froide}}{T_{chaude}} - 1\right) \leq 0 \text{(i)}$$

Le premier principe donne :

$$W + Q_{froide} + Q_{chaude} = 0 \text{(ii)}$$

Donc de (i) et (ii), on arrive à :

$$Q_{chaude}\left(1-\frac{T_{froide}}{T_{chaude}}\right)\geq -W$$

Comme W est négatif, on a donc :

$$\left(1-\frac{T_{froide}}{T_{chaude}}\right)\geq r$$

Donc il est clair que le zéro absolu étant difficilement accessible, on n'aura jamais de rendements égaux à 1. Cependant on remarque que le rendement est d'autant meilleur que la différence de températures est importante, ce qui accompagne le fait qu'il n'existe pas de moteur monotherme (puisqu'alors le rendement serait nul).

■ **Mise en garde**

Attention dans la dernière étape, lorsque vous cherchez des inégalités sur le rendement, n'oubliez pas de dire que pour un cycle moteur, $W < 0$, ce qui change le signe des inégalités lorsqu'on divise par W.

METHODE 25 : Comment définir l'efficacité d'un frigo ?

■ **Principe**

Comme pour le moteur, il faut essayer d'avoir du bon sens (allez, courage !).

Le but du frigo, c'est de faire du froid, c'est-à-dire de tirer du chaud à quelque chose qui est déjà froid, et de le redonner à la source chaude (votre prof de physique vous a certainement raconté qu'avoir un frigo dans sa cuisine suffisait à réchauffer celle-ci).

Donc l'efficacité sera d'autant plus grande que le fluide qui circule dans la machine se chargera de la chaleur de la source froide, donc Q_{froide} **est au numérateur**.

Par ailleurs, votre frigo sera d'autant moins efficace qu'il vous coûtera cher, donc qu'il consommera, donc qu'il faudra un travail important pour extraire cette chaleur à la source froide.

D'où la définition de l'efficacité :

$$\boxed{e=\frac{Q_{froide}}{W}}$$

On ne parle pas ici de rendement car cette efficacité peut être plus grande que 1. On a même l'inégalité $\boxed{e\geq\frac{T_{froide}}{T_{chaude}-T_{froide}}}$ (elle s'obtient à l'aide de l'inégalité de Clausius).

METHODE 26 : Comment définir l'efficacité d'une pompe à chaleur ?

■ **Principe**

Le but d'un tel dispositif est de chauffer une pièce déjà chaude, à l'aide d'une source froide et en fournissant du travail. Le rendement est donc d'autant plus grand que la chaleur fournie à la source chaude est grande en valeur absolue, donc Q_{chaude} est au numérateur.

Par ailleurs, moins on se fait suer, mieux on se porte, donc W est au dénominateur,

soit $e = \frac{|Q_{chaude}|}{W}$

C) Comment calculer le travail fourni par une machine thermique ?

METHODE 27 : Utiliser le diagramme de Mollier

■ **Principe**

Utiliser le diagramme de Mollier donnant l'enthalpie en fonction de l'entropie, et représentant les isobares et les isothermes.

■ **Cas d'application**

Lorsqu'on peut facilement relier le travail à l'enthalpie : par exemple lorsque les transformations sont isentropiques, on se déplace verticalement sur le diagramme de Mollier et la différence d'altitude donne le travail reçu par le gaz.

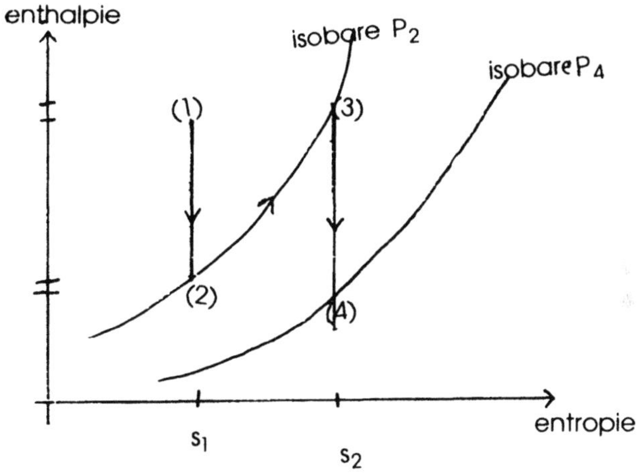

■ *Exemple: Pour avoir un meilleur rendement, on intercale entre deux turbines à gaz un échangeur dont le but et de réaliser un échauffement isobare. Dans les deux turbines les tranformations sont isentropiques. On note avec un indice 1 la pression et la température à l'entrée de la première turbine, avec un indice 2 à la sortie de la première turbine, un indice 3 à l'entrée de la seconde turbine (sortie de l'échangeur), un indice 4 à la sortie de la seconde turbine. Représenter sur le diagramme de Mollier la suite des tranformations auxquelles sont soumis les gaz, et déduisez-en le travail total fourni à l'extérieur.*

Les transformations dans les turbines à gaz sont isentropiques donc on se déplace sur une verticale entre les deux isothermes T_1 et T_2. On chauffe alors de manière isobare, donc on se promène sur l'isobare jusqu'à croiser l'isotherme T_3. A nouveau, on decend sur la verticale jusqu'à croiser l'isobare P_4.

Puisque les transformations sont isentropiques au niveau des turbines, le travail fourni à l'extérieur est directement relié à l'enthalpie : $\Delta H = W' + Q = W'$.Donc $W'_{1\to2} = h_2 - h_1$ et $W'_{3\to4} = h_4 - h_3$. Durant l'échauffement, il n'y a pas de travail fourni à l'extérieur(c'est au contraire l'extérieur qui fourni de la chaleur). Le travail total fourni à l'extérieur vaut donc : $W_{exttotal} = h_1 - h_4 + (h_3 - h_2)$

Le terme entre parenthèse étant positif, on voit bien que le dispositif avec échangeur est plus performant que sans.

METHODE 28 : Comment exploiter le fait qu'une source est parfaite ?

■ Principe

Une source est parfaite ou idéale, si sa température est uniforme et constante en fonction du temps.
Cette propriété impose que lors d'une transformation mettant en scène une (ou plusieurs) source(s) et une machine, la création d'entropie de l'univers due à la source est nulle, donc :

$$\sigma_{source} = 0$$

Il est alors particulièrement facile de faire des bilans d'entropie sur le système total (sources et moteur), isolé : la variation d'entropie totale vaut :

$$\Delta S_{total} = \Delta S_{sources} + \Delta S_{moteur} = \Delta S_{moteur}$$

donc :

$$\Delta S_{total} = \Delta S^{échange}_{source\ chaude} + \Delta S^{échange}_{source\ froide} + \sigma_{moteur} + \sigma_{sources}$$
$$= \Delta S^{échange}_{source\ chaude} + \Delta S^{échange}_{source\ froide} + \sigma_{moteur}$$

■ Cas d'application

il est particulièrement utile de savoir cela, lorsqu'on étudie un moteur ditherme dont on ne sait pas s'il est réversible ou non. Si le moteur fonctionne selon un cycle, on peut alors avoir facilement accès au rendement.

■ *Exemple : Soit un moteur fonctionnant entre deux sources, une chaude et une froide, de manière cyclique. A chaque cycle, la source chaude perd une quantité d'entropie $|\Delta S_2|$, et la source froide voit son entropie augmenter de $\lambda|\Delta S_2|$. Déterminer le rendement du moteur, et dire entre quelles valeurs λ il peut varier.*

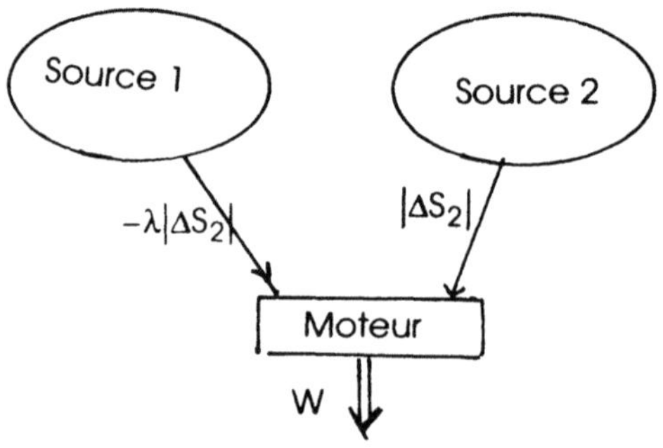

On considère le système moteur, et on lui applique le premier principe sur un cycle, on a alors :

$$\Delta U = W + Q_1 + Q_2 = 0$$

Par ailleurs, le second principe donne : $\Delta S = \Delta S_{échangeavec1} + \Delta S_{échangeavec2} + \sigma$ (i)

Appliquons maintenant le second principe aux systèmes source chaude, puis source froide, on a :

$$-|\Delta S_2| = -\Delta S^{échange}_{source\ chaude} + 0$$
et
$$\lambda|\Delta S_2| = -\Delta S^{échange}_{source\ froide}$$

Or $-\Delta S^{échange}_{source\ froide} = -\frac{Q_2}{T_2}$ et $-\Delta S^{échange}_{source\ chaude} = -\frac{Q_1}{T_1}$ car les sources sont à température constante et ne subissent pas de création d'entropie.

Soit $|\Delta S_2| = \frac{Q_1}{T_1}$ et $\lambda|\Delta S_2| = \frac{-Q_2}{T_2}$ donc $\lambda\frac{Q_1}{T_1} + \frac{Q_2}{T_2} = 0$ soit $\frac{Q_1}{Q_2} = -\frac{T_1}{\lambda T_2}$.

Le rendement du moteur vaut : $\rho = \frac{|W|}{Q_2} = -\frac{W}{Q_2} = \frac{Q_1 + Q_2}{Q_2}$

Donc en introduisant λ :

$$\rho = 1 - \frac{T_1}{\lambda T_2}$$

De plus, c'est un moteur, donc W<0, donc $Q_1 + Q_2 > 0$, soit $\lambda > \frac{T_1}{T_2}$.

Unités et Ordre de grandeur

— L'enthalpie, l'énergie interne, le produit PV, et par conséquent le produit nRT sont homogènes à des Joules.

— Il est indispensable que vous connaissiez les grandeurs c_v et c_p sur le bout des doigts dans le cas des gaz parfaits.

Monoatomique : $c_v = \frac{3}{2}nR$, $c_p = \frac{5}{2}nR$ et donc $\gamma = \frac{5}{3}$.

Diatomique : (ex. l'oxygène, l'azote, le chlore), $c_v = \frac{5}{2}nR$, $c_p = \frac{7}{2}nR$ et donc $\gamma = \frac{7}{5}$.

C'est un peu débile, certes, mais on va vous donner des valeurs qui retombent souvent pour les rendements et les efficacités des machines thermiques.
Pour un moteur, 80%, c'est pas idiot comme rendement.
Pour un frigo, les efficacités vont souvent chercher dans les 10.
Pour une pompe à chaleur, dans les 2,5.

Bien sûr, si vous ne trouvez pas exactement ça, il n'y a pas de quoi vous alarmer, mais c'est seulement pour vous dire qu'une efficacité de 10 000 pour un frigo, c'est beaucoup.

Erreurs

■ La palme d'or de l'erreur la plus débile revient sans conteste au calcul du travail des forces de pression où certains sortent P de l'intégrale, alors que P dépend de V.
La palme d'argent, c'est lorsqu'il calcule cette intégrale en pensant que T est constant ce qui n'est pas toujours le cas.

■ Dès que vous voyez ou entendez le mot « écoulement », n'oubliez jamais d'écrire le premier principe avec un H et pas un U.

■ Attention au signe de W et Q lorsque vous les calculez : W et Q sont comptés positivement lorsqu'il sont reçus par le système, négativement sinon.
N'oubliez pas le signe - dans l'expression intégrale du travail des forces de pression :

$$W = -\int_{(1)}^{(2)} PdV.$$

■ Ne confondez pas un bar et une atmosphère.

■ N'oubliez pas que la loi de Laplace ne peut s'appliquer que pour des transformations adiabatiques **réversibles**.

■ Ne vous enflammez pas trop vite en disant, lorsque vous voyez écrit dans un énoncé qu'une boîte est calorifugée et que la transformation du gaz à l'intérieur de cette enceinte est adiabatique : si on met un radiateur dans cette enceinte entouré de gaz, celui-ci recevra de la chaleur de la part du radiateur, et donc la transformation ne sera pas adiabatique.

Si vous trouvez que le rendement d'un moteur est supérieur à 1, ou que l'efficacité d'une pompe à chaleur est inférieure à 1, vous pouvez barrer, ça vous évitera d'avoir -2 au lieu de zéro à cette question.
Dans toutes les machines thermiques, c'est H et pas U qu'il faut utiliser. Ainsi, lorsque vous lisez le mot compresseur, évaporateur, condenseur, c'est H.

■ Méfiez-vous des énoncés où on vous demande une table et où on ne vous dit pas que le gaz est parfait. La table a de grandes chances de signifier le contraire.

Astuces

■ Le travail des forces de pression lors d'une détente d'un gaz dans le vide est **nul**. En effet, il n'y a pas besoin de se faire suer beaucoup pour réaliser une telle détente.
Il faut prendre l'habitude de faire dans chaque exercice un tableau donnant les valeurs des variables d'état aux instants initial et final des transformations (si ceux-ci sont des états d'équilibres, ils sont reliés par la fonction d'état). Ceci vous permettra d'y voir plus clair, comme on essaiera de vous en persuader en exercices.

■ On a déjà vu des candidats se creuser la tête pendant 20 minutes pour savoir quelle était la pression à l'intérieur d'un récipient séparé de l'extérieur par un piston susceptible de se mouvoir sans frottement. Il suffit d'appliquer la PFD au piston à l'équilibre pour trouver que la pression dans le récipient est tout bêtement égale à la pression extérieure. Ne riez pas, c'est une histoire vraie, et ça peut arriver à des gens très bien.

■ Il sera toujours du meilleur effet pendant une khôlle de citer le premier principe sous sa forme intégrale : $\Delta E = \Delta\left(U + E_{cinétiquemacro} + E_{potentielleextérieure}\right) = W + Q$, quitte à dire ensuite que le système est immobile ou a une vitesse constante, si bien que son énergie cinétique se conserve (s'il s'agit d'un système fermé, sinon sa masse peut varier) et que l'énergie potentielle extérieure est négligeable ou nulle (mais 99 % des systèmes ont au moins une masse) devant W et Q.

■ Lors des exercices où un conteneur est divisé en deux par une paroi mobile, il est souvent astucieux d'utiliser le principe de l'action et de la réaction pour conclure que le travail des forces de pression pour le gaz compris dans un compartiment est l'opposé de celui dans l'autre compartiment. Là dessus, appliquez le premier principe à ces deux systèmes et sommez les deux expressions, ça fait souvent des merveilles (cf. exercice 4).

■ Quand on vous parle d'une transformation brutale, avoir le réflexe de dire que la transformation peut être considérée comme adiabatique, c'est bien. Savoir que c'est parce que les échanges de chaleur sont en général lents, c'est mieux. Savoir pourquoi ils sont lents c'est encore mieux. Pour ceux qui ne savent pas, ceci vient de l'équation de la chaleur, qui fait intervenir une dérivation simple par rapport au temps et une double par rapport aux variables d'espace (voir MéthodiX Tome 1, chapitre 13).

Lorsque vous entendez que le fluide subit une transformation isentropique dans une machine, le travail reçu par le fluide est alors égal à la variation d'enthalpie.
N'oubliez pas que pour une source parfaite, la création d'entropie de l'univers est nulle, et donc sa variation d'entropie se réduit au terme d'entropie d'échange.

Exercices

1 Problème de vocabulaire

Deux cylindres A et B isolés thermiquement de l'extérieur et de même volume, sont équipés chacun d'un piston (mobile, sans frottement et d'épaisseur négligeable) et reliés par un robinet vanne.
A t = O, le piston A est à l'extrémité gauche du cylindre A et celui-ci contient un gaz parfait monoatomique, à la température T_0. Le piston B est contre la vanne qui est fermée.
A partir de cet instant initial, on envisage des transformations différentes. Déterminer la température dans chacun des cas suivants :
1) La vanne est ouverte et le gaz se répand lentement dans B, à la suite du déplacement progressif de B.

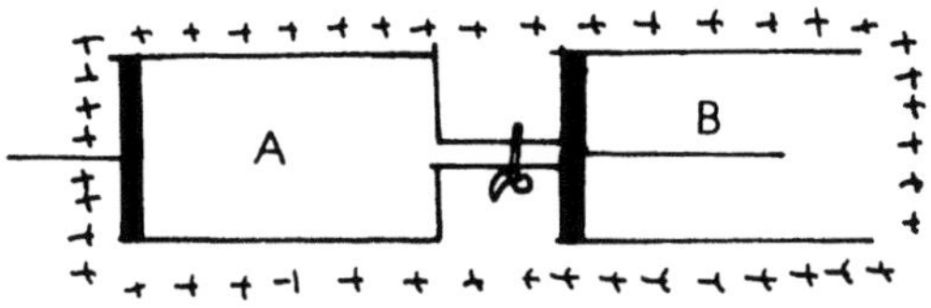

2) On amène le piston B à l'extrémité droite de B puis la vanne est **entrouverte** : le gaz pénètre dans le compartiment B. On maintient la pression constante dans A en poussant le piston A. Les deux cylindres sont en contact thermique.

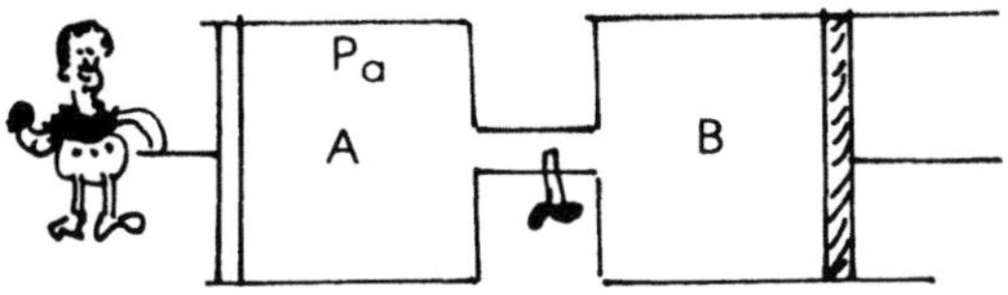

3) On fait la même chose qu'au 2), mais maintenant les deux cylindres sont thermiquement isolés.

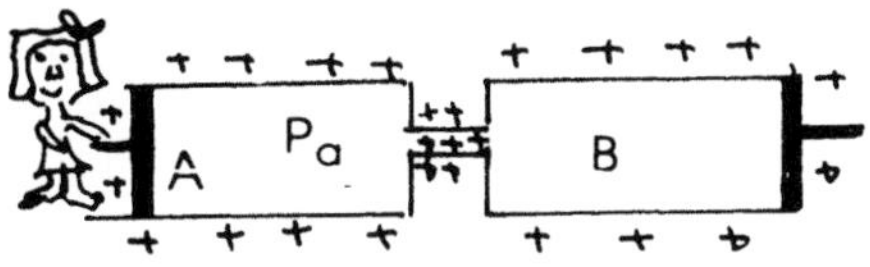

4) Le piston B est amené à l'extrémité du cylindre opposé à la vanne, et celle-ci est entrouverte. Les deux cylindres sont en contact thermique.

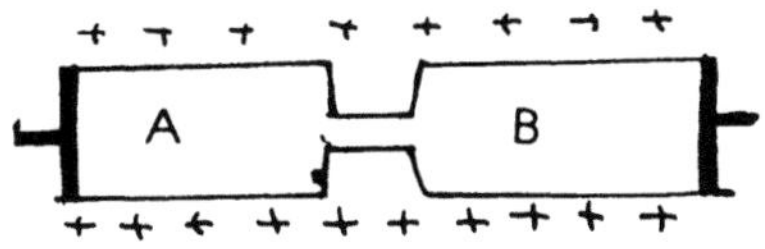

5) Idem qu'en 4) sauf que les deux cylindres sont thermiquement isolés. Quelle est la température finale du gaz dans chaque cylindre ?

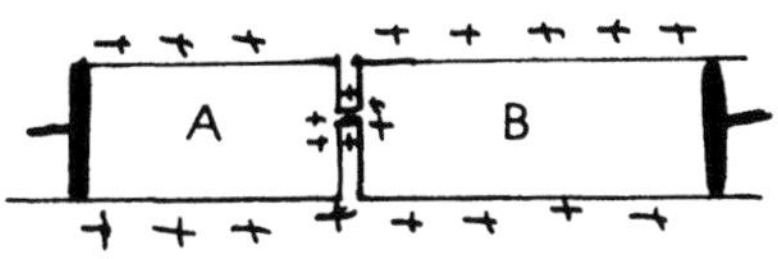

2

On considère de l'azote, considéré comme un gaz parfait diatomique, s'écoulant en régime permanent dans une turbine, à débit massique constant égal à q. A l'entrée de la turbine, la vitesse vaut v_e et la pression P_e. A la sortie, la vitesse vaut v_s et la pression P_s. La turbine fonctionne en fournissant à l'extérieur une puissance P. L'azote sort de la turbine à la température extérieure T_{ext}.

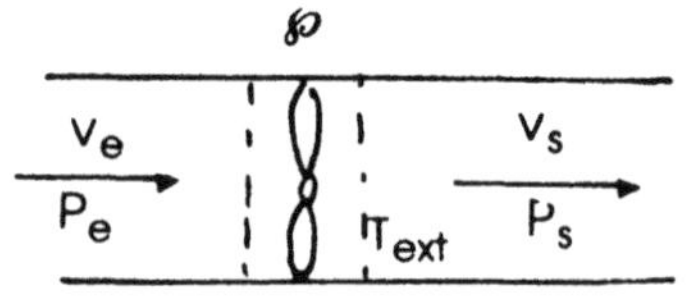

1) Si le gaz a subi une transformation adiabatique, trouver la température d'admission du gaz.
2) Si la transformation était isotherme, déterminer la puissance thermique reçue par le gaz.

3 Transformation en vase clos

Un cylindre de volume constant est divisé en deux compartiments par un piston mobile, sans frottement. Les parois du cylindre et du piston sont de plus imperméables à la chaleur. Initialement, les deux compartiments sont de volumes égaux 3l. Ils sont remplis d'un gaz parfait, la pression vaut 1bar, la température vaut $T_0 = 273\text{K}$. On prendra $\gamma = \dfrac{5}{3}$.

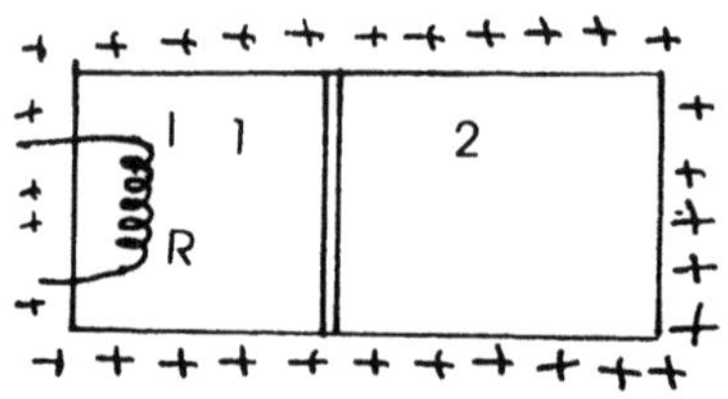

Le gaz du compartiment 1 reçoit de la chaleur d'une résistance R parcourue par un courant i constant. Déterminer P, V et T dans les deux compartiments en fonction du temps.

4 Détermination expérimentale de γ

Dans un ballon fermé par un robinet R, et relié à un manomètre, on a enfermé de l'hélium à la température ambiante T_0. Sous la pression initiale $P_i = P_0 + \Delta P$, où P_0 est la pression extérieure. La surpression est supposée très petite.
On ouvre brutalement le robinet R, jusqu'à ce que la dénivellation dans le manomètre s'annule, puis on referme immédiatement R. On lit alors, une fois l'équilibre atteint, la nouvelle surpression dans le manomètre.
Expliquez ce qui se passe et en déduire une valeur de γ, sachant qu'initialement la dénivellation d'eau dans le manomètre valait 25,9 cm et que finalement elle vaut 10 cm.

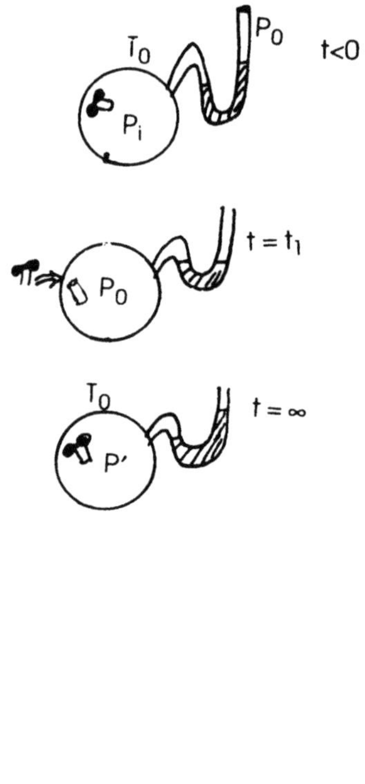

5 Ecoulement à travers un obstacle poreux

Un gaz s'écoule lentement dans une tuyère de section constante. Il rencontre un obstacle poreux. On note avec un indice 1 les pressions, volume molaire et température en amont de l'obstacle et avec un indice 2 celle en aval.

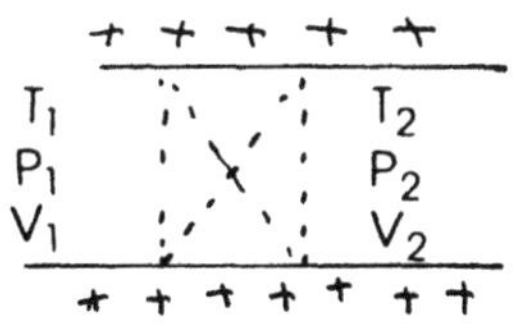

Le tuyau est par ailleurs calorifugé.

1) Montrer que l'écoulement est isenthalpique.

2) Donner une expression du rapport $\frac{dT}{dP}$.

6

a) Soit une mole gaz parfait subissant la série de transformations suivantes :

— compression rapide de (P_0, T_0) à (P_1, T_1) ;

— refroidissement isobare jusqu'à T_0.

Calculer la création d'entropie au cours des transformations.

b) Pour réduire l'irréversibilité, on fait cette fois les transformations suivantes :

— compression rapide de (P_0, T_0) à (P_2, T_2) ;

— refroidissement isobare jusqu'à T_0 ;

— compression rapide de (P_2, T_0) à (P_1, T_1) ;

— refroidissement isobare jusqu'à T_0.

Expliquer pourquoi l'entropie est réduite.

Calculer la création d'entropie en fonction de P_2.

Trouver la pression optimale.

Calculer le travail fourni par les compresseurs.

Applications numériques : $P_0 = 1$ atm, $P_1 = 25$ atm, $T_0 = 290K$, $\gamma = 1,4$.

7 Transformation réversible... ou pas

Un cylindre à parois diathermales est fermé par un piston pesant de masse m et de section s. Ce cylindre contient n moles d'un gaz parfait diatomique.

Initialement, le gaz est à l'équilibre et le piston est bloqué dans une certaine position. On note avec des indices 0, la pression le volume et la température initiaux, qui sont des données du problème. Le système est thermostaté.

1) On libère brutalement le piston qui devient mobile sans frottement.

Déterminer les échanges énergétiques, la création d'entropie.

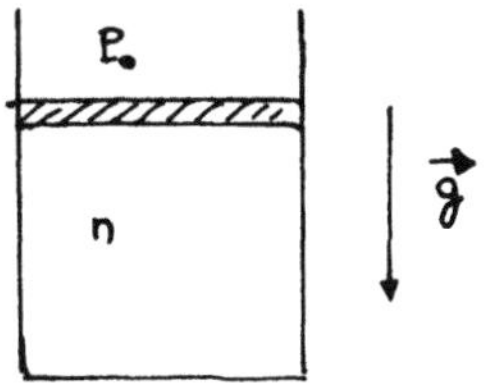

2) On libère le piston en assurant une descente infiniment lente. Répondre aux questions précédentes. Déterminer une relation entre les travaux reçus par le gaz dans le cas 1 et le cas 2.

Corrigés

1

Cet exercice est difficile.

Méthodes utilisées : 2,3,6,12,15

Le petit lexique thermodynamicien-français.

1) On recherche dans l'énoncé ce qui va nous permettre de résoudre le problème : le mot lentement signifie en thermo : transformation quasi-statique. Le mot calorifugé signifie que la transformation est adiabatique. Le gaz subit donc une transformation adiabatique réversible. Donc, on peut utiliser la loi de Laplace entre l'état initial et final. On fait un petit bilan des variables d'état entre les instants initiaux et finaux :

$$E_i \left| \begin{array}{l} n_0 \\ V_0 \\ T_0 \\ P_0 = \dfrac{nRT_0}{V_0} \end{array} \right. \qquad E_{final} \left| \begin{array}{l} n_0 \\ 2V_0 \\ T = ? \\ P = ? \end{array} \right.$$

On applique la loi de Laplace :

$TV^{\gamma-1} = cst$, ce qui permet de trouver la température finale :

$$\boxed{T_{f1} = T_0 \frac{1}{2^{\gamma-1}}}$$

2) Le piston est amené en B, donc le travail pour pénétrer dans B et nul, puisqu'il y a le vide dans B. Pour maintenir la pression constante dans A on a dû fournir un travail positif $W = -P_0(V - V_0)$. A la fin la pression est encore égale à P_0 dans A donc il y a encore du gaz.
La transformation du gaz est encore adiabatique, donc Q est nul.
Enfin l'équilibre thermodynamique impose que la pression soit la même dans toute l'enceinte et donc égale à P_0.
Le premier principe appliqué à tout le gaz entre les instants initiaux et finaux donne donc :

$$\Delta U = W = -P_0(V - V_0) = n_0 c_V \Delta T$$

Par ailleurs, un bilan des variables d'état entre les instants initiaux et finaux donne une autre relation entre les deux inconnues T et V.

$$E_i \left| \begin{array}{l} n_0 \\ V_0 \\ T_0 \\ P_0 = \dfrac{nRT_0}{V_0} \end{array} \right. \qquad E_{final} \left| \begin{array}{l} n_0 \\ V + V_0 \\ T = ? \\ P = P_0 \end{array} \right.$$

D'où $\boxed{T_{f2} = \dfrac{2\gamma - 1}{\gamma} T_0}$.

3) On nous dit que les deux cylindres sont isolés thermiquement, donc la température est *a priori* différente dans les deux cylindres. A l'équilibre, en effet, les échanges de chaleur qui tendrait à homogénéiser la température ne peuvent alors se faire.
Cependant la pression est la même dans les deux parties.
L'équation des gaz parfaits s'écrit alors :

$$n_0 R = \frac{P_0 V_0}{T_B} + \frac{P_0 V}{T_A}$$

Par ailleurs le premier principe appliqué au système total formé par l'air dans A et l'air dans B donne :

$$W = -P_0(V - V_0) = \Delta U_A + \Delta U_B = \frac{R}{\gamma - 1}\left(\frac{P_0 V_0}{RT_B}(T_B - T_0) + \frac{P_0 V}{RT_A}(T_A - T_0)\right)$$

En éliminant V dans ces deux équations, on obtient, puisque le gaz qui reste dans A reste dans un état inchangé :

$$\boxed{T_A = T_0} \qquad \text{et} \qquad \boxed{T_B = \gamma T_0}$$

4) Il s'agit d'une bête détente de Joule. Le travail des forces de pression est nul, puisque le gaz se répand dans le vide.
Par ailleurs Q est nul car les enceintes sont calorifugées.
Donc la variation d'énergie interne est nulle donc $\boxed{T_{f4} = T_0}$.

5) Si les deux cylindres sont isolés thermiquement, les températures du gaz en A et B seront différentes. A l'équilibre on aura cependant la même pression dans les deux compartiments. Le travail total reste nulle, pour les mêmes raisons qu'au 4), on a donc en appliquant le premier principe au système total :

$$W + Q = 0 + 0 = \Delta U_A + \Delta U_B = \frac{PV_0}{RT_B}(T_B - T_0) + \frac{PV_0}{RT_A}(T_A - T_0)$$

Soit après ménage :

$$\frac{1}{T_a} + \frac{1}{T_B} = \frac{2}{T_0}$$

Enfin il nous faut une deuxième équation. Prenons comme système l'air qui se retrouve à l'état final dans le compartiment A. Ce système subit une détente adiabatique quasi-statique, donc on peut lui appliquer la loi de Laplace.
On a alors :

$$T_A = T_0\left(\frac{P_0}{P}\right)^{\frac{1-\gamma}{\gamma}}$$

On calcule P au moyen du premier principe :

$$\Delta U = 0 = nc_v\Delta T = \frac{\Delta PV}{\gamma - 1} = (P2V_0 - P_0V_0).\frac{1}{\gamma - 1}$$

On en déduit que :

$$\boxed{T_{f5A} = T_0\frac{1}{2^{\frac{\gamma-1}{\gamma}}}} \qquad \text{et} \qquad \boxed{T_{f5B} = \frac{T_0}{2\left(1 - 2^{-\frac{1}{\gamma}}\right)}}$$

2

Méthodes utilisées : 16

1) On a repéré le mot écoulement, donc c'est H. On applique le premier principe à une tranche de fluide, on a alors :

$$\Delta H + \Delta K = W + Q$$

Puisque la transformation est adiabatique Q est nul. Par ailleurs, on sait que lorsque l'énoncé nous donne le débit massique, il est intéressant de dériver le premier principe. Ainsi la puissance reçue par l'azote vaut –P, on a donc une expression simple du premier principe :

$$T_e = T_s + \frac{\frac{qM}{2}\left(v_s^2 - v_e^2\right) + PM}{qc_p}$$

Rappelons, on ne le dira jamais assez, que l'azote étant un gaz diatomique, $c_p = \frac{7R}{2}$.

2) Si la transformation est isotherme, puisque le gaz est supposé parfait, elle est de ce fait isenthalpique. En dérivant le premier principe, on tombe facilement sur :

$$\frac{q}{2}\left(v_s^2 - v_e^2\right) + P = \dot{Q}$$

Et c'est fini.

---

3 Transformation en vase clos

Méthodes utilisées : 3,5,6

Etape 1 : Tirer le maximum de résultat de la lecture de l'énoncé.

A la lecture de l'énoncé on peut savoir que la transformation des gaz dans le compartiment où il n'y a pas de résistance sera adiabatique.
On ne peut pas dire que la transformation du gaz dans le compartiment 1 est adiabatique puisqu'il reçoit de la chaleur de la part de la résistance.
Les hypothèses de l'énoncé conduisent aussi au fait qu'à tout instant :

$$V_1 + V_2 = V_{tot} (1)$$

Par ailleurs, il y a conservation du nombre de moles gazeuses dans chacun des compartiments.
On suppose que le courant est assez faible pour pouvoir considérer la transformation comme quasi-statique.

Etape 2 : essayer de s'en sortir.

Pour chacun des systèmes constitués par le gaz dans un compartiment, le premier principe s'écrit, puisque le récipient est supposé immobile :

$$\Delta U_1 = n_1 c_v \Delta T = W_{pression} + W_{electrique} \text{ (i)}$$

$$\Delta U_2 = n_2 c_v \Delta T = -W_{pression} \text{ (ii)}$$

Puisque les transformations sont adiabatiques et quasi-statiques, on a pour le compartiment de droite :

$$P_2 V_2^{\gamma} = P_0 V_0^{\gamma} \text{ (2)}$$

Par ailleurs, on a accès à l'expression du travail de la force électrique :

$$W_{electrique} = \frac{1}{2} R i^2 t$$

Les transformations étant quasi-statiques, tout instant est un état d'équilibre, on peut donc appliquer à tout instant la loi des gaz parfaits.

$$P_2 V_2 = nRT_2 \text{(iii)}$$

$$P_1 V_1 = nRT_1 \text{ (iv)}$$

Par ailleurs, puisque tout instant est instant d'équilibre, en particulier d'équilibre mécanique, on a pour tout t :

$$P_1 = P_2 \text{(v)}$$

En sommant (ii) et (iii), on a :

$$n_1 c_v (T_1 - T_0) + n_2 c_v (T_2 - T_0) = W_{electrique} \text{ (vi)}$$

On a six équations, 6 inconnues, on devrait pouvoir s'en sortir.

Etape 3 : résolution.

En sommant iii et iv, on obtient :

$$P_2 V_{tot} = n_0 R (T_1 + T_2)$$

Ceci astucieusement remplacé dans (vi) nous permet d'avoir accès à P_2 (ou P_1) :

$$P_2 = \frac{(\gamma - 1)Ri^2 t}{V_{tot}} + P_0$$

On peut alors facilement calculer V_2 :

$$V_2 = V_0 \left(\frac{P_0}{\dfrac{(\gamma - 1)Ri^2 t}{V_{tot}} + P_0} \right)^{\frac{1}{\gamma}}$$

et finalement T_2, et $V_1 = 2V_0 - V_2$, puis T_1 en appliquant la loi des gaz parfaits.

4

Méthodes utilisées : 4

Etape 1 : Deviner les transformations qui se passent.
La première étape est une détente adiabatique. En effet, le mot brutalement impose que les échanges de chaleur n'ont pas le temps de se réaliser.
Lorsqu'on a refermé le bouchon, si on peut négliger la section du tube du monomètre, la transformation qui suit se fait à volume constant, donc isochore.
Comme le ballon est en verre, à l'équilibre la température est égale à la température extérieure (et donc à la température initiale).

Etape 2 : Choix d'un système.
On l'a dit en introduction, et on se répète (que voulez-vous, on vieillit, le plus étrange c'est que ça nous amuse encore d'écrire des bouquins à notre âge), le genre de système qui subit une transformation adiabatique, on aime bien ça.
On considère donc le gaz qui reste dans le ballon à la fin de l'expérience. Il subit une détente adiabatique, réversible si le robinet n'est pas trop large ou que la surpression n'était pas trop grande.

Ainsi la pente de l'adiabatique vaut à peu près :

$$\left(\frac{dP}{dV}\right)_Q = \frac{P_0 - (P_0 + \Delta P)}{v_0 + \Delta v - v_0}$$

L'état final et l'état initial sont situés sur la même isotherme, puisque la transformation est monotherme. Or la pente de l'isotherme vaut :

$$\left(\frac{dP}{dV}\right)_T = \frac{(P_0 + \Delta P') - (P_0 + \Delta P)}{\Delta v}$$

Or on vous a dit que le rapport des pentes d'une isotherme et d'une adiabatique était $\frac{1}{\gamma}$, on en déduit donc une valeur approchée de γ, les surpressions étant proportionnelles aux dénivellations :

$$\boxed{\gamma = \frac{h}{h - h'} = 1,63}$$

Cet exercice est archi-classique et a la mauvaise habitude de tomber fréquemment à l'oral, alors méfiance et vigilance.

5

Méthodes utilisées : 16,6

1) On applique le premier principe à l'écoulement, comme le tuyau est calorifugé Q est nulle et comme le travail des forces de pression est déjà compté dans l'enthalpie W est nul également.
Bref, l'écoulement est isenthalpique.

2) En revenant aux expressions différentielles de H, on trouve :

$$dH = dU + dPV = dU + PdV + VdP$$

Qui est aussi égale à :

$$dH = \delta Q - PdV + PdV + VdP = c_p dT + hdP + VdP$$

Pour cette transformation isenthalpique, on a donc dH nul soit :

$$\frac{dT}{dP} = \frac{-h - v}{c_p} = \frac{T\left(\frac{\partial V}{\partial T}\right)_P - V}{c_p}$$

en revenant à l'expression du coefficient thermodynamique h.

6

Méthodes utilisées : 3,8,18

a) La première compression est rapide. On peut donc la supposer adiabatique. On la suppose de plus réversible. (On peut toujours arrêter de comprimer. Alors le gaz se décomprime tout seul.)
Une adiabatique réversible est une isentopique. On a donc $\sigma = 0$et $\Delta S = 0$.

C'est-à-dire $\ln\frac{P_1V_1^\gamma}{P_0V_0^\gamma} = 0$. Et donc $P_1^{1-\gamma}T_1^\gamma = P_0^{1-\gamma}T_0^\gamma$ soit $T_1 = T_0\left(\frac{P_0}{P_1}\right)^{\frac{1-\gamma}{\gamma}}$

Le refroidissement est isobare.

Donc $\Delta S = C_V \ln\frac{P_1^{1-\gamma}T_0^\gamma}{P_1^{1-\gamma}T_1^\gamma} = C_V \ln\frac{T_0^\gamma}{T_1^\gamma} = C_V \ln\left(\frac{P_1}{P_0}\right)^{1-\gamma} = -R\ln\left(\frac{P_1}{P_0}\right)$

On peut calculer Q grâce au premier principe :

— Transformation quasistatique isobare : $W = \int_{V_0}^{V_1} -P_1 dV$

soit $W = \int_{V_0}^{V_1} -P_1 dV = -\int_{V_0}^{V_1} d(P_1V) = -R\int_{V_0}^{V_1} dT = -R(T_0 - T_1) = -RT_0\left(1 - \left(\frac{P_0}{P_1}\right)^{\frac{1-\gamma}{\gamma}}\right)$

— Et comme on a un gaz parfait : $\Delta U = C_V(T_0 - T_1) = \frac{R}{\gamma - 1}T_0\left(1 - \left(\frac{P_0}{P_1}\right)^{\frac{1-\gamma}{\gamma}}\right)$

Il nous reste donc $Q = \frac{R}{\gamma-1}T_0\left(1 - \left(\frac{P_0}{P_1}\right)^{\frac{1-\gamma}{\gamma}}\right) + RT_0\left(1 - \left(\frac{P_0}{P_1}\right)^{\frac{1-\gamma}{\gamma}}\right) = T_0\frac{R\gamma}{\gamma-1}\left(1 - \left(\frac{P_0}{P_1}\right)^{\frac{1-\gamma}{\gamma}}\right)$

On peut maintenant appliquer le second principe. Les échanges se font avec un thermostat qui est en permanence à la température T_0.

— L'entropie d'échange est donc : $\Delta S_{éch} = \frac{Q}{T_0} = \frac{R\gamma}{\gamma-1}\left(1-\left(\frac{P_0}{P_1}\right)^{\frac{1-\gamma}{\gamma}}\right)$.

— On a déjà calculé l'entropie totale : $\Delta S = -R\ln\left(\frac{P_1}{P_0}\right)$.

Il reste donc $\boxed{\sigma = R\ln\left(\frac{P_0}{P_1}\right) + \frac{R\gamma}{\gamma-1}\left(\left(\frac{P_1}{P_0}\right)^{\frac{\gamma-1}{\gamma}} - 1\right)}$ c'est bien l'entropie totale créée puisque la première étape était réversible. Numériquement $\sigma = 17,1\ J.K^{-1}$.

b) Cette fois, on fait subir deux fois au cycle les transformations. Pour le même état final, on a donc fait des transformations plus courtes et donc plus proches du quasistatique c'est-à-dire plus proches du réversible. Augmenter le nombre d'étapes permet de diminuer la création d'entropie.

— Evidemment ΔS est inchangée : $\Delta S = -R\ln\left(\frac{P_1}{P_0}\right)$ (équation d'état).

— En revanche, la création d'entropie doit être sommée sur les deux étapes :

$$\sigma = R\ln\left(\frac{P_0}{P_2}\right) + \frac{R\gamma}{\gamma-1}\left(\left(\frac{P_2}{P_0}\right)^{\frac{\gamma-1}{\gamma}} - 1\right) + R\ln\left(\frac{P_2}{P_1}\right) + \frac{R\gamma}{\gamma-1}\left(\left(\frac{P_1}{P_2}\right)^{\frac{\gamma-1}{\gamma}} - 1\right),$$

soit $\sigma = R\ln\left(\frac{P_0}{P_1}\right) + \frac{R\gamma}{\gamma-1}\left(\left(\frac{P_2}{P_0}\right)^{\frac{\gamma-1}{\gamma}} + \left(\frac{P_1}{P_2}\right)^{\frac{\gamma-1}{\gamma}} - 2\right)$.

On choisit P_2 tel que la création d'entropie soit minimale.

Il faut donc : $0 = \frac{d\sigma}{dP_2} = \frac{R\gamma}{\gamma-1}\left(\frac{\gamma-1}{\gamma}\frac{1}{P_0}\left(\frac{P_2}{P_0}\right)^{\frac{-1}{\gamma}} - \frac{\gamma-1}{\gamma}\frac{1}{P_1}\left(\frac{P_1}{P_2}\right)^{\frac{2\gamma-1}{\gamma}}\right)$ soit $\boxed{P_2 = \sqrt{P_0P_1}}$

et alors $\boxed{\sigma = R\ln\left(\frac{P_0}{P_1}\right) + 2\frac{R\gamma}{\gamma-1}\left(\left(\frac{P_1}{P_0}\right)^{\frac{\gamma-1}{2\gamma}} - 1\right)}$.

Numériquement $\sigma = 7,2\ J.K^{-1}$

La création d'entropie est bien inférieure à celle de la première étape.

Calculons le travail fourni par le compresseur.
On applique le premier principe pour le cycle entier : $W = \Delta U - Q = -Q$ car la température revient à sa valeur initiale.

Le second principe nous donne (les échanges de chaleur se font avec la source à température T constante) : $\Delta S = \frac{Q}{T_0} + \sigma$.

Il reste donc $W = -T_0(\Delta S - \sigma)$.

Cas a) : $\sigma = R\ln\left(\frac{P_0}{P_1}\right) + \frac{R\gamma}{\gamma-1}\left(\left(\frac{P_1}{P_0}\right)^{\frac{\gamma-1}{\gamma}} - 1\right)$ et $\Delta S = -R\ln\left(\frac{P_1}{P_0}\right)$ donc $\boxed{W = T_0\frac{R\gamma}{\gamma-1}\left(\left(\frac{P_1}{P_0}\right)^{\frac{\gamma-1}{\gamma}} - 1\right)}$

Cas b) : $\sigma = R\ln\left(\frac{P_0}{P_1}\right) + 2\frac{R\gamma}{\gamma-1}\left(\left(\frac{P_1}{P_0}\right)^{\frac{\gamma-1}{2\gamma}} - 1\right)$ et $\Delta S = -R\ln\left(\frac{P_1}{P_0}\right)$,

donc $\boxed{W = 2T_0\frac{R\gamma}{\gamma-1}\left(\left(\frac{P_1}{P_0}\right)^{\frac{\gamma-1}{2\gamma}} - 1\right)}$.

Le travail est plus petit.
On a dépensé moins d'énergie. On a donc intérêt à faire notre compression en un maximum d'étapes c'est-à-dire de se rapprocher au maximum de la réversibilité.

7

Méthodes utilisées : 3,8

— La température est fixée par la température extérieure, et vaut T_0.
— L'équilibre mécanique du piston nous donne accès à la pression dans le cylindre. En effet, le PFD appliqué au piston dans le référentiel du labo supposé galiléen et projeté sur l'axe ascendant donne $P_f.s - P_0.s - mg = 0$. On néglige en effet l'accélération du piston.

La pression à l'intérieur du cylindre est donc $P_f = P_0 + \frac{mg}{s}$.

— La loi des gaz parfaits donne $\boxed{V_f = \frac{nRT_f}{P_f} = \frac{nRT_0}{P_f}}$.

Echange énergétique

— La transformation est monotherme. Donc $\Delta U = 0$.
— Le travail se calcule immédiatement car la transformation est isobare :

$$W = -P_{ext}\int_{V_i}^{V_f} dV = -\left(P_0 + \frac{mg}{s}\right)(V_f - V_i).$$

Donc la chaleur recue par le piston est : $Q_1 = \left(P_0 + \frac{mg}{s}\right)(V_f - V_i) < 0$.

Création d'entropie

On pose $P_f = P_0(1+x)$.

La variation d'entropie du gaz est $\Delta S_1 = nC_V\ln\left(\frac{P_f^{1-\gamma}T_f^{\gamma}}{P_0^{1-\gamma}T_0^{\gamma}}\right) = nC_V(1-\gamma)\ln(1+x)$.

L'entropie d'échange vaut $\Delta S_1^{ech} = \frac{Q_1}{T_{ext}} = \frac{P_f(V_f - V_i)}{T_0} = nR(1-(1+x)) = -nRx$

La création d'entropie au cours de la transformation vaut donc :

$\boxed{\sigma_1 = \Delta S_1 - \Delta S_1^{ech} = nR(-\ln(1+x)+x)}$ on a bien $\sigma_1 > 0$.

Transformation réversible

On a toujours $T_f = T_0$, $P_f = P_0 + \frac{mg}{s}$, $V_f = \frac{nRT_f}{P_f} = \frac{nRT_0}{P_f}$ et $\Delta U = 0$.

En revanche, la transformation est cette fois quasistatique. Le travail est donc :

$$W = -\int_{V_0}^{V_f} PdV = -nRT_0 \int_{V_0}^{V_f} \frac{dV}{V} = -nRT_0 \ln\frac{V_f}{V_0} = nRT_0 \ln\frac{P_f}{P_0} = nRT_0 \ln(1+x).$$

Donc, la chaleur vaut cette fois $Q_2 = -nRT_0 \ln(1+x)$.

Comme la réaction est réversible, la variation d'entropie vaut :

$$\Delta S_2 = \Delta S_2^{ech} = \frac{Q_2}{T_0} = -nR\ln(1+x)$$

Remarquons que la différence des deux travaux vaut $W_1 - W_2 = T_0\sigma_1$.

Le travail perdu dans la première technique a été perdu en création d'entropie.

Chapitre 7
CHANGEMENT D'ETAT D'UN CORPS PUR

■ Il y a des chapitres qui plaisent, d'autres pas. C'est la vie. Malheureusement pour vous, celui-là n'a pas toutes vos faveurs. Qu'à cela ne tienne, la joyeuse METHODIX's team se propose de vous rendre efficace sur cette partie non négligeable du programme de sup. En revanche, on n'essaiera pas de vous la faire aimer, ça vous pouvez en être sûr.

Les humains n'aiment pas ce chapitre et pourtant, il est assez facile car il y a peu de méthodes à retenir. Pourquoi donc ? « Ils n'en n'ont pas trouvé », vous dites-vous en votre for intérieur. NON. Tout simplement parce qu'il y a peu de questions différentes dans les exercices.

■ En effet, on vous demandera systématiquement :
— de calculer la variation d'une fonction d'état pendant un changement d'état dont on connaît les états initiaux et finaux ;
— de **déterminer l'état final à partir de l'état initial**. Ceci représente selon nous la difficulté majeure de ce chapitre ;
— de savoir traiter les cas dits « emmerdants » faisant intervenir des **changements d'état irréversibles** ou de trouver des états finaux dans le cas où le système est en **équilibre métastable**.

■ **Ce qu'il faut avoir retenu quand on a tout oublié**
— Pendant un changement d'état, la pression ne dépend que de la température.
— Pour un changement d'état à température constante, ΔG est nul.

1. Comment étudier les systèmes contenant deux phases d'un même corps ?

De deux choses l'une : soit votre exercice commence au début d'un changement d'état soit non (jusqu'ici, on n'a rien dit ; certes ; mais on n'a pas non plus dit de bêtise).
On se propose dans ce premier paragraphe de ne traiter que le cas où il y a, à la fin, deux phases dans le système.
Un tel problème se traite en trois étapes :
— expliquer pourquoi il y a changement d'état ;
— déterminer la valeur des grandeurs qui définissent le système : P, T, le nombre final de moles dans chacune des phases, éventuellement v (volume molaire) ;
— évaluer la variation des fonctions d'état classiques U, H, S et G.

■ **Si vous ne deviez retenir qu'une chose** de cette partie, c'est que la thermodynamique chimique explique parfaitement les changements d'état en physique.
En particulier, tous les raisonnements sur la **formule de Gibbs** et sur la **variance** seront très utilisés pour établir les grands résultats de ce premier paragraphe.

A) Pourquoi il y a-t-il changement d'état ?

Il n'est peut-être pas inutile de vous rappeler les causes profondes du sujet qui nous intéresse aujourd'hui.
Tiens, au fait, pourquoi diable y a-t-il des changements d'état ?

METHODE 1 : Comment expliquer physiquement pourquoi il y a des changements d'état ?

■ **Principe**

Revenir à la notion d'ordre et d'entropie. Plus la température est élevée, plus l'agitation moléculaire est intense, plus il est difficile de garder des structures ordonnées.
Conclusion : plus on chauffe, plus la structure devient désordonnée.
Aussi, si on chauffe un solide, il risque de devenir liquide afin de perdre son ordre cristallin. Si on chauffe ce liquide, il devient gazeux afin d'être complètement désordonné. Ces changements ne sont pas continus mais brutaux car il faut une énergie minimale pour casser (ou reformer) une structure.

■ **Conséquence**

Ceci vous permettra peut-être d'arrêter de vous tromper de signe pour la valeur des chaleurs latentes de fusion et de vaporisation. Pour passer d'un état ordonné à un état désordonné, il faut fournir de la chaleur pour augmenter l'agitation moléculaire. Cette chaleur correspond exactement, dans le cas réversible, à la chaleur latente.

D'où l'adage :
Le bordel, c'est positif !
Non ce n'est pas de la grossièreté gratuite : on cherche juste à vous réveiller...

i.e. pour augmenter le désordre, il faut fournir une quantité de chaleur qui sera comptée **positivement** pour le système.

Cette petite remarque physique étant passée, on va pouvoir recommencer à faire des calculs bourrins sans rien comprendre. Comme d'hab quoi.

B) Comment déterminer les grandeurs d'état du système ?

On part d'un corps, sous une ou plusieurs phases dans une enceinte. On voudrait connaître l'état final, sachant que l'énoncé vous assure (ou que vous supposez) qu'il reste deux phases à la fin.

■ Pas de panique : le maître-mot dans cette partie c'est de se souvenir que lorsque les deux phases sont en équilibre, si on connaît une grandeur d'état, on les connaît toutes.

■ Pour déterminer P, T, V, n sous une phase et n' sous l'autre, faites le raisonnement dans l'ordre qui suit :
1. Détermination de T (resp P) si on vous donne P (resp T).
2. Détermination du nombre de moles gazeuses, à l'aide de l'équation d'état du gaz.
3. Détermination du nombre de moles liquides, par conservation du nombre de moles totales.

METHODE 2 : Montrer qu'une seule grandeur détermine les autres et utiliser la pression de vapeur saturante

■ **Principe**

La variance de l'équilibre vaut 1, donc une seule grandeur suffit pour déterminer le système. En particulier, P est une fonction de T. On note $P = P_{sat}(T)$.
Il y a alors deux possibilités : soit on vous donne les valeurs dont vous avez besoin (exemple : l'eau bout à 100 °C sous une pression de 1 bar $\Rightarrow P_{sat}(378K) = 1bar$), soit vous devrez calculer cette courbe à l'aide de la formule de Clapeyron et de la méthode 8.

■ Mise en œuvre

1. Calcul de la variance
Lorsque les deux phases sont en équilibre, la variance vaut par définition :

$$v = n - r + 2 - \varphi$$

On rappelle que :
— n est le nombre d'espèces chimiques (eau liquide + eau gazeuse + glace = 1 espèce) ;
— r est le nombre de réactions chimiques ;
— φ est le nombre de phases (deux liquides non miscibles = deux phases
deux solides = deux phases) ;
— 2 est un entier !!!
La variance représente le nombre de paramètres nécessaires pour définir entièrement l'état du système.
Si ceci n'est pas clair, cf. chapitre thermochimie.

Dans ce cas $n = 1$, $\varphi = 2$, $r = 0$, la variance vaut 1.

2. Interprétation
Une seule variable intensive détermine entièrement l'état du système. En d'autres termes P est une fonction de T. La pression en question s'appelle **pression de vapeur saturante**.
Il n'y a plus qu'à calculer P puisque vous connaissez T.

■ Rappel

A ce niveau de l'exposé, il est peut-être bon de rappeler la différence entre la vapeur saturante et la vapeur sèche.
La vapeur saturante est en équilibre avec la phase liquide. La **vapeur sèche est seule dans sa phase**.

■ *Exemple : On casse une ampoule contenant de l'eau liquide dans une enceinte de volume fixé. On attend l'équilibre thermique qui se fait à la température T. Il reste de l'eau liquide.*
Que vaut la pression ?
Interprétation physique : l'eau liquide va se vaporiser pour combler le vide. On aura donc de la vapeur d'eau dans l'enceinte.
La température est fixée, on a un équilibre diphasé, donc la pression vaut la pression de vapeur saturante à T.

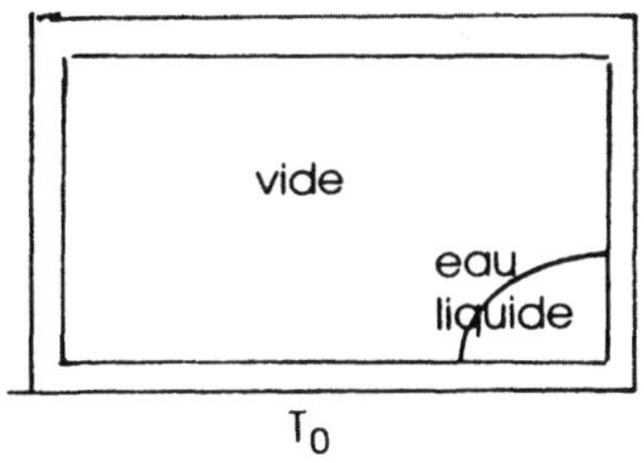

METHODE 3 : Calculer le nombre de moles de gaz à l'aide de l'équation d'état du gaz

■ Cas d'application

Lorsque la phase à considérer est gazeuse, il est alors très fréquent de faire l'hypothèse gaz parfait.

■ Intérêt

Ceci permet de déterminer le nombre de moles gazeuses si on est à volume fixé.
On utilise ensuite la conservation de la matière pour en déduire le nombre de moles liquides ou solides.

■ *Exemple : On part initialement de 2 moles d'eau liquide qu'on introduit dans un récipient de volume constant d'un litre dans lequel régnait préalablement un vide poussé. On admet qu'à l'équilibre il y a encore du liquide. Déterminer le nombre de moles d'eau liquide et gazeuse finaux. La température est fixée à 373 K.*

On nous dit qu'il y a équilibre entre les deux phases. Donc la méthode 2 s'applique : On nous donne la température, donc on connaît la pression, qui vaut d'après les tables 1 atm.
Donc la pression de l'eau gazeuse est fixée à 1 atm. On a donc, en appliquant la loi des gaz parfaits :

$$n_{gazeux} = \frac{PV}{RT}$$

$$n_{gazeux} = \frac{10^5 10^{-6}}{8,31.373} \approx 0,03 \text{moles}$$

On en déduit le nombre de mole d'eau liquide par conservation du nombre de mole totale d'eau :

$$n_{liquide} = 2 - n_{gazeux} = 1,97 \text{moles}$$

C) Comment calculer les variations des fonctions d'état ?

Quasi systématiquement, on vous demande de calculer la variation des fonctions d'état usuelles. Les trois méthodes qui suivent permettent de répondre à ces questions dans le cas où **la température reste constante pendant tout le changement d'état**.

J'entend vos petites voix tremblantes geindre : mais que faire si la température ne reste pas constante ? Patience mes enfants, vous serez bientôt mis au courant. Pas plus tard qu'à la méthode 8.

METHODE 4 : Comment déterminer ΔH ?

■ **Principe**

Appliquer le premier principe en remarquant que dP est nul dans :

$$dH = \delta Q + VdP$$

■ **Rappel**

Dans le cas où la température reste constante, **les changements d'état se font à pression constante.** Le premier principe appliqué au système qui a changé d'état donne alors :

$$\Delta H = Q = nL_m = mL$$

où L est la chaleur latente massique, et L_m la chaleur latente molaire. n représente le **nombre de moles qui ont changé d'état**.

■ **Erreur fréquente**

Dans le cas où l'on a un mélange de gaz, dont l'un est en équilibre diphasé, c'est la **pression partielle en ce gaz qui reste constante** et non pas la pression totale.
Ainsi, la variation d'enthalpie du système global (formé par tous les gaz et le liquide diphasé) s'exprimera différemment. On aura :

$$dH = \delta Q + VdP_{autres\_gaz}$$

où P_{autres_gaz} est la pression partielle des corps **non** diphasés, sous forme gazeuse.
Cependant dH vaut toujours dmL_{vap}. C'est Q qui a une valeur différente.

METHODE 5 : Comment calculer ΔU ?

■ Principe

Appliquer le premier principe en remarquant que P est constant dans :

$$dU = \delta Q - PdV$$

■ Cas d'application

Lorsqu'on est à pression constante,
et
lorsque le gaz est seul dans sa phase ou ce qui est équivalent lorsque la pression partielle en ce gaz est égale à la pression totale.
Dans ces deux conditions Q s'identifie à la chaleur latente de changement d'état.

■ Rappel

Q reste égale à la chaleur latente de changement d'état, on a donc :

$$\Delta U = mL - \int_{V_1}^{V_2} PdV = mL - P(V_2 - V_1)$$

METHODE 6 : Comment calculer ΔS ?

■ Cas d'application

Il faut être à T constant, comme toujours depuis les trois dernières méthodes.

■ Rappel

$$\Delta S = \int \frac{\delta Q}{T} = \frac{1}{T}\int \delta Q = \frac{mL}{T}$$

où m est la masse du système qui a changé d'état et Q est la chaleur reçue par le système.
Q est positif si la chaleur est reçue (encore une fois cela arrive quand le désordre s'accroît), négatif si elle est cédée.

METHODE 7 : Comment calculer $\Delta S_{thermostat}$?

■ Principe

Revenir à la définition et dire que la chaleur Q' reçue par le thermostat est l'opposée de la chaleur reçue par le système.

$$dS_{thermostat} = \frac{\delta Q'}{T_{thermostat}} = -\frac{\delta Q}{T_{thermostat}} = -\frac{dmL}{T_{thermostat}}$$

$$\text{soit } \Delta S_{thermostat} = -\frac{\Delta mL}{T_{thermostat}}$$

■ *Exemple : On place 1 kg d'eau liquide en condition de saturation, sous une atmosphère, dans une enceinte où régnait initialement un vide poussé, de volume 1,5 mètres cubes. Cette enceinte est placée dans un thermostat à 100 °C.*
Déterminer la création d'entropie.

❐ **Etape 1 : Déterminons l'état final**

On suppose qu'il y a équilibre entre les deux phases. Ceci impose d'après la méthode 2, que la pression vale une atmosphère (puisque c'est la pression de vapeur saturante pour 100 °C).
On en déduit, par application de la méthode 3, le nombre de moles d'eau gazeuse :

$$n_{vap} = \frac{PV}{RT} = 48 \text{ moles}$$

On vérifie que ce nombre est inférieur au nombre d'eau total, ce qui valide l'hypothèse équilibre diphasé.

❐ **Etape 2 : On détermine la variation d'entropie du système eau.** La méthode 6 donne :

$$\Delta S = \Delta S_{rev} = \frac{n_{vap}L_v}{T_0}$$

❐ **Etape 3 : Calculons la variation d'entropie du thermostat :**

$$\Delta S_{thermstat} = \int \frac{\delta Q_{thermstat}}{T_{thermostat}} = \int \frac{-\delta Q}{T_{thermostat}} = \frac{-\Delta U}{T_{thermostat}}$$

En effet dans ce cas de transformation irréversible, le travail est nul car les parois sont rigides, donc la chaleur reçue par le système eau s'identifie à la variation d'énergie interne de l'eau.

Pour calculer cette variation d'énergie interne, on imagine une transformation conduisant au même état final mais où le volume augmenterait réversiblement à partir d'un volume nul, jusqu'au volume donné par l'énoncé. La transformation étant isotherme, elle est, à cause de la méthode 2, également isobare.
On trouverait alors :

$$\Delta U = W + Q = -P_{sat}(100°C)(V-0) + n_{vap}L_v$$

On trouve donc :

$$\Delta S_{thermstat} = \frac{P_{sat}(100°C)V - n_{vap}L_v}{T_0}$$

❐ **Etape 4 : Création d'entropie :**

$$\sigma = \Delta S - \Delta S_{échange} = \Delta S + \frac{-Q}{T_{thermostat}} = \Delta S + \Delta S_{thermostat} = \frac{P_{sat}(100°C)V}{T_0} = 447 \text{J.K}^{-1}$$

car il n'y a pas de création d'entropie dans le thermostat.

METHODE 8 : Utiliser un chemin fictif

■ Principe

Introduire un chemin fictif en invoquant la propriété fondamentale des fonctions d'état : leur variation le long d'un chemin ne dépend que des états initial et final.

■ Cas d'application

Si T n'est pas constant.
Lors d'un équilibre liquide/ gazeux. En effet, dans la mise en œuvre, on utilise la méthode 3 (hypothèse gaz parfait).
L'énoncé doit vous donner la valeur des chaleurs latentes de vaporisation.

■ Mise en œuvre

Un petit dessin vaut mieux que pas de dessin du tout. S'il y a toujours 2 phases à l'état final, c'est qu'on est sur la courbe de saturation.

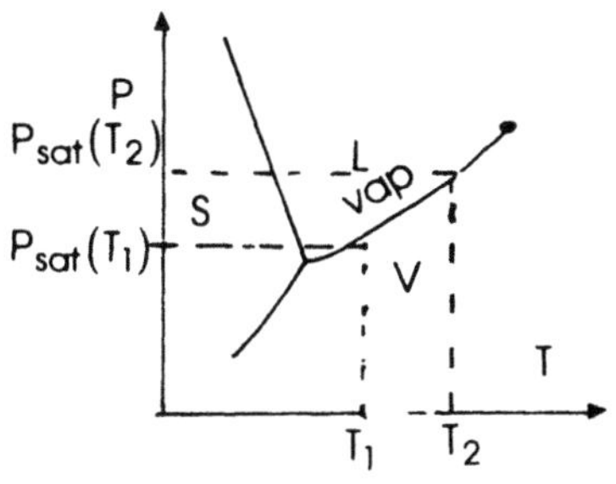

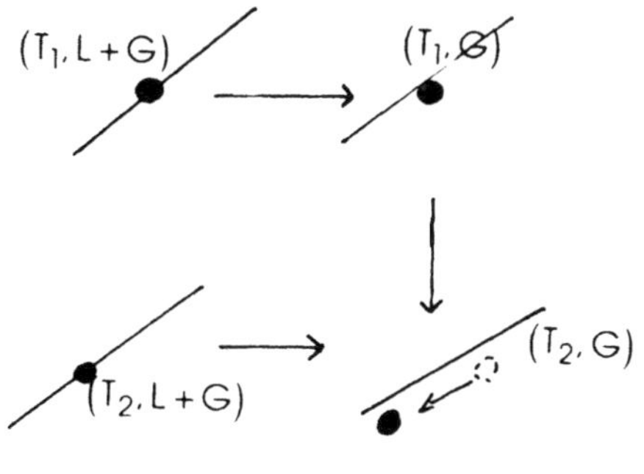

1. Construire le chemin fictif :
Etape a) A partir de l'état initial, **faire passer le tout sous forme gazeuse de façon isotherme** (si ce n'est pas déjà fait). On reste à la température T_1.
Etape b) Amener le gaz de la température T_1 à sa température T_2finale.
Etape c) Faire repasser ce que l'état final impose de moles liquides sous forme liquide toujours de façon isotherme.

2. La variation d'énergie interne cherchée est la somme des trois énergies internes calculées en a), b), et c).
Les énergies de a) et b) sont faciles à calculer puisqu'il s'agit de changements d'états isothermes à deux phases.
L'énergie b) est encore plus facile : il n'y a pas de changement d'état!

■ *Exemple : On part de 1 mole d'eau sous forme liquide en équilibre avec une autre sous forme gazeuse à 4,7 bars (pression de vapeur saturante à 150 °C). On fait passer le système à 100 °C sous une atmosphère. Il y alors 1,5 moles d'eau liquide et 0,5 mole d'eau gazeuse. On suppose connues les chaleurs latentes de vaporisation à 150 et à 100 °C, ainsi que la capacité calorifique de l'eau gazeuse.*
Déterminer la variation d'énergie interne du système entre les états initiaux et finaux.

1. Construisons le chemin fictif.
a) On fait passer tout le système sous forme gazeuse, la variation d'énergie interne associée vaut donc :

$$\Delta U_a = 1.L_m(150°C)$$

C'est positif car on accroît le désordre.
b) On fait passer les deux moles de gaz de 150 à 100 °C, la variation d'énergie interne associée vaut alors :

$$\Delta U_b = 2.c_v(100-150) = -100c_v$$

Cette fois, on range un peu : c'est négatif.
c) On fait passer 1,5 moles d'eau sous forme liquide :

$$\Delta U_c = -1,5.L_m(100°C)$$

2. La variation d'énergie interne total vaut donc :

$$\Delta U = L_m(150°C) - 1,5L_m(100°C) - 100c_v$$

METHODE 9 : Comment calculer ΔG ?

On vous a dit au début du chapitre qu'une condition suffisante pour comprendre les changements d'état était de connaître son cours de thermochimie. Eh bien, soyez rassurés, on ne vous a pas menti.

■ **Cas d'application**

Lorsque le changement d'état se fait à température constante.

■ **Principe**

Repasser au potentiel chimique pour en déduire que **lors d'un changement d'état ΔG est nul.**

■ **Rappel**

A l'équilibre entre deux phases $\Delta_r G = 0$. Il y a alors égalité des potentiels chimiques.
En repassant à l'expression différentielle de G pour un équilibre :

$$dG = -SdT + VdP + \Delta_r G d\xi$$

Or pour un changement d'état, T est constant, P aussi donc dT et dP sont nuls. Par ailleurs $\Delta_r G = 0$. Donc l'expression de ΔG donne :

$$\Delta G = \int_{\xi_{ini}}^{\xi_{fin}} \Delta_r G d\xi$$

qui est manifestement nul.

REMARQUE :
Cette méthode est assez jolie et a le mérite d'être rapide. Cependant, il est aisé de remarquer que $\Delta G = \Delta H - T\Delta S$, lorsqu'on est à température constante. Or les méthodes 6 et 4 nous assurent que $\Delta H = mL$ et $\Delta S = \frac{mL}{T}$. Bref, pas besoin d'avoir fait 5/2 pour trouver 0.

2. Comment faire les hypothèses permettant d'utiliser la première partie ?

■ Voilà, selon nous, la partie la plus ardue. Il s'agit, plus que jamais, d'être méthodique et tout ira bien.

L'idée à retenir la veille (ou plutôt le jour) de l'oral, c'est de faire des hypothèses sur l'état final, et regarder ensuite si elles ne sont pas absurdes.

On couple ce raisonnement avec le suivant.
J'amène mon système sous forme X de la température initiale à la température de changement d'état imposée par la pression.
Je fais le changement d'état (éventuellement total) de X en Y.
Je fais ensuite passer le système qui a changé de phase de la température de changement d'état à la température finale.

METHODE 10 : Faire une hypothèse sur l'état final

■ Principe

Supposer que finalement il reste les deux phases en équilibre, **calculer alors le nombre de moles qui a changé d'état** (grâce à la première partie de ce chapitre).
S'il est supérieur au nombre total de moles initiales, c'est que les deux phases ne sont pas en équilibre et que le changement d'état a été total : **déterminer alors la température finale** (grâce aux principes de la thermo).

■ Mise en œuvre

1. Il faut prendre en compte le protocole expérimental.
S'il s'agit d'une détente adiabatique, la quantité de chaleur totale est nulle.
S'il s'agit d'une détente isenthalpique, ΔH est nul.

2. Etudier les trois cas possibles, dans cet ordre :
— Il y a équilibre des phases (dans ce cas, on calcule le titre en une des phases). En effet la température, on s'en fout : la pression ambiante impose la température du changement d'état.
—Tout est dans une phase (dans ce cas c'est la température finale qui est intéressante à déterminer).
— Tout est dans l'autre phase (on calcule aussi la température finale).

■ *Exemple : Dans une enceinte adiabatique, on place 100 g d'eau liquide à 290 K, de capacité calorifique 4,18 J/g.K. On y place de la glace, de masse m, à 260 K de capacité calorifique à pression constante 209 K. On donne la chaleur latente de fusion de la glace à 273 K : 333 J/g. La pression est constante est égale à une atmosphère.*
Déterminer l'état final suivant les valeurs de m.
Faire une application numérique dans le cas où m vaut 30 grammes.

Trois possibilités s'offrent à nous.
— Soit il y a coexistence des deux phases.
— Soit l'état final donne seulement de l'eau liquide.
— Soit l'état final donne seulement de la glace.

On est à pression constante. Par ailleurs l'enceinte est calorifugée donc Q est nulle.
Donc **la transformation est isenthalpique**.

a) *Système biphasé*

S'il y a équilibre des deux phases, la température finale est de zéro degré. On calcule donc la variation d'enthalpie :

$$\Delta H = m_g c_g\left(T_0 - T_{g\_ini}\right) + m_{liq} c_l\left(T_0 - T_{l\_ini}\right) + xL_f = 0$$

x représente la masse de glace qui s'est liquéfié, ou l'opposé de la masse d'eau qui s'est solidifiée. x varie donc entre m_{gini} et $-m_{lini}$.

$$x = \frac{-m_g c_g\left(T_0 - T_{g\_ini}\right) - m_{liq} c_l\left(T_0 - T_{l\_ini}\right)}{L_f}$$

b) *Système totalement liquide*
On a fait passer la glace de la température initiale de 260 K à la température de fusion. Sous une atmosphère elle est de 273 K. On a ensuite réchauffé cette eau devenue liquide jusqu'à la température finale.
L'eau liquide a été refroidie quant à elle de 290 K à la température finale.

On peut calculer ΔH. :

$$\Delta H = m_g c_g\left(T_{fus} - T_{gini}\right) + m_g L_f + m_g c_l\left(T_f - T_{fus}\right) + m_{liqini} c_l\left(T_f - T_{lini}\right) = 0$$

Ceci nous permet de trouver la température finale :

$$T_f = \frac{m_{liqini}c_l T_{lini} + m_g c_l T_{fus} - m_g c_g\left(T_{fus} - T_{gini}\right) - m_g L_f}{c_l\left(m_{lini} + m_g\right)}$$

c) *Système totalement solide*

On refroidit l'eau liquide de 290K à 273K, on la fait passer sous forme de glace, et on refroidit cette nouvelle glace jusqu'à la température finale.

On réchauffe la glace de 260 K à la température finale.

On exprime le fait que la réaction soit isenthalpique :

$$\Delta H = mc_g\left(T_f - T_{gini}\right) + \left[-m_{liq}L_f + m_{liq}c_g\left(T_f - T_{fus}\right) + m_{liqini}c_l\left(T_{fus} - T_{lini}\right)\right] = 0$$

D'où la température finale :

$$T_f = \frac{mc_{gl}T_{glini} + m_{liq}c_g T_{fus} - m_{liqini}c_l\left(T_{fus} - T_{gini}\right) + m_{liq}L_f}{c_g\left(m_{lini} + m\right)}$$

Application numérique :

Si on a un système diphasé, $x = 18.9g$. Ceci est inférieur à la masse de glace initialement introduite donc on est bien dans ce cas-là. TVB RAS.

Vous avez dû remarquer que la méthode précédente était très efficace, car très systématique. Cependant, elle est très gourmande de données. Lorsqu'on n'a pas tant de valeurs numériques dans l'énoncé, il faut bien vivre. On a alors recours à une résolution graphique utilisant les isothermes d'Andrews.

METHODE 11 : Utiliser le diagramme PV des isothermes d'Andrews

Les isothermes d'Andrews vous permettent de trouver graphiquement la valeur du titre en vapeur, lorsqu'on vous le place sur le diagramme Pu (u est le volume molaire).

■ Principe

Utiliser la loi des moments.

■ Mise en œuvre

Si on se place en M, le titre en vapeur (pourcentage de la masse totale étant sous forme vapeur) est donné par l'équation :

$$(1-x)\overline{LM} = x\overline{MV}$$

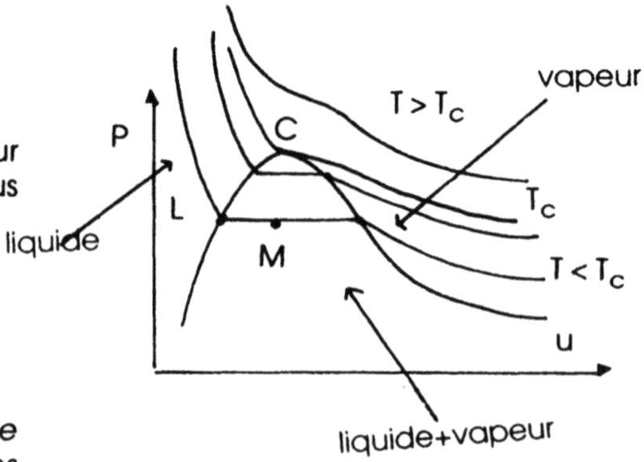

■ *Exemple : On considère un équilibre diphasé liquide/vapeur de deux moles d'eau. On part du système sous forme de vapeur sèche à la limite des conditions de vapeur saturante. On réalise une compression isotherme entre les points A et B. Déterminer la variation d'entropie entre A et B.*

Le dessin et l'échelle nous permettent de déterminer graphiquement le titre de vapeur, et donc la quantité d'eau passée sous forme liquide.

$$(1-x)\overline{LM} = x\overline{MV}$$

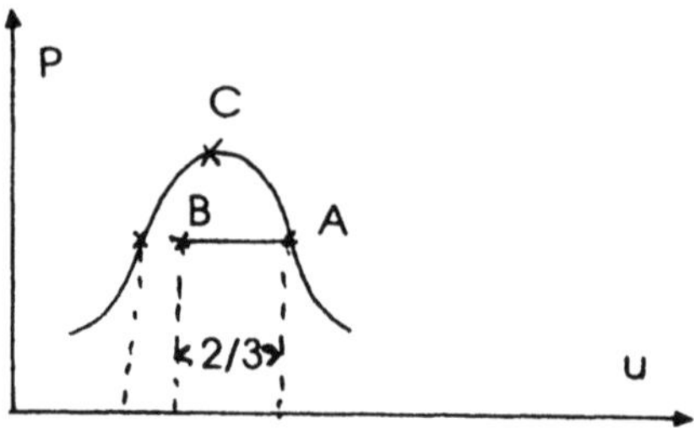

Soit $(1-x)\frac{1}{3}=\frac{2x}{3}$, d'où $x=\frac{1}{3}$.
On en déduit que 4/3 de moles d'eau sont passées sous forme liquide.
La variation d'entropie vaut donc :

$$\Delta S=\frac{-4.18L_{vap}}{3T_0}$$

où L_{vap} est la chaleur latente massique de vaporisation à la température T_0.

Que faire lorsque vous manquez d'hypothèses ?

■ Les examinateurs sont de petits joueurs. Ils s'amusent souvent à ne pas vous donner assez de données dans les exercices sur les changements d'état.
En particulier, leur grand truc est d'omettre les valeurs de la chaleur latente.
Pas de problèmes.

Dites d'abord que vous savez que **la chaleur latente dépend de la température**. Dites ensuite que sur votre intervalle d'étude, vous allez la supposer constante. Reste à la déterminer, d'où l'arrivée de la méthode 12 :

METHODE 12 : Déterminer la chaleur latente à l'aide de la formule de Clapeyron

■ Rappel

Si un corps est à l'équilibre entre deux phases (a) et (b), la courbe de saturation vérifie l'équation différentielle :

$$\frac{dP_{sat}(T)}{dT}=\frac{L_{(A)\to(B)}(T)}{T\left(u_{(B)}-u_{(A)}\right)}$$

où $u_{(A)}$ représente le volume molaire du corps dans l'état (A) et $u_{(B)}$ celui du corps dans l'état (B).

■ Cas d'application

— Lorsqu'on vous donne la pression de vapeur saturante à deux températures différentes,
et
— lorsque les deux dites températures ne sont pas trop éloignées (typiquement moins de 100 K).

■ Principe

Approximer la dérivée de P par rapport à T par l'accroissement de P sur l'intervalle des deux températures pour lesquelles vous connaissez P_{sat}.

■ Mise en œuvre

Le cas de l'eau liquide/solide.
1. On néglige le volume molaire de l'eau liquide devant le volume molaire de l'eau gazeuse.
2. On utilise la loi des gaz parfaits pour déterminer le volume molaire de l'eau gazeuse :

$$u_V=\frac{V}{n}=\frac{RT}{P}$$

3. Approximer la dérivée de P par rapport à T par les accroissements pour tomber finalement sur :

$$L_V=\frac{RT_2^2}{P_{sat}(T_2)}\frac{P_{sat}(T_2)-P_{sat}(T_1)}{T_2-T_1}$$

■ *Exemple : On part d'une mole d'eau gazeuse à pression de vapeur saturante. Elle passe de* $T_1 = 150°C$ *à* $T_2 = 100°C$.
Soit x, le nombre de moles d'eau liquide à T_2.
On donne : $P_{sat}(100) = 1$ *bar et* $P_{sat}(150) = 4,7$ *bars.*
Déterminer la variation d'enthalpie.
La détente est adiabatique donc la chaleur reçue par le système total est nulle.
On décompose la transformation (fictivement) en deux parties :

1. On refroidit la vapeur jusqu'à la température de 100 °C et la pression $E_i\left|\begin{matrix}P_0\\V_0\\T_0\end{matrix}\right.$.

La variation d'enthalpie est $\Delta H = C_P(T_2 - T_1)$.

2. Une quantité x de vapeur devient de l'eau liquide de façon isotherme.
Le système reçoit la chaleur (négative) : $Q = -xL_V$ (on est à pression et température constante).

La variation d'enthalpie est donc : $\Delta H = -xL_V$. Or $L_V = \dfrac{RT_2^2}{P_{sat}(T_2)}\dfrac{P_{sat}(T_2) - P_{sat}(T_1)}{T_2 - T_1}$

donc $\Delta H = -x\dfrac{RT_2^2}{P_{sat}(T_2)}\dfrac{P_{sat}(T_2) - P_{sat}(T_1)}{T_2 - T_1}$

Conclusion : $\Delta H = -x\dfrac{RT_2^2}{P_{sat}(T_2)}\dfrac{P_{sat}(T_2) - P_{sat}(T_1)}{T_2 - T_1} + C_P(T_2 - T_1)$.

METHODE 13 : Comment comparer les masses volumiques des variétés allotropiques d'un même corps ?

■ **Cas d'application**

On vous fournit un diagramme de Clapeyron, où sont placées les différentes variétés allotropiques d'un même corps,
et
on vous donne la valeur de la chaleur latente de l'équilibre entre les deux variétés allotropiques.

■ **Principe**

Comparer les volumes molaires au moyen du diagramme de Clapeyron et de la formule de Clapeyron.

■ **Mise en œuvre**

1. Puisqu'on vous donne la valeur de la chaleur latente, vous pouvez placer sur le diagramme (P,T) les différentes variétés allotropiques. Si l'équilibre $\alpha \to \beta$ a une chaleur latente L positive, c'est que β est à droite de α (faire l'analogie avec l'eau : sur le diagramme de Clapeyron de l'eau, le liquide est en haut et la vapeur à droite...).

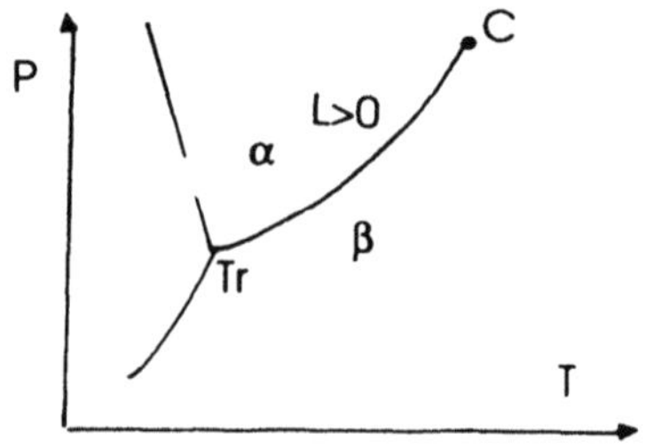

2. Pour savoir qui a la masse volumique la plus grande, on utilise la formule de Clapeyron. $\dfrac{L_{\alpha\to\beta}}{T(V_\beta - V_\alpha)} = \dfrac{dP}{dT}$. Le signe de la pente de la courbe de saturation donne une information sur les volumes molaires.

■ *Exemple : Le soufre solide a deux variétés allotropiques α et β. L'équilibre entre les deux espèces a lieu à 298 K sous une atmosphère. La chaleur latente de l'équilibre :*
$S_\alpha \leftrightarrow S_\beta$ vaut 3,2 kJ/mol.
Placer les deux variétés sur le diagramme (P,T) et déterminer la variété qui a la plus grande masse volumique.

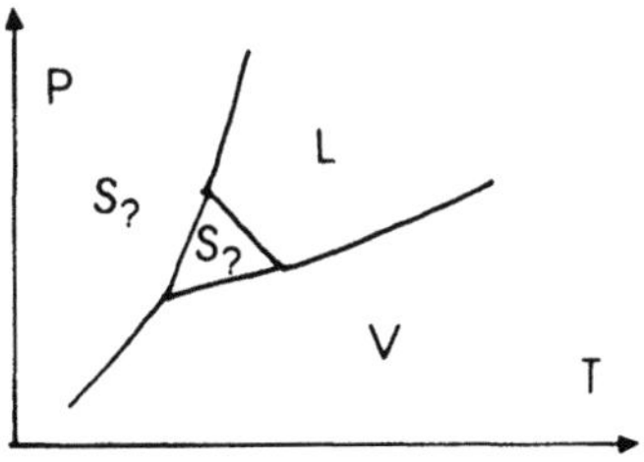

1. En faisant une analogie avec l'eau, on en déduit que le soufre ß joue le rôle de l'eau liquide et le soufre α celui de la glace. On peut alors placer le soufre ß à droite.

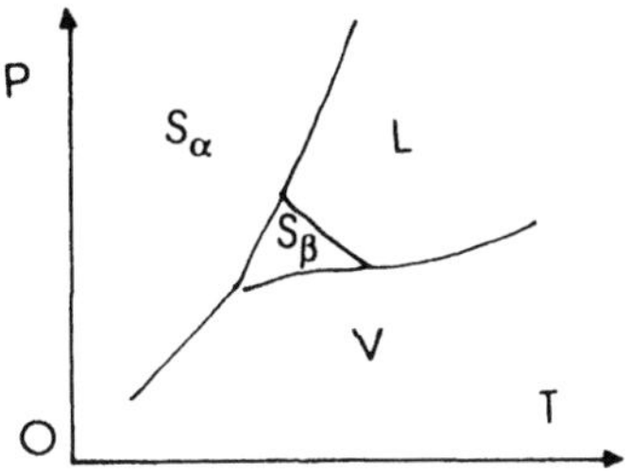

2. La pente de la courbe est positive. En appliquant la formule de Clapeyron, on obtient :

$$\frac{L_{\alpha\to\beta}}{T(V_\beta - V_\alpha)} = \frac{dP}{dT} > 0$$

On en déduit que :

$$(V_\beta - V_\alpha) > 0$$

Donc :

$$\rho_\beta < \rho_\alpha$$

METHODE 14 : Déterminer la pression de vapeur saturante à l'aide des chaleurs latentes

■ **Cas d'utilisation**

— Lorsqu'on vous demande l'équation approchée des courbes de changement d'état,

ou

— lorsqu'on part d'un état d'équilibre et qu'on augmente soudainement la pression (en ajoutant une masse, ou en comprimant) et qu'on vous demande de raconter ce qui se passe.

■ **Principe**

La courbe de saturation de l'équilibre liquide vapeur est solution de l'équation différentielle :

$$\frac{dP}{dT}.T.(u_v - u_l) = L_v(T)$$

où u_v représente le volume massique de la vapeur et u_l celui du liquide.
Il n'y a qu'à intégrer en supposant la chaleur latente indépendante de T et en négligeant l'un des deux volumes molaires devant l'autre puis à utiliser la valeur de la pression de vapeur saturante à une température connue (exemple : 100 °C et 1 bar pour l'eau).

■ *Exemple : Déterminer les courbes d'équilibre liquide vapeur pour l'eau, dans le cas où la chaleur latente de vaporisation peut être considérée comme indépendante de T dans l'intervalle de température considérée.*

❒ **Etape 1 : Equilibre liquide/gaz**

Allons-y cash, l'eau gazeuse est un **gaz parfait**, c'est bien connu, donc son volume massique vaut :

$$u_v = \frac{V}{m} = \frac{V}{nM} = \frac{RT}{PM}$$

$u_l = cst \approx 1$ litre.kg^{-1}négligeable devant le volume massique du gaz.

$$P = P_0 \exp\left(-\frac{ML_v}{RT}\right).$$

Il faut alors faire l'application numérique en prenant la masse volumique égale à 18 grammes par mole, et la chaleur latente de fusion à 2260 Joules par gramme.
On utilise le fait que $P_{sat}(100) = 1bar$.

Attention : cette équation **n'est vraie que pour T inférieure à la température critique** au-delà de laquelle on ne peut plus dissocier les phases liquide et gazeuse.

❒ **Etape 2 : Equilibre solide/liquide**
Pour la courbe d'équilibre solide liquide, on peut considérer que les **volumes massiques** de l'eau liquide et solide **restent constants sur les intervalles de températures étudiés,** et se souvenir que la glace a un volume massique plus grand que celui de l'eau liquide.
On obtient alors, grâce à l'équation de Clapeyron :

$$T.(u_l - u_s)\frac{dP}{dT} = L_s$$

$$P = P_A + \frac{L_s}{(u_l - u_s)}\ln\left(\frac{T}{T_A}\right)$$

On utilise alors le fait que $P(0°C) = 1bar$.
On obtient une relation entre les différentes constantes, en examinant le point d'intersection où point triple de ces courbes.
Il reste la courbe d'équilibre solide vapeur, qui se traite de la même manière que la courbe liquide vapeur en négligeant le volume massique constant de la glace.

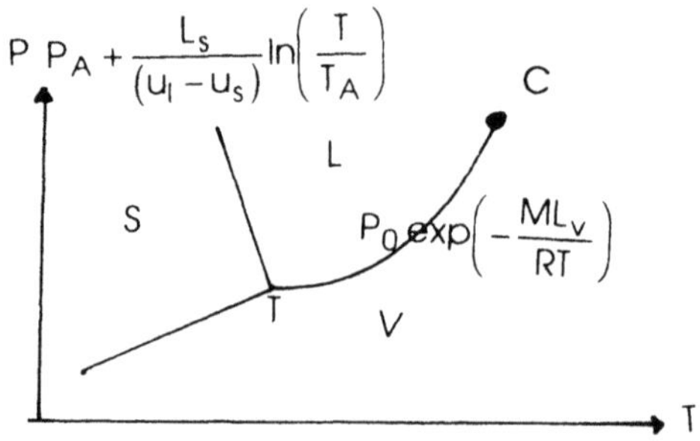

3. Comment comprendre quelque chose au point critique ?

On arrive justement à un instant critique (délire !) de l'exposé. Le point critique c'est un peu comme le cerveau d'un animateur télé : tout le monde pense qu'il existe, mais personne n'en est vraiment sûr. On vous rassure : cela n'empêche pas les examinateurs de vous poser des questions dessus... (ouf !)
Pourtant, il existe quelques expériences qui mettent en évidence son existence.
Il existe une foultitude d'exercices relativement calculatoires sur le point critique. Alors, si vous pouviez faire la différence avec de petites remarques physiques, ce serait un petit coin de paradis.

Le point critique : mais qu'est-ce que c'est ?
Le point critique est le maximum de la courbe de saturation liquide/vapeur. Au-delà de ce point, il n'existe pas d'équilibre diphasé : les deux phases (si on peut encore parler de phase) ne sont pas dissociables. Elles ont les mêmes propriétés physiques, même indice optique, même densité... si bien qu'on ne peut les dissocier.

Les questions qu'on vous pose sur le point critique sont les suivantes :
— Comment déterminer sa position ?
— Comment s'en servir pour indéterminer certaines équations d'état ?

A) Comment déterminer la position du point critique ?

METHODE 15 : Déterminer le maximum de la courbe de saturation

■ **Principe**

Etablir que c'est un **maximum** de la courbe de saturation dans le diagramme (P,V) pour trouver la pression critique et le volume molaire critique.

■ **Mise en œuvre**

On dérive P par rapport au volume molaire, et on annule la dérivée première.

■ **Faiblesse de la méthode**

Elle ne donne pas la température critique. Il faudrait pour l'obtenir avoir une équation d'état (gaz parfait, Van Der Waals), valable au point critique.

■ **Cas d'application**

Lorsqu'on vous donne l'équation de la courbe de saturation.
Pas quand vous l'avez calculé avec la méthode précédente où il fallait supposer que l'on était loin du point critique.

■ *Exemple : On admet que la courbe de saturation d'un corps pur puisse se mettre sous la forme suivante :*

$$P = A + \frac{B}{u} - \frac{C}{u^2}$$

Déterminer la position du point critique.

On sait que le point critique correspond à un maximum de la courbe de saturation. On dérive donc P par rapport à u :

$$\frac{dP}{du} = -\frac{B}{u^2} + \frac{2C}{u^3} = 0$$

Pour trouver le volume molaire critique :

$$u_C = \frac{2C}{B}$$

Enfin la pression critique :

$$P_C = A + \frac{B^2}{4C}$$

METHODE 16 : Passer par l'isotherme critique d'Andrews

Cette méthode est assez jolie, car elle a le mérite de prendre en compte l'aspect physique du point critique. Si la phase gazeuse et la phase liquide ne sont plus dissociables, alors l'équation d'état du gaz marche aussi pour le liquide.
L'isotherme critique admet au point critique une tangente horizontale et un point d'inflexion (annulation de la dérivée seconde par rapport à u).

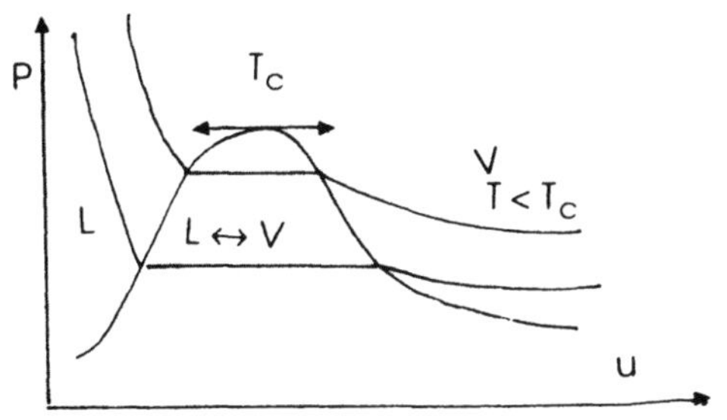

■ Principe

1. Dire que **l'équation d'état du fluide est satisfaite** en particulier **au point critique**.
2. Dire qu'en ce point la **tangente** est **horizontale** et la courbe admet un **point d'inflexion**.

■ Mise en œuvre

Résoudre le système de 3 équations à 3 inconnues formé par :
1. L'équation d'état.
2. L'annulation de la dérivée partielle de P par rapport à u à **T constant.** (En effet on est sur une isotherme).
3. L'annulation de la dérivée partielle seconde de P par rapport à u à T constant. (Tangente horizontale.)

■ Cas d'application

Lorsque vous connaissez une équation d'état du gaz (hypothèse gaz parfait ou Van Der Waals), qui sera encore vérifiée, à la limite, au point critique. Ceci vous donne accès à trois équations qui vous permettent de déterminer totalement le triplet (P_C, u_C, T_C).

■ *Exemple : Soit un fluide vérifiant l'équation de Van Der Waals.*
Déterminer le triplet critique P, T, u.

1. $\left(P_C + \dfrac{a}{u_C^2}\right)(u_C - b) = RT_C$

2. $\left(\dfrac{\partial P}{\partial u}\right)_T = -\dfrac{RT_C}{(u_C - b)^2} + \dfrac{2a}{u_C^3} = 0$

3. $\left(\dfrac{\partial^2 P}{\partial t^2}\right)_T = \dfrac{2RT_C}{(u_C - b)^3} - \dfrac{6a}{u_C^4} = 0$

On en déduit le triplet critique :

$$u_C = 3b$$
$$T_C = \frac{8a}{27Rb}$$
$$P_C = \frac{a}{27b^2}$$

B) Quel est l'intérêt théorique du point critique ?

Le point critique est particulièrement facile à observer expérimentalement. On enferme un système sous forme diphasée dans un tube, puis on augmente la pression, jusqu'à disparition du ménisque du liquide. On est alors au point critique (car alors les « deux » phases ne sont plus dissociables).

Ceci permet donc de donner une valeur numérique à a et b, lorsqu'on décide de prendre l'hypothèse gaz de Van Der Waals pour un fluide.

Erreurs

■ Attention : la chaleur latente de fusion, ou de vaporisation ne sera pas la même si vous êtes à 100 °C ou à 150 °C. Il existe des modèles plus ou moins foireux de la loi en température de L. La loi de Rankine la suppose constante.
Pour l'eau, un modèle un peu plus élaboré (formule de Regnault) donne que la chaleur latente de vaporisation est une fonction affine décroissante de la température.

■ Plus que jamais, faites attention à bien exprimer vos températures en Kelvin, vos pressions en Pascal et vos volumes en mètres cubes.

■ Le cas typique des courbes de saturation en diagramme de Clapeyron sont les suivantes. **Le cas de l'eau est une exception**. En effet, puisque la masse volumique de la glace est plus faible que celle de l'eau liquide, il y a inversion du signe de la pente de l'équilibre solide/liquide, la courbe est alors décroissante.

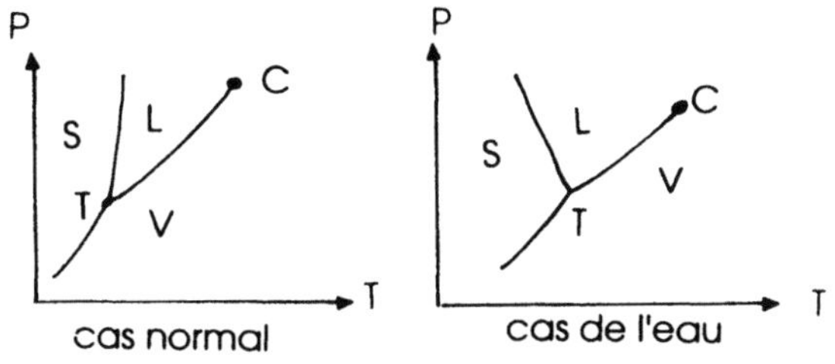

Astuces

■ La chaleur latente de fusion pour une certaine température est évidemment l'opposé de la chaleur latente de solidification **à la même température**.

■ Si par hasard on a plusieurs gaz, de l'air et de la vapeur d'eau par exemple, dans les équilibres liquide vapeur, c'est **la pression partielle** de vapeur d'eau dont il faut tenir compte et pas la pression totale.

■ Lorsqu'on vous demande de déterminer les constantes critiques P, u et T, n'oublier de dire que le point critique est un maximum de la courbe de saturation dans le diagramme (P,V), **mais aussi** un point d'inflexion (u_C **annule donc la dérivée seconde de P** par rapport à u).

■ Lors d'un changement d'état, une transformation isotherme est aussi une transformation isobare.

Ordre de grandeur

❒ Le point triple de l'eau se situe à la pression de $0{,}611.10^3$ Pa, et à la température de 0,01 °C.

❒ On vous donne l'évolution de la pression de vapeur saturante en fonction de la température. Il s'agit de la vaporisation.

$P_{sat}(100°C) = 1atm$

$P_{sat}(200°C) = 1{,}55atm$

$P_{sat}(375°C) = 22atm$

❒ La chaleur latente de **vaporisation** sous une atmosphère est de **2,26 Kj/g**.

La chaleur latente de **fusion** de la glace sous une atmosphère vaut **333 J/g**.
C'est presque **10 fois moins que la vaporisation** ! On se fait plus suer à faire passer un gramme de flotte sous forme vapeur qu'un gramme de glace sous forme de flotte.

Le saviez-vous ?

■ *A propos de la surfusion*

Votre professeur de chimie a dû vous dire qu'il ne fallait pas confondre la thermodynamique chimique et la cinétique chimique. Une grosse constante de réaction ne signifie pas que cette réaction est rapide. C'est pourquoi il est courant de rencontrer dans la nature des systèmes qui ne sont pas stables thermodynamiquement, mais qui subissent ce qu'on appelle **un blocage cinétique**.

Il arrive qu'on puisse avoir de l'eau liquide à une température inférieure à 0 °C, tout en étant quand même à 1 atmosphère : il y a un retard à la solidification. Il faut cependant qu'il n'y ait aucune impureté dans l'eau.

Pendant la Campagne de Russie, le jeune Napoléon (ou plutôt ses soldats, parce que lui ne quittait plus beaucoup son traîneau) arrivèrent devant un lac, à la tombée de la nuit. Le fond de l'air était devenu subitement très frais. Cette variation très rapide de température à fait diminuer rapidement la température du lac, si bien que celui-ci s'est retrouvé en **surfusion**.
Dès que les chevaux y pénétrèrent, le lac commença à geler instantanément et une partie de l'armée fut prise dans la glace. Ce fut la Bérézina.

■ *A propos de la solidification*

Il n'y a pas que les systèmes de l'eau ou de l'hélium dans ce chapitre. Peut-être avez-vous appris en terminale que des nodules polymétalliques peuplaient le fond de certains océans. On s'est interrogé sur **la vitesse de cristallisation de ces nodules**. Le problème, c'est qu'à cette profondeur, la pression est telle que le carbone 14 n'existe plus depuis longtemps, donc pas de datation possible par cette méthode. On supposait que la vitesse était lente.
Cependant, un jour, les savants en ont remonté un à la surface qu'ils ont cassé. Quelle ne fut pas leur surprise lorsqu'ils découvrirent que le germe de ce nodule était un allumeur de bougies de tracteur : ce nodule ne pouvait donc dater de plus de 50 ans.

Exercices

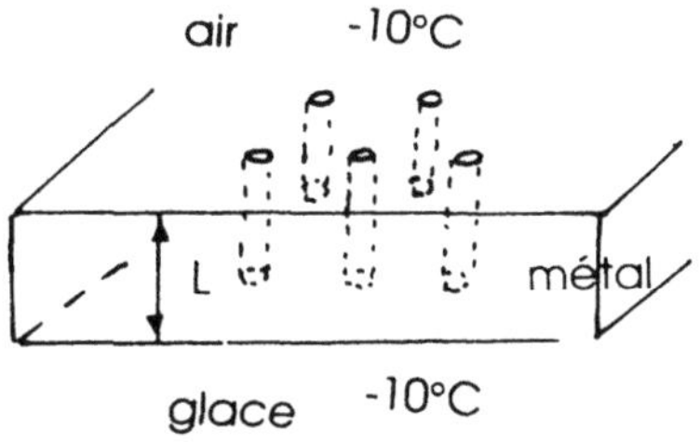

1 Modèle de recouvrement des lignes de chemins de fer par les glaciers

Cet exercice utilise des notions du chapitre 13 de METHODIX Physique 1.
On considère une plaque infinie d'épaisseur L, de masse volumique ρ, initialement à -10 degrés. Elle est placée sur un lac gelé à la température -10 degrés, en équilibre thermique avec l'air ambiant à la pression atmosphérique.
Elle est perméable à l'eau liquide (on a fait des micro-trous dedans).
Raconter.

2 Changement d'état d'un métal supraconducteur

La resistivité d'un métal s'annule brusquement quand on le refroidit jusqu'à sa température de transition T_0.
Si on applique au métal à une température $T < T_0$ une excitation magnétique $H \geq H_s = H_0\left[1-\left(\frac{T}{T_0}\right)^2\right]$ suffisamment grande, celui-ci reprend son état normal en échangeant une quantité L de chaleur avec l'extérieur.
L'induction B dans le métal suit la formule $B = \mu_0(H+M)$ où M désigne le moment magnétique volumique du métal. Dans l'état normal, le moment magnétique est pratiquement nul. Dans l'état supraconducteur, c'est l'induction qui est presque nulle.

1) A partir du potentiel thermodynamique $G = U - TS - HM$, établir l'expression de la chaleur latente de transformation en fonction de la température.

2) a) En déduire la variation de chaleur massique du métal entre l'état normal et l'état supraconducteur.
b) A quelle température T_1 doit-on appliquer l'excitation magnétique pour que la transition se fasse sans discontinuité de chaleur massique ? Exprimer alors L en fonction de H_0. Calculer T_1 pour le plomb métal dont la température de transition est de 7,2 K. Que remarque-t-on si $T = T_0$?

3 Comparaison de changements d'état réversible et irréversible

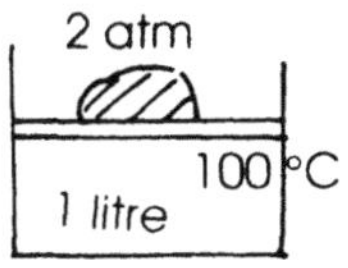

Soit un récipient de volume initial 1 litre, contenant de l'air et 1 gramme d'eau. La température y régnant est de 100 °C et la pression de 2 atmosphères.

A - En restant à T constante, on fait varier la pression de manière réversible.
1) Déterminer la pression correspondant à la limite de vaporisation complète de l'eau.
2) Calculer la quantité de chaleur reçue par le système.

B - On passe brutalement de la pression initiale à la pression limite assurant la vaporisation complète de l'eau. Les parois sont diathermes.
Calculer Q échangé pendant la réaction.

4 Problème de thermostat

On considère une ampoule de verre contenant n moles d'eau à la température T_1 dans une enceinte de volume constant, où on impose un vide poussé.
On casse l'ampoule et on approche un thermostat à la température T_0.
Calculer $\Delta S_{thermostat}$.

5

Soit 1000g de H_2O à 100 °C, sous forme de vapeur sèche dans une enceinte de volume fixé. On aspire de la vapeur : il y a vaporisation et absorption de chaleur, ce qui implique une diminution de la température t. On suppose que la variation de la chaleur latente en fonction de t est de la forme : $L = a - bt$.
Quelle masse d'eau reste-t-il à 0 °C ?
$a = 606$, $b = 0,7$, la chaleur latente de solidification est prise égale à 80.

Lors de la détente, l'hélium suit une isentropique réversible jusqu'à l'état $E_{int}\left|\begin{matrix}P_1\\V_1\\T_1\end{matrix}\right.$ où cette isentropique coupe la courbe de vapeur saturante de l'Hélium.

On a donc : $P_1 = P_{sat}(T_1)$. Or d'après la méthode 14 $P_{sat}(T) = P_{sat}(T_0)\exp\left(\frac{ML_V}{RT_0} - \frac{ML_V}{RT}\right)$.

On a donc $P_0^{1-\gamma}T_0^{\gamma} = \left(P_{sat}(T_0)\exp\left(\frac{ML_V}{RT_0} - \frac{ML_V}{RT_2}\right)\right)^{1-\gamma} T_2^{\gamma}$ ce qui nous permettrait d'obtenir T_1 numériquement.
Alors, la détente continuant, le gaz se liquéfie entièrement. Il occupe un volume $V = nv_{He\_Liq} = V_{recipient}$ ce qui permet de déterminer n.
Il reçoit donc une chaleur $Q = nL_V$ qui lui est fournie par le reste de l'Hélium se trouvant dans l'enceinte.

6

On recueille de la vapeur saturante d'un corps pur à une température T et on lui fait subir une transformation adiabatique réversible. Sachant que $L_v = a - bT$ et que l'on connaît γ et M, à quelle condition sur T y aura-t-il condensation ?

Corrigés

1

Méthodes utilisées : 1,8,10

Voilà un exercice typique de l'X, un énoncé vaseux, et une correction pas piquée des vers.

❐ Etape 1 : Interprétation physique du régime transitoire

On essaie de trouver ce qui pourrait bien se passer. La barre est pesante, elle applique donc une surpression à l'interface avec le lac, qui vaut :

$$P = \frac{mg}{S} = \frac{\rho SLg}{S} = \rho Lg.$$

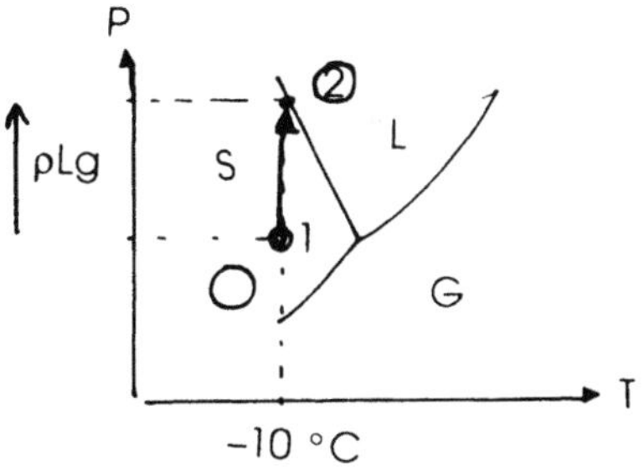

Initialement, on se situe en 1 sur le diagramme de Clapeyron.
La surpression appliquée, si elle est suffisamment importante nous fait passer en 2, si bien qu'**on atteint la pression permettant la fonte de la neige tout en restant à -10 degrés**.
— La fonte de la neige demande de l'énergie thermique qui se transmet par diffusion de la barre.
L'eau liquide est évacuée par le poids de la barre qui s'enfonce si bien que la barre est toujours en contact avec de la glace.
Ainsi la puissance cédée pour faire fondre la glace est cédée par la barre à l'eau liquide au-dessus de la barre.

— Malheureusement, tout n'est pas si simple (comme si déjà ça l'était). L'eau liquide arrivant par les micros trous est à la température -10 degrés et à la pression atmosphérique : elle n'a rien à y faire, on parle d'équilibre métastable. Elle revient donc dans l'état stable qui est solide et pour cela elle bouffe de la puissance thermique à la plaque. Par ailleurs le fait qu'il y ait un afflux d'eau liquide impose qu'on est à l'équilibre liquide/solide au-dessus de la barre. Or comme on est à pression atmosphérique, on est forcément à 0 degrés.
Donc au-dessus de la barre, l'eau est sous forme de glace à 0 degrés.

❐ Etape 2 : le régime permanent

En régime permanent, la puissance thermique cédée par la barre à la glace pour fondre en dessous de celle-ci, vient exclusivement de la puissance thermique arrachée à l'eau liquide au-dessus de la barre.
Dans la barre, si la conductivité thermique est constante, la **température suit donc une loi affine** entre les deux valeurs limites -10 degrés en bas et 0 en haut.
Les applications numériques, si on les faisait, montreraient que l'effet est vraiment négligeable et qu'étant donné la valeur de chaleur latente de fusion de la glace à -10°, il faudrait une barre aussi lourde qu'une blague MéthodiX (un peu moins quand même).

2

Méthodes utilisées : 4,9,12

1. Ici le seul travail est celui de l'excitation magnétique H qui a tendance à « ranger les dipôles électrostatiques élémentaires dans le même sens » c'est-à-dire à accroître le moment magnétique volumique du métal. Le travail est donc $\delta W = HdM$.

Et on a bien sûr $\delta Q_{rev} = TdS$.
C'est pourquoi on forme le potentiel thermodynamique $dG = -SdT - MdH$. Il représente bien l'enthalpie libre du métal (il y a analogie entre P et H et entre V et M).
Donc, il se conserve pendant le changement d'état supraconducteur—normal.

Considérons un changement d'état à température constante (comme $dG = 0$, on a aussi l'excitation constante).
On a $\Delta G = 0 = \Delta H - T\Delta S$. Soit $L = T\Delta S$ ou plus précisément $L = L_{n\to s} = T(S_n - S_s)$.
Si on se déplace le long de la courbe de changement d'état, on trouve :
$S_n dT + M_n dH_s(T) = S_s dT + M_s dH_s(T)$ ou encore $S_n - S_s = -(M_n - M_s)\dfrac{dH_s(T)}{dT}$.
On a donc finalement $L = -T(M_n - M_s)\dfrac{dH_s(T)}{dT}$
On vient en fait de redémontrer la formule de Clapeyron. (On aurait aussi bien pu prendre la formule de Clapeyron que vous connaissez et raisonner par analogie mais bon...).

Or $H \geq H_s = H_0\left[1-\left(\dfrac{T}{T_0}\right)^2\right]$, $M_n \approx 0$ et $B_s = \mu_0(H_s + M_s) = 0$. Donc la formule se simplifie en

$$L = -TH_s\frac{dH_s(T)}{dT} = TH_0^2\frac{2T}{T_0^2}\left[1-\left(\frac{T}{T_0}\right)^2\right] \text{ soit } \boxed{L = 2H_0^2\left(\frac{T}{T_0}\right)^2\left[1-\left(\frac{T}{T_0}\right)^2\right]}.$$

2. a) La chaleur massique du métal est définie par la formule $\delta Q = cdT$ à excitation constante. Soit, à excitation constante $cdT = TdS$ ou $c = T\dfrac{dS}{dT}$.
Lors d'une transition, le saut de chaleur massique du métal est donc : $c_n - c_s = T\dfrac{d(S_n - S_s)}{dT}$. Or, on a déjà trouvé : $S_n - S_s = 2H_0^2\dfrac{T}{T_0{}^2}\left[1-\left(\dfrac{T}{T_0}\right)^2\right]$.

On en déduit $\dfrac{d(S_n - S_s)}{dT} = 2\dfrac{H_0^2}{T_0{}^2}\left[1-\left(\dfrac{T}{T_0}\right)^2\right] - 4\dfrac{H_0^2}{T_0{}^2}\left(\dfrac{T}{T_0}\right)^2 = 2\dfrac{H_0^2}{T_0{}^2}\left[1-3\left(\dfrac{T}{T_0}\right)^2\right]$

Et on a donc $\boxed{c_n - c_s = 2T\dfrac{H_0^2}{T_0{}^2}\left[1-3\left(\dfrac{T}{T_0}\right)^2\right]}$.

b) Cette discontinuité disparaît pour $3\left(\dfrac{T}{T_0}\right)^2 = 1$ soit pour $\boxed{T_1 = \dfrac{\sqrt{3}}{3}T_0}$.

et on a pour cette température $\boxed{L = \dfrac{4}{9}H_0^2}$.

Pour le plomb, on trouve $T_1 = 4,16K$.
Si $T = T_0$, on a $L = 0$et $c_n - c_s \neq 0$. Il s'agit d'un changement d'état sans échange de chaleur mais avec variation de la chaleur massique. On appelle cela un changement d'état de deuxième espèce.

3

Méthodes utilisées :
Méthode 2 pour se souvenir que si T est fixée, P aussi.
Méthode 10 pour trouver l'état initial.
Méthode 3 pour l'hypothèse gaz parfait.

❒ Erreur à ne pas faire

Ne dites pas que puisque la pression vaut 2 bar et qu'on est à 2 atmosphères, l'eau est sous forme de vapeur sèche. En effet, on ne connaît *a priori* rien sur la pression partielle de l'eau, qui seule importe pour l'équilibre de phase.

A - Transformation réversible

❒ Etape 1 : Détermination de l'état initial

La première étape de raisonnement est donc de déterminer l'état initial. Forts de la méthode 10, on fait l'hypothèse que la vapeur est saturante. On a alors la pression partielle qui est fixée par la température (à cause de la méthode 2). On en déduit la masse d'eau gazeuse :

$$P_{sat}(T)V = xRT$$

On trouve $x = 3,2.10^{-2}$mol.
Comme ce nombre est plus petit que le nombre total de moles d'eau, on a fait la bonne hypothèse.

❒ Etape 2 : Pression correspondant à la limite de vaporisation de l'eau

Lorsque l'eau est complètement vaporisée, il y a 2 moles d'eau gazeuse. On aura encore la pression partielle qui vaudra la pression de vapeur saturante, lorsque la température sera redevenue égale à T_0.
Connaissant la pression partielle, on en tire le volume.
Connaissant le volume, on en déduira la pression partielle de l'air, puis par somme la pression totale.

Le volume vaut :

$$V = \frac{nRT}{P_{sat}} = \frac{2.8,31.373}{10^5} = 1,72l$$

On en déduit la pression partielle de l'air :

$$P_{air}V = n_{air}RT = P_0V_0$$

D'où la pression totale :

$$P = P_{air} + P_{sat}(T_0)$$

Application numérique :
$P = 1,58$atm

❒ Etape 3 : Quantité de chaleur reçue par le système

On revient au premier principe :

$$dH = \delta Q + VdP$$

dH s'exprime avec la méthode 4, car il représente la chaleur latente de vaporisation d'une masse dm, à pression constante.

$$Q = m_{vap}L_v - \int_{1atm}^{0,58} VdP_{air} = m_{vap}L_v - \int_{1atm}^{0,58} \frac{n_{air}RT_0}{P} dP_{air}$$

En effet, l'expression de VdP tient compte du fait que la transformation est isotherme.

$$\boxed{Q = n_{vap}ML_v + n_{air}RT_0 \ln\frac{1}{0,58}}$$

avec $n_{vap} = n_{toteau} - n_{eauvapeurinitiale} = \frac{1}{18} - 3,2.10^{-2}$.

Application numérique :
$Q = 1030J$

B - Transformation brutale

Les états initiaux et finaux étant les mêmes qu'au A—, la variation des fonctions d'état sera la même. En appliquant le premier principe sur U, il ne reste qu'à calculer W pour déterminer pleinement Q.

$$\Delta U = Q + W$$

❐ **Etape 1 : Calculons ΔU dans le cas A**

On vient de calculer Q, il « ne » reste « plus qu' » à calculer W.

$$W = -\int_{V_{ini}}^{V_{fin}} P_{tot} dV = -\int_{V_{ini}}^{V_{fin}} P_{air} dV - \int_{V_{ini}}^{V_{fin}} P_{vap} dV$$

Comme la transformation et **isotherme**, P_{vap} reste contante et égale à la pression de saturation.

P_{air}, s'exprime en fonction de V au moyen de la loi des gaz parfaits :

$$W = -n_{air} RT \ln \frac{V_{fin}}{V_{ini}} - P_{sat}(T_0)(V_{fin} - V_{ini})$$

On en déduit la valeur de ΔU en sommant Q et W.

$$\Delta U = 904 J$$

❐ **Etape 2 : Calcul de Q' dans le cas B**

Pour la transformation brutale, on calcule W, en disant que la transformation est **isobare** à la pression 1,58 atm. Les volumes initiaux et finaux sont les mêmes qu'en A—. On en déduit alors Q'.

$$\boxed{\Delta U = 904 J = Q' - P_{totfinal}(V_{fin} - V_{ini})}.$$

Application numérique :

$Q' = 1020 J$

4

Méthodes utilisées :

Méthode 2 pour connaître la pression finale.

Méthode 10 pour déterminer l'état final.

Méthode 6 dans son esprit pour le calcul de $\Delta S_{thermostat}$.

Méthode 3 pour l'hypothèse gaz parfait.

❐ **Etape 1 : Déterminons l'état final**

On utilise la méthode 10. On ne sait rien sur le volume de l'enceinte. Deux possibilités s'offrent à nous :

— Soit une partie de l'eau se vaporise.

— Soit la totalité de l'eau de vaporise.

a) Si une partie de l'eau se vaporise, alors la pression finale est imposée par la température T_0 qui règne finalement dans toute l'enceinte. En effet, on sait d'après la méthode 2, que si le corps est diphasé la pression est égale à la pression de vapeur saturante à la température considérée.

On en déduit donc le nombre de moles d'eau vaporisée par application de loi des gaz parfaits :

$$n_{vap} = \frac{P_{sat}(T_0)V}{RT_0}$$

Ceci n'est valable que dans le cas où ce nombre ne dépasse pas le nombre de moles total d'eau.

b) Dans le cas contraire toute l'eau est sous forme vapeur et la pression dans l'enceinte vaut :

$$P = \frac{n_{tot}RT_0}{V}$$

❐ Etape 2 : Déterminons la variation d'entropie du thermostat

On revient à la définition de la variation d'entropie de thermostat :

$$\Delta S_{thermostat} = \frac{\delta Q}{T_{thermostat}}$$

Dans le cas a),

$$\Delta S_{thermostat} = \frac{\delta Q}{T_{thermostat}} = -\frac{1}{T_0}\left(nc_l(T_0 - T_1) + n_{vap}L_V\right)$$

5

Méthodes utilisées :
Méthode 3 pour l'approximation gaz parfait.
Méthode 6 pour le calcul de ΔS.
Méthode 10 pour l'utilisation de l'équation de Clapeyron.

❐ Etape 1 : Détermination d'un bon système

On rappelle qu'un bon système, c'est un système qui subit des transformations sympathiques. On n'a pas le choix entre 36 trucs de toute manière. Vu la question, le plus astucieux est de considérer **l'eau qui reste finalement à 0 °C**.

— On **néglige les échanges de chaleur** entre ce système et l'eau qui s'échappe sous forme de vapeur.
— Les vaporisations sont lentes donc on peut supposer la transformation **réversible**.

Bref, notre système subit une **transformation isentropique**.

❐ Etape 2 : Exprimons la pression en fonction de la température

Pour l'eau restante, on a toujours été sur la courbe de saturation puisqu'il y a toujours eu coexistence des deux phases.
On a donc eu à tout instant :

$$L_v(t) = T(u_v - u_l)\frac{dP}{dT}$$

En s'aidant de la méthode 13, on trouve que l'équation de Clapeyron est équivalente à :

$$L_v(t) = \frac{RT^2}{P}\frac{dP}{dT} = a - bT$$

D'où une relation entre T et P :

$$\frac{dP}{P} = \left(\frac{a}{RT^2} - \frac{b}{RT}\right)dT$$

En résolvant, on trouve :

$$\boxed{P_0 = P_1 \exp\left(\frac{a}{R}\left(\frac{1}{T_1} - \frac{1}{T_0}\right) - \frac{b}{R}\ln\left(\frac{T_0}{T_1}\right)\right)}$$

Où P_1 est la pression de vapeur saturante à 100 °C (i.e. 1 atm), $T_1 = 373K$ et $T_0 = 273K$.

❐ Etape 3 : on exprime la masse d'eau sous forme vapeur dans l'état final

On connaît le nombre final de moles gazeuses, puisqu'on connaît la pression.
En appliquant la loi des gaz parfaits à notre système dans l'état final, on a en effet :

$$P_0V = n_{vap}RT_0$$

Alors que dans l'état initial, on avait :

$$P_1V = \frac{m_{ini}}{M_{eau}} RT_1$$

D'où la masse d'eau sous forme vapeur à l'état final :

$$\boxed{m_{vap} = m_{ini}.\frac{P_0}{P_1}.\frac{T_1}{T_0}}$$

❒ **Etape 4 : Détermination de la masse de notre système**

On utilise le fait que la transformation soit isentropique.

Maintenant qu'on connaît l'état final et l'état initial, on se tamponne un peu du chemin suivi pour aller de l'un à l'autre, puisque S est une fonction d'état.

On choisit donc de faire passer toute la vapeur en liquide à 100 °C, refroidir le liquide jusqu'à 0 °C, puis de faire passer m_{vap} sou forme vapeur à 0 °C.

La variation d'entropie d'une telle transformation vaut :

$$0 = \Delta S = mc_{liq}\ln\left(\frac{T_0}{T_1}\right) - m\frac{L_v(T_1)}{T_1} + m_{vap}\frac{L_v(T_0)}{T_0}$$

D'où la masse d'eau restante :

$$\boxed{m = -\frac{m_{vap}\dfrac{L_v(T_0)}{T_0}}{c_{liq}\ln\left(\dfrac{T_0}{T_1}\right) - \dfrac{L_v(T_1)}{T_1}}}$$

6

Méthode utilisée : 10

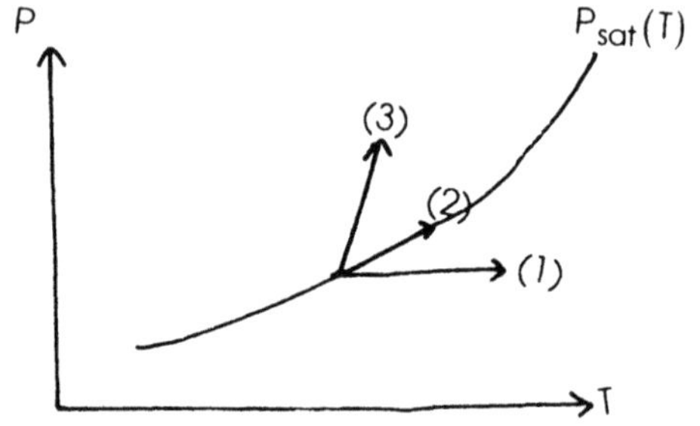

Il y a trois évolutions possibles selon les pentes relatives de la courbe de pression de vapeur saturante et de l'adiabatique réversible.

(1) Si $\left(\frac{\partial P}{\partial T}\right)_S > \left(\frac{\partial P}{\partial T}\right)_{saturante}$,

il y a vaporisation complète.

(2) Si $\left(\frac{\partial P}{\partial T}\right)_S = \left(\frac{\partial P}{\partial T}\right)_{saturante}$,

on suit la courbe de vapeur saturante : on garde les deux phases.

(3) Si $\left(\frac{\partial P}{\partial T}\right)_S < \left(\frac{\partial P}{\partial T}\right)_{saturante}$, il y a liquéfaction complète.

La formule de Clapeyron nous donne $L_v = T(u_{vap} - u_{liq})\left(\frac{\partial P}{\partial T}\right)_{saturante} \approx \frac{RT^2}{P_{sat}}\frac{dP_{sat}}{dT}$,

soit $\frac{dP_{sat}}{dT} = P_{sat}(T)\frac{L_v}{RT^2}$.

Pour une adiabatique réversible : $P^{1-\gamma}T^{\gamma} = Cte$. Donc $(1-\gamma)\frac{dP}{P} + \gamma\frac{dT}{T} = 0$,

soit $\left(\frac{\partial P}{\partial T}\right)_S = \frac{\gamma}{\gamma - 1}\frac{P}{T}$.

On a donc l'équivalence : vaporisation complète $\Leftrightarrow \frac{\gamma}{\gamma-1}\frac{P}{T} > P\frac{L_v}{RT^2} \Leftrightarrow T > \frac{a}{b + \frac{\gamma R}{\gamma - 1}}$.

Chapitre 8
METHODES DE THERMODYNAMIQUE CHIMIQUE

■ Oh ! Un chapitre de chimie dans un livre de physique ! Il est vrai qu'on vous doit quelques explications. La thermodynamique chimique est très proche dans son contenu et ses méthodes de la thermodynamique physique. Vos illustres professeurs l'ont compris, c'est pourquoi vous faites souvent simultanément ces chapitres en physique et en chimie. Il nous a semblé judicieux de faire figurer un tel chapitre dans cet ouvrage. Il pourra ainsi compléter les chapitres précédents en vous donnant une vision un peu plus large que celle qui consiste à penser que la thermo c'est des moles de gaz dans des pistons qu'on tripote pour calculer des variations de fonctions d'état.

■ Par ailleurs c'est un chapitre qui se prête particulièrement à la méthodisation. Cependant, il demandera un effort de votre part : que vous sachiez vos formules sur le bout des doigts.
Beaucoup de profs s'arrachent les cheveux en disant que vous semblez appliquer des formules, comme ça, sans les comprendre, et que vous tombez souvent sur le résultat par hasard. Ils n'ont pas tout à fait tort.
Le but de ce chapitre ne sera pourtant pas d'essayer de vous faire comprendre les formules, parce que ça ne sert pas beaucoup, mais de vous apprendre à arriver au résultat autrement que pas hasard. Ici plus que n'importe où ailleurs la réponse à votre question est dans l'énoncé, pour chaque hypothèse correspond le plus souvent une méthode de résolution : gain de temps, donc gain de places au concours, puis en école, puis dans la vraie vie dans la course effrénée pour devenir les maîtres du monde. Bref ce petit raisonnement a certainement suffi à vous convaincre que votre réussite passait par la lecture de ce chapitre.

■ Avant de commencer faites un petit tour du côté de votre cours, au cas où les noms de Vant'hoff, Hess et Gibbs Hellmoltz ne vous disent rien du tout. En tout les cas, ce n'est pas un nouveau boysband.

0. Comment calculer les activités ?

C'est un peu abrupt comme titre, mais il nous faut commencer par là parce que la majorité des candidats racontent souvent n'importe quoi.

■ Pour un solide, l'activité vaut 1, parce que les solides sont non miscibles et donc seuls dans leur phase.

■ Pour un gaz, la façon dont on calcule l'activité dépend des conditions opératoires. i.e. de savoir si on est à volume constant ou à pression constante.
— A pression constante notée P_{tot}, l'activité est égale à la pression partielle **exprimée en bar** dont l'expression est donnée par $P_i = \frac{n_i}{\sum_i n_i^{gazeux}} P_{tot}$. Souvenez-vous bien qu'on ne compte que les moles gazeuses au dénominateur.
— A volume constant, on exprime la pression partielle en faisant l'hypothèse des gaz parfaits comme si les gaz étaient seuls dans le milieu soit $P_i = n_i \frac{RT}{V}$.

■ Pour les liquides : L'activité des solvants est souvent prise égale à 1, puisqu'ils pensent qu'ils sont seuls dans le milieu. Cependant, il existe des exercices où il ne faut pas la prendre égal à 1, sinon on peut avoir des ΔG négatifs.
Pour les ions, on identifie les activités aux concentrations.

1. Comment comprendre quelque chose à l'opérateur Δ_r ?

Cette partie n'est pas qu'un bête rappel de cours. Elle a pour vocation d'essayer de vous faire sentir l'utilité de ces opérateurs, et les conséquences au niveau macroscopique de certaines de leur propriétés.

Nous pensons que c'est ici que les profs manquent de se suicider lorsqu'il vous demande ce qu'est un opérateur Δr. Pourtant il suffirait de peu pour les remplir d'aise en disant :

Δ_r c'est une différentiation par rapport à ξ à T et P constants.

Ainsi, en Kholles ne demandez pas pourquoi $\Delta_r PV = P\Delta_r V$, c'est tout simplement parce que quand on dérive à P constant, on dérive à P constant, c'est tout, il suffit de parler français pour comprendre.

Quand on met un petit ° en haut du Δ_r, ça veut dire que l'on parle de la grandeur standard. Cela représente la valeur de la grandeur dans les conditions normales : pour les gaz une atmosphère ; pour les ions une concentration de 1 mol/l... En revanche, la température où est calculée cette grandeur standard n'est pas fixe. Les grandeurs standard de réaction dépendent de la température où on les calcule.

A) Comment déterminer l'expression des Δ_r de toutes les fonctions thermodynamiques ?

Ici la méthode à choisir dépend de ce que l'on vous donne comme données dans l'énoncé de l'exercice.

METHODE 1 : A partir de $\Delta_r G$

■ **Rappel**

Il est alors aisé de trouver l'entropie réactionnelle ainsi que l'enthalpie réactionnelle.

$$\Delta_r S = -\frac{\partial \Delta_r G}{\partial T}$$

$$\Delta_r H = \Delta_r G - T\frac{\partial \Delta_r G}{\partial T}$$

Pas la peine d'apprendre par coeur ces formules. Il suffit de les retrouver à l'aide des expression $G = H - TS$ et $dG = VdP - SdT$.

■ **Cas d'utilisation**

Lorsque l'on vous donne l'expression de $\Delta_r G$ dans l'énoncé.
Ces formules permettent aussi de retrouver $\Delta_r G$ quand vous avez calculé $\Delta r S$, mais alors il faudra connaître la valeur de $\Delta_r G$ en un point pour pouvoir faire l'intégration.

REMARQUE :
Si vous trouvez un $\Delta_r H°$ qui dépend fortement de la température, c'est que vous ne savez pas dériver parce que ceci dépend très peu de la température.

■ *Exemple :*

Pour la réaction $NH_3 \leftrightarrow \frac{1}{2}NH_2 + \frac{3}{2}H_2$ *on donne* $\Delta_r G° = 43000 - 12{,}8T\ln T - 15T$.
Déterminer l'expression de $\Delta_r S°$ *et* $\Delta_r H°$.

On dérive par rapport à T, on obtient :

$$\Delta_r S° = -\frac{\partial \Delta_r G°}{\partial T} = +12{,}8.\ln T + 12{,}8 + 15{,}8$$

et :

$$\Delta_r H° = \Delta_r G° - T\frac{\partial \Delta_r G°}{\partial T} = 43000$$

Effectivement, $\Delta_r H°$ dépend peu de la température.

METHODE 2 : A partir des enthalpies standard de formation

■ Cas d'application

Lorsqu'on vous donne une table avec les $\Delta_f H°$ des éléments de la réaction.

Rappelons que le $\Delta_f H°$ est l'enthalpie standard de la réaction de formation d'une mole de ce corps à partir des éléments simples pris dans leur état stable à la température considérée.

REMARQUE :

Cette définition permet de répondre tout de suite que le $\Delta_f H°$ du carbone graphite à 298 K est nul puisqu'il est stable (et simple) à cette température et dans les conditions standard (idem pour le dioxygène, le diazote, le méthane gazeux etc.).

■ Rappel

Soit la réaction $\upsilon_1' A_1 + \upsilon_2' A_2 + \ldots \leftrightarrow \upsilon_j A_j + \ldots + \upsilon_n A_n$

Si on note $\Delta_f H_i°$ les enthalpies standard de formation du composé i, l'enthalpie standard de la réaction vaut selon la **loi de Hess.**

$$\boxed{\Delta_r H° = \sum_{k=1}^{n} \nu_k \Delta_f H_k°}$$

où pour $k = 1..j-1$, on a $\nu_k = -\nu_k'$ (on compte négativement les termes de gauche quoi).

La loi de Hess marche également pour G, S, C_p.

■ Principe

1. Ecrire l'équation bilan de la réaction en l'équilibrant.
2. Appliquer la loi de Hess en n'oubliant pas la remarque précédente sur les éléments simples.

Vous obtenez alors l'enthalpie réactionnelle à la température considérée et dans l'état standard.

■ *Exemple : On réalise la combustion de l'éthylène. On donne les enthalpies standard de formation des corps suivants. Déterminer l'enthalpie standard de réaction.*

$\Delta_f H°(C_2H_4) = 52,3 kJ.mol^{-1}$

$\Delta_f H°(CO_2) = -110,53 kJ.mol^{-1}$

$\Delta_f H°(H_2O) = -285,82 kJ.mol^{-1}$

1.La réaction de combustion s'écrit :

$$C_2H_4 + 3O_2 \leftrightarrow 2CO_2 + 2H_2O$$

2. En appliquant la loi de Hess on trouve :

$$\Delta_r H° = \sum_{k=1}^{n} \Delta_f H_k° = 2\Delta_f H°(H_2O) + 2\Delta_f H°(CO_2) - 3.0 - \Delta_f H°(C_2H_4)$$

■ Mise en garde

Faites très attention à l'intitulé de la question, en particulier à la réaction dont on vous demande de calculer la grandeur de réaction. En effet, on peut multiplier les coefficients stochiométrique par le même nombre ce sera toujours la même réaction mais les grandeurs de réaction auront été multipliées d'autant.

METHODE 3 : A partir des capacités calorifiques

■ Rappel

$\Delta_r H$, $\Delta_r S$ et $\Delta_r U$ sont reliés aux capacités calorifiques par les relations de Kirchoff :

$$\frac{\partial \Delta_r H}{\partial T} = \Delta_r C_P \text{ et } \frac{\partial \Delta_r U}{\partial T} = \Delta_r C_V \text{ et } \frac{\partial \Delta_r S}{\partial T} = \frac{\Delta_r C_P}{T}$$

Encore une fois, pas la peine d'apprendre par coeur : les deux premières formules se déduisent immédiatement de $dH = C_P dT, dU = C_V dT$ par différentiation.

Quant à la troisième, il suffit de se souvenir que à P constant $dH = TdS$. Encore une fois il suffit alors de différentier.

■ Cas d'application

Lorsqu'on vous donne la table des capacités calorifiques de réaction.

Lorsque vous connaissez déjà la valeur de la fonction $\Delta_r f$ en une température.

■ Erreurs fréquentes

1. N'oubliez pas les constantes d'intégration.
2. Cela va sans dire, mais ca va toujours mieux en le disant : lorsqu'on vous donne les expressions de $\Delta_r C_P$ et qu'elles dépendent de T ne sortez pas $\Delta_r C_P$ de l'intégrale. Si vous n'avez pas l'expression en fonction de T, supposez que c'est constant, sur l'intervalle de température que vous considérez.

■ *Exemple : On donne à 298 K les grandeurs de formation suivantes :*

	$\Delta_r H°$ *(Kj/mol)*	*s° (J/mol/K)*	$\Delta_f C_P°$ *(J/mol/K)*
H_2	*0*	*130*	*28*
Cl_2	*0*	*223*	*35*
HCl	*-92*	*186*	*28*

On s'intéresse à la réaction de fabrication du HCl. Déterminer $\Delta_r G(T)$.

Calculons $\Delta_r H(T)$:

$$\Delta_r H(T) = \Delta_r H(T_0) + \sum_i \int_{T_0}^{T} \Delta_{fi} C_P^\circ dT$$

Avec $\Delta_r H(T_0) = \sum_i \Delta_{fi} H(T_0)$.

De même :

$$\Delta_r S(T) = \Delta_r S(T_0) + \sum_i \int_{T_0}^{T} \frac{1}{T} \Delta_{fi} C_P^\circ dT$$

Plusieurs possibilités s'offrent à nous :
1. Soit utiliser la méthode 1 en intégrant $\Delta_r S(T)$ par rapport à T grâce la formule :

$$\Delta_r S = -\frac{\partial \Delta_r G}{\partial T}$$

2. Soit utiliser la fameux $G = H - TS$ ce qui nous donne $\Delta_r G = \Delta_r H - T\Delta_r S$.

METHODE 4 : A partir des activités

Rappel

$$\Delta_r G = \sum_i \upsilon_i \mu_i = \sum_i \upsilon_i \mu_i^\circ + \sum_i \upsilon_i RT\ln(a_i)$$

où l'activité est calculée de manière à valoir 1 lorsqu'on est dans l'état de référence (dont la définition peut varier à loisir).
— Pour les solides les activités valent 1.
— Pour les gaz elles valent la pression partielle exprimée en bar.
— Pour les liquides elles s'identifient avec la concentration lorsqu'on est dans l'hypothèse de l'infinie dilution.

Cas d'utilisation

Les deux conditions suivantes doivent être réunies.
On vous donne la constante d'une réaction, ce qui vous permet d'avoir accès au $\Delta_R G° = -RT\ln(K)$.
On vous donne les affinités initiales des corps. En particulier, il faut qu'il y ait **tous** les corps impliqués dans les réactions, pour pouvoir calculer les affinités de chacun d'entre eux. L'équilibre doit être réalisé.

Cas de non-utilisation

La remarque précédente montre que cette méthode tombe à l'eau à chaque fois qu'on ne met dans la soupe que les réactifs, et que les produits sont initialement inexistants.

■ *Exemple : On considère la réaction de Boudouard* $C_{sol} + CO_2 \leftrightarrow 2CO$*, à une atmosphère et à température T constante.* $\Delta_R G°$ *est nul à la température considérée. On part de 2 moles de C, 0,5 mole de* CO_2*, et 1 mole de CO. Déterminer l'enthalpie réactionnelle à cette température.*

On applique la formule $\Delta_r G = \sum_i \upsilon_i \mu_i = \sum_i \upsilon_i \mu_i^\circ + \sum_i \upsilon_i RT\ln(a_i)$, dans laquelle l'activité du carbone vaut 1 (solide), et celle des gaz vaut $P_i = \frac{n_i}{\sum_i n_i^{gazeux}} P_{tot}$, donc :

$$a_{CO_2} = \frac{0,5}{1,5} = \frac{1}{3} \text{ et } a_{CO} = \frac{2}{3}.$$

D'où :

$$\Delta_R G = RT\ln\left(\frac{\left(\frac{1}{3}\right)^2}{\frac{2}{3}}\right) = -RT\ln 6$$

B) Comment utiliser ces grandeurs de réaction ?

METHODE 5 : Savoir si une réaction est endothermique

■ Principe

Etudier le signe de $\Delta_r H$.

■ Rappel

Si $\Delta_r H$ est négatif, la réaction est exothermique (elle va chauffer votre bol).
Si $\Delta_r H$ est positif, la réaction est endothermique (elle va refroidir votre bol).
Si $\Delta_r H$ est nul, la réaction est athermique (elle ne va rien faire à votre bol).

■ *Exemple : on s'intéresse à la réaction suivante* $2SO_2 + O_2 \leftrightarrow 2SO_3$. *On donne* $\Delta_f H°(SO_3) = -395 Kj.mol^{-1}$ *et* $\Delta_f H°(SO_2) = -297 Kj.mol^{-1}$. *La réaction est-elle exothermique ?*
On calcule $\Delta_r H°$ au moyen de la méthode 2, on trouve : - 196 Kj/mol, donc la réaction est exothermique.

METHODE 6 : Déterminer le sens d'une réaction

■ Principe

Introduire l'affinité A qui est l'opposé de $\Delta_r G$ et discuter de l'évolution de la réaction suivant le signe de A.
Si A est positif la réaction se fera vers la droite.
Si A est négatif, la réaction se fera vers la gauche.
Si A est nul, on est à l'équilibre (ouf ! puisqu'à l'équilibre $\Delta_r G$ est nul).

Démonstration

On vous la redemande à chaque fois : il suffit d'exprimer dA de deux manières en introduisant le terme de création d'entropie.
$dG = -SdT + VdP - Ad\xi$
$dG = dH - dTS = -PdV + \delta Q + VdP + PdV - TdS - SdT$
Or $\delta Q - TdS = -Td\sigma$
Dans le cas où il n'y a pas de travail autre que celui des forces de pression on trouve en identifiant :
$Ad\xi = Td\sigma$
Ceci est donc toujours positif.

■ Cas d'utilisation

Si on a plusieurs réactions en compétition, celle qui se fera préférentiellement sera celle qui a la plus grande affinité.

REMARQUE :
Si on a un équilibre avec uniquement des solides et qu'on trouve une constante de réaction plus grande que 1, cette réaction sera totale et prépondérante devant toutes les autres.

En gros, A représente la différence qu'il y a entre l'état étudié et l'équilibre. Plus A est grand, plus la réaction va se faire pour arriver à l'équilibre.

■ *Exemple : On considère l'équilibre* $2SO_2 + O_2 \leftrightarrow 2SO_3$. *A l'équilibre on sait que* $P_{O_2} = 0,071\text{bar}$ *et* $P_{SO_3} = P_{SO_2} = 0,2\text{bar}$. *Si on impose* $P_{SO_3} = P_{SO_2} = P_{O_2} = 0,2\text{bar}$ *que se passe-t-il ?*

$$A = -\Delta_r G = -\left(\Delta_r G° + RT\ln\left(\prod_i a_i^{\upsilon i}\right)\right) = -RT\left(\ln K + \ln\left(\prod_i a_i^{\upsilon i}\right)\right).$$

Avec $\left(\prod_i a_i^{\upsilon i}\right) = \dfrac{P_{SO_3}^2 P°}{P_{SO_2}^2 P_{O_2}} = \dfrac{1}{0,2}$.

A est positif donc l'évolution se fera vers la droite (formation de trioxyde de souffre).

METHODE 7 : Déterminer la température d'inversion d'une réaction

■ **Rappel**

La température d'inversion d'une réaction est la température pour laquelle la réaction change de sens.

■ **Principe**

1. Déterminer l'expression de $\Delta_r G(T)$.
2. Trouver la valeur de T pour laquelle $\Delta_r G(T)$ s'annule est change de signe.

■ *Exemple : On considère la réaction de fabrication du chlorure d'hydrogène* $H_2 + Cl_2 \leftrightarrow 2HCl$. *En finissant le calcul de l'exemple de la méthode 3 déterminer la température d'inversion de cette réaction.*

$$\Delta_r C_p(T_0) = \sum_i \Delta_f C_p(T_0) = 2.28 - 35 - 28 = -7\text{J/mol/K}$$

$$\Delta_r S(T) = \Delta_r S(T_0) + \sum_i \int_{T_0}^{T} \frac{1}{T} \Delta_{fi} C_p^{\circ} dT = 19 - 7\ln\left(\frac{T}{T_0}\right)$$

On en déduit donc $\Delta_r G(T)$:

$$\Delta_r S° = -\frac{\partial \Delta_r G(T)}{\partial T}$$

$$\Delta_r G(T) = \Delta_r H(T_0) - T_0 \Delta_r S(T_0) + 19(T - T_0) + 7(T - T_0)\ln T_0 - 7T\ln T + 7T_0 \ln T_0 + 7\ln\left(\frac{T}{T_0}\right)$$

Voilà, voilà, j'aime la chimie, maintenant y'a plus qu'à faire chauffer la calculatrice pour trouver les zéros de cette fonction et regarder si elle change effectivement de signe en ces points.

METHODE 7BIS : Que représente l'enthalpie libre de réaction ?

Réponse

Le déséquilibre entre l'état initial et l'état d'équilibre thermodynamique. En effet, elle est proportionnelle à la différence entre les activités à l'équilibres et celles à l'instant initial.

A l'équilibre cette différence s'annule.

2. Comment calculer la variation d'une fonction d'état ?

C'est une question assez classique et très délicate si on n'est pas méthodique, d'où la nécessité des méthodes suivantes.

METHODE 8 : Comment calculer ΔU et ΔH ?

Si on vous demande dans une question de déterminer la variation des fonctions d'état sans vous imposer d'ordre, commencez toujours par celles-ci car ce sont les plus faciles et elles vous serviront sûrement pour la suite.

■ Rappel

U et H dépendent faiblement de la pression et de la température, si bien qu'on peut écrire sans trop bluffer que $\Delta_r H° = \Delta_r H = \frac{dH}{d\xi}$ et la même chose avec des U.

■ Principe

1. Déterminer l'avancement ξ_f à l'équilibre par application de la loi d'action de masse par exemple (il faut donc connaître la contante K).
2. Déterminer $\Delta_r H°$ par une des cinq premières méthodes du chapitre puis l'intégrer par rapport à ξ entre ξ_{ini} et ξ_{fin}.

Le même raisonnement transposé à U permet d'obtenir la variation d'énergie interne du système chimique.

■ *Exemple : On étudie l'équilibre $2NO_2 \leftrightarrow N_2O_4$ en phase gazeuse. On donne les enthalpies et entropies de formation des deux gaz à 298 K :*

$$\Delta_f H°(NO_2) = 33,8 Kj.mol^{-1}$$

$$\Delta_f H°(N_2O_4) = 9,7 Kj.mol^{-1}$$

$$\Delta_r S_f^\circ(N_2O_4) = -297 Kj.mol^{-1}.K^{-1}$$

$$\Delta_r S_f^\circ(NO_2) = -60,8 Kj.mol^{-1}.K^{-1}$$

Dans un volume constant on introduit 1 mole de dioxyde d'azote à 298 K.
Déterminer la variation d'enthalpie entre l'instant initial et l'instant final une fois l'équilibre atteint.

1. Déterminons l'avancement à l'équilibre :

Pour cela il faut déterminer la constante de la réaction : $K(T) = Exp\left(-\frac{\Delta_r G°}{RT}\right)$

ceci grâce à $\Delta_r G° = \Delta_r H° - T\Delta_r S°$.
On trouve $K = 9,47$.
On en déduit donc par application de la loi d'action de masse l'avancement à l'équilibre :

	$2NO_2$	$\leftrightarrow$	N_2O_4
E.I.	1		0
E.F.	1-2x		x

$$K = \frac{P_{N_2O_4}P°}{P_{NO_2}^2} = \frac{x(1-x)VP°}{(1-2x)^2 RT}$$

Tout ca pour trouver $x = \xi_{fin} = 0,47 mol$.

2. On en déduit ΔH :

$$\Delta H = \int_{\xi ini}^{\xi fin} \Delta_r H° d\xi = \Delta_r H° \int_{\xi ini}^{\xi fin} d\xi$$

REMARQUE :

C'est dans ce genre d'exercice qu'on est toujours content de savoir que l'enthalpie de réaction est reliée très intimement à l'énergie interne de réaction par : $\Delta_r H = \Delta_r U + \Delta_r PV = \Delta_r U + P\Delta_r V$. *Ceci devient encore plus utile lorsqu'on étudie un gaz parfait dans ce cas* $\Delta_r PV = RT\sum_i \upsilon_i$.

METHODE 9 : Comment déterminer ΔG ?

■ Principe

1. Ecrire la définition de G, puis poser la variation de G sous forme analytique :

$$\Delta G = \sum_j n_j^{fin}\mu_j^{fin} - \sum_i n_i^{ini}\mu_i^{ini}$$

2. Se souvenir qu'à l'équilibre A est nul donc $\Delta_r G$ aussi, ce qui permet grâce à la loi de Hess de simplifier grandement l'expression. Cette astuce permet de résoudre la question sans passer par les μ_i°, potentiels chimiques de référence.

3. Calculer l'avancement à l'équilibre puis faire l'application numérique.

■ Cas d'utilisation

Il faut pouvoir calculer l'avancement à l'équilibre (constante de réaction calculable).

■ *Exemple : Dans une enceinte à 500 K, séparé en deux compartiments de même volume où se trouvent dans l'un 0,1 mole de dioxyde de souffre, dans l'autre 0,1 mole de dioxygène. On abat la cloison et on attend. A l'équilibre thermodynamique on sait qu'un quart du dioxygène a été consommé dans la réaction :*

$$SO_2 + \frac{1}{2}O_2 \leftrightarrow SO_3$$

Déterminer la variation d'enthalpie libre.

L'énoncé nous permet d'avoir accès à la constante de cette réaction à 500K ainsi qu'à l'avancement à l'équilibre : $\xi_{fin} = 0,05 mol$.

1. On écrit ΔG sous forme analytique :

$$\Delta G = \sum_j n_j^{fin}\mu_j^{fin} - \sum_i n_i^{ini}\mu_i^{ini} = \xi\mu_{SO_3}^{fin} + (0,1-\xi)\mu_{SO_2}^{fin} + \left(0,1-\frac{1}{2}\xi\right)\mu_{O_2}^{fin} - 0,1\mu_{SO_2}^{ini} - 0,1\mu_{O_2}^{ini}$$

2. A l'équilibre A est nulle donc :

$$\Delta_r G = \sum_i \upsilon_i\mu_i = \mu_{SO_3}^{fin} - \mu_{SO_2}^{fin} - \frac{1}{2}\mu_{O_2}^{fin} = 0.$$

Donc l'expression établie en 1. se simplifie et on trouve finalement :

$$\Delta G = 0,1\left(\mu_{SO_2}^{fin} - \mu_{SO_2}^{ini} + \mu_{O_2}^{fin} - \mu_{O_2}^{fin}\right)$$

D'où :

$$\Delta G = 0,1.RT.\ln\left(\frac{P_{SO_3}^{fin}P_{O_2}^{fin}}{P_{SO_3}^{ini}P_{O_2}^{ini}}\right).$$

METHODE 10 : Comment déterminer ΔG (à T et P constants) ?

■ Cas d'utilisation

Lorsqu'on est à T et P constant.

■ Principe

Dans ce cas, on peut alors trouver ΔG en intégrant $\Delta_r G$ par rapport à ξ entre l'instant initial et l'équilibre :

$$\Delta G = \Delta_r G°(\xi - 0) + \int_0^{\xi} RT \ln\left(\prod_i a_i^{\nu_i}\right) d\xi$$

■ Fréquence d'utilisation

On n'a mentionné cette méthode qu'à titre d'information. Elle ne sert en effet pratiquement que dans le cas où vous connaissez l'expression des activités des corps en présence à tout moment pendant la réaction. La méthode précédente est beaucoup plus rapide car plus légère en calcul.

METHODE 11 : Comment déterminer ΔF ?

Ce n'est pas parce que cette méthode fait trois lignes qu'il faut la négliger, bien au contraire. Sa simplicité ne doit pas faire oublier que c'est l'**unique** méthode utilisée pour trouver ΔF.

■ Principe

Passer par ΔG, puis écrire la relation thermodynamique reliant F et G dans leur définition.
Cette relation se simplifie grandement lorsque l'on étudie un gaz qu'on peut supposer parfait. En effet, on a alors :

$$\Delta F = \Delta G - \Delta PV = \Delta G - RT\Delta n \text{ à T constant.}$$

METHODE 12 : Comment déterminer la chaleur dégagée par une réaction ?

■ Rappel

A pression constante, cette chaleur s'identifie avec - ΔH.
A volume constant, elle s'identifie avec - ΔU.

■ Cas d'utilisation

L'imagination des examinateurs étant finie, dans 99% des cas vous pourrez utiliser cette méthode. A vous de vous dépatouiller lorsque la réaction ne se fera pas à volume constant ou à pression constante.

■ *Exemple : On reprend l'exemple de la méthode 8. Déterminer la chaleur dégagée par la réaction.*

On est à volume constant, la chaleur dégagée s'identifie à la variation d'énergie interne. On a donc :

$$Q = \Delta U = \Delta_r U° \xi_{fin} = \left(\Delta_r H° - RT \sum_i \upsilon_i \right)$$

Ici $\sum_i \upsilon_i$, qui représente comme chacun sait, la somme des coefficients stochiométriques des composés **gazeux**, vaut - 1.
La chaleur dégagée est donc plus importante à volume constant ici.

METHODE 13 : Comment déterminer ΔS ?

■ Principe

Le plus simple est d'utiliser le fameux $\Delta G = \Delta H - T\Delta S$, qui marche si on reste à température constante et de calculer préalablement les variations d'enthalpie et d'enthalpie libre.

■ Cas d'utilisation

Il faut pouvoir calculer ΔH est donc avoir accès à l'enthalpie de réaction.

3. Comment résoudre les problèmes de température de flamme ?

Cette rubrique vous sera particulièrement utile car il ne se passe pas une année, depuis que votre grand-père a intégré l'X, où un exercice de ce type ne tombe pas aux oraux des grandes écoles.
Si le principe est toujours le même, il ne faut pas se laisser entraîner dans des pièges grossiers que les examinateurs ont réussi à tendre pour rendre un peu plus difficile le pauvre exercice de combustion où on vous demande de calculer la température finale.
Prenez donc bien gare dans ce qui suit aux cas d'applications des 3 méthodes suivantes.

■ Position du problème

On considère la combustion d'un corps. On demande de calculer la pression finale où la température finale.

METHODE 14 : On est à pression constante et la réaction est adiabatique

■ Principe

1. Justifier *l'hypothèse adiabatique* : une combustion est rapide et les échanges de chaleur sont lents, donc on peut supposer presque toujours que la réaction est adiabatique (sauf quand on vous dit qu'elle ne l'est pas).
2. *Choisir une bonne fonction d'état :* à pression constante la fonction d'état intéressante est H, en effet ses variations s'identifient à la chaleur dégagée (dans le cas où il n'y pas de travail autre que celui des forces de pression).

3. *Imaginer un chemin virtuel* en utilisant la propriété d'exactitude des fonctions d'état, qui fait que leur variation sur un chemin ne dépend que des valeurs initiales et finales sur ce chemin.

— Première étape : on fait la réaction à température initiale. On suppose souvent (sauf lorsqu'on vous donne la constante de la réaction) que celle-ci est totale si bien que ξ vaut 1, si bien que ΔH se confond avec $\Delta_r H°$.

— Deuxième étape : on chauffe les produits de la réaction jusqu'à température finale. La variation d'enthalpie totale est nulle puisqu'on a supposé que la réaction était adiabatique.

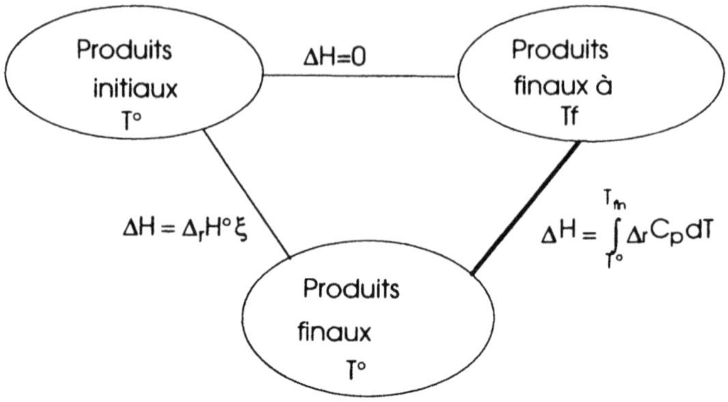

REMARQUE 1 :
Le coup classique des examinateurs est de mettre de l'air au lieu d'oxygène, ou de mettre un excès de dioxygène. N'oubliez pas ces corps lors de la deuxième étape : en effet il faut les chauffer, la température finale sera amoindrie.

REMARQUE 2 :
Si vous voulez gagner des places aux concours, dites qu'à la vue des températures que vous avez trouvées (de genre 2800 K), vous pouvez être sûr que la température sera moindre et ceci pour 3 raisons :
1. D'abord, si vous avez utilisé le modèle du gaz parfait ça fait longtemps qu'il n'est plus valable.
2. A de telles températures, le gaz s'est déjà ionisé, on se sait plus vraiment ce qui se passe.
3. Enfin des réactions parasites (dont des polymérisations) jusqu'alors négligées ne peuvent plus décemment l'être, la résolution de l'exercice doit prendre en compte ces nouveaux équilibres.

Celui-là vous le connaissiez déjà tous, nous n'en doutons pas. Voyons la suite...

METHODE 15 : On est à volume constant et la réaction est adiabatique

■ Principe

On fait presque pareil qu'à la méthode précédente, sauf qu'ici la fonction d'état intéressante est U et non plus H puisqu'à volume constant et en l'absence de travaux autres que les forces de pression, la variation d'énergie interne s'identifie à la chaleur dégagée.

■ Cas d'utilisation

Lorsqu'on vous donne la température initiale et qu'on vous précise qu'on est à volume constant.

■ **Astuces**

— Lorsqu'en Kholle, on vous a mis sur la voie en vous faisant dire que finalement c'était U la fonction intéressante, vous répliquez immanquablement : « oui, mais dans l'énoncé on donne que les $\Delta_f H°$, et pas les $\Delta_f U°$, alors comment on fait ? »

Réponse : on n'hésite surtout pas à apprendre son cours

Dans le cas des gaz parfaits $\Delta_r H° = \Delta_r U° + RT\sum_i \upsilon_i$.

— La deuxième objection du même acabit que la première est : on ne nous donne que les capacités calorifiques à pressions constantes, que valent celles à volume constant ? Il suffit d'apprendre les relations de Mayer où encore $\frac{C_p}{C_v} = \gamma$.

METHODE 16 : Que faire lorsque la réaction n'est pas adiabatique

C'est le dernier truc à la mode dans les exercices de concours : la réaction ne peut plus être considérée comme adiabatique. Là encore, il faut essayer de se ramener à un cycle, mais la variation d'enthalpie (resp. d'énergie interne) suivant qu'on est à pression constante (resp. à volume constant) ne sera plus nulle lors de la réaction.

■ **Cas d'utilisation**

Lorsque l'énoncé vous dit que X % de la chaleur fournie par la réaction est cédée à l'extérieur.

■ **Principe**

La chaleur fournie par la réaction s'identifie à la variation d'enthalpie de la première étape, à savoir le $\Delta H_1 = \Delta_r H° \xi$. Donc entre l'état initial et l'état final la variation d'enthalpie aura été $\Delta H = x\Delta H_1 = x\Delta_r H° \xi$. Le raisonnement est bien évidemment le même lorsqu'on est à volume constant il suffit alors de remplacer H par U.

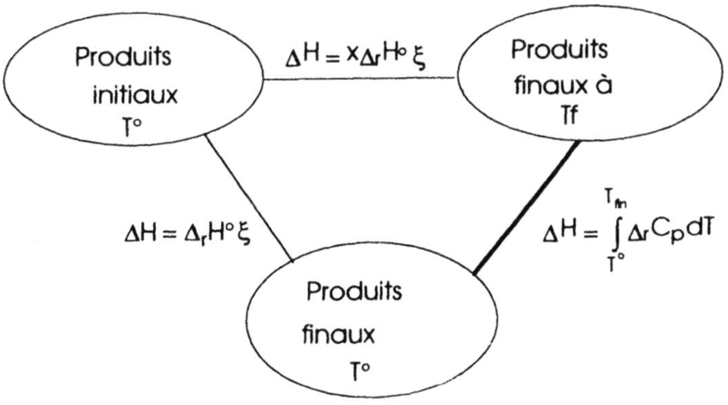

4. Comment résoudre les exercices sur les déplacements d'équilibre ?

METHODE 17 : Utiliser les lois de modération de Le Chatellier

■ Rappel

— Lorsqu'on augmente la température, toutes choses égales par ailleurs (en particulier la pression), l'équilibre se déplace dans le sens tendant à diminuer la température, c'est-à-dire dans le sens endothermique.
— Lorsqu'on augmente la pression, toutes choses égales par ailleurs, l'équilibre se déplace dans le sens de la diminution du nombre de moles gazeuses.
— Lorsqu'on ajoute un constituant inerte à V constant, il ne se passe rien.
— Si on ajoute un composé inerte à P constant, l'équilibre se déplace dans le sens dans le sens de la dilution de ce composé, i.e. dans le sens d'une augmentation d'un nombre de moles gazeuses.

En gros, la réaction tend à contrer les causes qui lui ont donné naissance.

Lorsqu'on a plus d'un équilibre les lois de modération ne sont plus applicables.

■ Méthodes utilisées

Il vous faudra souvent utiliser les méthodes précédentes, en particulier celle permettant de déterminer l'enthalpie de réaction, pour savoir si une réaction, est exothermique ou non.

■ Cas d'utilisation

Le plus souvent possible lorsque vous en êtes absolument sûrs, sinon préférer la méthode suivante.
Lorsqu'on ajoute un constituant actif, à moins d'avoir 60 Go de mémoire, il vaut mieux lire ce qui suit plutôt que de retenir la formule.

■ *Exemple : On considère l'équilibre* $2SO_2 + O_2 \leftrightarrow 2SO_3$. *Une fois à l'équilibre on ajoute de diazote à T et P constant.*
Dans quel sens évolue la réaction ?
Si on ajoute un constituant inerte, on va vers la dilution de ce composant donc vers la création de moles gazeuses, donc vers la gauche.

METHODE 18 : Calculer la différentielle de l'activité

■ Principe

Ecrire l'expression de A puis la différentier. $dA = -\frac{RT}{n_{tot}}\left(\frac{\upsilon_j}{a_j} - \sum_i \upsilon_i\right)dn_j$

Démonstration :
Lorsqu'on rajoute un composant actif noté j, à pression constante et température constante, on a :

$$dA = d\left(RT\ln K - RT\ln\left(\prod_i a_i^{\upsilon_i}\right)\right)$$

Sachant que $a_i = \dfrac{n_i}{n_{tot}}$

$$dA = RT\sum_i \upsilon_i \frac{da_i}{a_i} = RT\sum_i \frac{n_{tot}\upsilon_i}{n_i}\left(\frac{dn_i}{n_{tot}} - \frac{n_i dn_{tot}}{n_{tot}^2}\right) = RT\left(\frac{\upsilon_j dn_j}{n_j} - \sum_i \upsilon_i \frac{dn_{tot}}{n_{tot}}\right)$$

or $dn_{tot} = dn_j$

$$dA = -\frac{RT}{n_{tot}}\left(\frac{\upsilon_j}{a_j} - \sum_i \upsilon_i\right)dn_j$$

Si dA est positif, la réaction se fait vers la droite et vice versa.

Avouez que le résultat est moins simple que dans les autres cas.

■ *Exemple : On reprend l'exemple précédent, mais on ajoute du dioxygène à T et P constant. Dans quel sens se déplacera l'équilibre ?*
Le coefficient stoechiométrique du dioxygène vaut $\upsilon_{O_2} = -1$.
On a alors une évolution vers la gauche car dA est négatif.

METHODE 18 : Que faire lorsqu'on rajoute plusieurs composants en même temps ?

■ Principe

1. Ecrire la différentielle de A, comme somme de dérivées partielles.

■ Mise en œuvre

Si on a rajouté deux composants x et y, dA s'écrit alors :

$$dA = \frac{\partial A}{\partial n_x}dn_x + \frac{\partial A}{\partial n_y}dn_y$$

Pour calculer les dérivées partielles, on fait comme si on ne rajoutait qu'un seul de deux composants (on est alors ramené à la méthode précédente si le composant est actif, ou à la méthode d'avant s'il est inerte).
2. Essayer de relier les quantités de x et y qu'on ajoute pour avoir une estimation de dA (par exemple pour l'air on sait qu'il y a quatre fois plus d'azote que de dioxygène).

■ *Exemple : Reprendre l'exemple précédent lorsqu'on ajoute de l'air à P et T constant.*

1. $dA = \dfrac{\partial A}{\partial n_{N_2}}dn_{N_2} + \dfrac{\partial A}{\partial n_{O_2}}dn_{O_2}$

La méthode 14 nous donne $\dfrac{\partial A}{\partial n_{N_2}} = RT\dfrac{\sum_i \upsilon_i}{N_{tot}}$

La méthode 15 nous donne $\dfrac{\partial A}{\partial n_{O_2}} = RT\left(\dfrac{\sum_i \upsilon_i}{N_{tot}} - \dfrac{\upsilon_{O_2}}{a_{O_2}}\right)$

2. Par ailleurs, $dn_{N_2} = 4dn_{O_2}$, d'où :

$$dA = \frac{\partial A}{\partial n_{N_2}}dn_{N_2} + \frac{\partial A}{\partial n_{O_2}}dn_{O_2} = RT\left(-\frac{5}{N_{tot}} + \frac{1}{n_{O_2}}\right)dn_{O_2}$$

Le résultat dépend de nombre de moles de dioxygène qu'il y avait à l'équilibre avant qu'on rajoute de l'air.

5. Comment traiter les équilibres solides ?

On est saisi par le désarroi de certains candidats qui ne savent pas traiter ces problèmes classiques, parce qu'ils veulent absolument les traiter comme des équilibres en phase liquide. Ca ne marche pas du tout de la même manière, pour la bonne et simple raison que les réactions sont souvent consécutives et non pas simultanées.

Le type d'exercices qu'on vous pose est toujours le même : on considère plusieurs équilibres solides ayant la même expression de constante de réaction en fonction des pressions partielle de certains gaz. On ajoute petit à petit un des gaz et on cherche l'évolution du rapport des pressions partielles.

METHODE 19 : Faire l'approximation d'Elingham

Rappel

C'est le point de départ de tout exercice sur les équilibres en phase solide. Il s'agit de considérer que **$\Delta_r G$ est une fonction affine de la température**.

Bizarrement, vous nous sortez souvent (sauf quand vous avez eu d'illustres professeurs comme nous) une démonstration complètement foireuse : non **on ne peut pas** considérer que $\Delta_r H$ et $\Delta_r S$ sont des constantes.

Démonstration

La méthode 3 nous assurait que $\Delta_r H(T) = \Delta_r H(T_0) + \int_T^{T_0} \Delta_r C_p(T)dT$

et $\Delta_r S(T) = \Delta_r S(T_0) + \int_T^{T_0} \frac{\Delta_r C_p(T)dT}{T}$

En revenant à la définition de l'enthalpie libre de réaction, on trouve :

$$\Delta_r G(T) = \Delta_r H(T_0) - T\Delta_r S(T_0) + \left(\int_T^{T_0} \Delta_r C_p(T)dT - T\int_T^{T_0} \frac{\Delta_r C_p(T)dT}{T} \right)$$

Le terme entre parenthèse est négligeable. En revanche, chacun des deux termes de la parenthèse n'a aucune raison d'être négligé.

A) Comment savoir si des équilibres sont simultanés ?

C'est généralement la seconde question qu'on vous pose dans ces exercices. Il existe deux méthodes pour la résoudre, une que les examinateurs n'aiment pas mais qui a le mérite d'être rapide, une qu'ils chérissent, mais la rançon de la gloire est qu'elle est plus longue à mettre en œuvre. A vous de choisir...

METHODE 20 : Ecrire l'expression de la constante de ces équilibres

Principe

1. Grâce à la loi d'action de masse, les activités des solides étant prises égales à 1, on exprime les constantes des réactions.
2. On suppose que les équilibres sont simultanés, donc que la loi d'action de masse s'applique pour chacun d'entre eux.

3. On cherche une contradiction : généralement, une grandeur qui prend plusieurs valeurs différentes.

■ Cas d'application

Il faut que vous connaissiez la valeur des différentes constantes des équilibres étudiés.

■ *Exemple : On met du* Fe_2O_3 *dans un récipient et un chouilla de CO gazeux. On connaît les équilibres susceptibles d'être atteints :*

$$\begin{cases} 3Fe_2O_{3sol} + CO \leftrightarrow 2Fe_3O_{4sol} + CO_2 & K_1 >> 1 \\ Fe_3O_{4sol} + CO \leftrightarrow 3FeO_{sol} + CO_2 & K_2 = 2 \\ FeO_{sol} + CO \leftrightarrow Fe_{sol} + CO_2 & K_3 = \dfrac{2}{3} \end{cases}$$

Les équilibres sont-ils simultanés ?

1. Pour les trois équilibres la loi d'action de masse s'écrit : $K_i = \dfrac{P_{CO_2}}{P_{CO}}$.

2. Si les trois équilibres étaient simultanés, on aurait donc toutes les constantes égales ce qui n'est pas le cas donc les équilibres sont consécutifs.

METHODE 21 : Utiliser la variance

■ Principe

1. Supposer que les équilibres sont consécutifs.
2. Calculer la variance globale.
3. Retirer les variables intensives qui sont fixées par l'expérience (température, pression).
4. Si vous trouvez un nombre négatif, c'est que les équilibres ne sont pas simultanés.

■ Cas d'application

Lorsque l'examinateur est devenu tout rouge après que vous avez utilisé la méthode 20.
Lorsque vous n'avez aucune information sur les constantes des réactions.

■ Erreur fréquente

Lorsqu'il y a plusieurs solides, ils comptent chacun pour une phase.

■ *Exemple : En reprenant l'énoncé de la méthode précédente, et sachant qu'on fixe la température, le volume et le nombre de moles initial de* Fe_2O_{3sol}, *dites si les trois équilibres ou deux au moins sont simultanés.*

Supposons que les équilibres sont simultanés, la variance vaut :

$$v = n - r + 2 - \varphi$$

n vaut 6, r vaut 3, il y a 5 phases, donc la variance est nulle. Or on a fixé deux paramètres intensifs (la température et la pression totale, puisqu'on connaît à tout moment le nombre de moles gazeuses dans le récipient).
Les trois équilibres ne sont donc pas simultanés.

Supposons maintenant qu'il n'y en ait que deux simultanés. La variance vaudrait alors :

$$v = n - r + 2 - \varphi = 5 - 2 + 2 - 4 = 1$$

Là encore en enlevant le nombre de paramètres intensifs fixés par l'opérateur, on trouve un nombre strictement négatif, donc deux équilibres ne peuvent être simultanés.

METHODE 22 : Comment montrer l'unicité du point triple de l'eau

C'est une petite question anodine qui tombe souvent.

■ Principe

Il faut avoir le réflexe d'utiliser la variance.
Au point triple, on a coexistence de 3 phases (φ vaut 3), pour un seul corps l'eau (n vaut 1), et sans réaction chimique (r est nul).
La variance totale est nulle. On ne peut donc pas fixer arbitrairement un paramètre intensif : il n'existe qu'une seule température et qu'une seule pression pour laquelle il y a coexistence des trois phases.

B) Comment résoudre les exercices $\frac{P_1}{P_2} = f(n)$?

On ajoute un corps au fur et à mesure (en quantité n) dans le système et on regarde comment les quantités de chacune des espèces évoluent.
On peut aussi faire varier le volume de l'enceinte plutôt que de rajouter du réactif, le raisonnement sera le même.

METHODE 23 : Etudier l'évolution du rapport des pressions

■ Position du problème

Vous venez de vous rendre compte que sur vos 36 équilibres solides, l'expression de la loi d'action de masse était la même et s'écrivait comme le rapport de deux pressions partielles.

■ Principe

1. Lorsqu'un des équilibres est atteint, ce rapport est bloqué par la constante de l'équilibre, et ceci jusqu'à ce que un des réactifs disparaissent **totalement**.
2. Une fois l'équilibre terminé, il est de bon ton de faire l'hypothèse gaz parfait pour pouvoir relier facilement les nombres de moles à la pression totale. Le rapport des pressions partielles évolue alors jusqu'à ce qu'il atteigne une autre constante d'équilibre.
On se retrouve alors au 1.

REMARQUE :
Lorsque n devient grand, il est normal que la pression commence à atteindre de grandes valeurs. C'est le moment de remettre en cause votre hypothèse gaz parfait (dès que P devient supérieur à 10 Bars).

■ *Exemple : On considère les trois équilibres suivants :*

$$\begin{cases} 3Fe_2O_{3sol} + CO \leftrightarrow 2Fe_3O_{4sol} + CO_2 \quad K_1 >> 1 \\ Fe_3O_{4sol} + CO \leftrightarrow 3FeO_{sol} + CO_2 \quad K_2 = 2 \\ FeO_{sol} + CO \leftrightarrow Fe_{sol} + CO_2 \quad K_3 = \frac{2}{3} \end{cases}$$

On part d'une mole de Fe_2O_3
On note n le nombre de moles de CO ajouté depuis le début de la réaction.
Déterminer la courbe $\frac{P_{CO}}{P_{CO_2}} = f(n)$.
On a déjà vu que les trois équilibres étaient consécutifs.

1. Au début on est très rapide au premier équilibre. Le rapport $\frac{P_{CO}}{P_{CO_2}}$ est donc fixé par l'inverse de la constante de la première réaction. Ceci est vrai tant qu'il y a du réactif. Si on part d'une mole de Fe_2O_3, celui-ci aura totalement disparu lorsqu'on aura versé 1/3 moles de CO.

2. Pour $n > 1/3$, on est hors équilibre, il y a 1/3 moles de CO_2 et $n-1/3$ mole de CO, d'où : $\frac{P_{CO}}{P_{CO_2}} = 3n-1$.
Ceci est vrai tant que le deuxième équilibre n'est pas atteint. Il l'est dès que le rapport des pressions partielles devient égal à l'inverse de la constante de la deuxième réaction. Soit jusqu'à $n = 1/2$.

3. Pour $n > 1/2$, le rapport des pressions partielles est fixé par l'inverse de la constante K_2, et ce tant qu'il reste du Fe_3O_4, i.e. tant que $n < 1/3+2/3$.

4. Pour $n > 1$, on est hors équilibre, et le rapport des pressions partielles est donné par $\frac{P_{CO}}{P_{CO_2}} = \frac{n-1}{1}$ et ce jusqu'à ce qu'on atteigne le dernier équilibre.
On continue le même raisonnement, jusqu'à disparition du dernier réactif, puis on est à nouveau hors équilibre.
Un petit dessin égaiera sans doute l'atmosphère le jour du concours.

6. A quoi servent les potentiels chimiques ?

Le potentiel chimique est extrêmement utile, et se révèle être un outil particulièrement efficace pour traiter des problèmes qui, une fois n'est pas coutume, ont un intérêt dans la vraie vie.

METHODE 24 : Comment savoir quelle est la variété allotropique la plus stable ?

■ Position du problème

Soient deux (ou même plus) variétés allotropiques d'un même corps en équilibre à une certaine température T_1, avec une certaine chaleur latente. On se demande quelle est la variété la plus stable à une autre température T_2.

■ Principe

1. Ecrivez le potentiel chimique de chacun des deux corps à la température T_2 en fonction de ceux à la température T_1 grâce à la formule des accroissements finis. On introduira donc les dérivées partielles des potentiels par rapport à la température.

$$\mu_1(T_2, P) = \mu_1(T_1, P) + (T_2 - T_1)\left(\frac{\partial \mu_1}{\partial T}\right)_{T_1}$$

2. Invoquer l'équilibre à la température T_1 pour écrire l'égalité des potentiels chimiques à cette température.
On obtient une relation entre les deux potentiels chimiques à la température T_2.

3. Utiliser l'égalité $s(T) = -\frac{\partial \mu_1}{\partial T}(T)$ qui vient de la différentielle de l'entropie et la formule de Clapeyron pour simplifier l'expression à l'aide de la chaleur latente.
4. Comparer les deux potentiels chimiques. Le plus petit correspond à la variété stable.

■ **Cas d'application**

On vient de vous le dire : il faut connaître les conditions d'équilibre physique des deux variétés, ainsi que la chaleur latente à cette température.

■ *Exemple : On note 1 et 2 les deux variétés du souffre. Sous une atmosphère, l'équilibre a lieu à 96 °C, et la chaleur latente molaire de l'équilibre* $1 \leftrightarrow 2$ *vaut 3,2Kj/mol.*
Quelle est la variété stable à 25 °C sous 1 atmosphère ?

A 96 °C, on a égalité des potentiels chimiques, soit :
$\mu_1(96°\text{C}, 1\text{atm}) = \mu_2(96°\text{C}, 1\text{atm})$
Au premier ordre, on a l'égalité :

$$\mu_1(25°\text{C}, 1\text{atm}) = \mu_1(96°\text{C}, 1\text{atm}) - (96 - 25)\left(\frac{\partial \mu_1}{\partial T}\right)_{96}$$

De même :

$$\mu_2(25°\text{C}, 1\text{atm}) = \mu_2(96°\text{C}, 1\text{atm}) - (96 - 25)\left(\frac{\partial \mu_2}{\partial T}\right)_{96}$$

D'où :

$$\mu_2(25°\text{C}, 1\text{atm}) = \mu_1(25°\text{C}, 1\text{atm}) + 71\left(\left(\frac{\partial \mu_1}{\partial T}\right)_{96} - \left(\frac{\partial \mu_2}{\partial T}\right)_{96}\right)$$

Comme $\left(\left(\frac{\partial \mu_1}{\partial T}\right)_{96} - \left(\frac{\partial \mu_2}{\partial T}\right)_{96}\right) = -s_1(96) + s_2(96) = \frac{L}{96 + 273}$, on en déduit que la variété 1 est la plus stable à 25 °C puisque son potentiel chimique est plus petit.

METHODE 25 : Comment déterminer la température d'équilibre entre deux phases dans un mélange binaire ?

Ces exercices sont des plus classiques. Ils concernent tous les petits problèmes quotidiens tels que le fait de mettre du sable sur les routes quand il a gelé...

■ **Principe**

1. Appliquer l'égalité des potentiels chimique à l'équilibre thermodynamique pour le corps pur.
2. Exprimer le potentiel chimique de ce corps dans le mélange binaire à la température cherchée.
3. Bidouiller les expressions en introduisant la chaleur latente.

■ *Exemple : On introduit une* ***solution*** *de sable très dilué dans de l'eau pure sous forme liquide, le tout à la pression atmosphérique. Connaissant la chaleur latente de fusion à 0 °C, déterminer la nouvelle température de solidification.*

1. A 0 °C, sous la pression atmosphérique, il y a égalité des potentiels chimique de l'eau liquide et de la glace. Soit $\mu_{eau}^{liqpur}(0°\text{C}, 1\text{atm}) = \mu_{eau}^{solpur}(0°\text{C}, 1\text{atm})$.

2. Par ailleurs à la température recherchée, on a :

$$\mu_{eau}^{liq}(T, 1\text{atm}) = \mu_{eau}^{liqpur}(T, 1\text{atm}) + RT\ln(1 - x),$$

où x représente le titre en sable de la solution.

3. On a alors :
$\mu_{eau}^{solpur}(T, 1atm) - \mu_{eau}^{solpur}(0°C, 1atm) = \mu_{eau}^{liqpur}(T, 1atm) - \mu_{eau}^{liqpur}(0°C, 1atm) + RT\ln(1-x)$, en introduisant les entropies puis la chaleur latente de fusion, on obtient finalement :

$$-(T-273)s^{sol}(0°C) = -(T-273)s^{liq}(0°C) + RT\ln(1-x)$$

$$\text{Puis } (T-273)\frac{L_f}{273} = RT\ln(1-x)$$

Puisque la solution sableuse est faiblement diluée en effectuant un DL du logarithme au voisinage de zéro :

$$\Delta T = -\frac{273}{L_f}RTx$$

On a bien une diminution de la température de solidification : lorsqu'on met du sable sur les routes, l'eau gèle à une température plus basse que zéro, ce qui permet de ne pas souffrir du verglas plus longtemps.

7. Comment étudier des systèmes physico-chimiques exotiques

On entend ici par système exotique un système où interviennent à la fois des réactions chimiques et une intervention physique de l'extérieur (genre un travail électrique).

Les examinateurs voulant tester votre goût pour l'aventure vous sortiront un jour des études thermodynamiques de système physico-chimique : comme dans les exercices de thermochimie classiques, on vous demandera de calculer les $\Delta_r G$, $\Delta_r H$, et $\Delta_r S$. Dans ce cas là pas de panique, il faut revenir à la base : le premier principe et la définition des fonctions d'état.

METHODE 26 : Comment calculer le $\Delta_r G$, $\Delta_r H$, $\Delta_r S$ d'un tel système

■ Principe

1. Revenir au premier principe, en n'omettant aucun travail des forces (force de Laplace, force électrique) ni terme de chaleur (pour le diamagnétique il existe un terme supplémentaire dû au vecteur aimantation **M**).

2. Ecrire le différentiel de G de deux manières différentes :
$dG = d(U + PV - TS) = \delta W_{tot} + \delta Q + VdP + PdV - TdS - SdT$, d'une part et :
$dG = -SdT + VdP + \Delta_r G d\xi$, d'autre part.

3. Essayer de relier l'expression du travail élémentaire à une fonction de $d\xi$.

4. Identifier les deux expressions.

■ Cas d'utilisation

Lorsque l'on peut considérer la réaction comme réversible, alors la différentielle de G se simplifie grandement. Sinon on ne peut pas dire grand-chose.

■ *Exemple : On considère une pile constituée de deux électrodes* $Zn/ZnCl_2$ *et AgCl/Ag+, dont la fem est notée e, et est une fonction affine de la température de pente a.*
Déterminer $\Delta_r G$, $\Delta_r H$, $\Delta_r S$.

1. et 2. On suppose la fonction de la pile réversible, ce qui n'est pas si bête puisqu'il suffit d'imposer une certaine tension aux électrodes de la pile pour revenir à l'état qu'on veut.

On écrit la différentielle de G en appliquant le premier principe :
$dG = d(U + PV - TS) = \delta W_{tot} + \delta Q + VdP + PdV - TdS - SdT$
Par ailleurs, $\delta W_{tot} = -PdV + edq$ et comme le fonctionnement de la pile est réversible, $\delta Q - TdS = 0$.

3. On essaie de relier edq à l'avancement élémentaire. Pour cela il faut relier dq au nombre de moles qui sont créées par la réaction. Les demi-réactions donnent qu'une mole de Zn donne deux moles d'électrons, soit $-2N|e|$ Coulomb. Pour un avancement de $d\xi$, il y aura donc eu passage de $-2N|e|d\xi$ coulomb qu'on identifie à dq.
On a donc $dG = -SdT + VdP\Delta_rG - e2N|e^-|d\xi$.

4. En identifiant, on tombe sur $\Delta_rG = -e2N|e^-|$.
On déduit immédiatement $\Delta_rS = -\dfrac{\partial \Delta_rG}{\partial T} = 2aN|e^-|$ et $\Delta_rH = \Delta_rG + T\Delta_rS$.

Erreurs

■ Une erreur stupide certes, mais fréquente, consiste à rester en degré pour les températures alors que les formules sont faites pour des Kelvins. Restez donc attentifs, dans la formule de Vant'hoff ou de Gibbs Helmoltz par exemple.

■ Ne dites jamais que c'est normal que A soit nul à l'équilibre puisque $d\xi$ est nul (vu qu'on est à l'équilibre l'avancement est constant). A est nul parce que Δ_rG l'est aussi à l'équilibre.

■ N'oubliez pas que, par la loi de Vant'hoff la constante d'un équilibre dépend de la température, il vous faut donc spécifier, à chaque fois que vous parlez d'un équilibre, la température qui vous intéresse.

■ Lorsque vous avez affaire à des systèmes physico-chimiques n'oubliez pas de prendre en compte des travaux inhabituels (travaux des forces de Laplace, de la force électrique...), ceci changera l'expression de votre enthalpie libre de réaction (cf. La pile thermodynamique).

■ Vérifiez bien lorsque vous cherchez des activités gazeuses, si vous êtes à volume constant ou à pression constante, ce n'est évidemment pas la même expression.

Astuces

■ Ayez toujours le réflexe d'introduire des cycles fictifs dès qu'on vous demande une température de flamme, une capacité calorifique de réaction, ou une énergie de liaison ou de résonance.

■ Si vous trouvez que pour une réaction spontanée à pression constante, ΔG est positif, c'est que vous vous êtes trompé. Si vous êtes à volume constant, idem avec F.

Exercices

1

On considère les deux équilibres suivants dont les constantes sont données à 820 °C.

$CaCO_{3sol} \leftrightarrow CaO_{sol} + CO_2 \quad K_1 = 0,2$

$MgCO_{3sol} \leftrightarrow MgO_{sol} + CO_2 \quad K_2 = 0,4$

On est à volume constant et à température constante. On met initialement 1 mole de MgO_{sol}, 1 mole de CaO_{sol} et 3 moles de CO_2.

1) Lequel des deux oxydes possède la plus grande affinité pour CO_2 à 820 °C.

2) On diminue le volume jusqu'à presque zéro. Donner l'expression de la pression en dioxyde de carbone en fonction du volume.

2 Tout ce qui brille n'est pas or

A 298 K, on a pour le carbone graphite h° = 0,00 Kj/mol, s° = 5,7 j/mol/K, et le volume molaire vaut $5,31.10^{-6} m^3.mol^{-1}$. Pour le carbone diamant h° = 1,9 Kj/mol, s° = 2,4 J/mol/K et le volume molaire vaut $3,41.10^{-6} m^3.mol^{-1}$.

1. Pourquoi les diamants coûtent-ils chers ?
2. Quelle pression faudrait-il appliquer à un morceau de carbone graphite à 298K pour que celui-ci devienne du diamant (on supposera que les volumes molaires restent sensiblement constants).

3

On considère l'équilibre : $N_2 + 3H_2 \leftrightarrow 2NH_3$, dont la constante d'équilibre à 500K est 0,01.

1) A pression constante égale à 10 bars, 2 moles de NH_3.

a) Montrer que l'équilibre est possible.

b) Calculer les titres à l'équilibre.

c) Calculer ΔG.

2) On se place désormais à volume constant, toujours à 500 K, on introduit encore initialement 2 moles de NH_3. la pression initiale vaut 10 bars.

a) Montrer que l'équilibre est possible.

b) Calculer les titres à l'équilibre.

c) Calculer ΔF.

4 Activité d'un solvant

On met du $AgNO_3$ et du NaAs dans un litre d'eau. La constante de la réaction qui se produit (à déterminer) vaut 10^4.

1) Déterminer les titres à l'équilibre.

2) Calculez ΔG. Où avez-vous fait une faute ?

3) Recalculez ΔG, en n'oubliant pas ce que vous aviez oublié au 2).

5 Déplacement d'équilibre

On considère l'équilibre $N_2 + 3H_2 \leftrightarrow 2NH_3$. On est à pression constante égale à 100 bars. A l'équilibre la pression partielle en dihydrogène est trois fois plus grande que le diazote. Une fois l'équilibre atteint on effectue une petite perturbation de T et P. Déterminer le sens d'évolution de la réaction.

Corrigés

1

Méthodes utilisées

Méthode 6 : pour savoir qui a la plus grande affinité, et également la remarque de la méthode 6 pour connaître la réaction prépondérante.
Méthodes 20 et 21 : pour savoir si les équilibres sont simultanés ou consécutifs.
Méthode 23 : pour tracer P en fonction de V.

1) On calcule l'affinité de chacune de deux réactions :

Pour la première : $A_1 = -\Delta_r G = -\Delta_r G° + RT\ln\left(\frac{P_{CO_2}}{P°}\right) = -RT\ln(K_1) + RT\ln\left(\frac{P_{CO_2}}{P°}\right)$

Pour la seconde : $A_2 = -\Delta_r G = -\Delta_r G° + RT\ln\left(\frac{P_{CO_2}}{P°}\right) = -RT\ln(K_2) + RT\ln\left(\frac{P_{CO_2}}{P°}\right)$

Les valeurs des deux constantes imposent que $A(CaO_{sol}) > A(CO_2)$.

2) Quelle est la réaction prépondérante ? En partant de MgO et CaO, la réaction ayant la plus grande constante est la première.
— Tant que l'équilibre n'est pas atteint, la pression est reliée au volume par la loi des gaz parfaits, on a :

$$P = \frac{3RT}{V}, \text{ et ce tant que } P<0{,}2 \text{ bar, soit } V > \frac{3RT}{0{,}2}.$$

— Dès que V devient inférieur à la valeur précédente, on est à l'équilibre et $P = K_1$, tant qu'il reste du réactif.
Dès que le dernier grain de CaO disparaît il ne reste que 2 moles de dioxyde de carbone.

— On est alors hors équilibre, la loi des gaz parfaits donne $P = \frac{2RT}{V}$. Ceci vaut tant que le second équilibre n'est pas atteint, soit tant que la pression n'a pas atteint 0,4 bar.

— Une fois ceci atteint, la pression partielle est fixée à 0,4, jusqu'à ce que le MgO ait totalement disparu. Il ne reste alors plus qu'une mole de CO_2. On est alors hors équilibre et $P = \frac{RT}{V}$

Récapitulons :

Pour $V > \frac{3RT}{0{,}2}$, $P = \frac{3RT}{V}$

Pour $V \in \left[\frac{2RT}{0{,}2}, \frac{3RT}{0{,}2}\right]$, $P = K_1$

Pour $V \in \left[\frac{2RT}{0{,}4}, \frac{2RT}{0{,}2}\right]$, $P = \frac{2RT}{V}$

Pour $V \in \left[\frac{RT}{0{,}4}, \frac{2RT}{0{,}4}\right]$, $P = K_2$

Pour $V < \frac{RT}{0{,}4}$, $P = \frac{RT}{V}$.

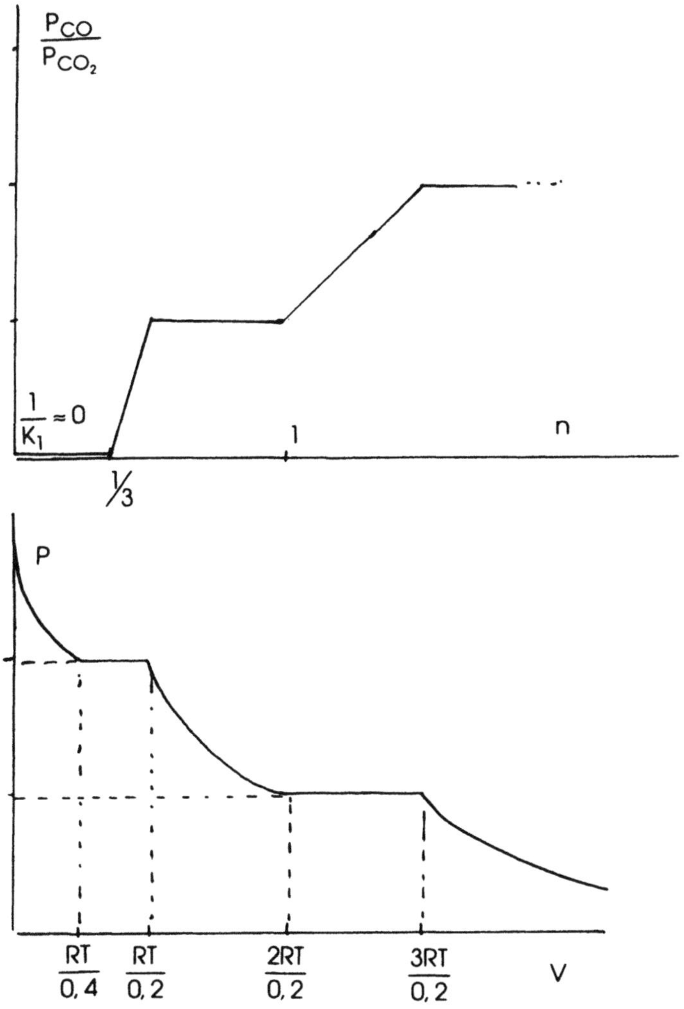

2

Méthodes utilisées

Méthode 2 pour déterminer les potentiels chimiques.
Méthode 24 pour savoir quelle est la variété du carbone la plus stable.

1. Les diamants coûtent cher parce qu'ils ne sont pas stables à une atmosphère et à la température usuelle de 298 K. En effet le potentiel chimique du graphite dans ces conditions est :

$$\mu_{graphite}(298K, 1atm) = h° - Ts° = -298.5,7$$

Celui du diamant vaut :

$$\mu_{diamant}(298K, 1atm) = h° - Ts° = 1,9.10^3 - 298.2,4$$

Le potentiel le plus petit de ces deux variétés allotropiques du carbone est donc le graphite sous une atmosphère et à 298K. Donc c'est le graphite qui est le plus stable.

2.

❐ **Etape 1 : Revenir à l'expression du potentiel chimique en fonction de la pression P :**

$$\mu_{diamant}(298K, P) = \mu_{diamant}(298K, 1atm) + V_{mdiamant}(P - P_0)$$

❐ **Etape 2 : Ecrire les conditions d'équilibre des phases à la pression cherchée :**

Pour que le graphite devienne diamant, il faut au moins que le potentiel du graphite devienne égal à celui du diamant soit à la limite :

$$\mu_{graphite}(298K, 1atm) + V_{mgraphite}(P - P_0) = \mu_{diamant}(298K, 1atm) + V_{mdiamant}(P - P_0).$$

L'application numérique donne une pression de l'ordre de 10^9 pascals. Bref, il vaut mieux creuser pour espérer en trouver plutôt que d'appuyer sur un piston comme un malade. Désolé la bague de votre fiancée pourra difficilement être fabriquée au noir dans votre garage.

3

Méthodes utilisées

Méthodes 9 : pour calculer ΔG.
Méthode 11 : pour calculer ΔF.
Méthode 21 : pour le calcul de la variance.

1) a) Pour montrer que l'équilibre est possible on montre que la variance correspond au nombre de variables intensifs fixées.
La variance vaut ici 3, on a fixé la pression la température et le nombre de moles initial, donc l'équilibre est possible.

1) b) Déterminons les titres à l'équilibre :

	N_2 + $3H_2$	$\leftrightarrow$ $2NH_3$	
EI	0 0	2	
EF	ξ 3ξ	$2(1-\xi)$	$\sum_i n_{igazeux} = 2(1+\xi)$

On a $K = \dfrac{P_{NH_3}^2 P^{\circ 2}}{P_{H_2}^3 P_{N_2}} = \dfrac{P^{\circ 2}(2(1-\xi))^2(2(1+\xi))^2}{P_{tot}^2(3\xi)^3(\xi)}$ (en prenant pour définition de l'activité celle donné par le 0).

On fait tourner la machine et on trouve.........(suspens) : « le gagnant est, the winner is » : 0,8 d'où les titres :

$$\boxed{x_{N_2} = 0,22,\ x_{H_2} = 0,68 \text{ et } x_{NH_3} = 0,1.}$$

1) c) Calculons ΔG, pour cela on revient à la méthode 9, on écrit :

$\Delta G = \sum_i n_i^{fin}\mu_i^{fin} - \sum_i n_i^{ini}\mu_i^{ini}$ en prenant en compte le fait que $\Delta_r G = 0$ à l'équilibre.

On vous passe le calcul, vous devez commencer à savoir les mener, on trouve :

$$\boxed{\Delta G = 2RT\ln\left(\frac{P_{NH_3}^{fin}}{P_{NH_3}^{ini}}\right) = -18,420Kj < 0}$$

Ouf, c'est négatif, c'est déjà ça.

2) a) La variance ne change pas, et le nombre de degré de liberté non plus, puisqu'en fixant V et n, on fixe un paramètre intensif : le volume molaire.

2) b) L'expression des activités change : $P_i = n_i \frac{RT}{V}$.

A l'équilibre, on a le même tableau des nombres de moles que précédemment, la loi d'action de masse donne cependant :

$$K = \frac{P_{NH_3}^2 P^{\circ 2}}{P_{H_2}^3 P_{N_2}} = \frac{P^{\circ 2}(2(1-\xi))^2}{(3\xi)^3(\xi)\left(\frac{RT}{V}\right)^2} = \frac{(1-\xi)^2}{(3\xi)^3(\xi)\left(\frac{RT}{2V}\right)^2} = \frac{(1-\xi)^2}{(3\xi)^3(\xi)(P_{ini})^2}$$

On fait fumer la machine et on trouve un nombre.

2) c) Pour trouver ΔF, on applique la méthode 11, à savoir :
$\Delta F = \Delta G - \Delta PV = \Delta G - V\Delta P = \Delta G - 2\xi RT$, où G se calcule avec la méthode de la question précédente, mais n'a évidemment pas la même expression puisque l'avancement à l'équilibre n'est pas le même.
On prie alors sainte Emilie pour que le résultat soit négatif.

4

Méthode utilisée

Méthode 9 pour le calcul de ΔG.

1) La réaction qui va avoir lieu est : $Ag^+ + As^- \leftrightarrow AgAs_{sol}$, puisque les ions sodium et nitrate sont spectateurs. A l'équilibre on aura donc, puisque l'activité du précipité est prise égale à 1, $K = \frac{1}{(Ag^+)(As^-)}$. Comme il reste nécessairement autant d'ion argent que d'arsenic dans la soupe, à la fin on a $(Ag^+) = (As^-) = \frac{1}{\sqrt{K}}$.

2) Calculons ΔG, on utilise la méthode 9, vous commencez à savoir faire, on trouve :

$$\Delta G = 0,1RT\left(-\ln(K) + 2RT\ln\left(c_{Ag^+}^{ini}\right)\right) = -0,1RT\ln 100.$$

3) Et si on faisait intervenir le changement de potentiel chimique du solvant pour voir s'il est vraiment négligeable ?
Le ΔG des ions restent le même, puisqu'ils se comportent comme s'ils étaient infiniment dilués. Cependant la variation d'enthalpie libre de l'eau vaut :

$$\Delta G_{eau} = N_{eau} RT \ln\left(\frac{N_{eau}}{N_{tot}^{fin}} \cdot \frac{N_{tot}^{i}}{N_{eau}}\right) = N_{eau} RT \ln\left(\frac{N_{eau} + 0,4}{N_{eau} + 0,22}\right)$$

En effet le titre en eau change puisque le nombre de moles de substances changent aussi (il ne faut pas oublier de prendre en compte les ions spectateurs dans le dénombrement du nombre de moles totales).
Un dl sachant que le nombre de moles d'eau est grand donne : $\Delta G_{eau} = RT(0,4 - 0,22)$, ce qui fait quand même une erreur de 10 %.

5

Méthodes utilisées

Méthode 14 : pour savoir comment évolue une réaction lorsqu'on fait varier plusieurs paramètres.
Méthode 1 : Pour les dérivées partielles de $\Delta_r G^\circ$ par rapport à T.

A l'équilibre l'affinité chimique est nulle.

On revient à la définition d'une différentielle :

$$dA = \frac{\partial A}{\partial T} dT + \frac{\partial A}{\partial P} dP$$

Calculons chacune des dérivées partielles, dans l'approximation d'Ellingham (ou $\Delta_r G°$ ne dépend que de T) :

$$\frac{\partial A}{\partial T} = \Delta_r S° - R \ln\left(\frac{27x^4P^2}{16\left(1-x^2\right)^2}\right) = \Delta_r S° + \frac{\Delta_r G°}{T}$$

$$\text{et } \frac{\partial A}{\partial P} = -RT\frac{2}{P}$$

On trouve :

$$dA = \frac{\Delta_r H°}{T} dT - \frac{2RT}{P} dP$$

Tout dépend si la réaction est exothermique ou non et si on fait plus varier T que P...

Chapitre 9
METHODES DE RESOLUTION DES PROBLEMES D'ELECTRONIQUE

■ Ce chapitre est véritablement la bête noire de bien des candidats, qui y voient la victoire de la force brute, de la science sale et calculatoire.
Au risque de vous décevoir (car vous serez certainement déçus), il n'y a qu'en prépa que la science est propre. Le monde de l'ingénieur, c'est la science prostituée !

■ Ceci étant dit, et bien dit, il existe deux manières de résoudre les exercices d'électronique des signaux :

— La première, c'est de faire des calculs bourrins, de trouver la fonction de transfert (car c'est souvent de ça qu'il s'agit), et de tracer une pauvre courbe.
— la seconde, c'est de poser son stylo et d'essayer de voir ce qu'il se passe avant d'écrire quoi que ce soit.

La première méthode pourra sans doute vous être d'un grand secours à l'écrit (et encore), mais elle se révélera très souvent faiblarde pour l'oral. On vous conseille donc d'avoir les idées claires sur les A.O., pour éviter de raconter des âneries qui vous vaudraient un aller simple sans escale vers une 5/2 (de part le fameux théorème du +1 qui transforme 3/2 en 5/2) ou la fac.

■ Avant de commencer, on vous conseille de (re)lire votre **cours de sup sur L'A.O., et sur le théorème de Millman**, qui sont les deux mamelles de ce chapitre.

Enfin, vous trouverez dans ce chapitre comparativement plus de bla-bla et moins de méthodes originales qu'ailleurs. Le bla-bla, c'est pour que vous soyez un peu plus bavards pendant vos Khôlles : les exercices d'électronique ne sont pas que des calculs arides. Ils peuvent être astucieusement égayés de remarques physiques et, surtout, ici de petites anecdotes culturelles (voir « Le saviez-vous ? »).

Il y a autant d'exercices originaux en électronique que de doigts sur les mains d'un manchot. On vous propose généralement un circuit avec des composants électroniques, et **on vous demande la fonction de transfert c'est-à-dire la tension de sortie en fonction de la tension d'entrée**.
Pour cela, on a mis à votre disposition une ribambelle d'objets mathématiques, dont le plus représentatif est le diagramme de Bode. Sachez cependant qu'il en existe beaucoup d'autres.

1. Rappels sur les opérateurs

Le but du jeu en électronique, c'est de prendre un signal d'entrée (on fera ici comme si c'était toujours une tension, car cela ne change pas grand-chose mais il pourrait aussi bien être une intensité), de lui faire subir plein de chose afin de rendre en sortie un signal fonction du signal d'entrée. C'est à cela que servent les opérateurs.

A) Schéma équivalent d'un opérateur

— V_s est le signal de sortie.
— $\underline{H}$ est la fonction de transfert.
Elle dépend le plus souvent de la fréquence du signal d'entrée.
— Z_e est l'impédance d'entrée.
— Z_s est l'impédance de sortie.
— E_0 est la tension d'offset.
— V_e est le signal d'entrée.

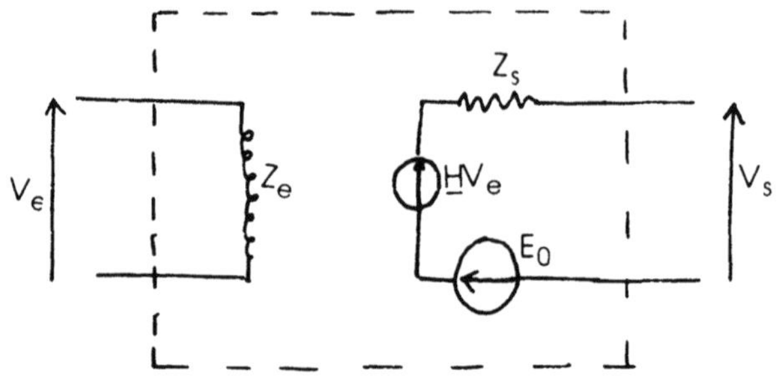

Quelques définitions

— Un opérateur est dit **unidirectionnel** si le signal de sortie n'influe pas sur le signal d'entrée.
— Un opérateur est dit **idéal** si :
- il est unidirectionnel ;
- il ne prélève aucune énergie à l'entrée ;
- les signaux utiles en entrée et en sortie ne dépendent pas du reste du circuit.

La deuxième condition se traduit par une intensité nulle à l'entrée c'est-à-dire par une **impédance d'entrée infinie.**
La troisième condition se traduit par une **impédance de sortie nulle**.

METHODE 1 : Comment déterminer l'impédance d'entrée d'un dipôle ?

■ **Principe**

Appliquer la loi d'Ohm.

■ **Mise en œuvre**

1. Revenir à la définition de ce qu'on cherche à calculer à savoir une impédance, donc $\underline{V_e} = Z\underline{i_e}$, Z est donc *a priori* un nombre complexe.
2. Remplacer le plus vite possible le courant $\underline{i_e}$ par une différence de tension sur une impédance de la forme $\underline{i_e} = \dfrac{\underline{V_e} - \underline{V_A}}{Z_1}$.
3. Appliquer Millman astucieusement pour calculer $\underline{V_A}$ en fonction de $\underline{V_e}$.
4. En déduire Z.

■ **Impédance à connaître absolument**

— L'**impédance d'entrée d'un A.O. idéal est infinie**, qu'il soit en régime linéaire ou saturé.
— Son impédance de sortie est également toujours nulle.

■ *Exemple : Déterminer l'impédance d'entrée du dipôle suivant :*

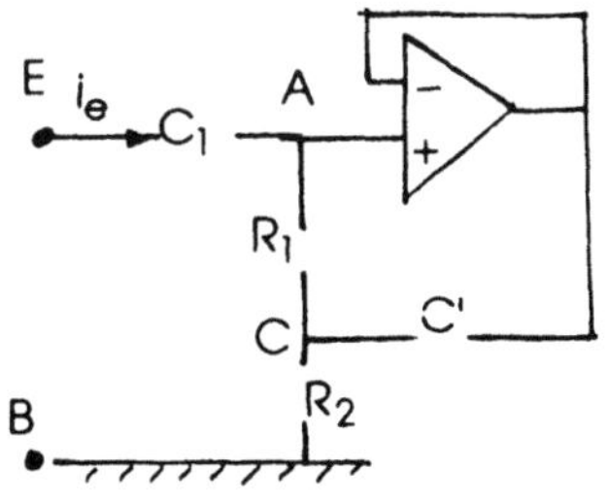

Remarque préliminaire :
Il y a une boucle de rétroaction sur la borne inverseuse, donc on est sûr d'être en régime linéaire.

2. On écrit la loi d'Ohm entre l'entrée en A, on a alors :

$$\underline{i_e} = \frac{\underline{V_e} - \underline{V_A}}{\frac{1}{C_1\omega j}} \quad \text{(i)}$$

3. On transforme l'expression précédente.
Comme on est en régime linéaire, on a $\underline{V_a} = \underline{V_-}$. Par ailleurs, la boucle de rétroaction sur la borne inverseuse donne $\underline{V_S} = \underline{V_-}$,

d'où $\underline{i_e} = \dfrac{\underline{V_e} - \underline{V_S}}{\frac{1}{C_1\omega j}}$

Comme de plus l'A.O. à une impédance d'entrée infinie, on retrouve l'intensité d'entrée entre A et C, on a alors $\underline{i_e} = \dfrac{\underline{V_A} - \underline{V_C}}{R_1}$.

Millman en C donne :

$$\underline{V_C} = \frac{\frac{\underline{V_A}}{R_1} + \underline{V_A}C'\omega j + 0}{\frac{1}{R_1} + \frac{1}{R_2} + C'\omega j}$$

On en déduit donc $\underline{V_A}$ en fonction de la seule intensité d'entrée.

$$\underline{V_A} = \left(R_2 + jR_2C'R_1\omega + \frac{1}{jC_1\omega}\right)\underline{i_e}$$

En remplaçant dans (i), on en déduit l'impédance d'entrée du circuit :

$$Z = R_2 + jR_2C'R_1\omega + \frac{1}{jC_1\omega}$$

B) Quels sont les différents types de filtres

Comme nous l'avons dit, la fonction de transfert d'un opérateur dépend de la fréquence de son signal d'entrée.
Un filtre, c'est **un opérateur qui laisse passer certaines fréquences et pas d'autres**.

Par exemple, un filtre passe-bas laisse passer les basses fréquences. Le filtre passe-bas idéal, est un filtre qui laisserait passer toutes les fréquences jusqu'à une certaine limite et puis d'un coup plus rien.

En Diagramme de Bode, ça correspondrait à ceci ▶

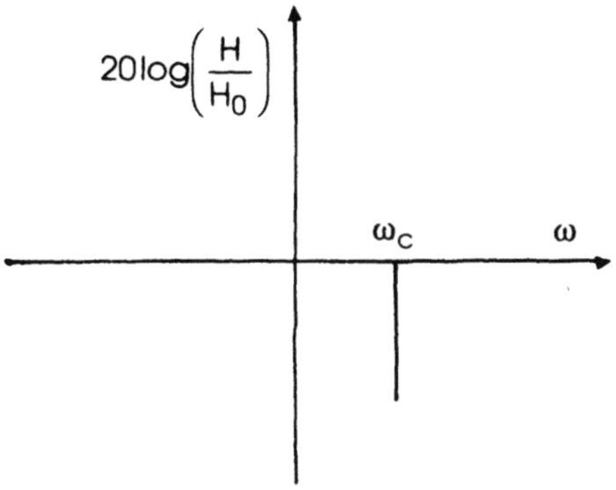

Bien sûr, la nature n'est pas aussi bien faite que ça. On approche donc ces filtres idéaux avec des composants électroniques (A.O., résistances, condensateurs), si bien que très souvent, un filtre passe-bas se réduit à ceci ►.

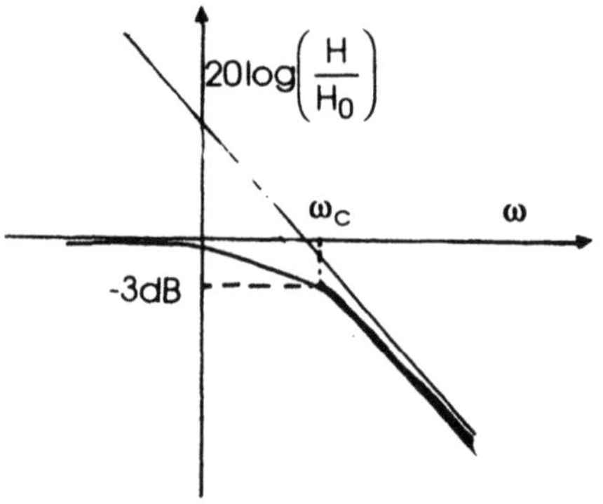

Maigre consolation, enfin personne n'est parfait. On peut néanmoins augmenter la qualité de notre filtre en augmentant son ordre.

Toujours avec l'exemple du filtre passe-bas :

Avec un filtre d'ordre 1, on aura une asymptote de pente -20 db/dec.

Avec un filtre d'ordre 2, une pente de -40 db/dec.

Plus on augmente l'ordre du filtre, plus on se rapproche de l'asymptote verticale.

Voilà, vous savez tout sur les filtres, reste à déterminer de quel filtre il s'agit.

On vous donne les quelques filtres classiques, avec des trucs pour les reconnaître à la vue de la fonction de transfert.

❒ Filtre passe-haut

C'est pareil que le filtre passe-bas, sauf que le filtre ne fait pas passer les tensions dont la pulsation est inférieure à la pulsation limite.

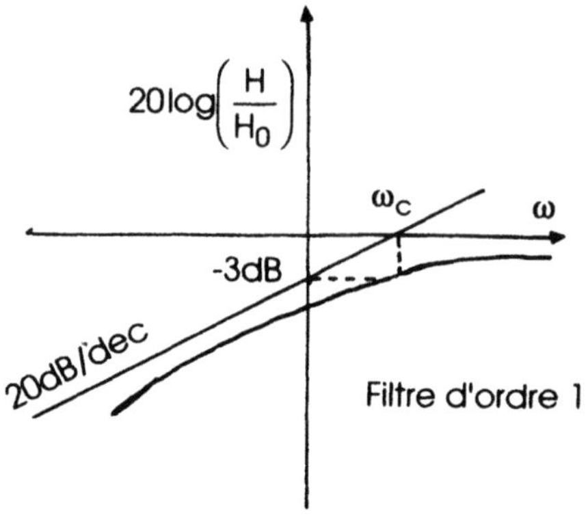

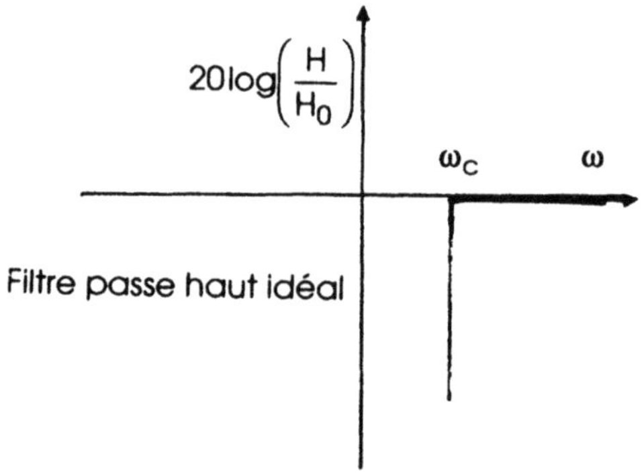

Filtre idéal
+
Filtre du 1 ordre

❒ Filtre passe-bande

Le top de la bande, ce serait s'il n'y avait qu'une valeur qui passe, d'où le dessin suivant.

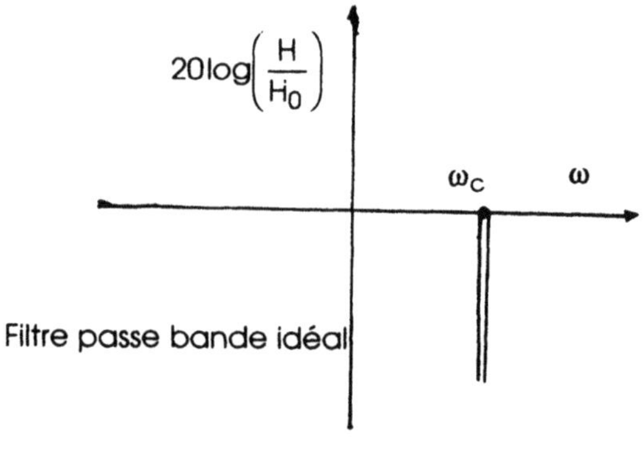

REMARQUE :

Il est facile de ***reconnaître un passe-bande****, rien qu'à la tête de sa fonction de transfert. En effet elle fait intervenir des termes du type* $A\omega - \frac{B}{\omega}$.

Ceci s'obtient très fréquemment ***lorsqu'on a dans le même circuit des condensateurs et des inductances.***
Il faut alors avoir le réflexe de mettre la moyenne harmonique de A et B en facteur, pour faire apparaître une certaine symétrie dans l'expression. En effet, on a alors :

$$\sqrt{AB}\left(\sqrt{\frac{A}{B}}\omega-\sqrt{\frac{B}{A}}\frac{1}{\omega}\right)=\sqrt{AB}\left(x-\frac{1}{x}\right)$$

Lorsque l'on passe au log, les comportements asymptotiques de H sont opposés, pour la bonne et simple raison que $\log\left(x-\frac{1}{x}\right)\underset{x\to\infty}{\approx}\log x=-\log\left(\frac{1}{x}\right)\underset{x\to 0}{\approx}-\log\left(x-\frac{1}{x}\right)$. *Donc globalement le diagramme de Bode est symétrique par rapport à l'axe vertical passant par le point* $x=1$.

Dans le cas du filtre passe bande, la bande passante (qui est d'autant plus étroite que le filtre se rapproche d'un filtre idéal) est un bon indicateur de **la sélectivité** (sa performance) d'un filtre.
Vous vous doutez bien que la bande passante d'un filtre passe-haut (ou un passe-bas), n'a pas beaucoup d'intérêt, puisqu'elle est infinie.

Un autre indicateur de la sélectivité d'un filtre passe-bande est le facteur de qualité :

METHODE 2 : Comment comprendre ce que représente le facteur de qualité ?

■ **Rappel**

Pour un circuit de bande passante $\Delta\omega$, centrée sur ω_0, on définit le facteur de qualité comme le rapport :

$$Q=\frac{\omega_0}{\Delta\omega}$$

Q est donc d'autant plus grand que la bande passante est mince.

Pour un filtre passe-bande, un facteur de qualité infini correspondrait à un filtre qui ne laisserait passer que la fréquence ω_0. En un mot comme en cent : un sacré filtre, quoi.

Le facteur de qualité vous donne accès, pour les filtres passe-bande, à la performance de ce filtre.

C) Tout ce que vous n'avez jamais voulu savoir sur l'A.O. (et que l'on vous demandera toujours)

Le but de cet ouvrage n'est pas de faire un cours pontifiant et poussiéreux, mais il suffit de vous voir à l'oeuvre en khôlle pour vérifier que vous ne connaissez pas votre cours sur les A.O.
Il est donc plus que légitime de faire quelques rappels. Apprenez bien les ordres de grandeurs, on vous les demande souvent aux oraux.

Qu'est ce qu'un A.O. réel ?

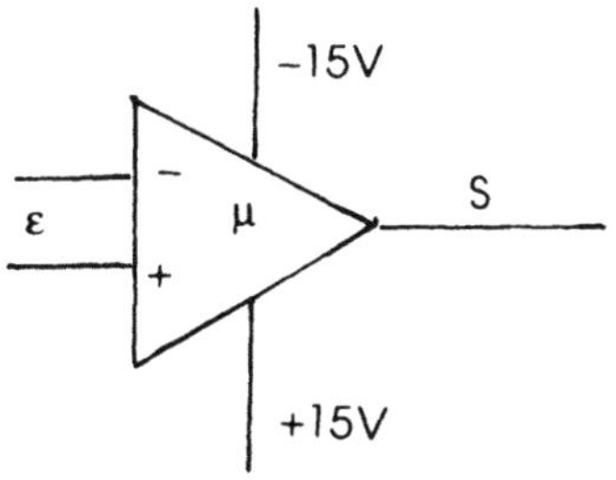

1. Description

■ Il nous faut d'abord démystifier le problème : un A.O. c'est seulement une boîte avec 5 trous :
— Deux à l'entrée.
— Un à la sortie.
— Deux pour l'alimentation.

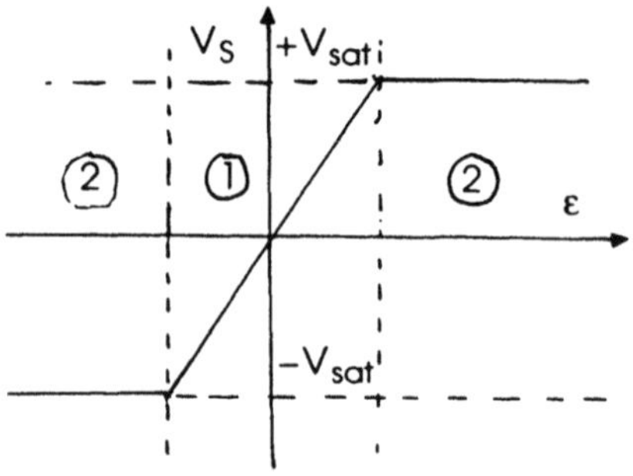

■ Il existe deux régimes de fonctionnement de l'A.O. :
— Le régime linéaire (zone 1), dans lequel l'A.O. se comporte comme un amplificateur de gain μ, qui multiplie la tension d'entrée $\varepsilon = V^+ - V^-$.
— Le régime saturé (zone 2), où l'A.O. donne en sortie le signe de la tension d'entrée.

Voici la courbe de fonctionnement de l'A.O ►.

■ **C'est quoi la tension d'offset ?**
C'est tout simplement la tension de sortie de l'A.O., lorsqu'on met les bornes inverseuses et non inverseuses à la masse.
Ah bon ? Alors on a réussi à créer une tension non nulle avec deux tensions nulles : on crée de l'énergie alors ?
Non, rassurez-vous, l'énergie se conserve toujours, ce sont les alimentations qui fournissent l'énergie en sortie.

Cette tension de décalage, c'est ce qui s'appelle l'offset. Elle vient en fait d'un défaut de réglage de l'A.O. On voudrait avoir exactement $V_s = \mu\varepsilon$. On a en fait $V_s = \mu\varepsilon + V_{offset}$.

Comment régler l'offset ?
Soit vous êtes dans une prépa qui a des vieux A.O., et dans ce cas vous devez régler l'offset avec un tournevis. Soit votre prépa est géniale, et alors les AO sont équipés d'un système de couplage interne qui annule automatiquement la tension d'offset.

2. Régime linéaire

Lorsqu'il fonctionne en régime linéaire, l'A.O. porte alors bien son nom : c'est un **amplificateur :** la tension d'entrée est multipliée par un facteur qu'on appelle gain différentiel de l'A.O et qu'on note μ.
En régime permanent on a : $V_s = \mu\varepsilon$

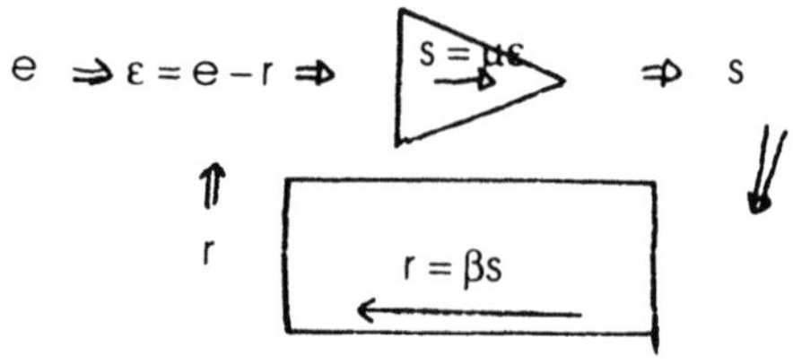

En régime transitoire, un A.O peut être modélisé par un filtre passe-bas (de fréquence de coupure $\upsilon_C \approx 10$ Hz) du premier ordre. $\left(\mu = \dfrac{\mu_0}{1 + j\dfrac{\omega}{\omega_C}}\right)$ L'A.O. ne donnerait donc quelque chose que pour les courants presque continus. Il faut donc adjoindre une boucle de rétroaction pour élargir cette bande passante.

Si bien que la tension de sortie vérifie l'équation :

$$\tau\frac{dV_s}{dt} + V_s = \mu\varepsilon \qquad \text{(i)}$$

avec $\tau = \dfrac{\tau_0}{4\beta\mu_0}$ et $\mu = \dfrac{\mu_0}{1+\beta\mu_0}$.

Cette équation différentielle permet de savoir si l'A.O. va rester en régime linéaire ou pas. Si la solution trouvée diverge, on part en régime saturé.

■ **Ordres de grandeur**

Dans le commerce, le gain μ prend des valeurs de l'ordre de 10^4 à 10^6.

Le temps caractéristique τ est de l'ordre de 10^{-2} s.

La résistance d'entrée est de l'ordre de $10^{11}\Omega$.
La résistance de sortie de l'ordre de l'Ohm.

3. Régime saturé de l'A.O.

L'A.O. n'étant alimenté que par des sources d'énergie + 15 V et - 15 V, la tension de sortie ne peut dépasser la dizaine de volts.
Lorsque la solution V_s de l'équation (i) tend vers plus l'infini (lorsque t tend vers l'infini), l'A.O. bascule en saturation et la tension de sortie vaut $V_{sat} = +15$Volts. Cela arrive lorsque ε est positif.
Lorsque la solution tend vers moins l'infini (lorsque t tend vers l'infini), l'A.O part aussi en saturation et la tension de sortie vaut : $-V_{sat} = -15$Volts. Cela arrive lorsque ε est négatif.
Or μ est de l'ordre de 10^5. Cela revient donc à dire que la tension d'entrée ne peut dépasser des valeurs de l'ordre de 10mV ce qui peut être atteint par de simples courants parasites. Un A.O. seul est donc toujours saturé. Il faut lui adjoindre des boucles de rétroaction pour le stabiliser.

Qu'est ce qu'un A.O. idéal ?

Réponse

C'est un A.O qui a un temps caractéristique nul et un gain infini.

■ 4 conséquences

— Puisque V_s doit rester fini (conservation de l'énergie oblige), ceci impose **en régime linéaire** (et seulement en régime linéaire) que $\varepsilon = 0$, on a donc $V_+ = V_-$. Alors V_s est indéterminé.

— En régime saturé, on a toujours $V_S = +V_{sat}$ si $\varepsilon > 0$, et vice versa.

— Par ailleurs l'impédance d'entrée est infinie, ce qui impose que $i_+ = i_- = 0$.

— Enfin l'impédance de sortie est nulle.

D'où la nouvelle courbe caractéristique de l'A.O. idéal ►

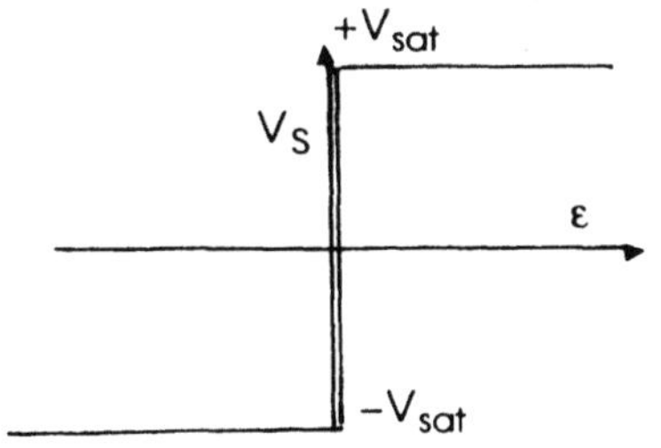

Erreur fréquente

Génial, vous dites-vous. Avec un courant d'entrée nul et une tension non nulle mais très petite, on arrive à fournir du +15V en saturation donc on crée de l'énergie.
C'est complètement faux. Là encore, n'oubliez pas que les alimentations travaillent.

En résumé : $\tau = 0$; $\mu = 0$; $V_+ = V_- = 0$ ou $\varepsilon = 0$ en régime linéaire ; $i_+ = i_- = 0$

METHODE 3 : Comment savoir combien coûte un A.O. ?

■ Principe

En détruire un en TP.

■ Mise en- œuvre

C'est très simple.
1. Vous allez à une séance de TP d'électronique.
2. Vous branchez votre A.O. sur du 220 V sinusoïdale.
3. Vous regardez la petite fumée noire qui s'échappe de la boîte.

4. Vous levez la main, pour appeler votre prof et vous lui dites que vous croyez que vous venez de casser un A.O.
5. Généralement le prof vous donne la réponse en moins de 15 secondes : ça coûte **2 francs**, donc pas de quoi se coller un ulcère à l'estomac.

Ce sera beaucoup plus grave si vous laissez tomber l'oscillo par terre.

2. Comment étudier un circuit électronique ?

Vaste question, à laquelle on répond pourtant toujours par la même étude. **Etudier un système, c'est trouver une relation entre la tension d'entrée et la tension de sortie**, d'où l'intérêt porté à la fonction de transfert.

A) Comment se ramener au cas d'une tension d'entrée sinusoïdale ?

On commence par se ramener à une fonction périodique en répétant la période de temps considérée indéfiniment. On se ramène ensuite à une tension sinusoïdale.

METHODE 4 : Décomposer le signal en série de Fourier

■ Rappel

Toute fonction périodique "physique" est décomposable en série de Fourier.

■ Mise en œuvre

1. Décomposer la fonction en série de Fourier (cette étape ne doit pas prendre 1 heure, comme certains semblent le croire).
2. Utiliser la suite du chapitre pour étudier séparément la réponse correspondant à chaque fréquence.
Attention : lorsqu'on dérive le terme d'ordre n, avec les notations complexes, c'est comme si on multipliait par **$nj\omega$**.
3. Recomposer le signal de sortie, connaissant sa décomposition de Fourier.

■ Astuce

— N'oubliez jamais, avant de commencer tout calcul, d'**utiliser des considérations de parité pour conclure quant à la nullité de certains termes.** Si la fonction est paire, les b_i sont nuls ; si elle est impaire, ce sont les a_i qui le sont. Pour plus d'information, passer une semaine en immersion totale dans le MéthodiX d'analyse.

— Par ailleurs, il peut être astucieux de **faire un changement de l'origine des temps**, pour qu'une fonction qui n'est ni paire ni impaire le devienne.

— Plutôt que d'apprendre par cœur les expressions donnant les coefficients de la décomposition, libérez-vous de la mémoire en écrivant :

$$f(t) = \frac{a_0}{2} + \sum_{i=1}^{\infty} a_i \cos(i\omega t) + \sum_{i=1}^{\infty} b_i \sin(i\omega t)$$

Puis en multipliant le tout par $\cos(p\omega t)$ ou $\sin(p\omega t)$, on a alors :

$$f(t)\cos(p\omega t) = \frac{a_0}{2}\cos(p\omega t) + \sum_{i=1}^{\infty} a_i \cos(i\omega t)\cos(p\omega t) + \sum_{i=1}^{\infty} b_i \sin(i\omega t)\cos(p\omega t)$$

On intègre le tout entre 0 et T, pour tomber sur :

$$\int_0^T f(t)\cos(p\omega t)dt = 0 + a_p\int_0^T \cos^2(p\omega t)dt = \frac{T}{2}a_p$$

ce qui nous donne le coefficient a_p.

On obtient les coefficients b_p de la même manière.

REMARQUE :

Il est nécessaire que vous soyez au point sur les décompositions en série de Fourier des fonctions périodiques. Rien de plus énervant pour un examinateur qu'un candidat qui passe toute la Kholle à essayer de retrouver la décomposition alors que le problème ne commence réellement qu'après.

On vous conseille donc, puisque vous venez de vous libérer de la mémoire, d'apprendre par cœur certaines décompositions en série de Fourier.

❒ *Incontournable n° 1 : La tension carrée*

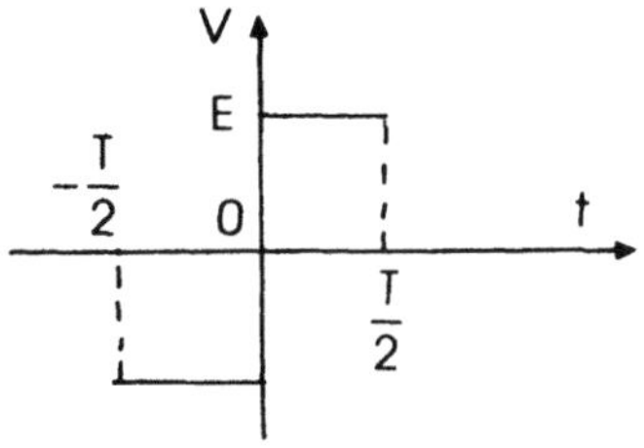

Sur $\left[0, \frac{T}{2}\right]$, $V = E$

Sur $\left[-\frac{T}{2}, 0\right]$, $V = -E$

Grâce à la remarque précédente, on a :

$$b_p = \frac{2}{T}E\int_0^{\frac{T}{2}} \sin(p\omega t)dt - \frac{2}{T}E\int_{-\frac{T}{2}}^{0} \sin(p\omega t)dt = \frac{4E}{pT\pi}\left(1-(-1)^p\right)$$

Et les a_p sont nuls puisque la fonction est impaire.

❒ *Incontournables n° 2 : La tension triangulaire*

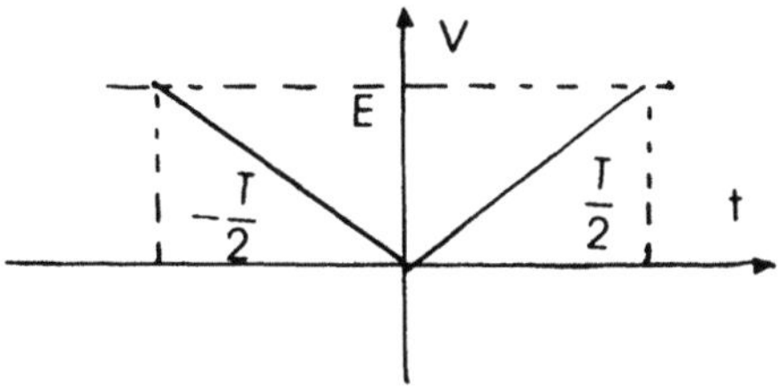

la fonction est prise paire :

Sur $\left[-\frac{T}{2}, 0\right]$, $V = -\frac{2E}{T}t$

Sur $\left[0, \frac{T}{2}\right]$, $V = \frac{2E}{T}t$.

La fonction est paire donc les b_p sont nuls.

Les a_p se calculent alors facilement de la même manière que dans l'incontournable n°1. On a donc :

$$a_p = \frac{2}{T}E\int_0^{\frac{T}{2}} t\cos(p\omega t)dt - \frac{2}{T}E\int_{-\frac{T}{2}}^{0} t\cos(p\omega t)dt$$

Une intégration par partie nous conduit à :

$$a_p = \frac{4E}{T(p\omega)^2}\left(1-(-1)^p\right)$$

■ *Exemple : On attaque le circuit suivant avec la tension carrée de l'incontournable 1. (avec T = 2)*
Déterminer la tension de sortie.

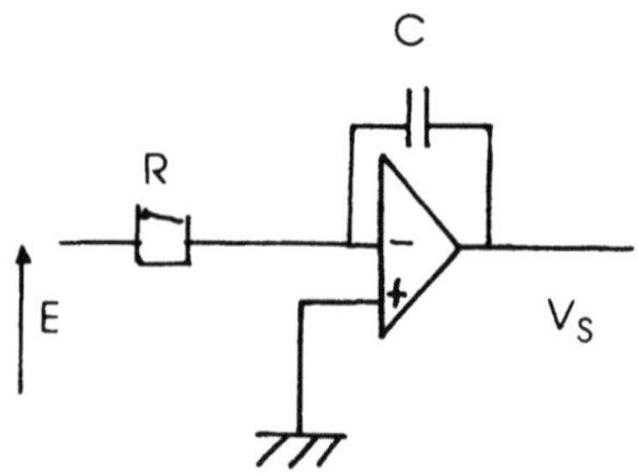

1. On décompose la tension d'entrée en série de Fourier, on a :

$$b_p = \frac{2E}{p\pi}\left(1-(-1)^p\right)$$

2. On détermine la tension de sortie comme si on était en régime sinusoïdal, pour chacun des termes de la décomposition. Comme il s'agit d'un intégrateur, on a :

$$V_s(t) = \frac{1}{RC}\int_0^t e(s)ds$$

On en déduit que, pour tout p :

$$V_s = \frac{1}{RC}\int_0^t b_p \sin(p\omega s)ds = \frac{2E\left(1-(-1)^p\right)}{RCp^2\omega\pi}\left(1-\cos(p\omega t)\right)$$

Ce qui ressemble, à s'y méprendre, à la décomposition de Fourier d'un signal triangulaire. mais kiléconceluilà, me direz-vous : puisque lorsqu'on intègre un créneau, on obtient une rampe, OK.

OK, mais pourquoi s'est-on fatigué à se ramener à une tension sinusoïdale. C'est parce qu'elles sont particulièrement faciles à étudier : Replongez dans votre cours, c'est le régime le plus intéressant, puisqu'il permet le passage en notation complexe.
Commencer par établir, grâce au théorème de Millman, une équation vérifiée par la tension de sortie prise sous forme complexe.
Pour étudier la stabilité, repassez aux dérivations formelles, en disant que $j\omega$ est équivalent à une dérivation par rapport au temps, et $-\omega^2 = (j\omega)^2$ à une double dérivation par rapport au temps. Vous obtenez alors une équation différentielle grâce à laquelle il est facile d'étudier la stabilité.

B) En quoi consiste l'étude préliminaire ?

Il faut être systématique : **on commence toujours par faire une étude asymptotique**.

Ceci a deux explications :
— La première, efficacité oblige, c'est que ça plaît aux examinateurs.
— La seconde, c'est que ça peut vous permettre **d'intuiter tout de suite de quel type de filtre** il s'agit, et/ou de vérifier, *a posteriori*, que votre fonction de transfert possède bien les mêmes limites à basses et très hautes fréquences.

METHODE 5 : Faire une étude asymptotique

■ **Position du problème**

On considère un circuit excité par une tension sinusoïdale, en régime permanent.
On aimerait savoir ce qui se passe dans le cas limite où la pulsation de la tension tend vers 0 (tension continue) et vers l'infini (hyper haute fréquence).

■ **Principe**

Transformer le circuit en **remplaçant certains composants par des éléments équivalents**.

■ **Mise en œuvre**

1. Transformer le circuit. Apprenez par cœur que :

— A ultra-haute fréquence, un condensateur se comporte comme un fil, une bobine comme un interrupteur ouvert.
— A très base fréquence (c'est-à-dire en continu), un condensateur se comporte comme un interrupteur ouvert, une bobine comme un fil.

2. Déterminer la fonction de transfert de ce nouveau circuit, qui correspond à la limite de la fonction de transfert du véritable circuit, lorsque la pulsation tend vers 0 ou l'infini. Après les simplifications que l'on vient de faire, celui-ci doit être très simple.

■ *Exemple : On considère le circuit suivant, qui fonctionne en régime linéaire. Faites-en une étude asymptotique.*

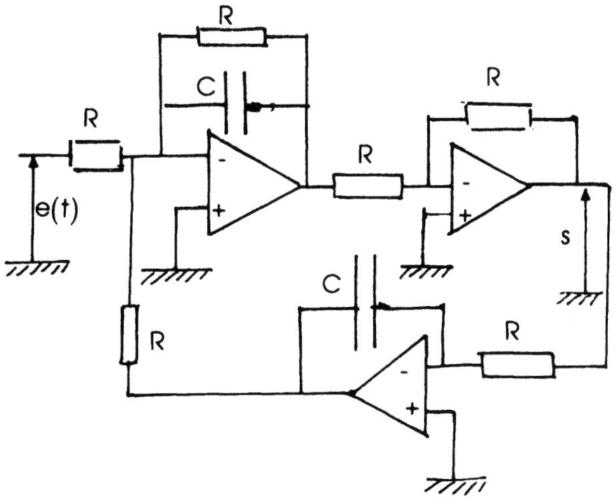

Il a vraiment l'air affreux. Heureusement, on peut faire les simplifications hautes ou basses fréquences.
1. On transforme le circuit :
— A basse fréquence, le condensateur se comporte comme un interrupteur ouvert. L'A.O. 1 fonctionne en inverseur, l'A.O. 2 aussi, on a donc d'après la quatrième partie : $V_s = e(t)$
— A haute fréquence le condensateur se comporte comme un fil.

2. On détermine les nouvelles fonctions de transfert à l'aide du paragraphe C. A haute fréquence, on a alors la tension de sortie : $V_s = 0$.

C) Comment déterminer la fonction de transfert d'un filtre pour une pulsation ω donnée ?

■ **Mise en garde préliminaire**

Il n'est intéressant de déterminer la fonction de transfert qu'à partir du moment où l'on sait que le régime fonctionne en régime linéaire. Ce qui suit **ne peut** donc **pas être utilisé si vous venez de montrer que le système partait en saturation**.

METHODE 6 : Comment utiliser le Théorème de Millman ?

— Il est indispensable dans les exercices d'électronique de **ne jamais repasser par les intensités** dans le calcul des fonctions de transfert. Sinon vous aurez vite du i_{15754}dans vos expressions. En fait, il faut **raisonner sur les intensités en n'écrivant que des potentiels.**

■ Rappel

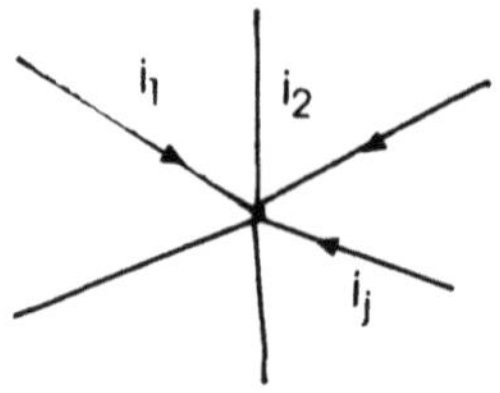

La loi de Kirchoff affirme que la somme (algébrique) des intensités arrivant à un nœud est nulle :

$$\sum_j i_j = 0$$

On écrit alors la loi d'Ohm pour chacun des dipôles ayant le point A comme nœud, il vient :

$$i_j = \frac{V_j - V_A}{Z_j}$$

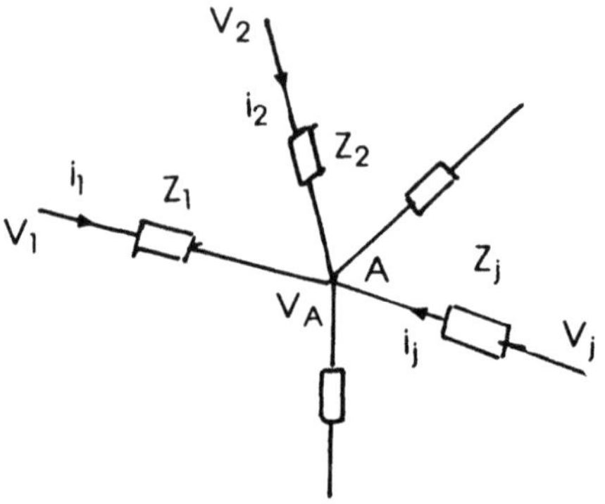

En sommant sur tous les j, il vient :

$$\sum_j \frac{V_j - V_A}{Z_j} = \sum_j \frac{V_j}{Z_j} - \sum_j \frac{V_A}{Z_j} = \sum_j \frac{V_j}{Z_j} - V_A \sum_j \frac{1}{Z_j} = 0$$

Et donc :

$$\boxed{V_A = \frac{\sum_j \frac{V_j}{Z_j}}{\sum_j \frac{1}{Z_j}}}$$

■ Cas d'utilisation

— Le théorème de Millman est LE résultat à utiliser lorsque l'on vous dit qu'**on est en régime linéaire harmonique établi.**

— On peut de plus l'utiliser **pour étudier la stabilité d'un circuit**. On doit alors repasser à l'équation différentielle reliant la tension de sortie à celle d'entrée puis utiliser la méthode.

Cependant le théorème de Millman ne peut pas s'appliquer partout, il faut connaître le potentiel, et l'impédance de V_j et Z_j. D'où les cas suivants de non-utilisation :

■ Cas de non-utilisation

1. N'appliquez jamais Millman **en sortie d'A.O.** puisque vous ne connaissez pas le courant sortant de l'A.O. (la résistance de sortie est nulle et que par ailleurs on ne sait rien sur la valeur du potentiel à l'intérieur de l'A.O.).
2. Ne l'appliquez non plus jamais **à la masse**, puisqu'on n'y connaît pas les intensités.
3. Enfin **si on vous demande** de calculer **l'impédance d'entrée ou de sortie** d'un dipôle, le théorème de Millman ne vous sera d'aucun secours, il vaut alors mieux — et seulement dans ce cas-là — repasser aux intensités.

■ Principe

1. Appliquer le théorème de Millman aux différents nœuds du système.
2. Exprimer, si vous êtes en régime linéaire **et** que l'A.O. est idéal, que $V_+ = V_-$ et utiliser $i_+ = i_- = 0$.
3. Touiller pour n'avoir qu'une équation reliant la tension d'entrée à la tension de sortie.

■ Astuce

On vous conseille, pour ne pas vous tromper, d'écrire quand même dans l'expression du théorème de Millman, les termes où le potentiel est nul sous la forme $\frac{0}{Z_i}$. Ceci vous aidera à ne pas oublier au dénominateur de compter le terme en $\frac{1}{Z_i}$.

■ *Exemple : Déterminer la fonction de transfert du circuit suivant, en admettant que les A.O. sont idéaux et qu'on est en régime linéaire.*

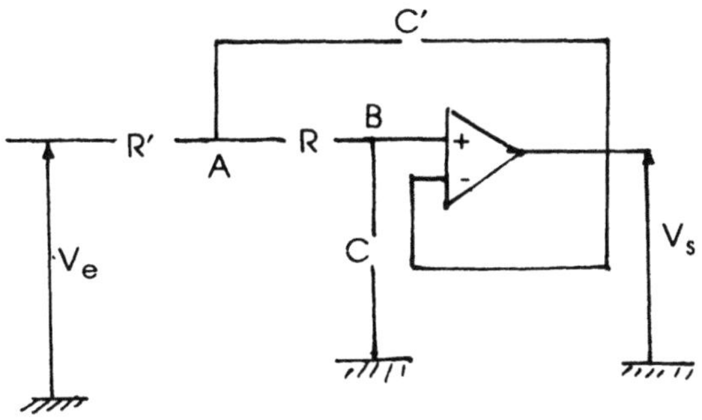

On applique Millman au nœud A, il vient :

$$V_A = \frac{\sum_j \frac{V_j}{Z_j}}{\sum_j \frac{1}{Z_j}} = \frac{\frac{V_e}{R'} + \frac{V_B}{R} + V_s jC'\omega}{\frac{1}{R} + \frac{1}{R'} + jC'\omega}$$

On applique Millman au point B, il vient :

$$V_B = \frac{\frac{V_A}{R} + 0.jC\omega}{\frac{1}{R} + jC\omega} = V_A\left(\frac{1}{1 + jRC\omega}\right)$$

Par ailleurs puisqu'on est en régime linéaire, on a :

$$V_s = V^- = V_B$$

D'où la fonction de transfert :

$$\underline{H} = \frac{1}{1 - RR'CC'\omega^2 + j(R + R')C\omega}$$

METHODE 7 : Comment gagner un point facilement à l'oral ?

■ Principe

C'est très simple : il vous suffit de **poser des constantes intelligentes** dans les expressions de la fonction de transfert, ainsi, puisque le produit RC est homogène à un temps, il est homogène à l'inverse d'une pulsation. On pose souvent $RC = \frac{1}{\omega_0}$. Si vous avez envie d'en gagner encore plus, vous pouvez poser $x_0 = \frac{\omega}{\omega_0}$, sans dimension.

■ *Exemple : Reprendre la méthode précédente, en gagnant un point.*

En posant $RC = \frac{1}{\omega_0}$ et $R'C' = \frac{1}{\omega_0'}$ et $\omega_c^2 = \omega_0\omega_0'$, il vient :

$$\underline{H} = \frac{1}{1 - \frac{\omega^2}{\omega_c^2} + j\left(1 + \frac{R'}{R}\right)\frac{\omega}{\omega_0}} = \frac{1}{1 - x_c^2 + j\left(1 + \frac{R'}{R}\right)x_0}$$

D) Comment savoir si les A.O. fonctionnent en régime linéaire ou non ?

Après l'étude asymptotique, deux possibilités s'offrent à nous. Soit vous êtes en MP, soit non.
Si vous êtes en MP, l'A.O. marche nécessairement en régime linéaire, parce que le programme ne stipule pas que vous sachiez résoudre des exercices lorsque le régime est saturé.
Si vous êtes en PC ou en PSI, il va falloir faire un choix : dans quel régime fonctionne le système ?
Un certain nombre de méthodes vont nous permettre de répondre à cette angoissante question...

METHODE 8 : Il y a une boucle de rétroaction sur la borne inverseuse

■ Rappel

— Sortie reliée à l'entrée inverseuse (par un fil via un composant passif),
et,
— sortie non reliée à l'entrée non inverseuse.
Alors l'A.O. fonctionne en régime linéaire.

■ Mise en garde

D'abord, il faut savoir que ces conditions sont suffisantes nullement nécessaires.
Ensuite que le **et** est tout à fait primordial. Le montage comparateur est là pour vous le prouver.

METHODE 9 : Trouver une équation différentielle en V_s

Pour savoir si un A.O. part en saturation, il suffit de déterminer la tension de sortie en régime transitoire, **en supposant qu'il reste en régime linéaire**.

■ Principe

Déterminer la tension de sortie en fonction du temps en régime transitoire.

■ Mise en œuvre

1. On suppose que l'A.O est initialement en régime linéaire, et qu'il le restera tant que la tension de sortie n'a pas atteint V_{sat}.
2. On calcule la fonction de transfert.
3. On en déduit l'équation différentielle vérifiée par V_s en remplaçant les termes en $j\omega$ par des dérivées simples par rapport au temps et les termes en $-\omega^2$ par une dérivée double par rapport au temps.
4. On résout l'équation différentielle en V_s, et on regarde si cette tension diverge ou reste **comprise entre** $-V_{sat}$ **et** $+V_{sat}$.

REMARQUE 1 :
*On vous demande souvent de montrer que tel circuit est un oscillateur. On résout ce genre d'exo avec cette méthode, en trouvant une équation différentielle en V_s et en vérifiant qu'elle admet des solutions sinusoïdales **et** bornées par $|V_{sat}|$.*

REMARQUE 2 :

*Si **l'A.O. est réel**, il vérifie, **en régime linéaire**, l'équation* $\tau\frac{dV_s}{dt}+V_s=\mu\varepsilon$. *Il faut alors trouver une seconde relation entre* ε *en la tension de sortie* V_s, *pour aboutir sur une équation différentielle en* V_s.

■ *Exemple : Déterminer une inégalité sur les valeurs des résistances et des capacités pour que l'A.O. reste en régime linéaire. L'A.O. est supposé idéal.*

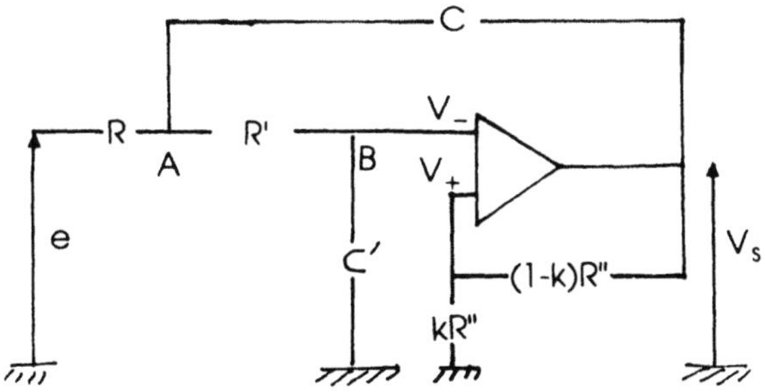

Appliquons Millman en A, on a :

$$V_a=\frac{V_s jC\omega+\frac{e}{R}+\frac{V_b}{R'}}{\frac{1}{R}+\frac{1}{R'}+jC\omega}$$

Appliquons Millman en B, on a :

$$V_b=\frac{\frac{V_a}{R'}+0.jC'\omega}{jC'\omega+\frac{1}{R'}}$$

Appliquons enfin la loi des noeuds à la borne inverseuse de l'A.O. :

$$V_-=\frac{\frac{V_s}{(1-k)R''}}{\frac{1}{kR''}+\frac{1}{(1-k)R''}}=kV_s$$

On suppose que l'A.O. est initialement en régime linéaire, on a donc : $V_b=V_-$.

On en déduit donc à l'aide de (i), (ii) et (iii) une équation différentielle en V_s.

$$\frac{1}{(RCR'C')}\frac{d^2V_s}{dt^2}+\frac{dV_s}{dt}\left(RC\left(1-\frac{1}{k}\right)+R'C'\left(1+\frac{R}{R'}\right)\right)+V_s=\frac{1}{k}e$$

L'A.O. restera en régime linéaire seulement si **les solutions de cette équation différentielle sont sinusoïdales** (et qu'elles sont bornées par les tensions de saturation). Une condition nécessaire est que **le discriminant de l'équation caractéristique soit négatif :**

$$k<\frac{1}{1+\frac{\omega'}{\omega}+\frac{C'}{C}}$$

E) Comment tracer un diagramme de Bode ?

Une fois déterminée votre fonction de transfert, le challenge suivant est de tracer le diagramme de Bode.

Pas de panique, il suffit de trouver l'expression du gain et de savoir étudier une fonction.

Comme en première, on commence par l'étude aux bornes du domaine de définition.

METHODE 10 : Déterminer les asymptotes et les points remarquables

■ Principe

1. Utiliser l'étude préliminaire (ou la retrouver) pour déterminer les limites en $\pm\infty$.
2. Déterminer ainsi l'équation des asymptotes (pente + ordonnée à l'origine).

N'oubliez pas que vos axes sont spéciaux :

— En abscisses, on a $\log(\omega)$, où ω est la pulsation.

— En ordonnées, on a $20\log(|H|)$, ou H est la fonction de transfert.

Lorsqu'on dit que la pente est de - 20 db/Dec, il faut comprendre de quoi on parle.
— On parle de décade parce que log10 vaut 1, donc **quand on multiplie la pulsation par 10, on se déplace d'une unité sur l'axe des abscisses.**
—Pour savoir pourquoi on parle de décibel, reportez-vous à notre rubrique « **Le saviez-vous ?** ».

METHODE 11 : Comment calculer la bande passante ?

■ Principe

Déterminer la ou les valeurs de la pulsation pour laquelle G_{dB} vaut - 3 dB.

■ Pourquoi une telle valeur ?

On pourrait d'abord se demander légitimement pourquoi - 3 dB. En fait, c'est la valeur prise par G_{dB} lorsque $|H| = \left|\frac{s}{e}\right|$ vaut $\frac{|H_{max}|}{2}$. On a alors $20\log\left(\frac{1}{2}\right) \approx -3$.

■ Intérêt de la bande passante

Ce sont **les valeurs où le filtre peut être considéré approximativement comme un filtre parfait** (joliment ambiguë cette phrase, isn't it ?).
Ainsi, pour un filtre passe bas ayant une bande passante $]-\infty, \omega_c]$, on peut supposer que ce filtre laissera passer toutes les fréquences jusqu'à ω_c, puis plus rien.

METHODE 12 : Approximer la courbe par des équivalents

■ Principe

Utiliser des équivalents de la fonction de transfert dans certains domaines pour approximer la courbe.

■ Mise en œuvre

1. Déterminer la fonction de transfert, après l'avoir transformée avec la méthode « comment gagner facilement un point à l'oral ».
2. Essayer, autant que faire se peut de **mettre H sous la forme de produit et rapport de terme de la forme** $1+j\frac{\omega}{\omega_n}$ (ça marche très souvent, sauf pour les passe-bande, que vous savez néanmoins reconnaître en un coup d'œil grâce à la remarque précédente).

2. Déterminer $G_{db} = 20\log(|\underline{H}|)$, en développant le log, et faire des approximations de chacun des termes $\log\left(1+\left(\frac{\omega}{\omega_n}\right)^2\right)$ suivant les valeurs de ω. Ceci vous permet de tracer des droites dans le repère d'axe $(\log\omega, G_{DB})$.

3. Le diagramme de Bode est, peu ou prou, collé à ces droites.

■ *Exemple : Tracer le diagramme de Bode du circuit suivant :*

On supposera que : $\frac{1}{R_4C_2} = 10^5\,\text{sec}^{-1}$, $\frac{1}{R_3C_1} = 50\,\text{sec}^{-1}$ *et* $\frac{R_3+R_4}{R_3R_4(C_1+C_2)} = 10^3\,\text{sec}^{-1}$

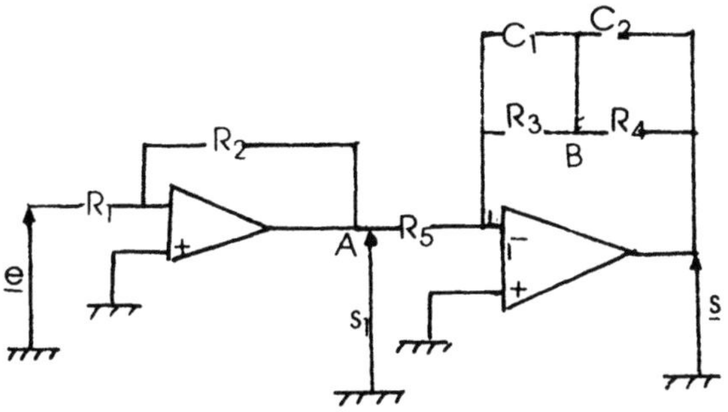

1. On détermine la fonction de transfert.

Le circuit se décompose en deux sous-circuits, un inverseur et autre chose. On en déduit grâce à l'incontournable n°1 que :

$$s_1 = -\frac{R_2}{R_1}e$$

Millman au point A et B nous permet ensuite de trouver que :

$$\frac{\underline{s}}{\underline{e}} = \frac{R_2}{R_1}\frac{R_3+R_4}{R_5}\frac{1+j\frac{R_3R_4}{R_3+R_4}(C_1+C_2)\omega}{(1+jR_3C_1\omega)(1+jR_4C_2\omega)}$$

On pose alors des constantes intelligentes :

$$\omega_a = \frac{R_3+R_4}{R_3R_4(C_1+C_2)}$$

$$\omega_b = \frac{1}{R_3C_1}$$

$$\omega_c = \frac{1}{R_4C_2}$$

On a grâce aux valeurs numériques $\omega_b \ll \omega_a \ll \omega_c$.

2. On en déduit une expression développée de G, qui vaut :

$$G_{db} = 20\log\left(\frac{R_2}{R_1}\frac{R_3+R_4}{R_5}\right) + 10\log\left(1+\left(\frac{\omega}{\omega_a}\right)^2\right) - 10\log\left(1+\left(\frac{\omega}{\omega_b}\right)^2\right) - 10\log\left(1+\left(\frac{\omega}{\omega_c}\right)^2\right)$$

Ce qui suit est alors une bête histoire d'équivalent. Au vu des applications numériques on en déduit que suivant les valeurs de la pulsation un de ces termes sera prépondérant devant les autres.

- Si $\omega \ll \omega_b$, $G_{db} = 20\log\left(\frac{R_2}{R_1}\frac{R_3+R_4}{R_5}\right)$

• Si $\omega_b \le \omega \ll \omega_a$, $G_{db} \approx -10\log\left(1+\left(\frac{\omega}{\omega_b}\right)^2\right)+20\log\left(\frac{R_2}{R_1}\frac{R_3+R_4}{R_5}\right)$, ce qui correspond à une asymptote de pente –20db / dec.

• Si $\omega_a \ll \omega \ll \omega_c$,

$$G_{db} \approx -10\log\left(1+\left(\frac{\omega}{\omega_b}\right)^2\right)+10\log\left(1+\left(\frac{\omega}{\omega_a}\right)^2\right)+20\log\left(\frac{R_2}{R_1}\frac{R_3+R_4}{R_5}\right)$$

$$\approx 20\log\left(\frac{R_2}{R_1}\frac{R_3+R_4}{R_5}\right)+20\log\omega_b-20\log\omega_a+20\log\omega-20\log\omega=Cte$$

• Si $\omega \gg \omega_c$,

$$G_{db} \approx -10\log\left(\left(\frac{\omega}{\omega_c}\right)^2\right) \approx -20\log\omega,$$

on a à nouveau une asymptote de pente –20db / dec.

D'où le diagramme suivant ▶

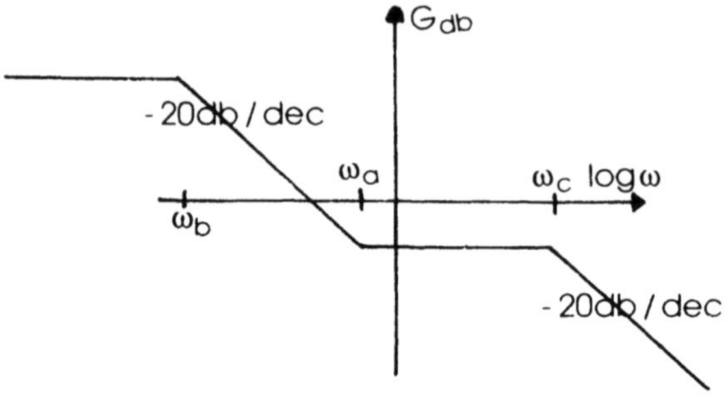

METHODE 13 : Comment tracer un diagramme de phase ?

■ Principe

1. Déterminer la fonction de transfert H.
2. Trouver l'argument de H. On calcule cet argument en s'aidant des bonnes vieilles méthodes de terminale, qui conduisent à $\mathrm{Arg}\left(\frac{\underline{S}}{\underline{e}}\right)=\mathrm{Arg}(\underline{S})-\mathrm{Arg}(\underline{e})$.
3. Trouver les limites de cette phase, ainsi que le point où elle s'annule.

■ Erreur fréquente

Vous vous trompez souvent dans ce calcul pour la bonne et simple raison qu'il y a parfois à un nombre réel négatif au dénominateur, il serait donc utile de savoir que $\mathrm{Arg}(-1)=\pi$.

■ Astuces

— Avant de la tracer déterminer les limites en 0 et en l'infini.
— Déterminer aussi la valeur de la pulsation pour laquelle le déphasage s'annule. Cette valeur s'obtient facilement puisqu'elle correspond à **la solution qui annule la partie imaginaire de la fonction de transfert.**
— Lorsque la fonction de transfert est compliquée et lorsque les valeurs numériques le permettent, il est souvent astucieux de simplifier la fonction de transfert, en en **prenant des équivalents suivant les valeurs de la pulsation** ω.

■ *Exemple : Déterminer le diagramme de phase du circuit suivant. On suppose que le circuit est attaqué par une tension sinusoïdale.*

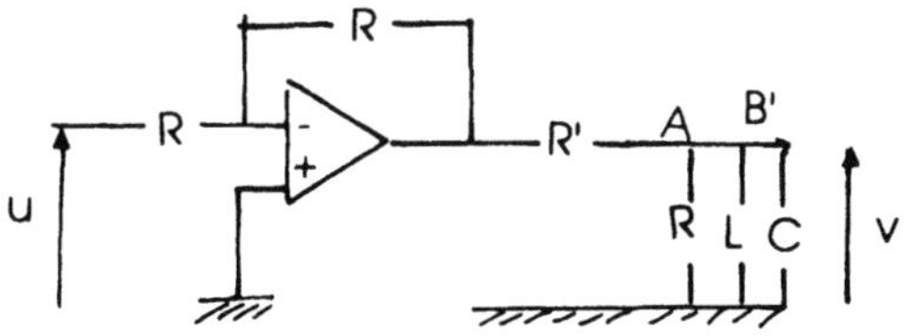

1. Détermination de la fonction de transfert.

En A, on peut facilement déterminer la tension puisque le montage en amont est un inverseur : $V_A = -u$.

On applique Millman en B', on a alors :

$$v = \frac{-\frac{u}{R'} + 0 + 0 + 0}{\frac{1}{R} + \frac{1}{R'} + \frac{1}{L\omega j} + C\omega j} = -\frac{u}{\frac{R'}{R} + 1 + \frac{R'}{L\omega j} + R'C\omega j}$$

2. On détermine le déphasage en prenant l'argument du rapport $\frac{\underline{v}}{\underline{u}}$.

$$\mathrm{Arg}\frac{\underline{v}}{\underline{u}} = \mathrm{Arg}\left(\frac{-1}{\frac{R'}{R} + 1 + \frac{R'}{L\omega j} + R'C\omega j}\right) = \pi - \mathrm{Arg}\left(\frac{R'}{R} + 1 + \frac{R'}{L\omega j} + R'C\omega j\right)$$

3. On fait une étude asymptotique :

$$\mathrm{Arg}\left(\frac{R'}{R} + 1 + \frac{R'}{L\omega j} + R'C\omega j\right) \underset{\omega \to 0}{\approx} \mathrm{Arg}\left(\frac{R'}{R} + 1 + \frac{R'}{L\omega j}\right)$$

$$\varphi = \pi + \mathrm{Arc\,tan}\left(\frac{\frac{R'}{L\omega}}{\frac{R'}{R} + 1}\right) \xrightarrow[0]{} \frac{3\pi}{2}$$

Et $\lim\limits_{\varphi \to \infty} \varphi = \frac{\pi}{2}$

On regarde la valeur de la pulsation pour laquelle le déphasage passe par π, c'est le point où la partie imaginaire de la fonction de transfert s'annule soit pour :

$$\frac{1}{LC} = \omega^2$$

D'où le dessin ►

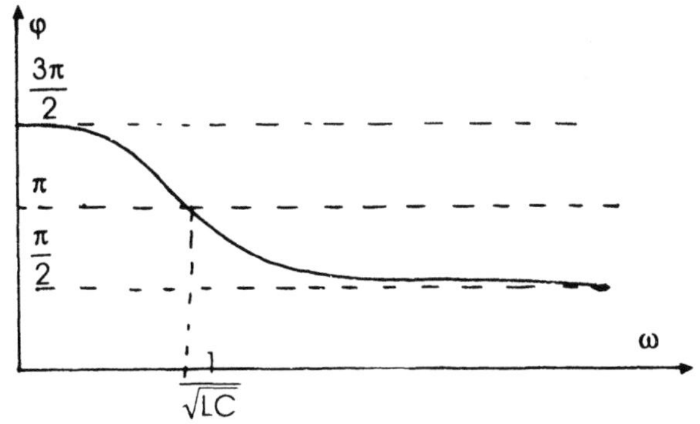

3. Méthodes spécifiques aux montages comparateurs

La plupart des candidats prétendent que l'on est toujours en régime linéaire, ils ne savent pas pourquoi, mais ils le sentent. Seulement, voilà, ce n'est pas toujours vrai et dans ces cas-là, il vaut mieux être préparé.

L'objet de ce paragraphe est donc de répondre aux attentes légitimes du lecteur resté sur sa faim au début du sous-paragraphe 2. D), lorsqu'il a appris au moyen de l'équation différentielle vérifiée par la tension de sortie, que son système partait en saturation.

METHODE 14 : Comment connaître la tension de sortie d'un A.O. ?

■ Principe

Trouver le signe de $\varepsilon = V_+ - V_-$.

■ Mise en œuvre

1. Essayer de calculer la tension d'entrée $\varepsilon = V_+ - V_-$.
2. En déduire son signe :
Si $\varepsilon > 0$, alors $V_s = V_{sat}$.
Si $\varepsilon < 0$, alors $V_s = -V_{sat}$.

■ Cas d'application

Cette méthode vous sera utile **en tout début d'exercice**, lorsque vous ne savez pas encore si tel ou tel A.O. fonctionne en régime linéaire.
Notre expérience de vieux loups vous conseille de vous méfier lorsque l'on impose à une des bornes d'un A.O. une tension continue : généralement ça pue le régime saturé à plein nez.

■ *Exemple :*
Sachant qu'initialement le condensateur est déchargé, déterminer l'état des A.O. à l'état initial. La borne inverseuse de l'A.O. 1 est soumise à une tension continue de valeur 3V.

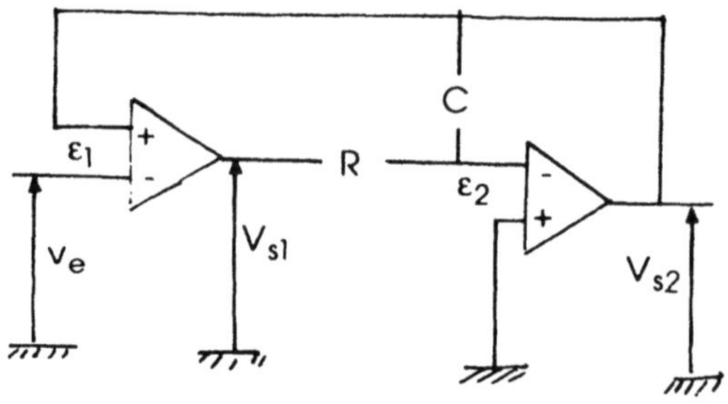

L'A.O. 2 fonctionne visiblement en régime linéaire, puisque la borne non-inverseuse est reliée à la masse et qu'il y a une boucle de rétroaction sur la borne inverseuse. (Dites surtout que vous savez que c'est du régime linéaire puisque vous avez remarqué du premier coup d'œil l'intégrateur).
On a donc $V_{2+} = V_{2-}$.

Par ailleurs, le condensateur est initialement déchargé, et à $t = 0^+$ il le sera encore puisque **la tension aux bornes d'un condensateur est continue**.
On a donc initialement, $V_{2s} = V_{2+} = V_{2-} = 0$.
Comme toutes ces tensions sont également égales à V_{1+}, on en déduit qu'initialement $\varepsilon_1 = V_{1+} - E = -E < 0$.

Donc l'A.O. 1 est en saturation est la tension de sortie vaut $V_{s1} = -V_{sat}$.

METHODE 15 : Comment raisonner, lorsque, dès le début, l'A.O. est saturé ?

■ Principe

Suivre l'évolution de $\varepsilon = V_+ - V_-$.

■ Mise en œuvre

Une fois l'A.O. parti en saturation, la tension d'entrée ε a de grande chance d'évoluer. Il faut alors la suivre de très près, pour savoir si cette tension peut **s'annuler et/ou changer de signe**.

1. Quand cela arrive, l'A.O. bascule.
2. Ensuite on continue le raisonnement.

REMARQUE :
Il arrive que la tension d'entrée aux bornes de votre A.O. $\varepsilon = V_+ - V_-$ ***rechange alors de signe instantanément*** *après basculement. Si c'est le cas, vous pouvez faire l'hypothèse que vous êtes* ***en régime (quasi) linéaire*** *(Voir les exercices).*

■ *Exemple : On considère le montage précédent, dans lequel on a toujours $E = 3V$. Par ailleurs $T = 10$ ms, $V_{sat} = 15V$, $RC = 10^{-2}$ sec. Déterminer la tension de sortie V_{2s} sur l'intervalle de temps $\left[0, \frac{T}{2}\right]$.*

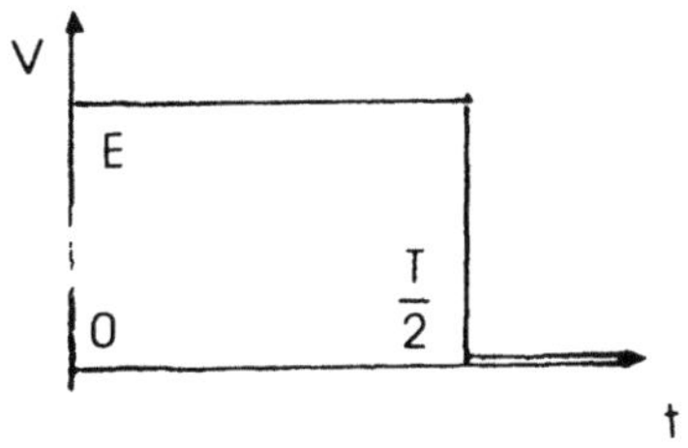

On a vu qu'initialement l'A.O. 1 était en saturation et que sa tension d'entrée était négative. On a donc $V_{1s} = -V_{sat}$.

Par ailleurs, la partie extrême-droite étant un intégrateur (une fois n'est pas coutume), on a donc : $V_{2s} = -\frac{1}{RC}\int_0^t -V_{sat}dt = \frac{V_{sat}}{RC}t$

Forts des recommandations de cette méthode, il nous faut alors regarder ce que vaut ε.

$$\varepsilon_1 = V_{1+} - E = \frac{V_{sat}}{RC}t - E$$

Il existe donc une date $\tau = \frac{E}{V_{sat}}RC$, pour lequel ε s'annule et change de signe.

Par ailleurs cette date est bien inférieure à $\frac{T}{2}$ (faire l'application numérique), donc l'expression de ε précédemment trouvée reste vraie.

Si ε change de signe, l'A.O. bascule et alors $V_{1s} = +V_{sat}$. Puisque l'autre circuit est un intégrateur, la tension de sortie du second A.O. va donc avoir tendance à diminuer, donc la tension d'entrée du premier A.O. va alors également diminuer puisque :

$$\varepsilon_1 = V_{1s} - E = -\frac{V_{sat}}{RC}(t - \tau)$$

Donc ε va à nouveau s'annuler et changer de signe, et ceci immédiatement après le premier basculement.
Bref tant que $V_{1-} = E$, l'A.O. 1 ne va pas cesser de basculer si bien qu'on peut supposer qu'il reste en régime linéaire.
D'où la tension de sortie ▶

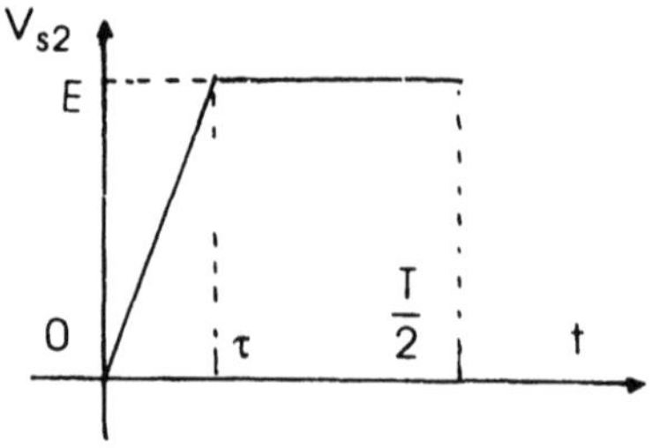

4. Petit guide des circuits à connaître absolument

Les examinateurs s'arrachent souvent les cheveux, lorsqu'ils vous donnent un système à étudier avec 25 AO. Vous emboîtez au quart de tour en disant : Bon, encore un exo de merde d'électronique, on applique Millman en 33 points, on touille, et on trace.

D'autres candidats, plus malins, ont repéré que ce système était décomposable en **sous-systèmes classiques**, faisant intervenir des inverseurs, des dérivateurs ou des intégrateurs. A votre avis : qui c'est qui aura la meilleur note ?

Ce dernier paragraphe est donc un **guide d'érudition méthodique**.
Pour cette raison, nous avons choisi de vous présenter ces grands classiques comme des incontournables.

❒ *Incontournable n° 1 : L'inverseur*

■ **Rappel**

Ne vous fiez pas au nom : l'inverseur ne transforme pas la tension d'entrée en son inverse mathématique, mais en son opposé.
Pour cela, **il ne faut pas avoir de condensateurs ni de bobines**, puisque ça ferait intervenir des $L\omega j$ et autres $\frac{1}{C\omega j}$, bref des dérivations ou des intégrations, mais pas de bête opposition.
Bref, si on n'a le droit de mettre ni des condensateurs ni des bobines, il ne reste que des résistances.

D'où le circuit suivant ▶

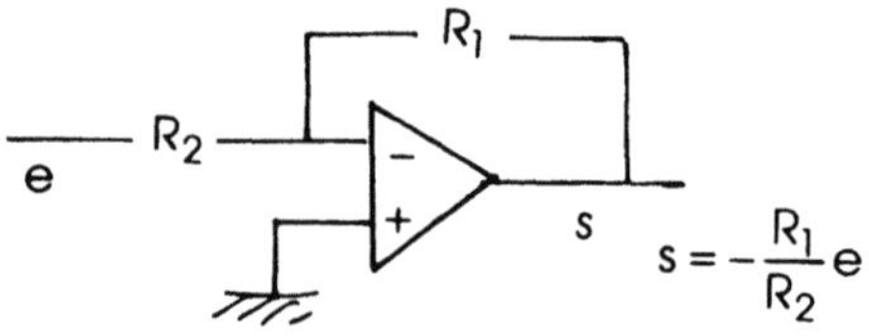

■ *Exemple : Déterminer la fonction de transfert du système suivant.*

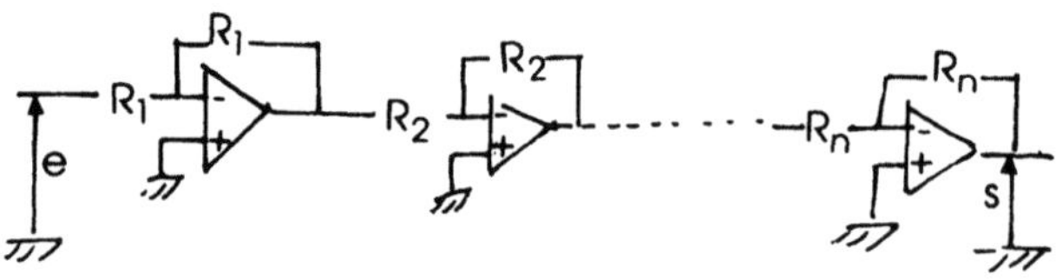

Au lieu de calculer la fonction de transfert en n points, on remarque que c'est une série d'inverseurs. Pour un seul inverseur, on a $V_s = -V_e$. Donc pour n inverseurs, on a :

$$V_s = (-1)^n V_e$$

■ Intérêt de l'inverseur

Celui-ci permet de régler la tension d'offset de l'A.O. des mauvaises prépas (celle qui n'ont pas des AO qui annulent automatiquement la tension d'offset).

On place deux A.O. en série. Le premier est monté en suiveur, la borne inverseuse du second est reliée à la sortie du premier, la borne non inverseuse à la masse. A moins que la tension de sortie du premier soit nulle, le second A.O. montera en saturation.
On tourne alors la vis de l'Offset du premier A.O., jusqu'à ce que le second ne soit plus en régime saturé.

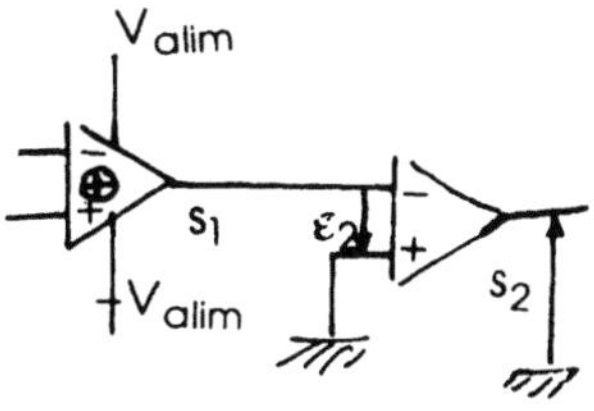

❐ *Incontournable n°2 : L'intégrateur*

■ Rappel

Qui dit intégrateur, dit ωj quelque part. Reste à savoir où. Pour cela, pour que vous n'hésitiez plus entre la place de R et de C, on vous donne notre moyen mnémotechnique (assez débile il est vrai) : Vous regardez votre dessin et vous le lisez de gauche à droite. Si vous avez d'abord un R puis un condensateur c'est un intégrateur. Il faut bien sûr que la boucle de rétroaction soit sur l'entrée inverseuse.

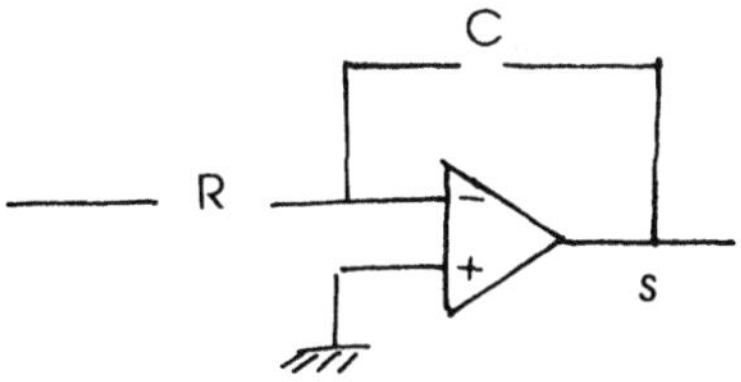

Donc lorsque vous voyez ce dessin, c'est un intégrateur. ►

■ *Exemple : Déterminer la fonction de transfert, en régime harmonique imposé, du circuit suivant. La tension d'entrée est continue et vaut E.*

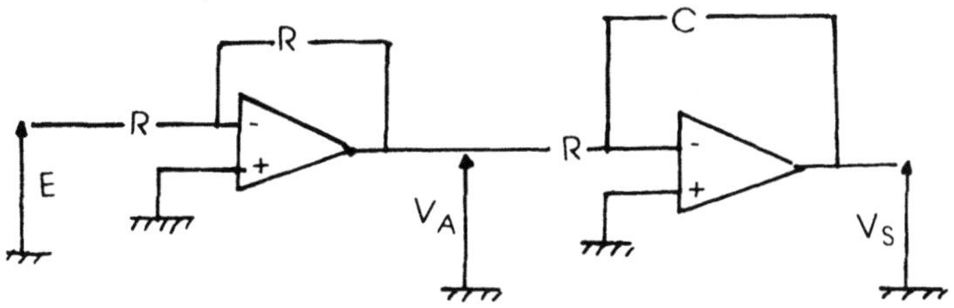

Un inverseur en série avec un intégrateur.
Fort de l'incontournable n° 1, on en déduit que $V_A = (-1)E$.
En utilisant l'incontournable n°2 (qu'on retrouve pour vous avec Millman), on a alors :

$$V^+ = \frac{V_s C\omega j - \frac{E}{R}}{\frac{1}{R} + C\omega j} = 0$$

soit en repassant aux dérivations formelles : $V_s = \int \frac{E}{RC} dt$

❐ *Incontournables n°3 : Le dérivateur*
Il suffit maintenant de changer les places de R et C.

■ Démonstration

1. Appliquer Millman à la borne inverseuse de l'A.O.
2. Repasser aux dérivations formelles.

■ *Exemple : Déterminer la tension de sortie du circuit suivant :*

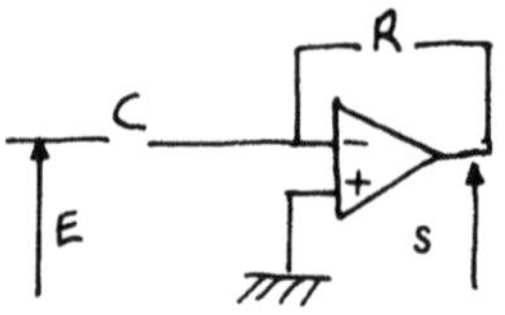

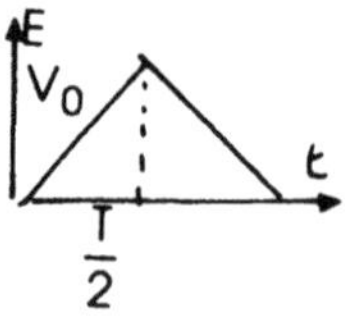

On applique Millman à la borne inverseuse :

$$V^{+} = \frac{V_e C\omega j - \frac{V_s}{R}}{\frac{1}{R} + C\omega j} = 0$$

On repasse aux dérivations formelles :

$$V_s = RC\frac{dV_e}{dt}$$

— Sur $\left[0, \frac{T}{2}\right]$, $V_s = RC\frac{dV_e}{dt} = \frac{2RCV_0}{T}$

— Sur $\left[\frac{T}{2}, T\right]$, $V_s = RC\frac{dV_e}{dt} = -\frac{2RCV_0}{T}$

D'où la tension de sortie en fonction du temps.

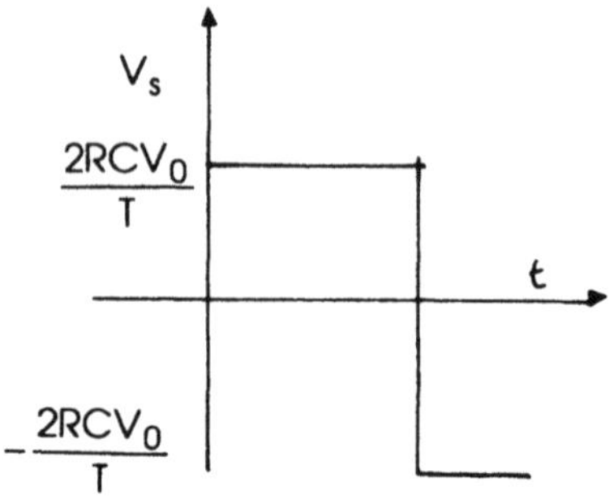

Erreurs

■ Pour certains élèves, dont on ne citera pas les noms, mais qui se reconnaîtront, un A.O. idéal fonctionne nécessairement en régime linéaire.
C'est bien évidemment archi faux, un **A.O. idéal**, c'est seulement une boîte avec un gain infini (lorsqu'on est en régime linéaire), une impédance d'entrée infinie et une de sortie nulle, et qui **peut fonctionner en DEUX REGIMES** : un saturé et un linéaire.

■ Pour d'autres élèves, un AO idéal en régime linéaire, cela signifie que $V_+ = V_- = V_s$. Si la première égalité est effectivement vraie, ce n'est pas le cas de la seconde. Si c'était vrai, on se demande bien à quoi servirait un A.O. puisque ça ou un fil ce serait pareil.

■ On ne le répétera jamais assez, on ne peut **pas** appliquer le théorème de Millman en sortie d'A.O., et encore moins **à la masse**, parce qu'on n'a aucun moyen de connaître l'intensité qui circule en sortie à ces endroits-là.

Le saviez-vous ?

Pourquoi est-ce que l'expression de la fonction de transfert est $G_{dB} = 20\log\left(\left|\frac{s}{e}\right|\right)$?

C'est vrai après tout. D'où vient ce 20, et pourquoi ça s'appelle des décibels ?

Tout commence avec les bels, qui sont des log de rapports de puissances.
Ceci correspond donc à des rapports de carrés de tension. Un décibel — comme son nom l'indique — c'est 0,10 bels. Enfin comme les tensions sont au carré dans l'expression du bel, en sortant le carré, on obtient 20. D'où l'expression de la fonction de transfert :

$$G_{dB} = 20\log\left(\left|\frac{s}{e}\right|\right)$$

Voilà, vous savez tout... ou presque : sachez encore que le décibel a été employé pour la première fois en physique des ondes sonores.

Exercices

1 Accordeur de guitare électrique

Pour accorder parfaitement une guitare électrique, on utilise un accordeur électronique. Le prix de ce petit bijou et d'environ 200 francs, mais vous pouvez vous en tirer pour 20 balles, si vous le fabriquez vous-même (et que vous avez un oscillo, ce qui ne se trouve pas sous le pas d'un cheval).
Un premier modèle vous permet de sélectionner la note que vous allez jouer. Vous devez tourner vos cordes jusqu'à ce que la diode verte s'allume.
1) Donner une manière de construire cet accordeur.
2) Un second modèle ne demande pas de sélectionner la note.
Expliquer comment construire cet accordeur.
3) Parler des avantages comparés de ces deux accordeurs.

2

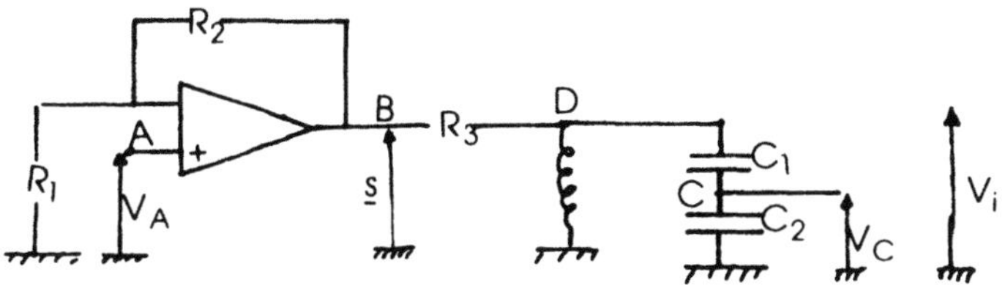

1) Calculer la fonction de transfert $\frac{\underline{V_c}}{\underline{V_a}}$.

2) On relie A et C, à l'aide de la fonction de transfert déterminer l'équation différentielle vérifiée par $\underline{V_c}$.

3) Discuter alors en fonction des paramètres du circuit.

3

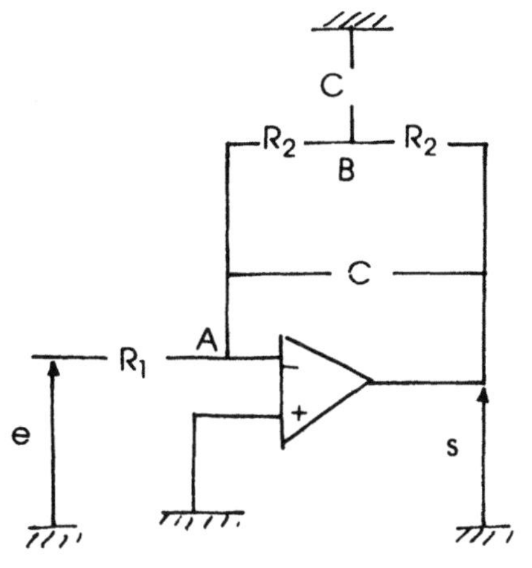

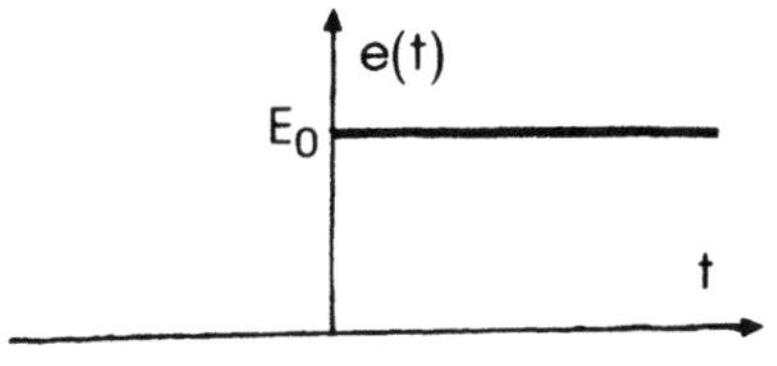

On donne e(t), dans le cas où l'A.O. est supposé idéal, déterminer l'évolution du système.

a) Dans le cas où $e(t) = H(t)E_0$, où H est la fonction d'heavyside :
b) Dans le cas d'un régime sinusoïdal.
c) Dans le cas d'une tension rectangulaire.

4

Mesure expérimentale de la constante de temps d'un AO non idéal

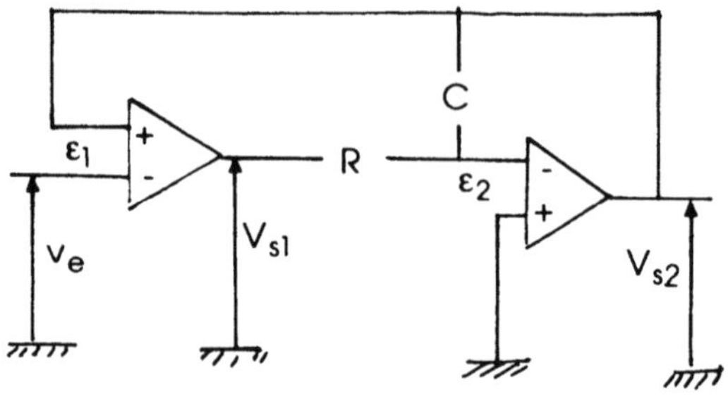

En reprenant l'exemple de la méthode 14, on constate que la tension de sortie n'est pas strictement égale à E sur l'intervalle $\left[\tau, \frac{T}{2}\right]$, mais qu'elle subit des oscillations amorties autour de cette valeur. Dans l'hypothèse où l'A.O. n'est pas idéal, déterminer la période propre de ces oscillations.
Applications numériques : $R = 33k\Omega$, $C = 0,22\mu F$, $T = 5ms$, $V_{sat} = 13V$, $E = 3V$.

5 Eclairage public

Le petit prince a grandi et il a intégré l'X. Il revient alors en force sur la planète de l'allumeur de réverbères. Il lui donne alors un truc pour se reposer un peu.
Quel est donc ce dispositif qui permet d'allumer et d'éteindre les réverbères lorsque le jour baisse, sans que le passage de nuages, assombrissant subitement le ciel, ne fassent clignoter ces réverbères.

6 Filtre de Rauch

Trouver le quadripôle équivalent du dipôle encadré.
Déterminer la fonction de transfert du circuit.

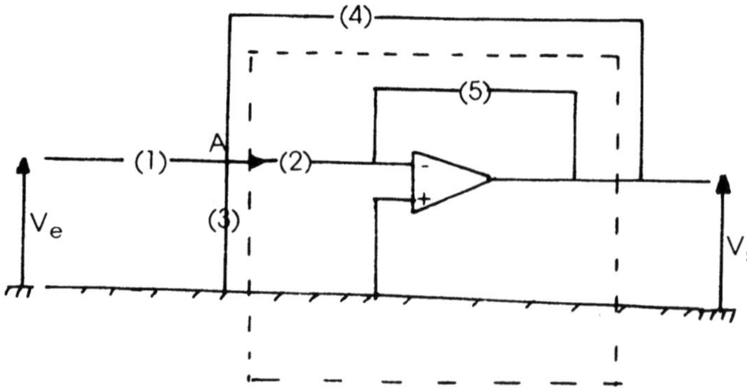

Corrigés

1 Accordeur de guitare électrique

Méthode utilisée : Rappel sur les filtres.

On part d'une onde sonore, un appareil le transforme en signal électrique de même pulsation.
Il faut connaître les fréquences de mi, la, ré, sol, si, mi.

1) *Dans le premier modèle*, pour chaque note, ce signal arrive en entrée d'un filtre passe-bande de fréquence de coupure, la fréquence de la note voulue. Si on n'est pas dans la bande, la sortie du filtre donnera une tension minable.
Si on est dans la bande, la tension viendra allumer une petite diode verte : on a la note !

Quand on change de note, on change de filtre, c'est encore un passe bande, mais sa fréquence de coupure est différente et correspond à la fréquence de la nouvelle note.

2) *Dans le deuxième modèle*, on met les filtres en parallèle avec l'entrée. Dès qu'une fréquence est proche d'une des notes mi, la, ré, sol, si, mi, la diode s'allume. Il faut que les bandes soient suffisamment étroites pour ne pas se recouvrir.

3) *Avantages comparés des deux modèles*
Le premier nécessite un sélecteur qui permet à l'entrée d'arriver sur un filtre plutôt qu'un autre, alors que le second n'a qu'une entrée d'où partent tous le filtres.
Cependant, le second ne donnera des résultats satisfaisants que si votre guitare n'est pas trop désaccordée. Sinon, vous accorderez un mi en pensant accorder un la par exemple.

2

Méthodes utilisées : 6,7,9

La boucle de rétroaction sur la borne inverseuse nous assure que l'A.O. est en régime linéaire, on a :

$$\underline{V_-} = \frac{\dfrac{\underline{s}}{R_2}}{\dfrac{1}{R_1}+\dfrac{1}{R_2}} = \underline{s}\frac{R_1}{R_1+R_2} \quad \text{(i)}$$

Surtout n'appliquons pas le théorème de Millman en B, puisque c'est une sortie d'A.O.
En D, on a :

$$\underline{V_d} = \frac{\dfrac{\underline{s}}{R_3}+0+\underline{V_c}C_1\omega j}{\dfrac{1}{R_3}+\dfrac{1}{L\omega j}+C_1\omega j} \quad \text{(ii)}$$

En C, on a :

$$\underline{V_c} = \frac{\underline{V_d}C_1\omega j+0}{C_1\omega j+C_2\omega j} = \frac{\underline{V_d}}{1+\dfrac{C_2}{C_1}} \quad \text{(iii)}$$

De (i), (ii), (iii), on tire :

$$\underline{V_a} = \underline{V_-} = \underline{s}\frac{R_1}{R_1+R_2} = \frac{R_3R_1}{R_1+R_2}\left[\left(1+\frac{C_2}{C_1}\right)\left(\frac{1}{R_3}+\frac{1}{L\omega j}+C_1\omega j\right)-C_1\omega j\right]\underline{V_c}$$

On pose alors les constantes suivantes, ce qui fait mouiller les examinateurs :

$$k = \frac{R_1}{R_1 + R_3}$$

$$m = \left(1 + \frac{C_2}{C_1}\right)$$

Avec les nouvelles constantes, la fonction de transfert devient :

$$\underline{V_c}\left[mL\omega j + R_3 m - C_2 R_3 L\omega^2\right] = kL\omega j \underline{V_a}$$

2) Si on relie A et C, et qu'on repasse aux dérivations formelles, on a :

$$\frac{d^2V_a}{dt^2} + \left(\frac{m-k}{C_2R_3}\right)\frac{dV_a}{dt} + V_a\frac{m}{C_2L} = 0$$

On continue à faire plaisir aux examinateurs, en posant de belles constantes :

$$\left|\left(\frac{m-k}{C_2R_3}\right)\right| = \frac{1}{\tau_1} \text{ et } \frac{m}{C_2L} = \frac{1}{\tau_2^2}$$

3) Discutons :

- Si $m < k$, l'équation devient :

$$\frac{d^2V_a}{dt^2} - \frac{1}{\tau_1}\frac{dV_a}{dt} + V_a\frac{1}{\tau_2^2} = 0$$

On a alors : $\Delta = \frac{1}{\tau_1^2} - \frac{4}{\tau_2^2}$

— Si $\Delta > 0$ alors :

$$V_a = A\exp\left(\frac{\frac{1}{\tau_1} + \sqrt{\frac{1}{\tau_1^2} - \frac{4}{\tau_2^2}}}{2}\right)t + B\exp\left(\frac{\frac{1}{\tau_1} - \sqrt{\frac{1}{\tau_1^2} - \frac{4}{\tau_2^2}}}{2}\right)t$$

— Si $\Delta < 0$ alors :

$$V_a = A\exp\left(\frac{t}{2\tau_1}\right)\cos\left(\frac{1}{2}\sqrt{-\frac{1}{\tau_1^2} + \frac{4}{\tau_2^2}}t + \varphi\right)$$

Dans les deux cas la tension diverge.

- Si $m > k$, on a :

$$\frac{d^2V_a}{dt^2} + \frac{1}{\tau_1}\frac{dV_a}{dt} + V_a\frac{1}{\tau_2^2} = 0$$

—Si $\Delta > 0$, alors :

$$V_a = A\exp\left(\frac{-\frac{1}{\tau_1} + \sqrt{\frac{1}{\tau_1^2} - \frac{4}{\tau_2^2}}}{2}\right)t + B\exp\left(\frac{-\frac{1}{\tau_1} - \sqrt{\frac{1}{\tau_1^2} - \frac{4}{\tau_2^2}}}{2}\right)t$$

—Si $\Delta < 0$ alors :

$$V_a = A\exp\left(-\frac{t}{2\tau_1}\right)\cos\left(\frac{1}{2}\sqrt{-\frac{1}{\tau_1^2} + \frac{4}{\tau_2^2}}t + \varphi\right)$$

3

Méthodes utilisées : 4,8,13

Il y a bien une boucle de rétroaction sur l'entrée inverseuse. On est donc dans le régime linéaire de l'A.O.

On commence par calculer la fonction de transfert grâce à Millman :

En A : $\frac{e(t)-V_A}{R_1}+jC\omega(s(t)-V_A)+\frac{V_B-V_A}{R_2}=0$ avec $V_A=V^-=V^+=0$

Donc $\frac{e(t)}{R_1}+jC\omega s(t)+\frac{V_B}{R_2}=0$.

En B : $\frac{V_B-V_A}{R_2}+jC\omega V_B+\frac{V_B-s(t)}{R_2}=0$ soit $V_B=\frac{s(t)}{2+jR_2C\omega}$

Donc, il reste $\frac{e(t)}{R_1}+s(t)\left(jC\omega+\frac{1}{R_2}\frac{1}{2+jR_2C\omega}\right)=0$. On pose $\tau=R_2C$.

Alors $\boxed{s(t)=-\frac{R_2}{R_1}\frac{2+j\tau\omega}{1+2j\tau\omega+(j\tau\omega)^2}e(t)}$

a) On se ramène à une équation différentielle : $t\leq 0\Rightarrow s(t)=0$

et $t\geq 0\Rightarrow s+2\tau\dot{s}+\tau^2\ddot{s}=-\frac{2R_2}{R_1}E_0$.

La solution générale est $s(t)=-\frac{2R_2}{R_1}E_0+A\exp\left(\frac{-t}{\tau}\right)+Bt\exp\left(\frac{-t}{\tau}\right)$.

Les conditions initiales nous donnent : $s(0)=-\frac{2R_2}{R_1}E_0+A=0$.

et $V_B(0)=0$. Donc tout le courant initial passe dans le condensateur du bas (pas de courant dans les résistances du haut).

Donc soit $\frac{ds}{dt}=0$ c'est à dire $B=\frac{A}{\tau}$.

On a donc finalement $\boxed{s(t)=\frac{2R_2}{R_1}E_0\left(\exp\left(\frac{-t}{\tau}\right)-1+\frac{t}{\tau}\exp\left(\frac{-t}{\tau}\right)\right)}$

b) Si la tension est sinusoïdale de pulsation ω ($e(t)=E_0\cos\omega t$), la sortie est également sinusoïdale de pulsation ω mais il y a eu un déphasage $\Delta\varphi$

$$\Delta\varphi=\mathrm{Arg}\left(-\frac{R_2}{R_1}\frac{2+j\tau\omega}{1+2j\tau\omega+(j\tau\omega)^2}\right)=\pi+\mathrm{Arg}(2+j\tau\omega)-2\mathrm{Arg}(1+j\tau\omega)$$

et un gain $G=\frac{R_2}{R_1}\frac{4+(\tau\omega)^2}{\left(1+(\tau\omega)^2\right)^2}$. On a donc à la sortie $\boxed{s(t)=E_0G(\omega)\cos(\omega t+\Delta\varphi(\omega))}$.

c) Si la tension est rectangulaire, on utilise la décomposition de Fourier de la méthode 4.

$$e(t)=\sum_{p>0}b_p\sin\left(2\pi p\left(\frac{t}{\tau}+\frac{1}{2}\right)\right)\text{ avec } b_p=\frac{4E_0}{p\tau\pi}\left(1-(-1)^p\right).$$

4

Méthodes utilisées : 14,15

On suppose toujours, comme dans la méthode 15, que l'A.O. de gauche bascule constamment entre $+V_{sat}$ et $-V_{sat}$ et qu'il est donc en régime linéaire.

On a vu qu'un A.O. non idéal était modélisé par un filtre passe-bas : $\tau_1 \frac{dV_{s1}}{dt} + V_{s1} = \mu_0 \varepsilon_1$ où τ_1 est la constante de temps que l'on cherche.

On néglige toujours l'intensité entrant dans la borne non inverseuse de l'A.O. 1 devant la tension de sortie correspondante. Ceci nous permet de voir que l'A.O.2 fait partie d'un montage intégrateur (R puis C) et que donc : $V_{s1} = -RC\frac{dV_{s2}}{dt}$.

De plus $\varepsilon_1 = V_{s2} - V_e$. On a donc : $\tau_1 \ddot{V}_{s2} + \dot{V}_{s2} + \frac{\mu_0}{RC} V_{s2} = \frac{\mu_0}{RC} V_e$.

Calculons la pulsation de la solution.

Le discriminant vaut $\Delta = 1 - \frac{4\mu_0 \tau_1}{RC}$.

Or $\mu_0 \approx 10^5$ et $\tau \approx 10^{-2}$. Donc $\frac{4\mu_0\tau_1}{RC} >> 1$ et $\Delta \approx -\frac{4\mu_0\tau_1}{RC} < 0$.

La solution est donc de la forme $V_{s2} = E + Ae^{-\frac{t}{2\tau_1}} \cos(\omega t + \varphi)$ avec $\omega = \frac{\sqrt{-\Delta}}{2\tau_1} \approx \sqrt{\frac{\mu_0}{RC\tau_1}}$.

Ainsi, la mesure de la pulsation nous donne le temps caractéristique : $\boxed{\tau_1 = \frac{\mu_0}{RC\omega^2}}$.

5

Méthodes utilisées : 14,15

On utilise bien sur une photodiode c'est-à-dire une diode qui ne laisse passer le courant que si l'intensité lumineuse qu'elle recoit n'est pas trop grande. Elle a en pratique la fonction de transfert suivante ►

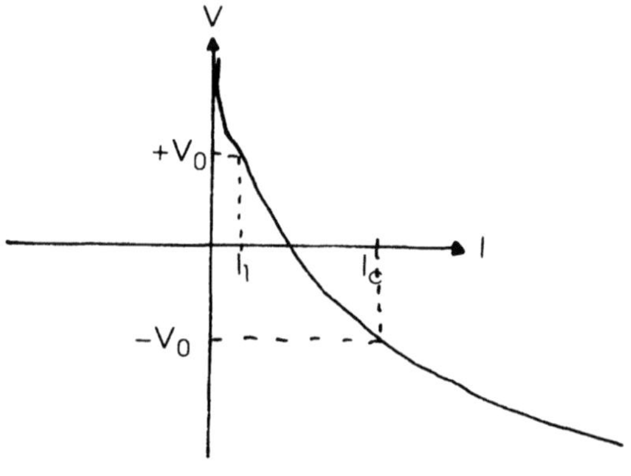

Il faut ensuite mettre en sortie de cette photodiode un montage qui donne une tension de sortie maximale si la tension d'entrée est grande (i.e. intensité lumineuse faible) mais qui donne une sortie nulle si la tension d'entrée est faible. L'idée est donc d'utiliser un comparateur lié à une diode simple :

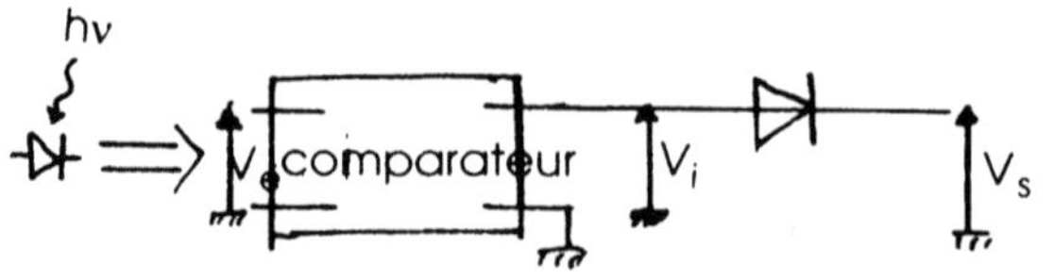

$$(I \le I_0) \Rightarrow (V_e \ge E_0) \Rightarrow (V_1 = +V_{sat}) \Rightarrow V_s = V_{sat}$$
$$\text{et } (I \ge I_0) \Rightarrow (V_e \le E_0) \Rightarrow (V_1 = -V_{sat}) \Rightarrow V_s = 0$$

Mais ceci causerait des oscillations du réverbère au passage des nuages. Pour éviter cela, il faut utiliser un comparateur à hystérésis i.e. un comparateur qui s'allume dés que I devient inférieure à une valeur I_1 mais qui ne se rééteint que si I devient supérieur à une autre valeur $I_c > I_1$. Il ne faut pas la même valeur seuil pour l'allumage et l'éteignage du réverbere.
On utilise le montage suivant :

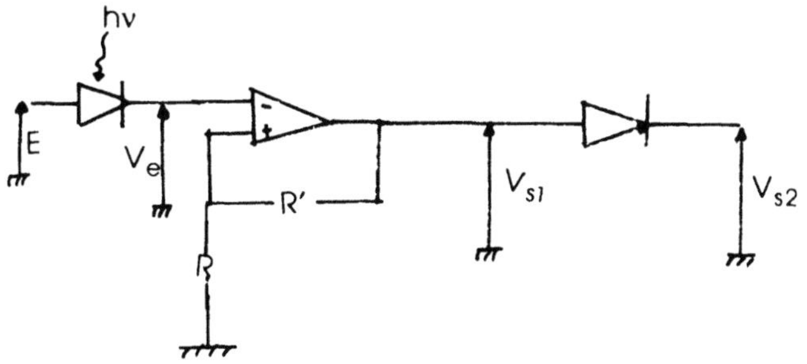

Il y a une boucle sur la borne non inverseuse. L'A.O. est donc probablement en saturation.

Si au départ $V_{s1} = V_{sat}$ (alors $V_{s2} = 0$, le réverbère est éteint) alors $V_+ = \dfrac{\dfrac{V_{sat}}{R'}}{\dfrac{1}{R} + \dfrac{1}{R'}} = \dfrac{R}{R+R'} V_{sat}$. Cela reste vrai tant que $V_e < V_+ = \dfrac{R}{R+R'} V_{sat} = V_0$ (on choisit les résistance pour que cela soit vrai) c'est-à-dire tant que $I > I_1$.

Si le jour baisse, on arrive à un moment où $I < I_1$ (cela ne peut arriver si un nuage passe : seulement si le soleil se couche vraiment) alors $V_e > \dfrac{R}{R+R'} V_{sat}$ et donc $\varepsilon < 0$. L'A.O. bascule en $V_{s1} = -V_{sat}$ et donc $V_{s2} = -V_{sat}$ (la diode est passante : le réverbère s'allume) et $\varepsilon = -V_{sat} - \dfrac{R}{R+R'} V_e$.

Le réverbère ne pourra s'éteindre de nouveau que si ε redevient positif c'est-à-dire si $V_e < -\dfrac{R}{R+R'} V_{sat}$ ou encore $I > I_c$ (il faudra qu'il refasse vraiment jour pour que le réverbère s'éteigne).

On a donc finalement le schéma suivant :

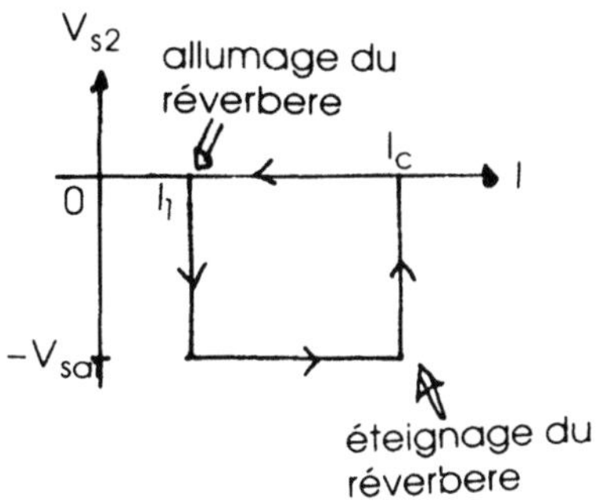

6

Méthodes utilisées : 1,6

On a par définition $\underline{V_a} - \underline{V_-} = i\underline{Z_e}$.
Donc l'impédance d'entrée du quadripôle est $\boxed{\underline{Z_e} = \underline{Z_2}}$.
Son impédance de sortie est nulle.
et sa fonction de transfert est $\underline{V_s} = -\dfrac{\underline{Z_5}}{\underline{Z_2}} \underline{V_A}$.

Ainsi le quadripôle encadré est équivalent au quadripôle suivant :

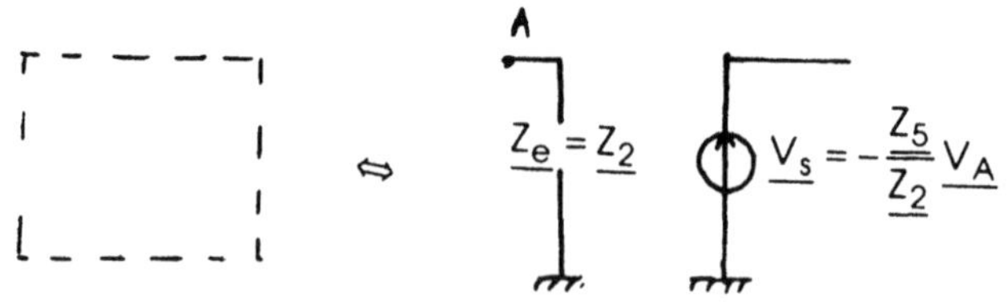

On peut maintenant calculer la fonction de transfert en remplaçant la quadripôle par son équivalent.

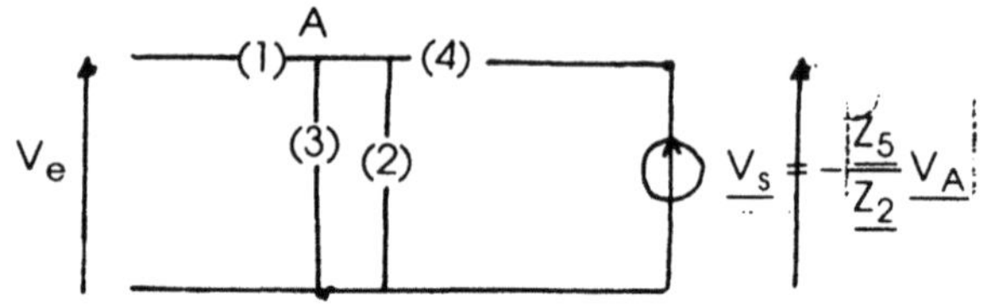

Millmann en A nous donne $\underline{V_A} = \dfrac{\underline{V_e}\,\underline{Y_1} + \underline{V_s}\,\underline{Y_4}}{\underline{Y_1} + \underline{Y_2} + \underline{Y_3} + \underline{Y_4}} = -\dfrac{\underline{Y_2}}{\underline{Y_5}}\underline{V_A}$.

Donc $\boxed{\underline{H} = \dfrac{-\underline{Y_1}\,\underline{Y_2}}{\underline{Y_1}\,\underline{Y_5} + \underline{Y_2}\,\underline{Y_4} + \underline{Y_2}\,\underline{Y_5} + \underline{Y_3}\,\underline{Y_5} + \underline{Y_4}\,\underline{Y_5}}}$.

Chapitre 10
BEST OF DES EQUATIONS DIFFERENTIELLES PHYSIQUEMENT COURANTES

■ Il y a des chapitres de physique qui ressemblent plus à des cours de mathématiques appliquées qu'à de la belle physique avec les mains et sans calcul. C'est pourquoi il est fondamental pour un taupin d'être au courant de ce qui fait dans le commerce pour les équations différentielles.

En effet, que de fois on s'entend répondre en Kholle : « ben là on tombe sur cette équa diff, et on ne sait pas la résoudre ». Sachez que votre emploi du « on » inclusif n'inclut que vous. Nous, on sait parfaitement les résoudre ces équations différentielles, et ce n'est pas parce qu'on est en école. On savait déjà le faire en prépa.
Maintenant qu'on s'est bien jeté des fleurs, on va pouvoir commencer.

■ Sachez, pour vous consoler, que **le nombre d'équa diff que vous êtes censé savoir résoudre est relativement limité** (voire négligeable devant le cardinal de $\mathbb{R}$, du moins en PC et en PSI). Ce chapitre aura donc un nombre de pages fini : et ça c'est une sacrée bonne nouvelle pour vous.
Avant tout chose, on vous conseille donc de bien relire la petite **fiche** de votre prof **de maths sur les primitives**.

Ensuite de bien retenir ce qui suit. L'objet du chapitre est de répondre à la question :
Comment résoudre les équations différentielles obtenues par la physique?

■ Les exemples retenus appartiennent donc à des domaines très variés de la physique : la mécanique du point, la mécanique des fluides, l'électrocinétique, l'électronique, les ondes dans les milieux, les oscillateurs.
On a essayé de résoudre tous ces exercices avec la meilleure rédaction possible (une fois n'est pas coutume) — en posant un système, un référentiel et un bilan des forces pour les exercices de mécanique par exemple — de sorte que ce chapitre est un peu notre testament, et pour vous le dernier chapitre à lire dans les trois minutes qui précéderont l'oral.

Ce qu'il faut avoir retenu une fois qu'on a tout oublié

Rechercher de quel type d'équation différentielle il s'agit.

— Est-elle à variables séparables ? (Dans ce cas on se lance dans la lecture du paragraphe 2).
— Est-elle linéaire ? (dans ce cas tous sur le paragraphe 3).
— Est-ce une équation d'Euler ? (A poil le paragraphe 4 !).
— Est-ce que l'équation n'est pas linéaire ? (paragraphe 5).
—Est-ce l'affreuse équation de la chaleur ? (paragraphe 6).

Mais comme vous savez sans doute, on ne commence pas un chapitre avec un paragraphe 2. Il y aura donc bel et bien un premier paragraphe, donnant les méthodes de déterminations des constantes des solutions trouvées.

1. Comment déterminer les constantes ?

A part les cas très rares que tout le monde a vus en maths, les solutions d'une équation différentielle linéaire d'ordre n forment **un espace affine de dimension n**. Il va donc falloir déterminer ces n constantes.

Dans la pratique, on va très rarement au-delà de 2.
Il y a peu de méthodes pour déterminer les constantes, on en a retenu 3.

METHODE 1 : Utiliser les conditions initiales ou aux limites

■ Principe

Prendre des valeurs particulières, typiquement à l'instant initial (si votre variable est le temps), et en x=0, si votre variable est l'espace.

■ Cas d'utilisation

Lorsqu'on vous donne les conditions initiales (pas besoin de vous faire une liste).
Lorsqu'on vous donne des conditions aux limites :
— Pour un fluide parfait, en présence d'un obstacle immobile de normale **n**, la vitesse de ce fluide **en tout point de la surface** de l'obstacle vérifie **v.n** = 0.

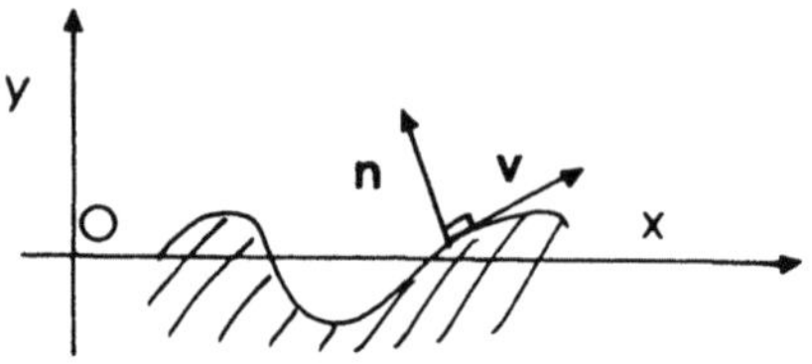

— Pour un conducteur parfait, la densité surfacique de charge donne accès au champ à voisinage immédiat de l'extérieur du conducteur par la relation :

$$\mathbf{E}_{\mathbf{next}} = \frac{\sigma}{\varepsilon_0}\mathbf{n}$$

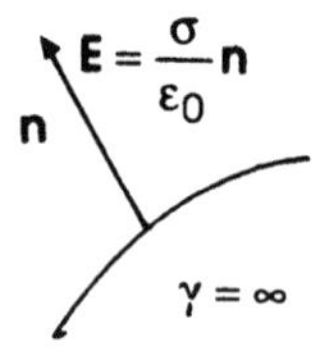

■ Astuces

On ne va pas arrêter de le répéter pendant le chapitre : préférez **toujours** les solutions du type $A\cos(\omega t)+B\sin(\omega t)$ à $C\cos(\omega t+\varphi)$. En effet les conditions initiales vous donneront **immédiatement** les valeurs de A puis B, alors que dans l'autre cas il faudra utiliser le truc habituel avec la tangente pour déterminer φ, et faire $\cos^2(\varphi)+\sin^2(\varphi)=1$ pour trouver C. Et ce sera beaucoup plus long.

De même lorsque la solution est sous **forme d'exponentielle, préférez-lui des ch et des sh**. En effet, le sh à le mérite de s'annuler en 0, et la dérivée de ch aussi (on vient de dire deux fois la même chose).

■ *Exemple : On considère le circuit suivant, dans lequel le condensateur 1 est initialement chargé Q_1 et où le condensateur 2 est initialement déchargé.*
Déterminer l'évolution de la tension aux bornes du condensateur 1.

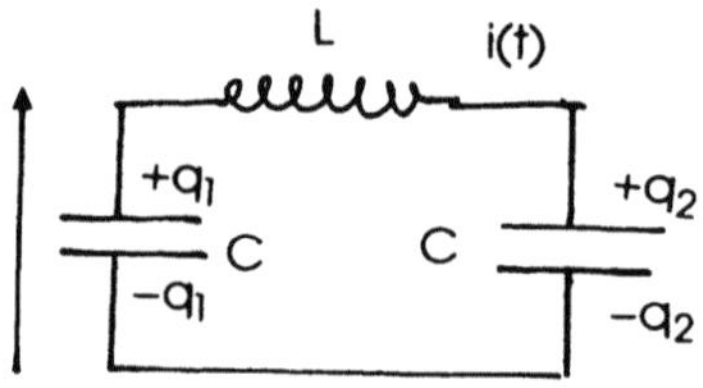

On écrit la loi d'Ohm :

$$u = \frac{q_1}{C_1} = L\frac{di}{dt} + \frac{q_2}{C_2}$$

On invoque la conservation de la charge :

$$q_1 + q_2 = Q_1$$

Enfin, on applique la définition de l'intensité :

$$i = -\frac{dq_1}{dt}$$

On tombe ainsi sur l'équation différentielle :

$$L\frac{d^2q_1}{dt^2}+q_1\left(\frac{1}{C_1}+\frac{1}{C_2}\right)=\frac{Q_1}{C_2}$$

Posons :

$$\omega^2=\frac{C_2+C_1}{L(C_2C_1)}$$

$$u=\frac{q_1}{C_1}=A\cos(\omega t)+B\sin(\omega t)+C$$

On trouve :

$C=\frac{Q_1}{C_1+C_2}$ (solution du second membre).

Par ailleurs, on utilise la continuité de la charge aux bornes d'un condensateur ainsi que la continuité de l'intensité traversant une bobine pour dire que :

$$i(0^+)=0 \text{ et } u(0^+)=0$$

Ceci impose que $B=0$.

On trouve : $A=\frac{Q_1C_1}{C_2(C_1+C_2)}$.

METHODE 2 : Utiliser les relations de continuité et/ou de non-divergence

■ Intérêt

Relier des constantes entre elles.

■ Cas d'application

1. *Continuité*

—En électrostatique, le potentiel est toujours continu.
—En mécanique des fluides, il y a conservation de la pression à la traversée d'une surface sans masse séparant deux fluides différents.
—La tension aux bornes d'un condensateur.
—L'intensité traversant une inductance.
—La composante tangentielle de **E**, et la composante normale de **B**.

2. *Non-divergence*

— S'il n'y a pas de charge à l'infini, le potentiel et le champ électrostatique y sont nuls.
— Equation de la chaleur : la température reste finie.
— Effet de peau en électromagnétisme : les champs **B** et **E**.
— Equation donnant la vitesse d'un fluide visqueux entraîné par une plaque infinie en translation : la vitesse à tout instant dans le fluide reste finie.

3. *Symétrie*

Il peut arriver que la symétrie d'un problème vous permette de trouver des constantes. Ainsi, si vous avez trouvé que votre champ **E**, par exemple était une fonction paire, vous pouvez éliminer l'éventuelle partie impaire.
Par ailleurs, si on a une symétrie sphérique, il peut être utilise de constater que si la vitesse est radiale, **le flux de vitesse à travers une sphère de centre 0 est nul**, ou encore, ce qui est équivalent, que $v=o\left(\frac{1}{r^2}\right)$.

REMARQUE :
Cette méthode vous permettra de trouver que certaines constantes sont nulles, ou encore de trouver des relations entre plusieurs constantes, mais elle ne servira jamais seule pour trouver des constantes non nulles.

■ *Exemple : Onde sonore stationnaire (pour les PC et les PSI).*
Soit une sphère creuse indéformable de rayon R, remplie d'un gaz de coefficient de compressibilité isentropique χ_s. *On y impose une petite perturbation de pression qui ne dépend que de r et du temps. Calculer* p(r, t) *et* v(r, t).
On note μ *la masse volumique du gaz contenu dans la sphère.*
Bon vous connaissez tous l'équation d'onde vérifiée par ces deux machins.

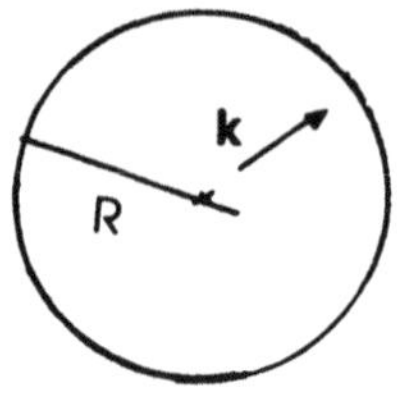

$$\Delta P - \mu\chi_s \frac{\partial^2 P}{\partial t^2} = 0$$

Comme on est en symétrie sphérique, on sait que $p(r, t) = \frac{f(r, t)}{r}$, où f est également solution de l'équation d'onde.
Par ailleurs, la forme la plus générale de la solution est :

$$f(r, t) = A \exp i(kr - \omega t) + B \exp - i(kr + \omega t)$$

L'équation d'Euler permet de passer de p à v, on déduit alors :

$$v(r, t) = \left(\frac{1}{\mu r^2} - i\frac{k}{\mu r}\right)\frac{i}{\omega} A \exp i(kr - \omega t) + \left(\frac{1}{\mu r^2} + i\frac{k}{\mu r}\right)\frac{i}{\omega} B \exp - i(kr + \omega t)$$

On a deux conditions limites :
— en R, on a **un point d'arrêt**, donc la **vitesse est nulle** ;
— en 0, la **symétrie** impose que le **flux de v à travers une sphère infiniment petite de centre O est nul.**

Cette dernière remarque impose immédiatement que $A = -B$.
La première permet de trouver la valeur de k (il s'agit en effet d'ondes stationnaires) :

$$\left(\frac{1}{\mu R^2} - i\frac{k}{\mu R}\right)\exp(ikR) = \left(\frac{1}{\mu R^2} + i\frac{k}{\mu R}\right)\exp(-ikr)$$

Ce qui plus proprement est équivalent à :

$$\boxed{\tan(kR) = kR}$$

Ceci donne graphiquement des valeurs de k.

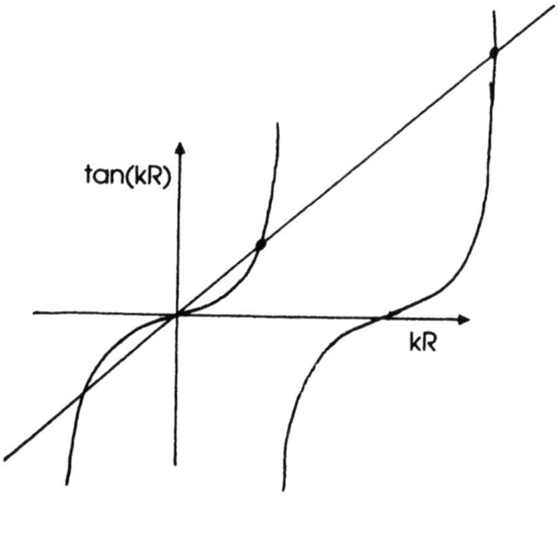

METHODE 3 : Faire un DL de la solution générale au voisinage des C.I.

■ Principe

C'est dans le titre, faire un DL permet de trouver **les deux constantes en une seule équation**.
Pensez donc, avoir accès à la position et à la vitesse initiale en une seule expression : quel bonheur !

■ Cas d'application

Lorsque les conditions initiales sont telles qu'on passe de l'une à l'autre par dérivation.
—La position et la vitesse.
—La charge et l'intensité.

■ *Exemple : On considère le montage suivant. A l'instant initial, les condensateurs 1 et 2 de même capacité sont chargés avec les charges q_1^0 et q_2^0.*

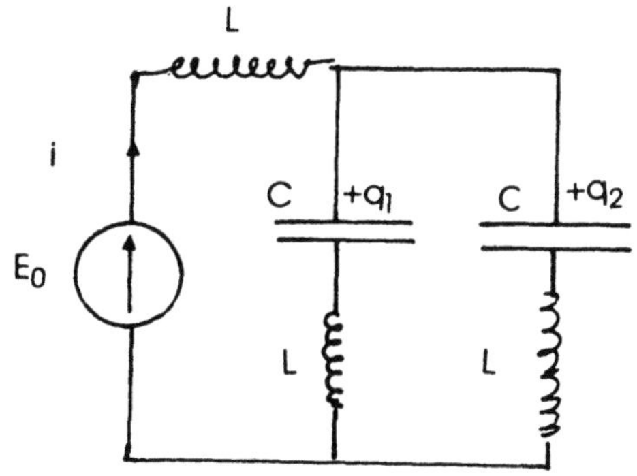

On peut déjà dire qu'on va tomber sur un régime oscillant puisqu'il n'y a pas de composants dissipatifs d'énergie.

On applique la loi des nœuds :

$$E_0 - L\frac{di}{dt} = \frac{q_3}{C_3} + L\frac{di_3}{dt} = \frac{q_1}{C'} + L\frac{di_1}{dt}$$

$$i = i_3 + i_1$$

Ce qui donne le système linéaire de deux équations à deux inconnus suivant :

$$\begin{cases} E_0 = \dfrac{q_3}{C_3} + L\dfrac{d}{dt}(2i_3 + i_1) \\ E_0 = \dfrac{q_1}{C'} + L\dfrac{d}{dt}(i_3 + 2i_1) \end{cases}$$

En soustrayant et en additionnant les deux lignes, on trouve les deux solutions suivantes :

$$q_1 + q_3 = 2E_0C + A\cos(\omega_1 t) + B\sin(\omega_1 t)$$

$$q_1 - q_3 = D\cos(\omega_2 t) + E\sin(\omega_2 t)$$

Avec $\omega_1 = \dfrac{1}{\sqrt{3LC}}$ et $\omega_2 = \dfrac{1}{\sqrt{LC}}$

Un dl de la solution au voisinage de 0 donne :

$$(q_1 + q_3)(\varepsilon) = 2E_0C + A + B\omega_1\varepsilon$$

Comme on connaît la charge initiale on a accès à A et comme on connaît le courant initial, on a accès à B.
Le courant initial est nul par continuité du courant traversant une inductance, donc b est nul et A vaut :

$$\boxed{A = q_1^0 + q_2^0 - 2E_0C}$$

On vous laisse faire pour D et E.

2. Comment résoudre les équations à variables séparables ?

Maintenant que vous êtes blindés sur les déterminations de constantes, nous pouvons commencer à répertorier de manière systématique les équations différentielles qui sont résolubles.
Les plus difficiles sont sans aucun doute les équations à variables séparables, car c'est celles qui nécessitent que vous connaissiez votre formulaire de primitives "classiques".

METHODE 4 : Intégrer terme à terme

■ Principe

C'est bien simple, lorsqu'on a une équation différentielle d'inconnue y et de variable x (i.e. on dérive y par rapport à x), on tente de faire apparaître l'équation sous la forme :

$$f(y)dy = g(x)dx$$

qu'on intègre ensuite membre à membre.

■ Cas d'application

Il faut que l'application $x \to y$ soit un difféomorphisme, pour ne pas trouver un truc du genre 0.
Typiquement, le genre d'exercices dans lesquels on trouve cette méthode sont les suivants :
—détermination de la période d'oscillation d'un système dynamique ;
— équation de magnétohydrodynamique (onde Alfven).

■ Mise en garde

Quand vous intégrez x entre a et b, intégrer bien y entre $y(a)$ et $y(b)$. C'est ici que l'hypothèse du difféomorphisme est essentielle.

■ *Exemple 1 : Facile. Une barque est animée d'une vitesse constante* $\mathbf{v_0}$ *sur un lac. A l'instant initial, on coupe les moteurs, elle est alors freinée par un frottement visqueux. Déterminer la distance parcourue avant l'arrêt de la barque.*

Système : La barque.
Référentiel : Terrestre, supposé galiléen.
Bilan des forces s'appliquant sur la barque :
— Son poids.
— La force de frottement visqueux de coefficient h.
— La poussé d'Archimède permettant au bateau de ne pas couler.
Repère utilisé :
Repère cartésien, l'axe Ox étant colinéaire à la vitesse initiale $\mathbf{v_0}$.
Principe fondamental de la dynamique :
— Projeté sur Oy :

$$m\frac{dv_y}{dt} = 0, \text{ donc } v_y = v_y(0) = 0$$

Le mouvement du bateau reste rectiligne.

— Projeté sur Ox :

$$m\frac{dv_x}{dt} = -hv_x$$

$$\text{Soit } \frac{dv_x}{v_x} = -\frac{h}{m}dt$$

En intégrant terme à terme, et en invoquant que la vitesse étant ici une fonction continue et strictement décroissante, elle est bijective, on trouve :

$$\ln(v_x) = -\frac{h}{m}t + A$$

On détermine A au moyen des conditions initiales, pour tomber sur :

$$v_x = v_0 \exp\left(-\frac{t}{\tau}\right)$$

$$\text{où } \tau = \frac{m}{h}.$$

On trouve alors par intégration la distance parcourue avant l'arrêt définitif :

$$\boxed{d = \int_0^{\infty} v\,dt = v_0 \tau}$$

■ *Exemple 2 : Moins facile :* ***équilibre d'un plasma.*** *On considère un plasma compris entre deux plans verticaux distants de 2a. Le fluide conducteur est électriquement neutre, sa permittivité diélectrique est celle du vide. Il est plongé dans le champ de pesanteur* ***g*** *supposé uniforme. On cherche le champ* ***B*** *dont la configuration est symétrique par rapport au plan Oyz. Le fluide est assimilé à un gaz parfait de masse molaire M. Enfin, on suppose l'équilibre thermique et la température égale à T.*
Déterminer ***B*** *régnant entre les deux plaques, pour que le plasma soit en équilibre.*

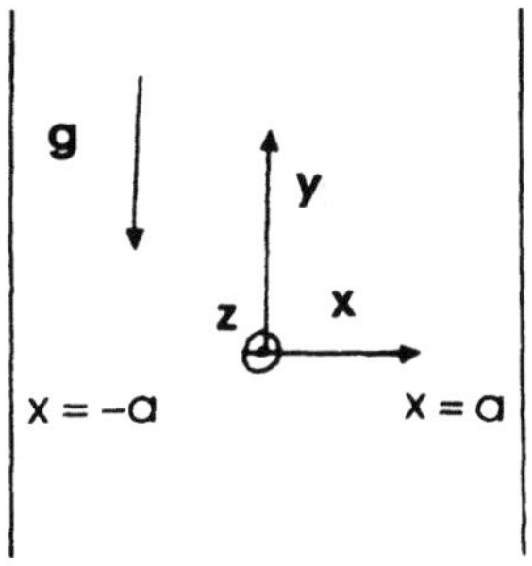

❐ *Etape 1 : Détermination des inconnues et des variables du système*

La figure étant invariante par translation suivant y et x, les variables **B**, P, pression et ρ, masse volumique **ne dépendent que de x**.

Par ailleurs, les conditions de symétries par rapport aux plan Oyz impliquent que :

$$B_x(x) = B_x(-x)$$

$$B_y(x) = -B_y(-x)$$

Cf chapitre 2 du MéthodiX tome 1 sur les symétries du champ **B**.

❐ *Etape 2 : Condition d'équilibre*
On applique **la loi de l'hydrostatique** :
Système : La particule de fluide de masse $dm = \rho(x)d\tau$.
Référentiel : terrestre supposé galiléen.
Bilan des forces :

— son poids $dm\mathbf{g}$
— la force de Laplace : $\mathbf{j}\wedge\mathbf{B}d\tau$
— les forces de pression : $-\mathbf{grad}(p)d\tau$

L'équilibre de la particule de fluide impose que :

$$\rho(x)\mathbf{g} - \mathbf{grad}(p) + \mathbf{j}\wedge\mathbf{B} = 0 \text{ (i), (ii) et (iii)}$$

❐ Etape 3 : Recherche de relation entre les variables :
Par ailleurs l**es équations de Maxwell** donnent :

$$\text{div}(\mathbf{B}) = 0 = \frac{\partial B_x}{\partial x} \text{ (iv)}$$

$$\text{Donc } B_x = B_{ox}$$

$$\mathbf{rot}(\mathbf{B}) = \mu_0 \mathbf{j} \text{ (v)}$$

Enfin **la loi des gaz parfaits** nous donne une quatrième relation entre les 4 variables P, ρ, **B**, et **j** :

$$P = \frac{\rho RT}{M}$$

En exprimant **j** en fonction des composantes de **B**, la projection de la loi de l'hydrostatique sur l'axe des x donne :

$$-\frac{\partial P}{\partial x} - \frac{1}{\mu_0} B_y \frac{\partial B_y}{\partial x} = 0$$

et sur y, en remplaçant la masse volumique par sa valeur en fonction de P :

$$-P(x)\frac{M}{RT}g + B_{ox}\frac{\partial B_y}{\partial x} = 0$$

La première équation s'intègre à vue :

$$\frac{1}{2\mu_0^2}B_y^2 + P(x) = A, \text{ A est donc positive.}$$

En remplaçant dans la seconde on tombe finalement sur l'équation tant attendue :

$$\left(\frac{1}{2\mu_0^2}B_y^2 - A\right)\frac{Mg}{RTB_{ox}} + \frac{\partial B_y}{\partial x} = 0$$

On applique alors enfin la méthode, en faisant une séparation des variables :

$$\frac{\partial B_y}{\left(-\frac{1}{2\mu_0^2}B_y^2 + A\right)} = \frac{dx}{\frac{Mg}{RTB_{ox}}}$$

On trouve finalement que :

$$\boxed{B_y(x) = C\,\text{th}\left(\frac{RTB_{ox}}{Mg}x\right)}$$

Un troisième exemple est caché dans l'avant-dernière méthode.

3. Comment résoudre les systèmes linaires ?

Les équations de la dynamique ou de la thermodynamique sont souvent des équations couplées, faisant intervenir des variables différentes. Il s'agit alors de les découpler.
Pour cela, on vous propose trois méthodes, de complexité de mise en œuvre croissante.
Les méthodes 5 et 6 ne vous permettront que de résoudre le problème à deux inconnues. Pour des équations à plus d'inconnues on fournira à titre d'indication la méthode 7, mais on ne donnera pas d'exemple.

METHODE 5 : Faire des combinaisons linéaires des lignes

■ Principe

Tenter de faire apparaître une équation différentielle linéaire d'inconnue $y_1 + y_2$ et une autre d'inconnue $y_1 - y_2$ et les résoudre individuellement.
Retrouver ensuite y_1 et y_2.

■ Cas d'application

On ne peut appliquer cette méthode que lorsqu'on arrive à mettre le système différentiel sous la forme précédemment citée.

Soit dans le cas assez général :

$$\begin{cases} y_1 + b\dot{y}_1 + c\dot{y}_2 + d\ddot{y}_1 + e\ddot{y}_2 = A \\ y_2 + f\dot{y}_1 + g\dot{y}_2 + h\ddot{y}_1 + i\ddot{y}_2 = B \end{cases}$$

On ne pourra utiliser cette méthode que si :

$$\begin{cases} b+f=c+g \\ d+h=e+i \\ b-f=-(c-g) \\ d-h=-(e-i) \end{cases}$$

Il existe évidemment des raffinements de cette méthode en prenant non pas la somme et la différence, mais toute autre combinaison linéaire indépendante. Le cas d'application est alors à adapter. Heureusement, la méthode somme + différence fonctionne la plupart du temps.

■ *Exemple : On considère deux pendules simples de même masse m, au bout d'un fil sans masse de longueur constante l, et relié par un ressort de constante k et de longueur à vide d, qui est également la distance entre les centres A et B.*

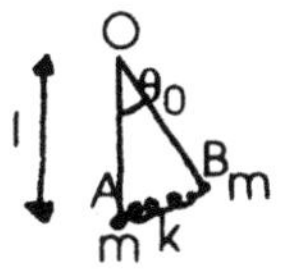

Déterminer les lois $\theta_1(t)$ et $\theta_2(t)$ dans le cadre de l'approximation des petites oscillations. Initialement on a déplacé la boule 2 de d'un angle θ_0, et on l'a lâchée sans vitesse initiale.

Système : la masse 1

Référentiel : terrestre, supposé galiléen.

Bilan des forces s'appliquant sur la masse :

— Le poids
— La tension du fil
— La tension du ressort

Repère : Base de Fresnet $(\tau, \mathbf{n})$

Principe fondamental de la dynamique, projeté sur l'axe τ.

$$-mg\sin(\theta_1) + k\cos(\theta_1)[l\theta_2 - l\theta_1] = ml\ddot{\theta}_1$$

Idem pour la deuxième masse :

$$-mg\sin(\theta_2) - k\cos(\theta_2)[l\theta_2 - l\theta_1] = ml\ddot{\theta}_2$$

Dans l'**approximation des petites oscillations** on tombe en sommant et en retranchant les deux lignes :

$$\ddot{\theta}_2 + \ddot{\theta}_1 = -\omega_1^2(\theta_2 + \theta_1)$$

$$\ddot{\theta}_2 - \ddot{\theta}_1 = -\omega_2^2(\theta_2 - \theta_1)$$

En posant, ce qui ravit les examinateurs : $\omega_1^2 = \frac{g}{l}$ et $\omega_2^2 = \frac{k}{m}$.

On trouve alors :

$$(\theta_2 + \theta_1) = A\cos(\omega_1 t) + B\sin(\omega_1 t)$$

$$(\theta_2 - \theta_1) = C\cos(\omega_2 t) + D\sin(\omega_2 t)$$

On détermine les constantes au moyen de la méthode 1 :

$$(\theta_2 + \theta_1) = \theta_0\cos(\omega_1 t)$$

$$(\theta_2 - \theta_1) = \theta_0\cos(\omega_2 t)$$

On en déduit :

$$\theta_2 = \theta_0\cos\left(\frac{\omega_1 + \omega_2}{2}t\right)\cos\left(\frac{\omega_1 - \omega_2}{2}t\right)$$

et :

$$\theta_1 = -\theta_0\sin\left(\frac{\omega_1 + \omega_2}{2}t\right)\sin\left(\frac{\omega_1 - \omega_2}{2}t\right)$$

Il est alors très important de faire un graphe de ces deux fonctions : on a un phénomène de battements, la courbe ayant la plus petite pulsation (donc la plus grande période), entoure celle de l'autre. Ici, il s'agit de $\sin\left(\frac{\omega_1 - \omega_2}{2} t\right)$ pour la deuxième courbe par exemple.

Représentons le graphe de $\theta_2(t)$:

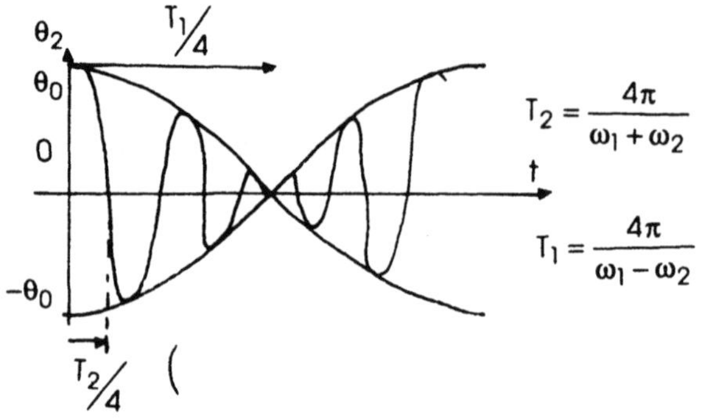

METHODE 6 : Passer en notation complexe

■ Principe

Introduire une variable unique $X = y_1 + iy_2$ avec $i = -1$.

■ Mise en œuvre

1. Transformer le système de deux équations en une unique équation en X.
2. Résoudre cette équation complexe.
3. En prendre les parties réelles et imaginaires pour retrouver y_1 et y_2.

■ Cas d'application

Lorsque la méthode précédente tombe à défaut, il faut vous précipiter sur celle-là.
En effet, l'introduction du facteur i permet de régler des problèmes fâcheux de signe.
Vous pouvez être sûr de devoir utiliser cette méthode lorsque votre système est soumis à la combinaison des forces suivantes :
— force de Coriolis et force de rappel ;
— force de Lorentz et force de frottement.
Plus généralement, lorsqu'une des forces fait intervenir une variable directement et l'autre la fait intervenir par un produit vectoriel.

■ Mise en garde

Vos constantes d'intégration sont *a priori* **des nombres complexes**. Attention.

■ *Exemple : un proton de masse m et de charge e est lâchée avec une vitesse* v_i *dans un champ électromagnétique tel que E est colinéaire à* $\mathbf{v_i}$ *et* $\mathbf{B}$ *lui est perpendiculaire.*
I' y a de plus une force de frottement visqueux, qu'on modélise par une force $\mathbf{f} = -h\mathbf{v}$.
Montrer que le mouvement reste plan.

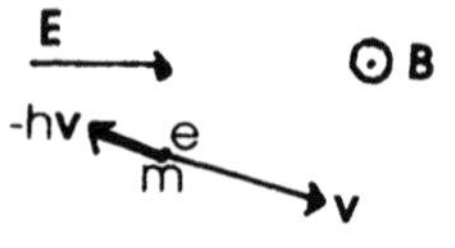

Système : le proton.
Référentiel : terrestre supposé galiléen.

Bilan des forces :

- Le poids (négligé)
- La force électrique $\mathbf{f}_{elec} = e\mathbf{E}$
- La force magnétique $\mathbf{f}_{mag} = e\mathbf{v}\wedge\mathbf{B}$
- La force de frottement visqueux $\mathbf{f} = -h\mathbf{v}$

Système de coordonnées astucieux : On voit bien qu'initialement toutes les forces sont dans le plan défini par **E** et **B**. Un repère astucieux serait de prendre x, y, z tels que dans ce repère :

$$\mathbf{E}\begin{vmatrix} E \\ 0 \\ 0 \end{vmatrix} \quad \mathbf{B}\begin{vmatrix} 0 \\ 0 \\ B \end{vmatrix}$$

On applique le PFD, dans ce repère :

$$m\frac{d^2x}{dt^2} = eE + ev_yB - hv_x$$

$$m\frac{d^2y}{dt^2} = -ev_xB - hv_y$$

$$m\frac{d^2z}{dt^2} = -hv_z$$

La dernière équation résolue, on trouve grâce aux conditions initiales (pas de composantes de la vitesse initialement suivant z) :

$$v_z = v_{z0}\exp\left(-\frac{h}{m}t\right) = 0$$

Le mouvement se réalise donc dans le plan xOy.

On pose $X = x + iy$

En faisant $L_1 + iL_2$, on tombe sur :

$$\frac{d^2X}{dt^2} = \frac{eE}{m} - \frac{i}{\tau_1}\frac{dX}{dt} - \frac{1}{\tau_2}\frac{dX}{dt}$$

La solution en vitesse vaut donc :

$$\boxed{V = V_0\exp\left[-\left(\frac{i}{\tau_1} + \frac{1}{\tau_2}\right)t\right] + \frac{eE}{m\left(\frac{i}{\tau_1} + \frac{1}{\tau_2}\right)}}$$

V_0 est **un complexe** et s'écrit $V_{0x} + iV_{0y}$.

Les conditions initiales donnent :

$$V_{0x} = V_1 - \frac{eE}{m\tau_2\left(\frac{1}{\tau_1^2} + \frac{1}{\tau_2^2}\right)}$$

$$V_{0y} = \frac{eE}{m\tau_1\left(\frac{1}{\tau_1^2} + \frac{1}{\tau_2^2}\right)}$$

et la solution est :

$$V_x = V_{0x}\cos\left(\frac{t}{\tau_1}\right)\exp\left(-\frac{t}{\tau_2}\right) + V_{0y}\sin\left(\frac{t}{\tau_1}\right)\exp\left(-\frac{t}{\tau_2}\right) + \frac{eE}{m\tau_2\left(\frac{1}{\tau_1^2} + \frac{1}{\tau_2^2}\right)}$$

$$V_y = -V_{0x}\sin\left(\frac{t}{\tau_1}\right)\exp\left(-\frac{t}{\tau_2}\right) + V_{0y}\cos\left(\frac{t}{\tau_1}\right)\exp\left(-\frac{t}{\tau_2}\right) - \frac{eE}{m\tau_1\left(\frac{1}{\tau_1^2} + \frac{1}{\tau_2^2}\right)}$$

J'aurais jamais dû prendre cet exemple, il est aussi c... à taper que l'exercice sur les coefficients de réflexion dans le chapitre sur les ondes dans les milieux du tome 1.

METHODE 7 : Trouver les valeurs propres de la matrice

C'est la panacée, le marteau pilon pour écraser autre chose qu'une mouche parce qu'on ne peut pas dire que ce soit facile à mettre en œuvre.

■ **Principe**

Poser un vecteur d'état $\xi=(y_1,y_2)$, et écrivez votre système linéaire sous la forme d'une équation différentielle matricielle du type :

$$\ddot{\xi}+A\dot{\xi}+B\xi=C\,(i)$$

où A, B appartiennent à $\mathcal{M}_2(\mathbf{R})$ et C est un vecteur de dimension 2.

■ **Mise en œuvre**

1. Déterminer les matrices A, B et C.
2. **Diagonalisez-les**, si c'est possible.
3. Résoudre alors dans la base de diagonalisation ce système.
4. Repassez dans la base de départ.

Il suffit pratiquement de trouver les vecteurs propres car ceux-ci vous fournissent les bonnes combinaisons linéaires des inconnues. Vous pourrez alors faire comme dans la méthode 5.

REMARQUE :
On tombe très souvent sur des exponentielles de matrice, dans ce cas, relisez d'urgence le chapitre correspondant dans le METHODIX d'Algèbre, c'est un véritable petit bijou.

■ **Cas d'application**

Dès qu'il y a plus de deux variables. Il faut alors augmenter la taille du vecteur d'état.
Dès que les deux méthodes ne marchent pas, celle-ci marche toujours de toute manière.

4. Comment résoudre l'équation d'Euler ?

L'équation de qui ? Cette équation n'est plus au programme de tout le monde en maths et pourtant, on la rencontre très fréquemment en physique. Et à quoi servirait les maths sinon pour faire de la physique (et inversement, si bien que les deux, tout en ne servant à rien dans l'absolu se trouve une utilité relative ; fin de la minute du penseur).

METHODE 8 : Intuiter la solution sous forme d'une fonction puissance

■ **Rappel**

Cette équation donc est de la forme suivante et se rencontre principalement en mécanique des fluides et en électrostatique :

$$ax^2\ddot{y}+bx\ddot{y}+cy=d$$

où a, b, c et d sont des constantes.

La solution de l'équation homogène associée est de la forme Ax^{Ω}. En effet, quand on dérive une fois, on descend la puissance de 1, or on multiplie par x, donc la puissance reste inchangée.

Bref, on peut alors simplifier par Ax^{Ω}, ce qui permet d'accéder à la valeur Ω.

On trouve logiquement deux valeurs de Ω, puisque Ω est solution d'une équation du second degré. La solution de l'équation homogène est donc la somme de ces deux solutions (avec des constantes *a priori* différentes évidemment).

■ Cas d'application

Typiquement lorsqu'on utilise une équation avec une divergence en sphériques ou en cylindriques et que la variable ne dépend que de r. On vous renvoie au tome 1, chapitre 1, avec l'exercice dans le cylindre, ou dans le chapitre de mécanique des fluides première partie, exercice 1.

■ *Exemple : Voir l'exercice 1 du chapitre 4.*

5. Comment résoudre des équations non linéaires ?

On en a terminé avec les équations dites faciles. On va passer à l'infaisable.
Avant de commencer, il est indispensable de revenir à une définition qui nous sera d'une grande aide dans peu de temps.

Bon taupin : *n.m.*, être bizarre et supérieurement intelligent, dont la différence fondamentale avec le taupin moyen est sa faculté à se ramener à ce qu'il sait faire.

Repus de cette définition éclairante, nous intuitions que les équations non linéaires ne vont nous intéresser que lorsqu'on se sera ramené aux équations linéaires, qu'on sait résoudre. Ainsi, dès que le terme non linéaire sera un terme correctif, on supposera que la solution de la nouvelle équation (non linéaire) est assez proche de l'équation (linéaire) sans terme correctif.

METHODE 9 : Développer la solution en série de Fourier

■ Position du problème

Par exemple, lorsqu'on tombe sur une solution sinusoïdale, et qu'on introduit dans l'équation un terme correctif non linéaire, il y a des chances que la solution soit encore une fonction périodique (par nécessairement sinusoïdale). On peut alors la développer en série de Fourier (DSF), et ne s'intéresser qu'aux premiers termes de son développement.

■ Principe

Savoir linéariser des fonctions sinusoïdales.

■ Mise en œuvre

1. Dire que **la solution est encore périodique**, de pulsation propre inconnue, donc DSF, écrire les premiers termes de son développement.
2. Remplacer cette solution dans l'équation non linéaire.
3. **Linéariser** les fonctions sinusoïdales.
4. **Identifier** les premiers termes pour trouver cette nouvelle pulsation, et en déduire le début de son développement en série de Fourier, ça devrait suffire pour contenter les examinateurs.

Mathématiquement, ceci n'est pas très propre : en effet, il n'y aucune raison pour que la série de Fourier converge rapidement, et que ces coefficients deviennent de plus en plus petits.
Cependant, si la petite perturbation est effectivement petite, la solution sera d'une part proche de la solution sans perturbation et d'autre part convergera rapidement.

■ *Exemple : Une particule, de masse m, se déplace sur un axe. Elle est soumise au potentiel :*
$V = ax^2 + bx^4$*, où b est très petit devant a.*
Déterminer la modification de l'équation horaire par rapport au cas où b est nul.

On applique le PFD à la particule dans le référentiel terrestre supposé galiléen.
On a :

$$m\ddot{x} = -2ax - 4bx^3$$

On suppose que la solution est encore périodique donc développable en série de Fourier.

Posons $\omega_0^2 = \frac{2a}{m}$ et $\alpha = \frac{4b}{m}$

La pulsation du premier terme de la série de Fourier est notée ω.

Par ailleurs, il est clair que le potentiel étant une somme de puissance paire de x, **x est une fonction paire du temps**.
— Déterminons ω
On ne s'intéresse qu'au premier terme du développement de la solution en série de Fourier, c'est-à-dire $x_1(t) = A\cos(\omega t)$
En remplaçant dans le PFD :

$$-A\omega^2\cos(\omega t) = -A\omega_0^2\cos(\omega t) - \alpha\cos^3(\omega t)$$

En **linéarisant** le $\cos^3(\omega t)$:

$$\cos^3(\omega t) = \frac{3}{4}\cos(\omega t) + \frac{1}{4}\cos(3\omega t)$$

Et en ne gardant que les termes en ωt, qui seuls sont légitimes, puisqu'on n'a remplacé dans le PFD que le premier terme du développement :

$$\boxed{\omega^2 = \omega_0^2 + \frac{3\alpha}{4A}}$$

Pour connaître A, il faut pipoter un petit peu en disant que c'est presque la valeur de x à l'instant initial. En fait c'est faux, puisque la valeur en 0 et la somme des coefficients du DSF.

—*Terme d'ordre 2 :*
On écrit un peu plus le développement :

$$x(t) = A\cos(\omega t) + B\cos(2\omega t)$$

Le but est ici d'évaluer B.
En remplaçant dans l'équation d'état, on tombe sur :

$$-A\omega^2\cos(\omega t) - B\omega^2\cos(2\omega t) = -A\omega_0^2\cos(\omega t) - B\omega_0^2\cos(\omega t) - \alpha\left[A\cos(\omega t) + B\cos(2\omega t)\right]^3$$

Quand on va développer le cube, les seuls termes en 2ω seront :

$$\frac{3}{4}B^3 + \frac{3}{2}A^2B$$

Il y a par ailleurs un terme constant que vaut : $\frac{3}{4}A^2B$
Or il n'y a pas de terme constant à gauche donc ce terme doit être nul, donc B est nul, ce qui reste admissible quand on regarde le terme d'ordre 2 (0=0 !).

Donc la solution s'écrit au troisième ordre :

$$x(t) = A\cos(\omega t) + C\cos(3\omega t)$$

Reste à calculer C, en faisant de même que précédemment.

6. Comment résoudre les équations aux dérivées partielles ?

Bonne question, généralement on ne sait pas, il est cependant des cas extrêmement précis on l'on peut. On étudiera ici un exercice qui tombe tous les ans à l'oral à l'X et qui consiste à **résoudre l'équation de la chaleur.** On présentera deux méthodes, une intuitive et facilement retransposable par tous, une autre, un peu plus théorique.

A) Méthode intuitive

METHODE 10 : Mixer les deux variables x et t en une seule

■ **Rappel**

L'équation de la chaleur, l'équation donnant l'effet de peau, ou encore l'équation donnant le champ de vitesse dans un fluide visqueux pour un écoulement parallèle, vérifiant $\mathbf{v}.\mathbf{grad}(\mathbf{v})=0$et où l'on néglige la pesanteur sont toutes des équations du type :

$$\boxed{\frac{\partial T}{\partial t}=K\Delta T} \quad (i)$$

■ **Position du problème**

On cherche à résoudre ce problème dans le cas où on impose à l'instant initial une température constante dans le temps à l'altitude y=0.

REMARQUE :
Vous savez tous faire lorsque la condition limite est une fonction sinusoïdale, on passe en notation complexe, et on cherche une solution de la forme :

$$A\exp i(kx-\omega t)+B\exp -i(kx-\omega t)$$

■ **Principe**

Poser $u=\frac{x}{\sqrt{t}}$

■ **Mise en œuvre**

1. Intuiter le changement de variable :
A une dimension on peut résoudre cette équation en remarquant que les variables de temps et d'espace ne jouent pas le même rôle. En effet, on a en ordre de grandeur :

$$\frac{\partial^2 T}{\partial x^2}\approx\frac{T}{\lambda^2} \text{ et } \frac{\partial T}{\partial t}\approx\frac{T}{\tau}$$

si bien que :

$$K\tau\approx\lambda^2.$$

REMARQUE :
Ce genre d'égalité nous montre que les échanges de chaleur sont relativement lents. En effet, leur propagation dépend seulement de la racine de t. Ceci explique que lors d'une combustion en thermochimie, on suppose souvent que la réaction est adiabatique parce que les échanges de chaleur n'ont pas le temps de se faire.

En posant $u=\frac{x}{\sqrt{t}}$, on ne fait donc de mal à personne.

2. Transformer l'équation de la chaleur :
Par ailleurs, on a :

$$\partial x = \sqrt{t}.du \text{ soit : } \partial x^2 = \sqrt{t}.du^2$$

et :

$$t\partial t = -2\frac{du}{u}$$

En remplaçant dans (i) :

$$-u\frac{K}{2}\frac{dT}{du} = \frac{d^2T}{du^2}$$

3. La résoudre.
On sait résoudre cette équation grâce à la méthode 4 :

$$\frac{d\left(\frac{dT}{du}\right)}{\frac{dT}{du}} = -K\frac{u}{2}du$$

$$\frac{dT}{du} = A\exp\left(-K\frac{u^2}{4}\right)$$

Et donc :

$$\boxed{T(x,t) = T(0,t) + A\int_0^{\frac{x}{\sqrt{Kt}}}\exp\left(-K\frac{u^2}{4}\right)du}$$

B) Méthode théorique

■ Notations et propositions préliminaires

On note L(f), la transformée de Laplace d'une fonction f. C'est une autre fonction, de variable p, définie par :

$$L(f)(p) = \int_0^{+\infty} f(t)\exp(-pt)dt$$

On donne quelques propositions aisément démontrables en se rapportant à la définition ci-dessus.

—Proposition 1 :

$$\forall C \in \;,\ LC(p) = \frac{C}{p}$$

—Proposition 2 :

$$L\left(\frac{df}{dt}\right)(p) = pL(f)(p) - f(0)$$

— Proposition 3 :
On peut définir une transformée de Laplace inverse, permettant de repasser de l'espace de Laplace à l'espace de départ, en particulier, la transformée de Laplace inverse de :

$$\frac{\exp\left(-\sqrt{\frac{p}{a}}\right)}{p}$$

est :

$$1 - \operatorname{erf}\left(\frac{1}{2\sqrt{at}}\right)$$

où la fonction erf est la **fonction d'erreur** valant :

$$\operatorname{erf}(\eta) = \frac{2}{\sqrt{\pi}}\int_0^{\eta}\exp\left(-\eta^2\right)d\eta$$

On va alors pouvoir vous présenter la méthode suivante.

METHODE 11 : Faire une transformation de Laplace

Certains d'entre vous utilisent cette transformation en SI. Elle permet de résoudre des équations aux dérivées partielles dans l'espace de Laplace, puis de se rapporter par transformation inverse dans l'espace de départ.

Principe

Prendre la transformée de Laplace de l'équation de la chaleur, la résoudre dans l'espace de Laplace et prendre la transformée de Laplace inverse de la solution trouvée.

Mise en œuvre

1. Passage dans l'espace de Laplace :
On note :

$$T^*(y,p)=\int_0^{\infty} T(y,t)\exp(-pt)dt$$

L'équation de la chaleur devient :

$$K\frac{\partial^2 T^*}{\partial y^2}-pT^*=0$$

2. Résolution de cette équation dans l'espace de Laplace :

$$T^*=A\exp\left(\sqrt{\frac{p}{K}}y\right)+B\exp\left(-\sqrt{\frac{p}{K}}y\right)$$

Un argument de non-divergence impose que A est nul, par ailleurs :

$$T(0,t)=T_0$$

Donc via la proposition 2 :

$$T^*(0,p)=\frac{T_0}{p}$$

Bref : $T^*(y,p)=\frac{T_0}{p}\exp\left(-\sqrt{\frac{p}{K}}y\right)$

3. Repassons dans l'espace de départ, grâce à la proposition 3 :

$$\boxed{T(y,t)=T_0\left(1-\mathrm{erf}\left(\frac{y}{2\sqrt{Kt}}\right)\right)}$$

Astuces

■ On ne vous fera pas le coup de la rubrique astuce du chapitre sur les interférences du METHODIX physique 1, mais par pitié, une fois que vous avez résolu votre équation différentielle, faites un **graphe de la solution trouvée, en couleur**, avec les unités sur les axes, les asymptotes éventuelles, les pentes à l'origine. Certains examinateurs refusent même de regarder le dessin s'il n'est pas en couleur (il faut apporter de l'eau au moulin).
Un bon conseil : faites des dessins plus beaux que les nôtres ! (On dit ça, on dit rien).

■ Lorsque vous tombez sur une somme de deux termes sinusoïdaux (somme de deux cosinus de pulsation différente par exemple), ayez le réflexe de transformer cette somme pour la faire apparaître comme un produit de cosinus et de sinus, et de montrer le phénomène de battement. Il est toujours plus facile d'étudier les zéros d'un produit que ceux d'une somme.

■ On vous a déjà dit de faire un dessin. Bon, ben alors on répète : faites un dessin (désolé, on n'a pas pu s'empêcher).

■ Faites plaisir aux examinateurs : reconnaissez rapidement les constantes de temps, les pulsations caractéristiques, les vitesses limites, démontrez à quoi elles sont homogènes, et introduisez-les dans vos calculs. Ca fait plus classe et vous diminuez vos chances d'oublier des termes pour 2 raisons. D'abord, il y en a moins. Ensuite, on voit de manière plus synthétique si on a fait une faute d'homogénéité.

Imprimé en France par CPI
en juillet 2016

Dépôt légal : mars 2000
N° d'impression : 136628